南宁市生态环境总体规划战略研究

李 新 秦昌波 路 路 秦 莹 熊善高 著

U0243604

中国环境出版集团·北京

图书在版编目（CIP）数据

南宁市生态环境总体规划战略研究 / 李新等著. —
北京：中国环境出版集团，2022.3
ISBN 978-7-5111-5107-0

I.①南… II.①李… III.①城市环境—生态环境建
设—研究—南宁 IV.①X321.671

中国版本图书馆 CIP 数据核字（2022）第 052279 号

出 版 人　武德凯
责任编辑　易　萌
责任校对　任　丽
封面设计　岳　帅

出版发行　**中国环境出版集团**
　　　　　（100062　北京市东城区广渠门内大街 16 号）
　　　　　网　　址：http://www.cesp.com.cn
　　　　　电子邮箱：bjgl@cesp.com.cn
　　　　　联系电话：010-67112765（编辑管理部）
　　　　　　　　　　010-67112739（第三分社）
　　　　　发行热线：010-67125803，010-67113405（传真）
印　　刷　北京中科印刷有限公司
经　　销　各地新华书店
版　　次　2022 年 3 月第 1 版
印　　次　2022 年 3 月第 1 次印刷
开　　本　787×1092　1/16
印　　张　23.25
字　　数　604 千字
定　　价　98.00 元

中国环境出版集团郑重承诺：
中国环境出版集团合作的印刷单位、材料单位均具有中国环境标志产品认证；
中国环境出版集团所有图书"禁塑"。

前　言

　　城市生态环境总体规划主要解决格局性、结构性、战略性环境问题，是城市人民政府根据当地自然环境特征和资源承载能力，科学合理调整城市空间布局，促进城市可持续发展的战略决策。城市生态环境总体规划制度是我国当前积极探索和不断创新的一项环境保护基本制度，是贯彻党的十九大及生态环境保护大会精神，落实科学发展观，推进城市环境管理战略转型的重要手段。2011 年 12 月 15 日，《国务院关于印发国家环境保护"十二五"规划的通知》（国发〔2011〕42 号）确定了"探索编制城市环境总体规划"的重要任务，在国家层面，城市环境总体规划作为环境保护的一项基本制度和重要任务正式提出。环境保护部高度重视环境总体规划工作。2013 年，环境保护部确定 24 个城市开展生态环境总体规划编制的试点工作。城市生态环境总体规划也得到了国家发展和改革委员会、住房和城乡建设部、自然资源部等部门的高度关注和重视，是城市环境空间规划、"一张蓝图干到底"的重要探索之一。

　　本书以南宁市为研究对象，探索研究城市层面全域生态环境总体保护及空间落地管控的实施路径。破解了两个难题：一是空间管控，核心是划分生态保护空间和集约发展空间，从而让保护更充分，让发展更高效；二是功能提升，核心是协调好环境一般性治理和深化治理的关系，明确质量改善"路线图"和"施工图"。确立五大要素空间管控要求，划定生态、大气、水、土壤、噪声环境空间分区管控，制定环境质量底线。作者希望，在南宁市处于优化城市区域发展布局和建设中国面向东盟开放合作的区域性国际城市的关键时期，能将生态环境总体规划相关成果应用下去，真正发挥生态环境保护的作用，优化经济产业布局，推动区域高质量发展。

　　本书共包括 12 章。第 1 章南宁市环境经济竞争力比较及环境功能定位研究，主要由关杨、唐花蕾撰写；第 2 章南宁市中长期环境经济形势分析及战略路线，主要由关杨、李新撰写；第 3 章南宁市环境战略分区研究与目标指标体系构建，主要由李新撰写；第 4 章南宁市生态环境系统解析与生态空间保护，主要由熊善高、秦莹撰写；第 5 章南宁市生态保护红线划定研究，主要由熊善高撰写；第 6 章南宁市大气环境系统模拟、评价与分区引导建议，主要由苑魁魁、陆明东撰写；第 7 章南宁市中长期城市空气质量改善战略研究，主要由苑魁魁撰写；第 8 章南宁市水环境系统解析、评价与分区引导建议，主要由张培培、韦娜撰写；第 9 章南宁市中长期水资源利用与水环境改善研究，主要由张培培撰写；第 10

章南宁市土壤环境空间管控及安全利用战略，主要由路路、陆明东撰写；第 11 章南宁市环境风险评估与防范体系研究，主要由路路、李程峰撰写。第 12 章南宁市环保能力评估与完善提升研究，主要由容冰撰写。全书由李新、强烨负责统稿。

本书的撰写得到南宁市生态环境局相关领导的大力支持，在此表示感谢。

城市生态环境总体规划是一项继承性、创新性的工作，技术要求也相对较高。随着理论研究与实践探索的不断深入，相关内容框架、研究思路与技术路线基本成型，但尚存在部分技术难题有待攻克。本书在撰写过程中，由于时间与能力有限，也存在着诸多不足，我们将在下一步研究中逐步完善。希望本书的出版可以得到国内外相关人士进一步关注，了解城市生态环境总体规划，共同深化城市环境总体规划研究工作。

撰写组

2021.12.20

目　录

第 1 章　南宁市环境经济竞争力比较及环境功能定位研究 ……………………… 1

1.1　基础条件及发展历程 …………………………………………………… 1

1.2　经济社会发展情况 ……………………………………………………… 10

1.3　资源能源利用与环境状况 ……………………………………………… 30

1.4　区县发展情况 …………………………………………………………… 49

1.5　环境功能定位研究 ……………………………………………………… 58

第 2 章　南宁市中长期环境经济形势分析及战略路线 ……………………… 67

2.1　中长期经济社会发展预测 ……………………………………………… 67

2.2　污染行业发展的环境压力分析 ………………………………………… 77

第 3 章　南宁市环境战略分区研究与目标指标体系构建 …………………… 83

3.1　环境战略分区研究 ……………………………………………………… 83

3.2　目标指标体系 …………………………………………………………… 93

第 4 章　南宁市生态环境系统解析与生态空间保护 ………………………… 100

4.1　生态环境现状 …………………………………………………………… 100

4.2　生态环境系统解析 ……………………………………………………… 104

4.3　生态空间保护研究 ……………………………………………………… 132

4.4　生态安全格局构建 ……………………………………………………… 137

第 5 章　南宁市生态保护红线划定研究 ……………………………………… 148

5.1　区域概况 ………………………………………………………………… 148

5.2　主要生态问题 …………………………………………………………… 152

5.3　生态保护红线划定总则 ………………………………………………… 155

5.4　划定生态保护红线 ……………………………………………………… 159

5.5　生态保护红线管控措施 ………………………………………………… 172

第 6 章　南宁市大气环境系统模拟、评价与分区引导建议 ……………………… 175
　　6.1　大气环境分区管控总体思路 …………………………………………… 175
　　6.2　大气敏感性评价网格划定 ……………………………………………… 178
　　6.3　大气环境敏感性评价 …………………………………………………… 182
　　6.4　大气环境分区划定及管控措施 ………………………………………… 192

第 7 章　南宁市中长期城市空气质量改善战略研究 ……………………………… 198
　　7.1　南宁市大气质量现状特征 ……………………………………………… 198
　　7.2　污染排放现状特征 ……………………………………………………… 204
　　7.3　现有规划中南宁市大气环境质量目标 ………………………………… 210
　　7.4　国内外空气质量改善历程 ……………………………………………… 214
　　7.5　大气环境质量底线值 …………………………………………………… 218
　　7.6　基于环境质量底线的容量测算与承载力评估 ………………………… 219
　　7.7　大气环境质量改善路线 ………………………………………………… 223

第 8 章　南宁市水环境系统解析、评价与分区引导建议 ………………………… 225
　　8.1　方法与数据 ……………………………………………………………… 225
　　8.2　水环境系统解析 ………………………………………………………… 228
　　8.3　水环境控制单元划分 …………………………………………………… 233
　　8.4　水环境质量底线目标分解 ……………………………………………… 239
　　8.5　污染源清单建立 ………………………………………………………… 245
　　8.6　水环境承载状况评估 …………………………………………………… 258
　　8.7　水环境分区划定与管控 ………………………………………………… 265

第 9 章　南宁市中长期水资源利用与水环境改善研究 …………………………… 268
　　9.1　水环境问题识别 ………………………………………………………… 268
　　9.2　水资源利用上线 ………………………………………………………… 271
　　9.3　环境质量改善路径分析 ………………………………………………… 280

第 10 章　南宁市土壤环境空间管控及安全利用战略 …………………………… 283
　　10.1　基本考虑与总体思路 …………………………………………………… 283
　　10.2　土壤环境分析 …………………………………………………………… 284
　　10.3　土壤环境质量安全目标确定 …………………………………………… 289
　　10.4　土壤污染风险防控分区 ………………………………………………… 289
　　10.5　土壤环境重点防控战略任务 …………………………………………… 291

第 11 章　南宁市环境风险评估与防范体系研究 ………………………………… 293
　　11.1　环境风险现状及形势分析 ……………………………………………… 293

11.2　环境风险分区管控体系 ································· 304

11.3　核与辐射安全管控 ····································· 315

第 12 章　南宁市环保能力评估与完善提升研究 ············· 317

12.1　环境基础设施建设能力提升 ························· 317

12.2　环境监测监管能力提升 ····························· 334

12.3　环境管控政策 ··· 340

第 1 章　南宁市环境经济竞争力比较及环境功能定位研究

1.1　基础条件及发展历程

1.1.1　区位条件

南宁市是广西壮族自治区首府，地处广西中部偏南，南临北部湾，背靠大西南，西接中南半岛，东邻粤港澳，承启东西，沟通南北，是我国西南地区和边境地区中心城市，国家深入实施"一带一路"倡议的重要支点，西南出海综合通道枢纽，以及通向东南亚地区的桥头堡，面向东盟开放合作的区域性国际城市，同时也是国家北部湾城市群、珠江—西江经济带的核心城市。南宁市区位优势显著，距离防城港、钦州、北海等港口城市较短，公路、铁路、航空、水路等交通网络发达，随着总体发展与"一带一路"倡议的衔接联通进一步加深，南宁市将形成北引丝绸之路经济带，南接 21 世纪海上丝绸之路，贯通我国西部地区与中南半岛的南北陆路新通道。

1.1.2　自然环境

南宁市地处亚热带，地形以平原和丘陵为主，属湿润的亚热带季风气候，阳光充足，气候温润，雨量丰沛，2015 年平均降水量 1 222.3 mm，平均气温 22.2℃，主要河流均属于珠江流域西江水系，城市河网密布，水资源充足，2015 年地表水资源量 147.69 m³，人均水资源量 2 114.06 m³，流域集水面积在 200 km² 以上的河流有郁江、左江、右江、香山河等 39 条。南宁市土壤自然肥力高，农业生产潜力大，2015 年耕地保有量 68.2 hm²，占城市面积的 30.86%。南宁市自然环境优越，动植物资源丰富，截至 2012 年，南宁市自然分布的野生脊椎动物达 272 种，维管束植物 2 000 余种。

1.1.3　城市发展历程

南宁市历史悠久，古代属于"百越之地"。二十三年东晋大兴元年（公元 318 年），从郁林郡分出晋兴郡，南宁为郡治所在地，南宁建制从此开始，至今已有 1 700 多年历史。唐朝贞观六年（公元 632 年），南晋州更名邕州，设邕州都督府，南宁市的简称"邕"由此而来。元朝泰定元年（公元 1324 年），邕州路改名为南宁路，取南疆安宁之意，南宁得名始于此。历代南宁城市布局图见图 1-1。

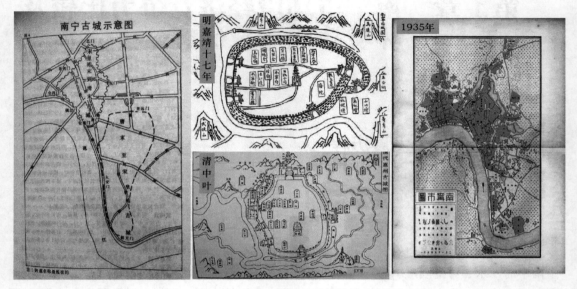

图 1-1　历代南宁城市布局

1.1.3.1　南宁市城市发展基础时期（1949—1957 年）

1949 年 12 月 4 日中国人民解放军解放南宁，南宁市回到人民手中，1950 年 1 月南宁市人民政府正式对外办公，同年 2 月，广西省人民政府成立，省会设在南宁。由于军阀割据和长期战乱，加之地处西南边陲，对外经济联系较少，1949—1957 年是南宁市城市建设发展基础时期。到 1952 年，经过三年的全面整治改造，南宁市建立了一定的城市经济基础，1953 年南宁市开始实施"一五"计划，"一五"期间，全市年均经济增长率达到 12.03%。

1.1.3.2　南宁市城市发展探索时期（1958—2002 年）

1958 年广西壮族自治区成立，南宁定为自治区首府，2002 年国务院批准撤销南宁地区设立地级崇左市，将原南宁地区管辖的横县、马山县、宾阳县、隆安县、上林县划归南宁市管辖，结束了南宁市作为广西壮族自治区首府和南宁（专区）地区并存的时期。

1958—1962 年是南宁市实施"二五"计划和城市经济调整时期，城市经济社会发展处于艰难境地，特别在 1959 年后受多方面因素的影响，经济增速呈现下滑趋势，"二五"期间全市年均经济增长只有 7.35%。1966—1975 年南宁市城市经济增长继续陷入低迷，年均经济增速仅为 8.56%。1978 年党的十一届三中全会召开，确立以建设中国特色社会主义理论为指导，以经济建设为中心，实行改革开放。南宁市坚持改革开放和社会主义市场经济建设，城市经济取得较快发展，1979—2000 年南宁市年均经济增速达到 11.69%，第一产业占比从 1950 年的 56.39% 下降到 16.52%，并初步形成"三二一"的较先进的产业结构。地方财政及人民生活水平均大幅增长。

1991 年南宁市跻身"中国城市综合实力 50 强"，同期南宁市整体发展方向逐渐由追求经济发展和城市建设向经济强市与美丽城市并重转变。1994 年南宁市在超额完成"八五"计划各项指标，提前 6 年实现地区生产总值翻两番目标的同时，被评为"全国园林绿化先进城市"，1995 年南宁建成区面积达 82 km²，城区人口 121.916 万人，同时荣获"国家卫生城市""全国城市环境综合整治优秀城市"称号。1996 年"九五"计划开局之后，南宁市在继续推进经济发展、全面扩大对外开放的同时，精神文明建设同样取得了长足进步，1997 年荣获"国家园林城市"称号，成为我国中西部地区和少数民族地区唯一获此殊荣的省会城市，1999 年在国家环境保护总局组织的全国城市环境综合整治定量考核中南宁市排名第 13 位。2000 年后，南宁市城市人居环境建设继续取得较大成果，2001 年与深圳、杭州、大连、石河子共同荣获"中国人居环境奖"。

1.1.3.3　南宁市城市发展成熟时期即"中国绿城"建设时期（2003 年至今）

2002 年南宁市将创建"中国绿城"作为城市建设管理目标写进政府工作报告，以得天独厚的地缘和资源禀赋优势，引领城市现代化建设与发展的特色道路。南宁市积极推动实施"136"城市建设管理目标（即一年小变化、三年中变化、六年大变化），2003 年完成"中国绿城"建设"一年小变化"。

2004 年南宁市以服务"两会一节"（中国—东盟博览会、中国东盟商务与投资会、2004 年南宁国际民歌艺术节）为主线，谱写生态化、国际化城市发展新篇章，2005 年创建"全国绿化模范城市"，成功承办"2005 年城市可持续发展国际会议"；2006 年深入开展"城乡清洁工程"，荣获"中国人居环境奖（水环境治理优秀范例城市）"；2007 年启动生态城市建设工程，创建国家级生态示范区工作进入验收阶段，荣获全球人居领域最高奖"联合国人居环境奖"，完成"中国绿城"建设"三年中变化"。

2008 年南宁市作为新一批北部湾城市群核心城市，荣获"全国文明城市"称号；2009 年启动"中国水城""国家森林城市"建设，荣获"全国文明城市"称号和我国环境保护领域最高社会性奖励"中华环境奖"；2010 年南宁市"中国水城"景观初具雏形，"中国绿城"品牌声名远播，现代生态宜居城市魅力彰显；2011 年南宁市深入开展"发展环境建设年"主题活动，荣获"国家森林城市"和"国家卫生城市"称号，完成"中国绿城"建设"六年大变化"。

2012 年之后，南宁市作为广西壮族自治区首府和北部湾城市群、珠江—西江经济带等区域发展战略核心，加快构建区域性国际城市和广西"首善之区"，实现首府现代化建设新跨越、争当"两个建成"排头兵，继续以建设"中国绿城""中国水城"为目标，坚持走"生态立市、环保优先"的发展道路，继续推进全市由"以环境换增长"向"以环境促增长""绿水青山就是金山银山"的科学发展转型。

1.1.4 城市环境质量变化

1.1.4.1 地表水环境

按年均值评价，南宁市左江、右江、武鸣河、邕江、郁江等主要江河总体为Ⅱ～Ⅲ类水质。左江上中、右江雁江、右江支流武鸣河叮当、邕江老口、水塘江、蒲庙、郁江的六景、平朗、南岸、清水河廖平桥10个断面Ⅲ类水质达标率为100%。2007—2016年，南宁市Ⅰ～Ⅲ类水质断面占比基本稳定在 100%，集中式饮用水水源地水质达标率稳中有升，2015—2016年达到100%，城市内河水水质问题较为严重，劣Ⅴ类水质断面占比始终在80%以上。2007—2016年南宁市水环境质量变化见图1-2。

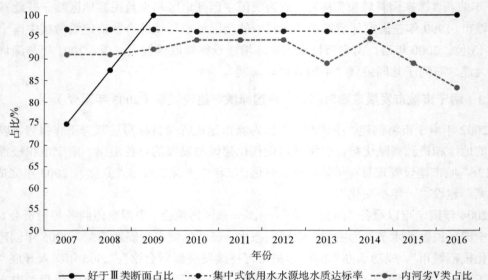

图 1-2 2007—2016 年南宁市水环境质量变化

1.1.4.2 环境空气质量

2016 年南宁市空气质量优秀（AQI≤50）、良好（50＜AQI≤100）、轻度污染（100＜AQI≤150）、中度污染（150＜AQI≤200）和重度污染（200＜AQI≤300）的天数分别为149天、199天、17天、0天和1天，未出现严重污染天气（AQI＞300），全年空气质量优良天数比例为88.8%；重污染及以上天气占全年的0.3%。空气质量超标日分别分布在1月（1天）、2月（6天）、3月（2天）、4月（1天）、9月（1天）、12月（7天）；其中，重度污染日出现在2月（1天）。

2016 年，南宁市城区大气环境中 SO_2、NO_2、PM_{10}、$PM_{2.5}$ 年均值分别为 $12\mu g/m^3$、$32\mu g/m^3$、$62\mu g/m^3$ 和 $36\mu g/m^3$，CO 日均值第 95 百分位质量浓度为 $1.3mg/m^3$，臭氧日最大8 小时质量浓度值第 90 百分位为 $114\mu g/m^3$。其中 SO_2、NO_2、PM_{10}、CO、O_3 年均浓度可以达到二级标准要求，$PM_{2.5}$ 年均浓度超标 3%。

南宁市城区大气环境质量总体分为两个阶段：①2008—2012 年，空气质量优良天数比例总体在高位保持稳定，首要污染物颗粒物浓度保持缓慢上升趋势，PM_{10} 浓度累计上升 23%；②由于 2013 年实施新标准后评价方法与 2012 年之前相比有所变化，导致 2013 年空气质量呈现断崖式恶化，2013 年之后空气质量逐步改善，$PM_{2.5}$ 浓度累计降低了 37%，城市空气质量优良天数比例超过 80%，重度及以上污染天基本消除，空气质量显著改善。

2008—2016 年南宁市城区大气环境质量变化见图 1-3。

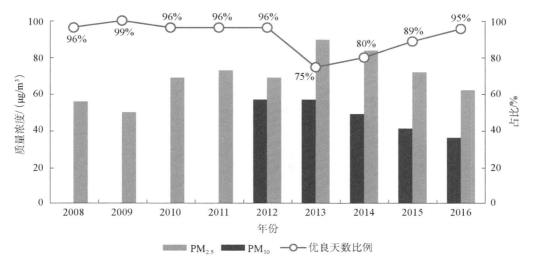

图 1-3　2008—2016 年南宁市城区大气环境质量变化

1.1.5　城市发展环境影响分析

1.1.5.1　人口增长及城镇化发展的环境影响

近 10 年（2007—2016 年，后同）南宁市已处于二氧化硫、二氧化氮浓度稳定下降阶段，两种污染物浓度并未受到人口持续增长的影响，这说明南宁市近 10 年在二氧化硫和二氧化氮污染治理工作方面取得了持续成效。PM_{10} 浓度在经过 2007—2013 年的波动增长后，2014—2016 年开始稳定下降，由此可见空气中颗粒物浓度在 2013 年之前与人口增长有一定的正相关关系，虽然近 3 年已进入稳定下降阶段，但 PM_{10} 仍是南宁市主要大气污染物，具体见图 1-4。

从污染物排放角度看，2007—2011 年二氧化硫排放量与人口增长保持较高一致，2011—2014 年（由于统计原因，可预计 2011 年之前亦然）氮氧化物排放量与人口增长保持着较高的一致性，烟粉尘排放量呈持续稳定下降趋势。2014 年—2016 年南宁市已实现二氧化硫、氮氧化物排放量与人口增长的脱钩，城市人口规模增长已不作为污染物排放量增长的重要相关因素（图 1-5）。人口城镇化发展水平的提升与大气污染物浓度、大气污染物排放量的变化息息相关，具体见图 1-6 和图 1-7。

水环境方面,近十年南宁市水环境质量保持稳定。从主要污染物排放角度看,近 10 年南宁市 COD、氨氮排放量稳定下降,与常住人口和人口城镇化率发展水平提升无显著相关性,具体见图 1-8 和图 1-9。

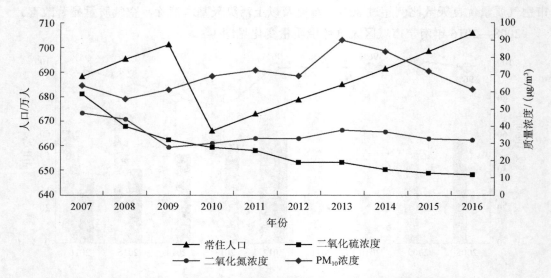

图 1-4 2007—2016 年南宁市主要大气污染物浓度变化与常住人口关系

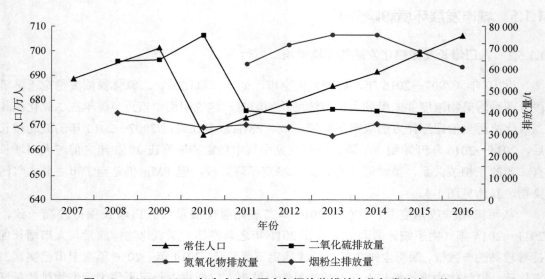

图 1-5 2007—2016 年南宁市主要大气污染物排放变化与常住人口关系

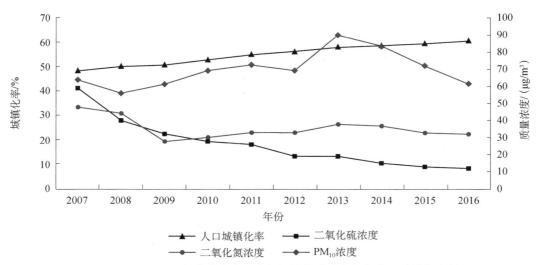

图 1-6　2007—2016 年南宁市主要大气污染物浓度变化与人口城镇化率关系

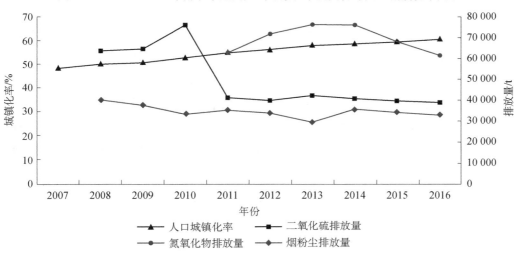

图 1-7　2007—2016 年南宁市主要大气污染物排放量变化与人口城镇化率关系

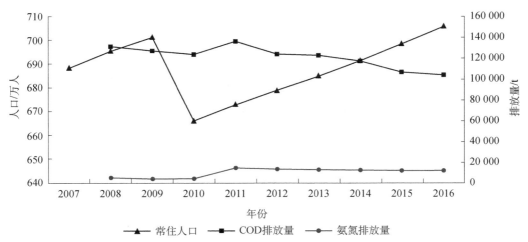

图 1-8　2007—2016 年南宁市主要水污染物排放变化与常住人口关系

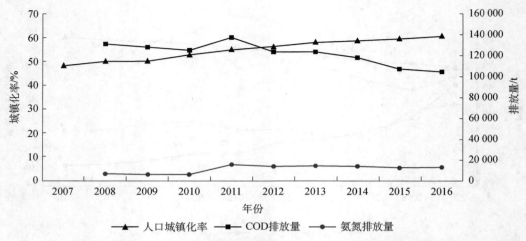

图 1-9　2007—2016 年南宁市主要水污染物排放变化与人口城镇化率关系

1.1.5.2　经济增长的环境影响

近 10 年南宁市人均 GDP 水平保持稳定增长，空气中二氧化硫、二氧化氮浓度基本实现与经济增长间的脱钩，PM_{10} 浓度在 2014 年起实现与经济增长间的脱钩，目前已基本进入经济增长与大气环境污染物浓度稳定负相关阶段。从污染物排放量看，二氧化硫、氮氧化物、烟粉尘的排放量分别在 2008 年、2011 年、2014 年实现与人均 GDP 增长的脱钩。水环境方面，南宁市水环境质量总体保持稳定，与经济增长相关性不显著，COD、氨氮排放已实现与人均 GDP 增长的脱钩。投资、工业发展与大气污染物浓度、排放量的关系与经济整体发展紧密相联。具体见图 1-10～图 1-15。

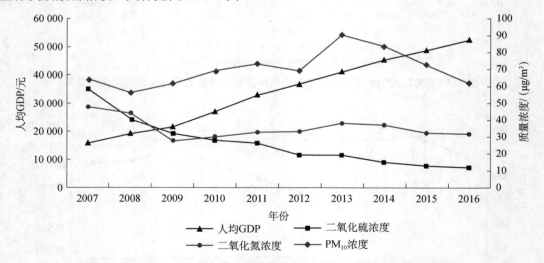

图 1-10　2007—2016 年南宁市主要大气污染物浓度与人均 GDP 关系

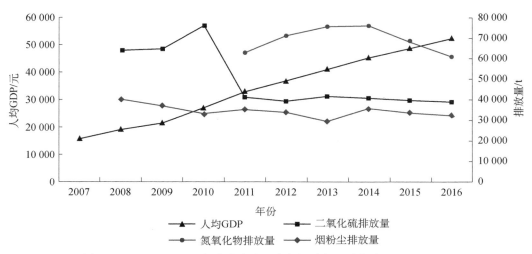

图 1-11　2007—2016 年南宁市主要大气污染物排放与人均 GDP 关系

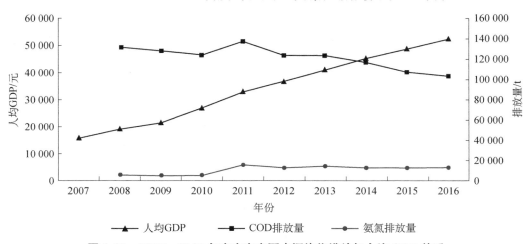

图 1-12　2007—2016 年南宁市主要水污染物排放与人均 GDP 关系

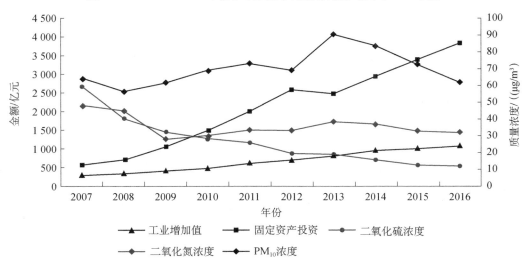

图 1-13　2007—2016 年南宁市主要大气污染物浓度与投资、工业发展关系

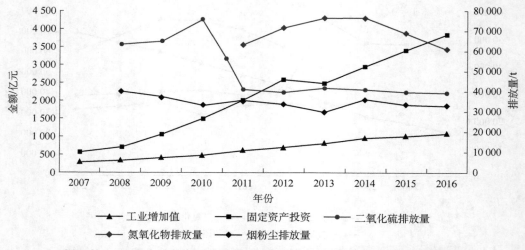

图 1-14 2007—2016 年南宁市主要大气污染物排放与投资、工业发展关系

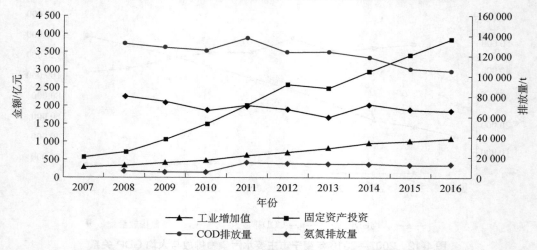

图 1-15 2007—2016 年南宁市主要水污染物排放与投资、工业发展关系

1.2 经济社会发展情况

1.2.1 经济发展情况

2016 年南宁市全市实现生产总值 3 703.39 亿元，按可比价格计算，同比增长 7.0%，低于全区平均水平的 7.3%，相较于 2015 年的 8.6%（全区为 8.1%）下降 1.6 个百分点，经济增长衰减十分明显。在全国 35 个主要城市中[①②]，南宁市经济总量和增速分别排名第 27 位和第 30 位。"十二五"期间南宁市 GDP 年均增长 10.62%，居第 15 位，以常住人口计人

---

① 包括直辖市、省会（自治区首府）城市、计划单列市，西藏自治区首府拉萨市不列入比较。
② 35 个主要城市经济社会相关数据主要来源包括：各省（区、市）2016 年国民经济和社会发展统计公报和统计年鉴，南宁市城镇化分析报告，沈阳市、大连市统计信息网发布数据及 2016 年政府工作报告等。

均 GDP 为 52 724 元，居全国主要城市最后一位，GDP 占全省总量比重为 20.30%，居第
23 位（图 1-16～图 1-19）。

南宁市总体经济规模较小，经济总量和人均水平在全国省会和副省级城市中均不占优势，
在西部主要城市中，南宁市经济总量也低于重庆市（17 558.76 亿元）、成都市（12 170.20 亿
元）、西安市（6 257.18 亿元）和昆明市（4 300.43 亿元），2016 年南宁市 7.0% 的经济增速在
11 个西部地区主要城市中为最低。从近 39 年（1978—2016 年）经济增长走势来看，南宁市
虽然经济总量仍保持增长，但经济增速已从 2007 年开始呈明显的波动下降趋势，进入经济
缓增期，具体见图 1-20。可以预见，未来南宁市与重庆市、成都市、西安市等西部地区区域
中心城市差距会继续扩大。同时，被近年来增长趋势良好的贵阳市（3 157.70 亿元，11.0%）、
兰州市（2 264.23 亿元，8.3%）等地超越的可能性较大。从全国范围看，南宁市经济增长情
况也仅好于经济发展已进入稳增阶段的北京市（6.7%）、上海市（6.8%）和经济下滑较为明
显的石家庄市（6.8%）、沈阳市（2015 年 3.5%）、大连市（2015 年 4.2%）。此外，由于受发
展阶段、政策导向、禀赋差异和经济结构等多方面因素的影响，我国中西部、东北地区经济
发展向省会或中心城市集中的态势较为明显，"一省一城"的发展模式较为普遍，例如银川
市、西宁市分别占宁夏、青海经济总量的 51.34%、48.52%，沈阳、大连合计占辽宁省经济
总量的 2/3 以上，成都市、西安市、武汉市、长沙市、贵阳市等占全省经济总量的比重也在
25% 以上。综上可知，南宁市经济发展水平处于我国省会、副省级等主要城市的中下游，且
经济增长已呈放缓态势，未来经济持续发展的压力十分明显。

区域层面[①]，南宁市作为广西壮族自治区首府、北部湾城市群核心城市、珠江西江经济
带双核之一，其经济规模和发展前景在区域内部同样不占优势。以 2015 年的数据为基准，
南宁市经济总量在自治区和北部湾城市群内居首位，但领先茂名、湛江、柳州等地的优势较
小，在珠江—西江经济带范围内，南宁市 GDP 总量仅为广州的 18.84%、佛山的 42.61%。人
均 GDP 方面，南宁市仅居全区第 4 位、北部湾城市群第 6 位、珠江西江经济带第 3 位，落
后于广州、佛山、防城港、柳州、北海、海口、澄迈、阳江，且仅为广州的 36.03%、佛山的
45.61%。根据我国《全国城镇体系规划（2006—2020 年）》《国家新型城镇化规划（2014—
2020 年）》及城市发展相关文件，城市功能定位更加明确、区域发展脉络和层次更为清晰、
人口经济结构和产业集聚效应更加显著的城市群、经济区模式将是中长期我国城市发展的主
导方向。作为北部湾城市群和珠江—西江经济带的核心城市，南宁市尚无法确立其经济规模
和人均经济发展水平在各区域内的领先地位，随着自治区、北部湾城市群、珠江西江经济带
经济一体化发展进程的推进、城市集群化发展程度加深，南宁市在区域层面的经济吸引力将
受到较大考验，尤其在当前我国经济进入新常态，总体增长放缓的大背景下，南宁市经济进
一步发展的前景和空间势必缩窄，并可能受到广州等处于区域经济绝对优势地位的城市，佛山、
茂名等迅速崛起城市，以及柳州、海口、湛江等依托特色产业行业快速发展城市的挤占。

综上所述，当前南宁市经济规模、人均 GDP 处于全国主要城市的中下游水平，虽仍保
持在全区、北部湾城市群各地级以上城市首位，但在珠江—西江经济带范围与广州、佛山
的差距较大，且面临被柳州、茂名、湛江、海口等快速发展城市赶超的压力。同时，南宁
市经济已进入缓增期，经济增速由 2015 年的 8.6%（高于全区平均 0.5 个百分点）下降至

① 区域层面各城市数据主要来源包括：中国城市统计年鉴 2016、中国城市建设统计年鉴 2016、广西壮族自治区统计年鉴
2016、广东省统计年鉴 2016、海南省统计年鉴 2016、南宁市统计年鉴 2016 等。

7.0%（低于全区平均 0.3 个百分点），经济发展明显趋缓。可以预见，中长期南宁市将面临较大的经济增长压力。

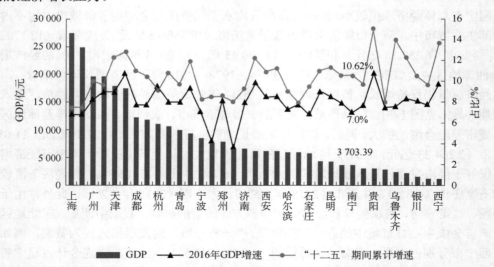

图 1-16　2016 年全国主要城市经济发展情况（按 GDP 总量排列）

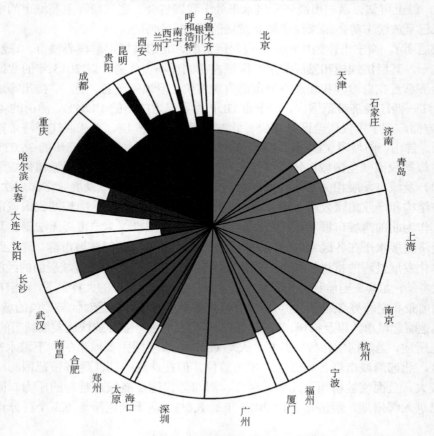

图 1-17　2016 年全国主要城市经济发展情况

注：按四大板块分区排列，扇形弧度和直径分别表征 GDP 总量和增速。

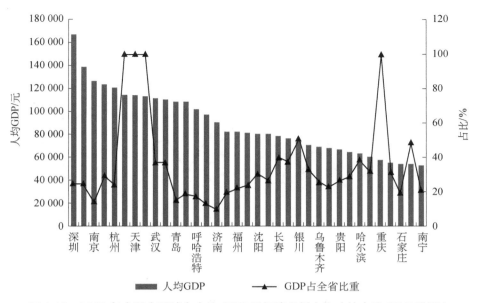

图 1-18　2016 年全国主要城市人均 GDP 及经济总量占比（按人均 GDP 排列）

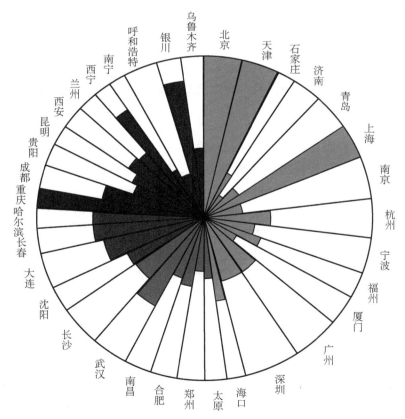

图 1-19　2016 年全国主要城市人均 GDP 及经济总量占比

注：按四大板块分区排列，扇形弧度和直径分别表征人均 GDP 和城市 GDP 占全省比重。

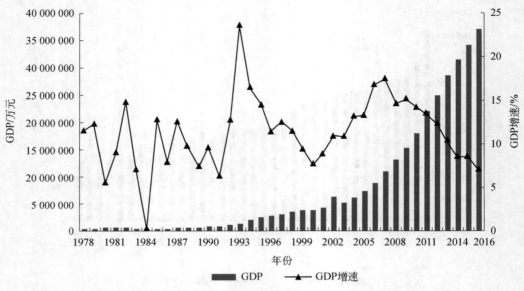

图 1-20　南宁市的 GDP 发展情况（1978—2016 年）

1.2.2　经济结构

　　经济结构是反映地区经济发展特征和态势的重要依据，本节从投资与消费、对外经济贸易两个方面来分析南宁市经济结构，并为之后的经济发展水平预测提供依据。

1.2.2.1　投资与消费

　　一般认为，全社会固定资产投资和社会消费品零售总额两项指标是对国家、区域或城市经济发展阶段的直接体现，2016 年我国全社会实现固定资产投资 606 466 亿元，其中制造业、房地产开发投资分别达 187 836 亿元、102 581 亿元，占比高达 31%、16.9%，全年社会消费品零售总额为 332 316 亿元，较固定资产投资少 274 150 亿元，投资与消费分别占全国 GDP（744 127 亿元）的 81.50%、44.66%，当年同比增长分别为 7.9%、10.6%。2016 年全国 31 个省（自治区、直辖市）中，仅北京市、上海市、广东省社会消费品零售总额高于全社会固定资产投资。可见，当前我国仍处于投资高于消费的开发建设阶段，制造业、房地产业占据了全行业投资总额的半壁江山，但消费增长速度高于投资，整体正由投资型经济向消费型经济迈进，具体见图 1-21。

　　2016 年，南宁市全社会实现固定资产投资 3 824.73 亿元，社会消费品零售总额为 1 920.36 亿元，两者相差 1 904.37 亿元，分别占全市 GDP 总量的 103.28% 和 51.85%，投资消费的占比情况与全国平均水平基本持平。同时，南宁市制造业、房地产开发投资分别达 880.30 亿元、854.00 亿元，分别占固定资产投资总量的 23.02%、22.33%，投资和消费同比分别增长 9.63% 和 10.84%，可见，在投资消费结构与全国大致相同时，南宁市固定资产投资增长势头高于全国平均水平 2.73%，社会消费品零售总额增长则与全国平均水平持平，说明南宁市整体仍处于以固定资产投资为主导的投资型经济发展阶段，具体见图 1-22。

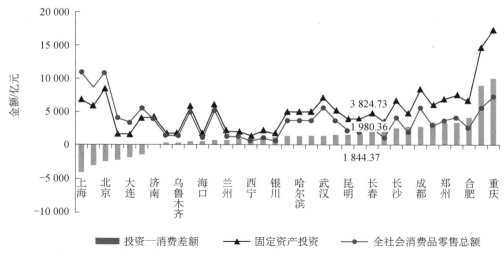

图 1-21　2016 年全国主要城市投资、消费结构（按投资—消费差额排列）

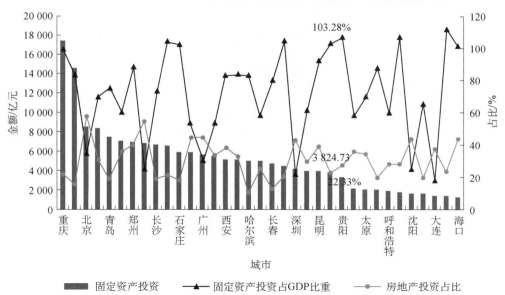

图 1-22　2016 年全国主要城市固定资产投资基本情况（按固定资产投资额排列）

　　与同期国内城市相比较，2016 年全国 35 个主要城市中仅上海、广州、北京、大连、沈阳、深圳进入社会消费品零售总额高于全社会固定资产投资的消费主导型经济发展阶段，且沈阳、大连明显受辽宁省经济下滑、数据归真、经济结构调整振荡期等因素的影响，投资与消费规模均明显低于北京、上海、广州、深圳 4 个城市，由此可以认为沈阳、大连处于"伪消费主导型"阶段。由此可知，全国主要城市基本仍处于投资主导型发展阶段，除北京、上海、广州、深圳四大一线城市外，31 座主要城市全社会固定资产投资总额均高于社会消费品零售总额，其中重庆、天津、成都、青岛、武汉、郑州等区域性中心城市全社会固定资产投资总额均位居全国前列。2016 年南宁市全社会固定资产投资对全市 GDP 的贡献度高达 103.28%，仅低于合肥（103.79%）、南昌（104.25%）、贵阳

（107.06%）、银川（106.56%）和西宁（112.11%），居全国主要城市第 6 位，反映出南宁市固定资产投资对经济增长较强的拉动作用。同时，南宁市房地产开发投资占全社会固定资产投资总额的 22.33%，居全国主要城市第 24 位，仅略高于全国平均水平，远低于北京、上海、杭州、广州等地，与郑州（39.71%）、昆明（39.04%）、西安（37.67%）、武汉（35.76%）、成都（31.53%）、贵阳（27.43%）等中西部区域中心城市或发展较快城市也有较大差距，具体见图 1-23。

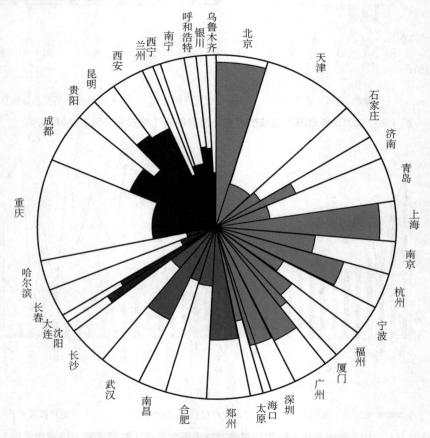

图 1-23　2016 年全国主要城市固定资产投资情况
注：按四大板块分区排列，扇形弧度和直径分别表征全社会固定资产投资和房地产投资占比。

而在广西壮族自治区、北部湾城市群、珠江—西江经济带范围内，除广州、茂名两地外，其余 25 座城市均处于投资主导型经济发展阶段，南宁作为上述区域的核心城市，全社会固定资产投资总额仅次于广州，居自治区、北部湾城市群第 1 位，珠江—西江经济带第 2 位，社会消费品零售总额低于广州、佛山，居自治区、北部湾城市群第 1 位，珠江—西江经济带第 3 位，固定资产投资与社会消费品零售总额差值为 27 个城市之首，不仅高于广州、佛山、海口等省、区域中心城市，也高于桂林、柳州等桂北城市，可见以全社会固定资产投资为表征，南宁市正处于经济开发建设的加速阶段和产业、基础设施等领域固定资产投资的迅速累积阶段，并且以投资为主导的经济增长在广西壮族自治区、北部湾城市群、珠江—西江经济带范围内均处于相对领先的地位。

　　一般认为，当国家、区域或城市经济发展处于较低水平，社会消费应高于投资，处于区域经济的主导地位，随着经济发展水平的逐渐提升，投资对国民经济发展的贡献水平逐渐处于领先并将在一段时间内保持这种优势，而当经济发展进入先进和发达阶段后，消费将重新处于优势，且二者之间的差额保持相对稳定。从投资消费结构的发展历程来看，南宁市在 2006 年由消费主导型经济转为投资主导型经济，滞后于全国和自治区整体水平（转型均在 2003 年），且在 2006 年之后南宁市全社会固定资产投资与社会消费品零售总额的差距逐渐扩大，到 2014 年达到 1 904.37 亿元，结合全国仍以投资为经济主导的整体发展形势和南宁市投资消费结构的具体情况，可知在中长期内南宁市仍将处于以投资为主导的经济发展阶段，而在经济增长压力较大的大背景下，依赖于投资的经济增长方式将可能对生态环境造成较大压力，具体见图 1-24。

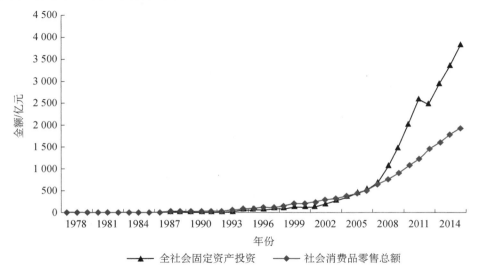

图 1-24　南宁市固定资产投资与社会消费发展情况（1978—2014 年）

1.2.2.2　对外经济贸易

　　对外经济贸易发展水平是衡量一个国家、区域和城市经济发展活力潜力，以及经济发展质量的重要指标，2016 年我国全年货物进出口总额 243 386 亿元，受全球经济形势影响比上年下降 0.9%，其中出口总额 138 455 亿元，占进出口总额的 56.89%，进口比例增长 0.6%，出口比例下降 1.9%，实际利用外商投资总额为 1 260 亿美元，增长比例为 4.1%。可见虽然我国对外经济贸易总量较大，正处于贸易顺差，但随着经济进入新常态，全球经济进入缓增期，全国对外经济贸易增长已初现停滞。

　　截至 2016 年，南宁市未受到全国对外经济贸易大环境的明显影响，全年进出口总值达 416.23 亿元，增长 14.2%，其中进口总值达 205.10 亿元，占比为 49.27%，增长比例为 26.61%，增长势头远高于出口增长的 4.27%。同比全国各主要城市，南宁市进出口总额居第 27 位，出口占比 50.72%，居第 25 位，对外经济贸易规模处于全国主要城市下游，进出口相对均衡，出口占比仅领先于北京、天津、上海、广州、大连、海口等发展成熟的进口导向型城市。同时，从国内对外贸易对比角度来看，2016 年南宁市社会消费品零售总额、进出口总额占 GDP 比重分别为 53.47%、11.24%，两者差额达 42.23%，居全国第 7 位，全年外商直接投资仅 7.7 亿美元，居全国第 30 位，可见南宁市经济贸易明显偏重于国内，经济对外开放程度与全国主要城市相比处于较低水平，经济继续发展和市场继续扩张的活力和空间相对不足，具体见图 1-25～图 1-27。

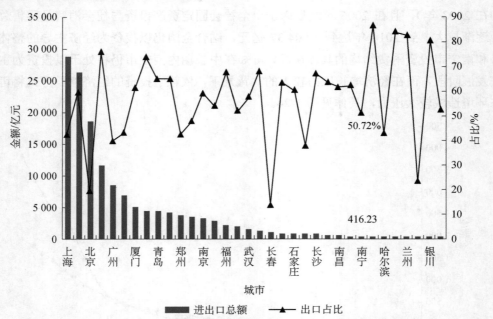

图 1-25 2016 年全国主要城市对外经济贸易情况（按进出口总额排列）

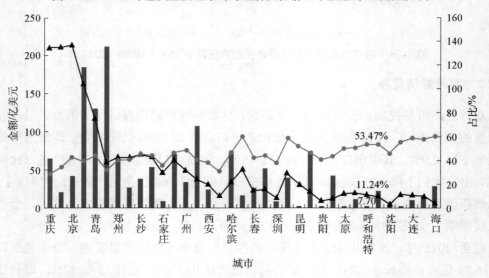

图 1-26 2016 年全国主要城市国内、对外贸易对比情况（按对外、国内贸易差额排列）

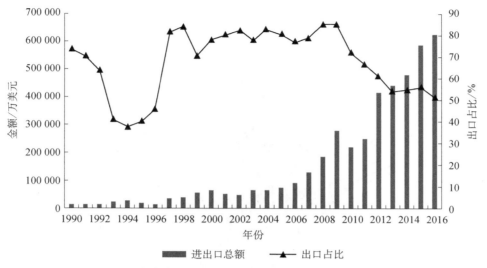

图 1-27　南宁市对外经济贸易发展情况（1990—2016 年）

　　从四大板块的角度来看，中西部地区主要城市对外经济贸易整体规模明显落后于东部地区，且多数城市如合肥（67.61%）、长沙（66.84%）、乌鲁木齐（85.78%）、兰州（82.03%）、银川（79.80%）、贵阳（83.73%）等地，出口在对外经济贸易中占比都处于较高水平。南宁市 50.72% 的出口占比相对较低，且在具备一定对外贸易规模的中西部城市中，与西安（51.78%）、成都（53.47%）、武汉（57.69%）等经济发展水平处于领先地位的区域性中心城市较为接近。结合南宁市 1990—2016 年对外经济贸易的发展历程来看，随着进出口总额的波动增长，自 2009 年起出口在南宁市对外经济贸易中所占比重呈持续下降态势，由此可知随着全球和局部市场的调整，南宁市在国际贸易中的竞争力下降较为明显，中长期内可能会向进口主导型经济转型，具体见图 1-28。

　　从区域角度看，在广西壮族自治区、北部湾城市群和珠江—西江经济带范围内，共有崇左、防城港、钦州、北海、儋州、广州、佛山 7 个外向型经济城市，肇庆、云浮、海口等地对外经济贸易发展也对城市经济起着较大推动作用。南宁市虽然作为广西壮族自治区、北部湾城市群、珠江—西江经济带的核心城市，但受地理位置不临海、水运条件相对较差等方面因素的影响，尚未发挥其在对外经济贸易领域的引领作用，外向型经济占比较低，中长期城市经济仍将以内向型为主导。

1.2.3　产业结构

　　产业结构是决定国家、区域和城市经济发展水平、模式、阶段和质量的重要因素，同时对区域环境经济协调发展具有显著的驱动作用。本节拟以三次产业结构、工业制造业和服务业产业结构等为主要切入点，来分析南宁市产业结构及工业制造业、服务业等的发展态势。

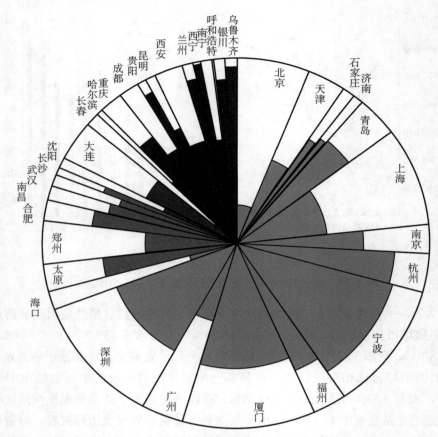

图 1-28 2016 年全国主要城市对外经济贸易情况

注：按四大板块分区排列，扇形弧度和直径分别表征城市对外经济贸易占 GDP 的比重和出口占进出口总额的比重。

1.2.3.1 三次产业结构

  2016 年南宁市三次产业结构为 10.82∶38.54∶50.64，第三产业产值 1 875.57 亿元，在全国 35 个主要城市中排第 27 位，在国民经济结构中占比超过 50%，居第 23 位；第二产业占国民经济结构不足 40%，产值 1 427.16 亿元，分别排第 24、第 26 位，第二产业、第三产业发展水平均处于全国中下游水平。同时，南宁市仍保有 400.67 亿元的第一产业产值，在 35 个主要城市中排第 7 位，仅次于重庆、成都、哈尔滨、石家庄等地，第一产业产值占比超过 10%，排第 2 位，仅次于哈尔滨的 11.33%，明显高于济南、郑州、成都、石家庄等农业大省的省会城市以及海口等农业主导地位较为明显的省会城市，具体见图 1-29。

  一般认为，第三产业在国民经济结构中占比超过第二产业是国家、区域或城市经济发展质量提升，由传统型、资源能源消耗型、开发建设型经济向服务主导型、环境友好型、可持续发展型经济转变的重要标志。从全国 35 个主要城市产业结构演变进程来看，由于改革开放以来经济的高速发展，我国东部沿海地区大部分城市在完成经济体系的构建和产业布局后，已于 2000 年前后（北京、上海、广州等）、2010 年前后（深圳、青岛、南京、杭州、厦门等）两个阶段实现了第三产业在国民经济结构中对第二产业主导地位的取代，即产业结构的"退二进三"（见图 1-30）。中西部及东北地区除武汉、成都等少数城市外，产业结构调整进程相对滞后，大多在 2015 年前后才实现第三产业对第二产业的反超。虽然南宁市早在 1991 年已确立了第三产业在国民经济结构中的主导地位，仅晚于哈尔滨（1990 年）、海口和乌鲁木齐（1990 年之前），但结合南宁市三次产业结构的演变历程来看，全市第二产业占比由 1990 年以前的 40%左右下降至 2001 年 27.06%的最低值后，又呈震荡增长态势，2016 年重新上升至接近 40%，2009 年起随着第三产业增长放缓，第二产业始终保持较快的增速直至"十二五"末，呈现出明显的再工业化发展趋势，具体见图 1-31。

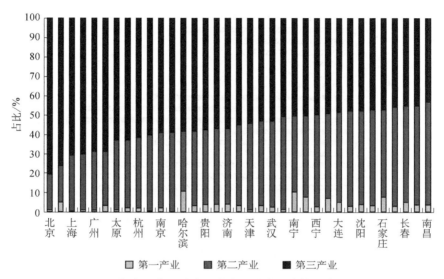

图 1-29　2016 年全国主要城市三次产业结构（按第三产业占比排列）

　　可见，受全区经济环境、发展定位、区位特征等因素的影响，南宁市实际是处于第一产业尚未从产业结构中剥离、成熟的工业体系尚未构建、产业结构和布局仍处于经济发展初级阶段的状态，第三产业发展得较早，但未形成具备自身特色的稳定经济增长动能。随着"十一五""十二五"期间全国工业化进程的提速，自治区内城市间及各省（区、市）间人口、劳动力、投资和产业等生产要素的转移力度加大，频率提升，导致南宁市产业结构产生震荡，呈现出"退三进二"的逆向发展趋势。

　　2016 年广西壮族自治区三次产业结构为 15.3∶45.1∶39.6，三次产业分别增长 3.4%、7.4%、8.6%，全区整体仍处于第二产业快速发展并逐步向第三产业主导过渡阶段，自治区内仅南宁、河池两市产业结构以第三产业为主导。自治区、北部湾城市群、珠江—西江经济带 27 个市（县）中，仅广州、湛江、茂名、南宁、河池、海口、临高、儋州 8 市（县）产业结构以第三产业为主导，桂北地区经济发展的中心、广西壮族自治区建设"一带一路"有机衔接重要门户的重点城市桂林、柳州均明显偏重于第二产业，珠江—西江经济带主要的产业辐射带动城市佛山的第二产业占比接近 60%。中长期，在自治区、南宁市较强的经济发展需求促动下，第二产业仍将作为区域经济发展的重要贡献要素，且随着广东省特别是珠三角地区产业转移进程的推进，南宁市可能通过承接产业、企业和劳动人口转移重新构建产业结构、布局和体系，而结合当前南宁市以传统型、内向型、投资型、开发型为主导的经济和产业发展形式，未来产业的发展对生态环境的压力将可能持续增长，具体见图 1-31。

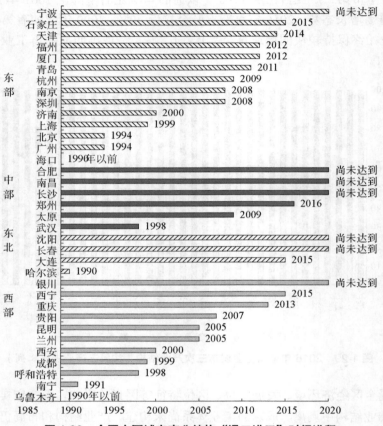

图 1-30 全国主要城市产业结构"退二进三"时间进程

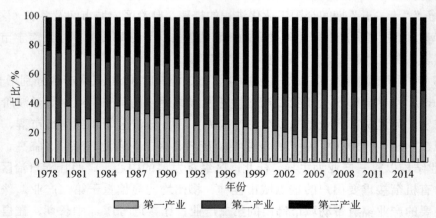

图 1-31 南宁市三次产业发展历程（1978—2014 年）

1.2.3.2　主导产业

2016 年南宁市实现工业增加值 1 063.14 亿元，同比增长 5.60%，分列全国 35 个主要城市第 25 位、第 22 位，处于中下游水平，与东部、中部、东北地区及西部地区核心城市重庆、成都差距十分明显，且增长势头和增长前景均不明显，具体见图 1-32。从区域层面看，南宁市工业增加值总量居广西壮族自治区第 2 位（落后于柳州），北部湾城市群第 1 位，珠江—西江经济带第 3 位（落后于广州、佛山）。工业经济增速在自治区、北部湾城市群、珠江—西江经济带 27 市（县）中居第 5 位，仅落后于广西沿海的北海、防城港及阳江、东方 4 个市。但是，南宁市工业经济增长放缓态势较为明显，工业增加值增速从 2006 年的 29.89%、2012 年的 18.70% 下降至 2016 年的 5.6%。

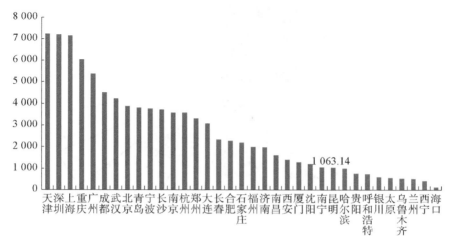

图 1-32　2016 年全国主要城市工业经济发展情况（按工业增加值总量排列）

从工业制造业的具体结构来看，近十年南宁市工业结构相对稳定，工业总产值较高的六大产业占全市规模以上工业增加值比重维持在 50% 左右。2016 年，南宁市农副食品加工业实现规模以上工业总产值 484.43 亿元，占全市规模以上工业比重达 13.70%，虽然在"十二五"期间增速有所放缓，占比与 2011 年的 19.53% 相比下降 5.83 个百分点，但农副食品加工业始终是南宁市第一大支柱产业。造纸及纸制品业、电力、热力生产和供应业也在 2005 年至"十二五"中前期的快速发展后增长趋于平稳，到 2016 年已不在全市六大重点行业之列。近年来，南宁市在计算机通信和其他电子设备制造业、电气机械和器材制造业、化学原料及化学制品制造业、木材加工和木、竹、藤、棕、草制品业、非金属矿物制品业均保持着平稳、较快的发展，电子信息、木材加工和电气机械在"十二五"中后期取代造纸及纸制品业、电力、热力生产和供应业、热电等成为城市发展的重点行业。2016 年，南宁市基本形成以农副食品加工业（占比 13.70%），计算机通信和其他电子设备制造业（13.55%），电气机械和器材制造业（6.65%），化学原料及化学制品制造业（7.49%），木材加工和木、竹、藤、棕、草制品业（5.33%），非金属矿物制品业（6.97%）为主的六大重点行业。且从各行业工业总产值发展趋势来看，计算机通信和其他电子设备制造业以及电气机械和器材制造业仍保持着较快增长，非金属矿物制品业、化学原料和化学制品制造业、农副食品加工业也保持稳定增长，可以预见中长期南宁市工业制造业结构将面临进一步调整，电子设备、机械、化工、水泥和平板玻璃产量和产能规模的扩大将对城市生态环境造成较大的压力，具体见图1-33。

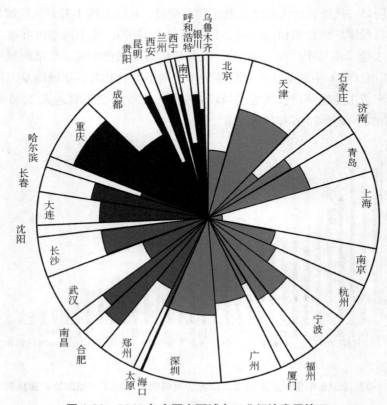

图1-33　2016年全国主要城市工业经济发展情况

注：按四大板块分区排列，扇形弧度和直径分别表征工业增加值和工业增加值增速。

从各个行业固定资产投资情况来看，2016年房地产业，制造业，水利、环境和公共设施管理业，交通运输、仓储和邮政业，批发和零售业，租赁和商务服务业分别实现全社会固定资产投资998.10亿元、880.30亿元、385.51亿元、367.82亿元、207.67亿元、166.87亿元，居南宁市固定资产投资总额的前6位。明显可见，除遵从国内房地产开发大趋势外，南宁市固定资产投资偏重于制造业、基础设施建设及传统型服务业，投资重点仍集中于传统型、基础型行业。但与"十二五"时期相比，南宁市固定资产投资结构在2016年仍呈现较大调整，具体表现为：

（1）信息传输、软件和信息技术服务业，金融业固定资产投资总额分别增长141.14%、109.97%，增速相比2015年分别提升106.64个、109.67个百分点，增长趋势明显；

（2）采矿业，水利、环境和公共设施管理业，制造业，交通运输、仓储和邮政业，建筑业固定资产投资分别增长-35.74%、-4.83%、5.48%、12.72%、4.99%，增速相比2015年分别下降26.94个、25.23个、2.62个、1.58个、5.21个百分点；

（3）公共管理、社会保障和社会组织，卫生和社会工作，文化、体育和娱乐业等实现固定资产投资额总体呈下降趋势。南宁市在开发建设、工业制造等领域的固定资产投资增长有所放缓，金融、信息等高端生产性服务业投资大幅增长，可以预见南宁市将在中长期保持工业制造业和基础设施建设等行业继续发展的同时，将高端生产性服务业作为未来经济发展的重点，具体见图 1-34～图 1-37。

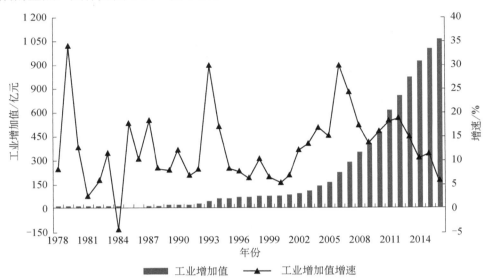

图 1-34　南宁市工业经济发展历程（1978—2016 年）

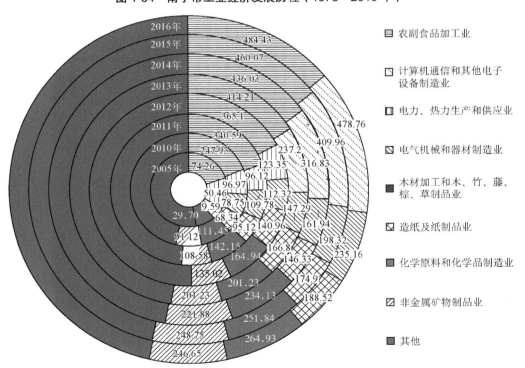

图 1-35　2005—2016 年南宁市主导工业行业演变（单位：亿元）

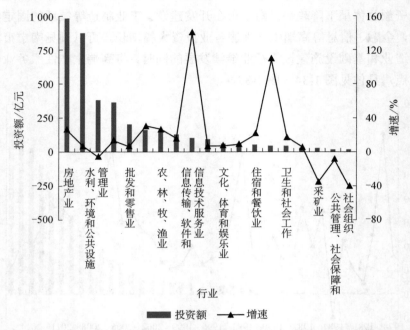

图 1-36　2016 年南宁市各行业固定资产投资情况（按固定资产投资额排列）

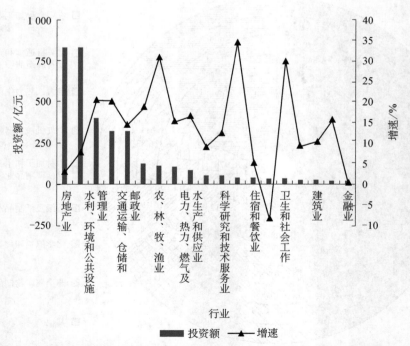

图 1-37　2015 年南宁市各行业固定资产投资情况（按固定资产投资额排列）

1.2.4　社会发展情况

社会发展情况及其组织结构、稳定性等是影响区域经济发展水平、增长潜力及环境经济协调发展状态的重要因素。本节重点从城市人口、城镇化水平、人口流动性及居民生活相关领域对南宁市社会发展情况进行分析。

2016 年年末南宁市常住人口为 706.22 万人，相比 2015 年增长 1.09%，近 10 年人口保持增长，2005—2016 年"十二五"期间年均常住人口增长 0.81%、0.96%。人口规模在全国 35 个主要城市中居第 23 位，在 11 个西部地区省会（直辖市、自治区首府，不计拉萨）城市中居第 4 位，与重庆（3 048.43 万人）、成都（1 591.80 万人）、西安（883.21 万人）差距较为明显。常住人口城镇化率 60.23%，在全国 35 个主要城市中居第 33 位，仅高于石家庄（59.96%）和哈尔滨市（48.60%）。2016 年南宁市户籍人口 751.74 万人，常住人口数量与户籍人口数量比值为 0.939 4，高于全区平均水平（0.867 2），在 35 个主要城市中居第 34 位，仅高于重庆（0.904 1），也是全国各直辖市、省会及自治区首府、计划单列市中仅有的 2 个常住/户籍人口比低于 1 的城市之一。常住户籍人口占全自治区比重为 14.60%，居主要城市第 14 位，在西部地区主要城市中居第 6 位。可见，南宁市人口规模、城镇化水平在全国主要城市中居中下游，在西部地区主要城市中，距离重庆、成都、西安有较大差距，在全国、自治区范围内，未能展现出足够的城市吸引力，具体见图 1-38～图 1-40。

结合自治区、北部湾城市群、珠江—西江经济带社会发展情况看，南宁市人口规模在 27 个市（县）中排第 4 位，低于广州、佛山和湛江，城镇化发展水平居第 5 位，落后于佛山、广州、海口和柳州，常住/户籍人口比居第 8 位，低于佛山、广州、海口、柳州、防城港、东方和北海。可见，在广西壮族自治区、北部湾地区整体人口吸引力不足，城镇化发展水平较低的大背景下，南宁市人口规模、常住人口城镇化率、常住与户籍人口比例在区域内位居中上游，但距离其区域性中心城市的定位仍有较大差距。在自治区内，仅柳州一市常住/户籍人口比值超过 1，展现出较强的人口吸引力，南宁市则位列柳州和防城港、北海 3 个城市之后。在北部湾城市群、珠江—西江经济带范围内，南宁市对人口的集聚能力落后于广州、佛山和海口等地，随着区域一体化发展进程的推进和广东省产业人口"双转移""腾笼换鸟"等战略举措的深化实施，将进一步削弱南宁市在大区域内的人口影响力和吸引力。人口规模和人口吸引力方面的不足，可能导致区域经济增长动能结构、发展方向以及人口和社会投资消费结构偏移，进而外来源污染、旅游季周期性污染等逆城市化环境问题，将对南宁市生态环境保护和污染防治造成较大压力。

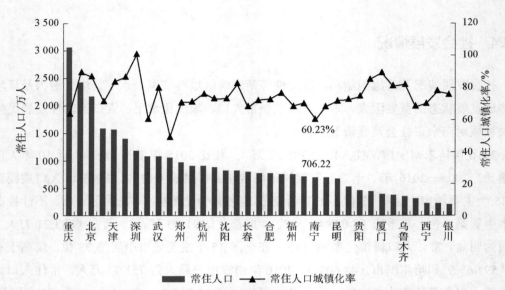

图 1-38 2016 年全国主要城市社会发展情况（按人口数量排列）

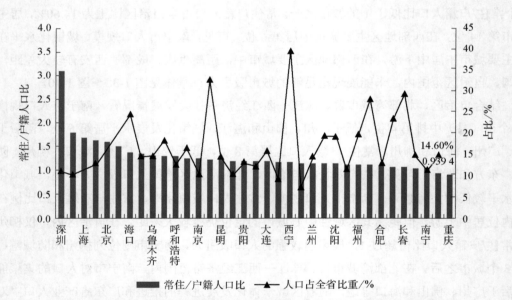

图 1-39 2016 年全国主要城市人口分布特征（按常住/户籍人口比排列）

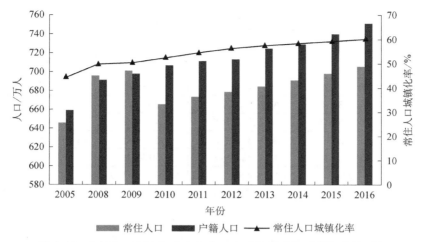

图 1-40　2005—2016 年南宁市人口变动情况（按时间顺序排列）

1.2.5　工业化进程研判

工业化一般是指新兴工业部门在现代科学技术的推动下对原有工业部门的变革，以及由此导致的工业结构变化和整体工业生产力水平提高，最终达到先进水平的发展过程。工业化发展阶段是衡量一个国家或地区经济发展进程的重要依据，可以用来表征国家或地区经济、社会、产业总体发展水平。目前，对工业化发展阶段的研判仍没有统一标准，主要的工业化阶段划分理论包括霍夫曼定理[1][2][3]、钱纳里标准模式[4][5][6]、罗斯托的阶段划分理论[7][8]、库兹涅茨模式[9][10]等。其中，钱纳里标准模式从传统工业化理论角度进行分析，以人均 GDP 为依据对工业化发展阶段进行划分，在定量分析方面具有更强的应用性和直观性，也是目前在我国工业化进程研究中应用最多的理论方法。本节基于钱纳里标准模式中工业化阶段判断理论，沿用中国社会科学院在相关研究报告[11]中的进一步拓展，综合人均 GDP、三次产业结构、重工业占全部工业比重、人口城镇化率、第一产业就业人员占比等指标进行分析，并结合我国及广西壮族自治区城市经济发展的自身特征，研判南宁市经济发展的综合进程，具体见表 1-1。

———————————

① Hoffmann W G. The growth of industrial economies [M]. Manchester University Press，1958.

② Hoffmann W G. Stadien und Typen der Industrialisierung [M]. Manchester University Press，1958.

③ Hoffmann W G. British Industry，1700-1950 [M]. New York：AM Kelley，1965.

④ Chenery H B，Strout A M. Foreign assistance and economic development [J]. The American Economic Review，1966，56（4）：679-733.

⑤ Chenery H B，Syrquin M，Elkington H. Patterns of development，1950-1970 [M]. London：Oxford University Press，1975.

⑥ Chenery H B，Robinson S，Syrquin M. Industrialization and growth [M]. World Bank，1986.

⑦ Rostow W W. The stages of economic growth [J]. The Economic History Review，1959，12（1）：1-16.

⑧ Rostow W W. The stages of economic growth：A non-communist manifesto [M]. Cambridge University Press，1990.

⑨ Kuznets S. Economic growth and income inequality [J]. The American economic review，1955，45（1）：1-28.

⑩ Kuznets S S，Murphy J T. Modern economic growth：Rate，structure，and spread [M]. New Haven：Yale University Press，1966.

⑪ 黄群慧，等. 中国工业化进程报告（1995—2015）[M]. 北京：社会科学文献出版社，2012.

表 1-1　南宁市工业化进程研判

		人均 GDP（2010 年）/ 美元	三次产业结构（A：I：S）	重工业占全部工业比重/%	人口城镇化率/%	第一产业就业人员占比/%
前工业化		827～1 654	A>I	0～20	30 以下	60 以上
工业化阶段	初期	1 654～3 308	A>20%，A<I	20～40	30～50	45～60
	中期	3 308～6 615	A<20%，I>S	40～50	50～60	30～45
	后期	6 615～12 398	A<10%，I>S	50～60	60～75	10～30
后工业化		12 398 以上	A<10%，I<S	60 以上	75 以上	10 以下
南宁市		7 940	10.82：38.54：50.64	58.67（2015）	60.23	50.35（2015）
广西		5 595	15.3：45.1：39.6	72.35（2015）	48.08	50.60（2015）
全国		7 973	8.6：39.8：51.6	71.31（2012）	57.35	28.30（2015）

考虑到数据的可获得性，本节对钱纳里标准模式进行了调整，以人均 GDP 水平、产业结构、城镇化发展水平、轻重工业结构和就业结构作为评判工业化发展阶段的主要依据。2016 年南宁市人均 GDP 达到 7 940 美元，常住人口城镇化率 60.23%，已基本进入工业化后期阶段。但是，南宁市产业结构、就业结构中第一产业占比较高，虽然第二、第三产业比例已达到后工业化阶段标准（即第二产业占比小于第三产业），但工业结构中轻工业仍占较高比重，可见南宁市并未经历完整的工业化进程，第一产业、轻工业仍是区域经济增长和产业发展的主要支撑。由此可以判定南宁市仍处于工业化中期向后期过渡的发展阶段，且整体工业化进程呈现出明显的"前置式""早熟式"发展特征。

1.3　资源能源利用与环境状况[①]

1.3.1　土地资源

1.3.1.1　土地资源利用基本情况

南宁市地域辽阔，总面积 22 100 km²，在全国 35 个主要城市中居第 3 位，仅次于重庆（82 400 km²）和哈尔滨市（53 100 km²）。2016 年南宁市城区面积仅为 841.08 km²，居主要城市第 23 位，城区面积仅占城市行政区划面积的 3.80%，居主要城市第 31 位，城区面积及占比在 11 个西部省会城市（直辖市、自治区首府，不计拉萨）中分别居第 7 位、第 9 位，可见南宁市城区面积较小，城市开发程度较低。2016 年，南宁市人口密度 318 人/km²，居主要城市第 29 位，仅高于西宁（305 人/km²）、兰州（283 人/km²）、乌鲁木齐（255 人/km²）、银川（243 人/km²）、哈尔滨（200 人/km²）、呼和浩特（180 人/km²），但城区人口密度达 2 478 人/km²，居全国 35 个主要城市第 21 位，城区人口密度约为城市人口密度的 7.8 倍，居全国 35 个主要城市第 8 位，可见南宁市城乡人口分布差距较为明显，人口主要集

---

① 资源能源及环境相关指标来源主要包括：2016 年中国城市统计年鉴、2016 年中国城市建设统计年鉴、2016 年中国统计年鉴、2016 年中国能源统计年鉴、各省（自治区、直辖市）、地市水资源公报。

中在较小的城区范围内，具体见图 1-41、图 1-42。

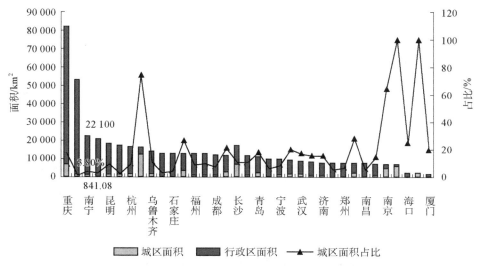

图 1-41　2016 年全国主要城市土地资源情况（按行政区面积排列）

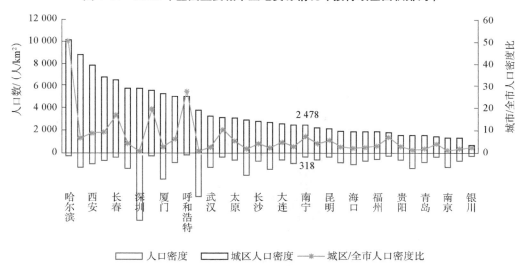

图 1-42　2016 年全国主要城市人口密度情况（按城区人口密度排列）

　　2016 年南宁市经济密度（即单位土地面积 GDP）和工业经济密度（即单位土地面积工业增加值）分别为 1 665.57 万元/km^2、478.14 万元/km^2（图 1-43），分别居全国 35 个主要城市第 33 位、第 31 位。而在广西壮族自治区、北部湾城市群、珠江—西江经济带范围内，南宁市人口密度、经济密度、工业经济密度在 27 个市（县）中分别排名第 12 位、第 12 位和第 8 位，人口集聚程度、经济和工业开发建设强度均处于中游偏上的水平，相比广州、佛山、海口、湛江、茂名以及自治区沿海的防城港、北海等地，具有更大的开发建设和土地利用空间（图 1-44）。可见，南宁市总体地广人稀，土地资源充足，单位土地面积经济和工业开发强度均较低，中长期仍有较大的开发建设空间，也为未来电子信息、生物医药、装备制造等城市新兴行业的继续扩大发展提供了基础。

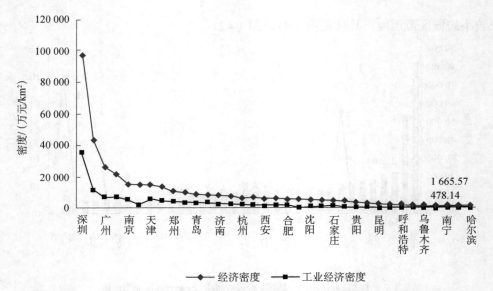

图 1-43 2016 年全国主要城市经济密度和工业经济密度（按经济密度排列）

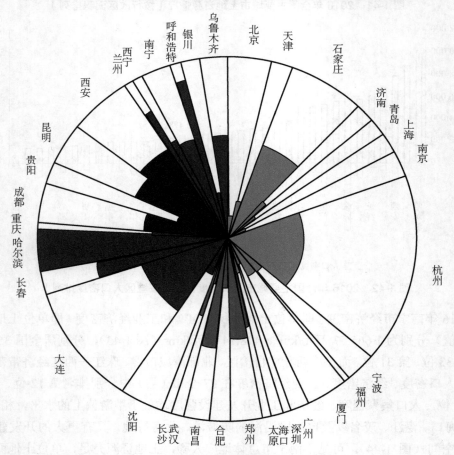

图 1-44 2016 年全国主要城市人口密度

注：按四大板块分区排列，扇形弧度和直径分别表征人口密度和城区人口密度与人口密度比值。

1.3.1.2　土地利用方式

从土地利用方式的角度看，2015 年统计数据显示，南宁市城市建设用地为 284.88 km²，居全国 35 个主要城市第 28 位，其中居住用地、公共管理与服务用地、商业服务业用地、工业用地、物流仓储用地、道路交通用地、公用设施用地、绿地广场用地面积分别为 85.77 km²、40.15 km²、15.60 km²、29.85 km²、7.01 km²、53.92 km²、9.07 km²、43.51 km²。居住用地占城市建设用地比重为 30.11%，居全国 35 个主要城市第 20 位；商业服务业用地、工业用地、物流仓储用地占比分别为 5.48%、10.48%、2.46%，分别居全国 35 个主要城市第 28 位、第 29 位、第 22 位；公共管理与服务用地、道路交通用地、公用设施用地占比分别为 14.09%、18.93%、3.18%，分别居全国 35 个主要城市第 8 位、第 2 位、第 13 位；绿地广场用地占比 15.27%，居全国 35 个主要城市第 8 位。居住用地在南宁市土地利用结构中占比最高，其次为公共服务与管理、道路交通、公用设施、绿地广场等公共服务用地，工商业及其附属用地在南宁市土地利用结构中占比较小，具体见图 1-45。

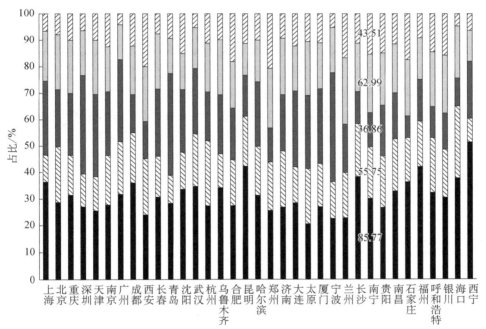

图 1-45　2015 年全国主要城市土地利用方式对比（按城市建设用地面积排列，km²）

2015 年南宁市新增征用土地面积 30.29 km²，居全国 35 个主要城市第 4 位，低于重庆（85.36 km²）、南京（32.26 km²）、武汉（30.42 km²），其中征用耕地面积达 12.30 km²，居全国 35 个主要城市第 11 位，低于重庆（41.39 km²）、沈阳（20.02 km²）、南昌（18.60 km²）等地（图 1-46）。

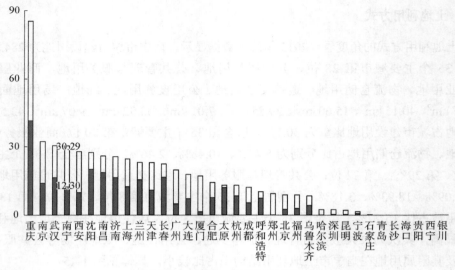

图 1-46   2015 年全国主要城市土地开发情况对比（按征用土地面积排列）

开发强度方面，2015 年南宁市城市开发强度为 4.34%，远低于 30% 的城市土地开发国际警戒线。可见南宁市开发强度较低，建设用地主要集中在公共管理、道路交通、公用设施等公共服务领域，且绿地广场等生态用地保持在 15% 以上的较高占比，工商业开发对区域土地资源造成的压力较小。但是，南宁市新增土地征用和开发面积在全国主要城市中居于前列，同时在广西壮族自治区、北部湾城市群、珠江—西江经济带范围内，南宁市土地开发强度和继续开发趋势也紧随广州、柳州等开发强度较高地区，处于城市土地开发利用的加速阶段。随着城市经济社会发展水平的提升和城区范围的扩张，南宁市也将面临更加明显的土地资源压力。

1.3.2   水资源

南宁市水资源丰沛，以 2015 年可获得的数据为基准，南宁市全年供/用水量达 41.88 亿 m³，在全国 27 个主要城市（呼和浩特、南昌、广州、西安、兰州、西宁、银川、乌鲁木齐 8 个城市数据暂缺）中居第 5 位，低于上海（103.8 亿 m³）、重庆（78.9 亿 m³）、哈尔滨（68.7 亿 m³）和成都（52.4 亿 m³），其中生活用水、工业用水、农业用水和生态用水分别为 7.11 亿 m³、8.68 亿 m³、25.58 亿 m³、0.51 亿 m³，农业用水占比高达 61.08%，居主要城市第 5 位，工业用水、生活用水占比分别为 20.73%、16.98%，分别居主要城市第 16 位、第 22 位，具体见图 1-47。结合南宁市经济发展水平、人口和产业结构可知，由于城市经济结构中第一产业尚未完全剥离、工业制造业在产业结构中占比较低且明显偏重于传统行业、城市人口总体处于外流状态且城镇化水平较低，南宁市用水结构仍明显偏重于第一产业，工业和居民生活用水量相对较少，用水结构的合理性与上海、杭州、南京等发展水平较高的城市及天津、重庆、武汉、长沙等快速发展城市存在着一定差距。近 10 年，南宁市用水总量相对保持稳定且在 2013 年后呈下降趋势，根据南宁市统计局发布的相关数据，到 2015 年南宁市供/用水量下降至 37.35 亿 m³，水资源开发利用强度处于较低水平，用水结构处于中前期阶段，具体见图 1-48。

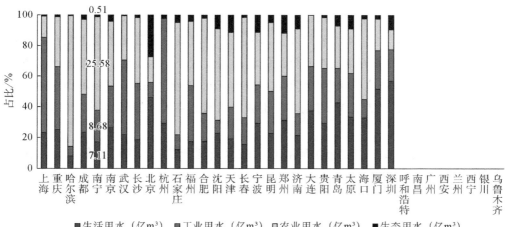

图 1-47　2015 年全国主要城市用水情况

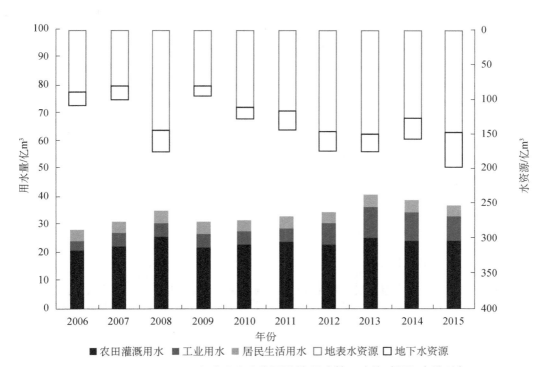

图 1-48　2006—2015 年南宁市水资源及供/用水情况（按时间顺序排列）

从城市用水角度看，2015年南宁市用水综合生产能力为153.90万 m³/d，在全国35个主要城市中居第27位；服务城市用水人口276.79万人，在全国35个主要城市中居第26位，其中地下水为10.20万 m³/d，占城市供水能力的6.63%。可见南宁市虽然水资源储量充足，但开发利用程度较低，全市用水人口仅占常住人口的39.19%，在全国35个主要城市中居第29位，具体见图1-49。而在城市用水结构方面，南宁市生产运营用水、公共服务用水和居民家庭用水分别占城市供/用水量的16.87%、14.97%、62.29%，在全国35个主要城市中排名第28位、第24位和第4位，可见南宁市城市水资源利用主要在居民家庭生活，生产运营和公共服务等领域对水资源的利用强度较小。水资源利用绩效水平方面，以城市用水计算，南宁市单位GDP用水为14.92 m³/万元，在全国35个主要城市中居第2位，仅低于海口市（18.82 m³/万元），可见南宁市城市用水效率处于较低水平，具体见图1-50、图1-51。

从中长期发展来看，南宁市仍留有较大的水资源开发利用空间，但从广西壮族自治区内部对比来看，2015年南宁市人均水资源量为2 114.06 m³，居全自治区最后一位，见图1-52。随着城市开发建设强度和经济社会总体发展水平的提升，人口和产业也将进一步呈集聚化发展态势，人口城镇化进程的推进和城市范围的扩大，以及轻工、食品等传统产业和生物医药、装备制造、电子信息等新兴产业的发展，将对南宁市水资源造成较大压力。此外，目前南宁市水资源利用效率较低，中长期面临较大的改善压力，尤其在南宁市经济社会继续发展、新型工业制造业等在产业结构中占比逐渐提升的整体前景下，工业用水和农业用水的绩效水平提升压力将持续增长。

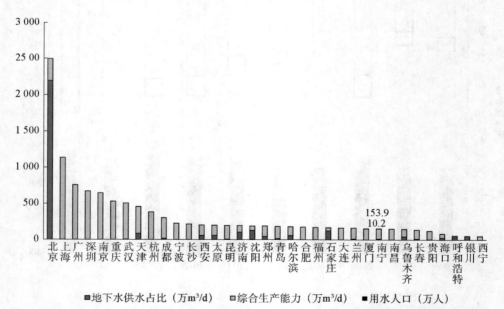

图1-49　2015年全国主要城市供水能力对比（按城市用水日综合生产能力排列）

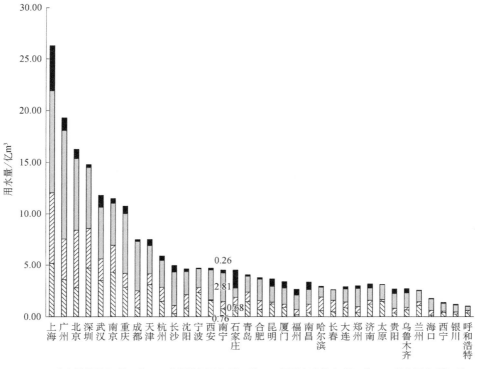

图 1-50　2015 年全国主要城市用水结构（按城市供/用水量排列）

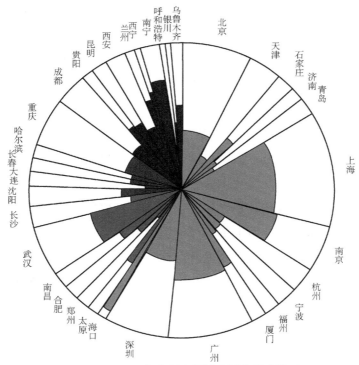

图 1-51　2015 年全国主要城市城市用水情况

注：按四大板块分区排列，扇形弧度和直径分别表征城市供/用水量和万元 GDP 城市用水量。

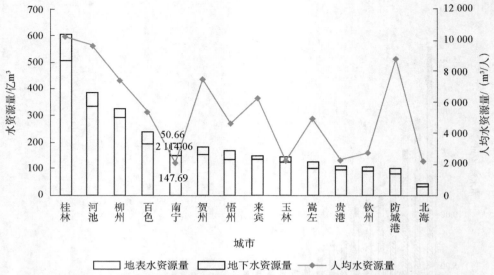

图 1-52 广西壮族自治区地级以上城市水资源量对比（按水资源量排列）

1.3.3 能源

本节主要通过用电情况表征城市能源消费，同时基于各省（自治区、直辖市）能源消费数据，采用 GDP 比重法计算全国 35 个主要城市能源消费情况。根据计算结果，2015 年南宁市终端能源消费量约在 2 107.11 万 t 标准煤，在全国 35 个主要城市中居第 32 位，其中煤炭占比在 53.25%左右，在全国 35 个主要城市中居第 21 位，低于当年全国平均水平（64.0%）。全社会用电量在全国 35 个主要城市中（贵阳、昆明、银川数据暂缺）居第 30 位，其中工业用电、生活用电分别居第 30 位、第 4 位。由此可见，南宁市整体能源消费量较低，且能源消费结构较为合理，对煤炭的依赖程度较低，能源消费对生态环境产生的压力不大。但同时，南宁市也面临能源利用效率较低、用电结构偏重于居民生活的问题，反映出南宁市经济社会总体发展仍处于较初级阶段，在经济社会进一步发展、城市开发建设和工业制造业规模扩大的预期发展前景下，未来南宁市能源消费水平和全社会用电量将可能呈上升趋势，工业能源消费和工业用电在全市能源消费结构中的占比也将有所提升，这可能对南宁市生态环境产生较大压力，并对全市能源利用效率的提升造成一定的影响，具体见图 1-53—图 1-56。

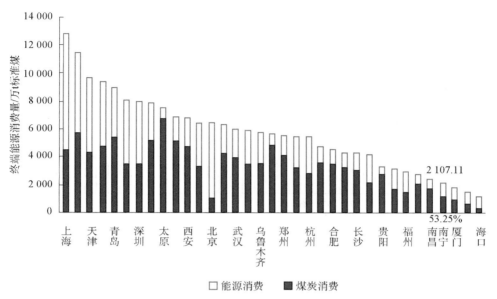

图 1-53　2015 年全国主要城市能源消费情况（按能源消费量排列）

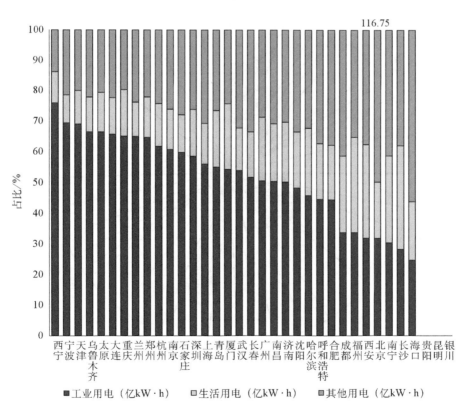

图 1-54　2015 年全国主要城市电力消费情况（按全社会用电量排列）

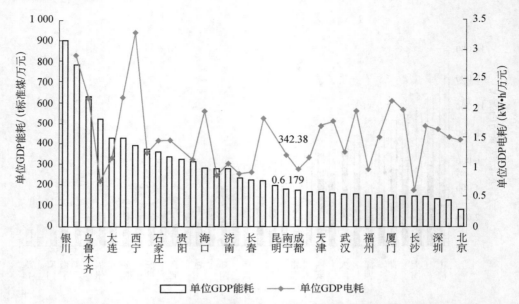

图 1-55　2015 年全国主要城市能源利用效率（按单位 GDP 能耗排列）

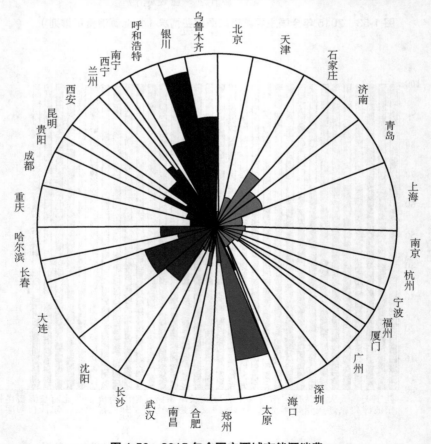

图 1-56　2015 年全国主要城市能源消费

注：按四大板块分区排列，扇形弧度和直径分别表征能源消费总量和单位 GDP 能源消费量。

1.3.4 污染物排放和环境质量

1.3.4.1 水污染物排放情况

南宁市 2015 年全年共排放污水 40 434.48 万 t，其中工业废水排放量和城镇生活污水排放量分别为 7 198.48 万 t、33 236.00 万 t，占排放总量的 17.80%、82.20%。工业废水 COD 排放量为 255 149.99 万 t，生活污水中 COD 排放量为 50 841.97 万 t。在全国 30 个主要城市中①，南宁市污水排放总量居第 19 位，工业废水和生活污水排放量分别居第 15 位、第 20 位，均处于中下游水平，生活污水中 COD 排放量居第 12 位，工业废水中 COD 排放量居第 5 位。可见，虽然南宁市污水排放以城镇生活污水为主，但城镇生活污水中 COD 主要污染物排放量在全国 30 个主要城市中居于中游，而工业废水中 COD 排放量较大，是南宁市水环境污染的重要来源，反映出南宁市在工业废水污染防治方面存在一定不足，具体见图 1-57。

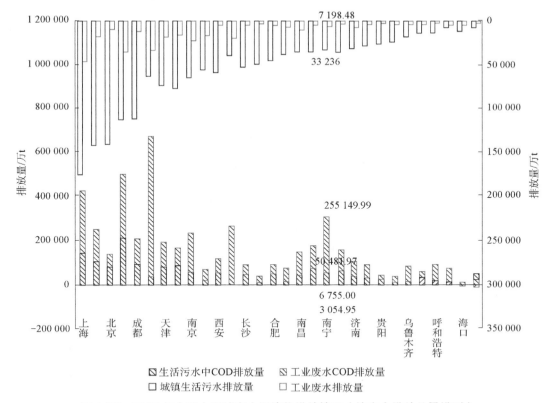

图 1-57　2015 年全国主要城市水污染物排放情况（按废水排放总量排列）

① 大连、宁波、深圳、青岛、厦门 5 个计划单列市数据暂缺，故不计入比较；拉萨市不计入比较。

　　污水排放效率方面，南宁市每年实现万元 GDP 污水排放 10.92 t，在全国 30 个主要城市中居第 2 位，每年实现万元工业增加值排放工业废水 6.77 t，居第 5 位，全市每立方米水资源承载的废水排放压力为 0.02 t，居第 30 位，具体见图 1-58～图 1-61。可见，虽然相对于污水、废水排放量而言，南宁市水资源储量充足，水体和水资源承载的污染压力相对较小，但污水及工业废水排放效率均处于全国最低水平，随着南宁市城镇化、工业化发展进程的推进，重化工业产业扩张发展，以及作为区域性中心城市和西南地区交通枢纽所衍生的投资开发强度增长、人口集聚和中小型产业企业布局现象，将逐渐消耗南宁市水量充沛的优势，从而对南宁市水资源和水环境承载力造成压力，南宁市较低的水资源利用效率和污水、废水排放绩效水平，也将导致水资源环境面临的压力进一步增大。

　　根据当前南宁市城市发展的方向定位及产业布局、固定资产投资的重点导向，未来将建设成为以面向东盟、沟通西南为核心的区域性中心城市，城市人口的流通和集聚态势显著增强将导致更大强度的城镇生活污水排放，内河航运、水陆交通网络的密度和客货运输频次强度持续提升将导致交通和非点源污染，轻工、食品为主导的传统产业和电子信息、装备制造、生物医药为主体的新型工业制造业均可能对城市水环境造成更大的压力。因此可以预判，水环境问题仍将是中长期南宁市环境保护和治理面对的首要问题，提升水污染物排放效率、控制污染排放将是主要的应对手段。

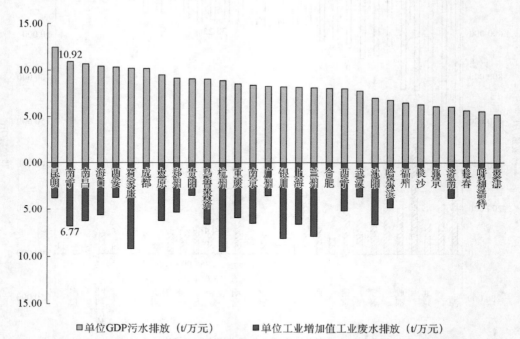

图 1-58　2015 年全国主要城市水污染物排放效率（按单位 GDP 污水排放量排列）

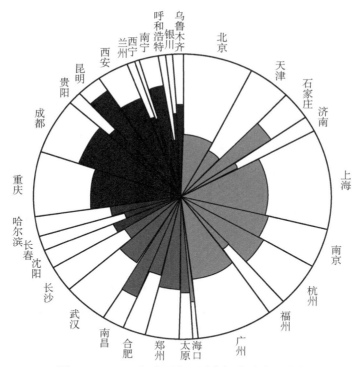

图 1-59　2015 年全国主要城市污水排放及效率

注：按四大板块分区排列，扇形弧度和直径分别表征污水排放总量和万元 GDP 污水排放量。

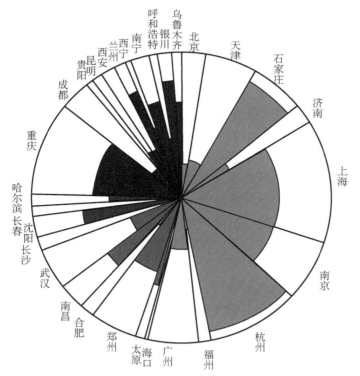

图 1-60　2015 年全国主要城市工业废水排放及效率

注：按四大板块分区排列，扇形弧度和直径分别表征工业废水排放总量和万元工业增加值废水排放量。

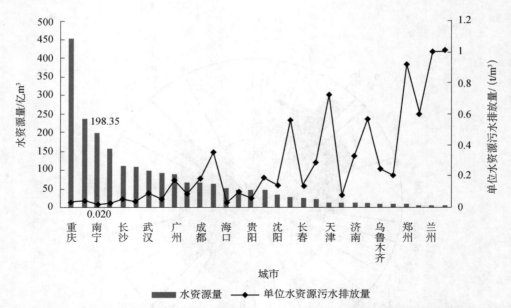

图 1-61   2015 年全国主要城市水资源量及单位水资源污水排放情况（按水资源量排列）

1.3.4.2   大气污染物排放情况

2015 年南宁市全市累计大气污染物排放量在全国 30 个主要城市中居第 27 位，其中二氧化硫、氮氧化物、烟粉尘排放量分别居第 27 位、第 27 位和第 22 位，工业源排放量分别居第 21 位、第 13 位、第 17 位，机动车对氮氧化物的贡献占全市总量的 58%，在全国处于前列，具体见图 1-62。总体来说，南宁市大气污染物排放量相对较少，处于全国最低水平，但工业源和机动车源在污染物排放中占比较高，已处于全国中上游水平。

从排放强度和效率看，南宁市单位国土面积大气污染物排放总量为 0.438 kg/km²，在 30 个主要城市中居第 28 位，单位 GDP 大气污染物排放量、单位工业增加值工业废气中污染物排放量分别为 2.627 kg/万元、7.792 kg/万元，分别居第 19 位、第 18 位，具体见图 1-63～图 1-65。虽然南宁市单位国土面积承受的大气污染物排放压力在全国主要城市中处于较低水平，但大气污染物排放效率相对于其大气环境污染承载压力和大气污染物排放总量排名靠后，由此反映出南宁市大气污染物排放绩效水平较低。中长期，随着城市经济社会发展水平的提升，城市基础设施、房地产及交通、公共服务等开发建设强度的提升，以及部分高污染、高排放、重化工业行业的布局和扩大生产，南宁市大气环境将面临污染物排放总量和排放效率的双重压力。

综上可知，南宁市水、大气环境仍保有较大的环境承载空间，城市工业生产、居民生活等活动造成的水、大气污染物排放总量、强度仍处于较低水平，为南宁市未来城镇化、工业化进程的推进和经济社会持续发展预留了较大空间。但是，污染物排放效率较低将是南宁市中长期经济社会发展进程中要面临的重点问题。

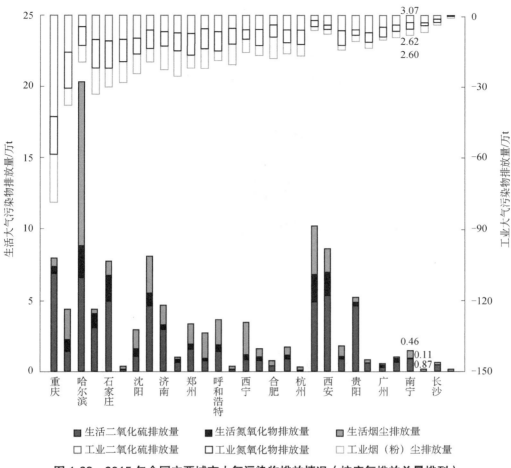

图 1-62　2015 年全国主要城市大气污染物排放情况（按废气排放总量排列）

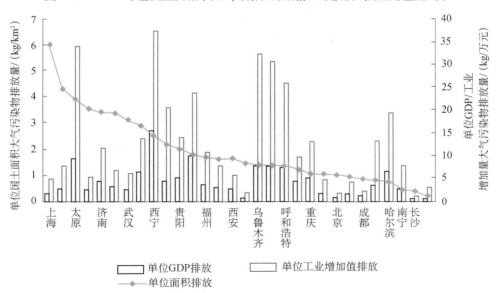

图 1-63　2015 年全国主要城市大气污染物排放强度（按大气污染物单位面积排放量排列）

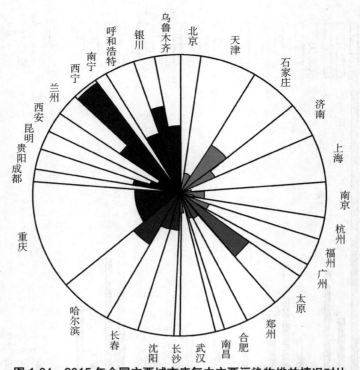

图 1-64 2015 年全国主要城市废气中主要污染物排放情况对比

注：按四大板块分区排列，扇形弧度和直径分别表征废气中污染物排放和万元 GDP 大气污染物排放量。

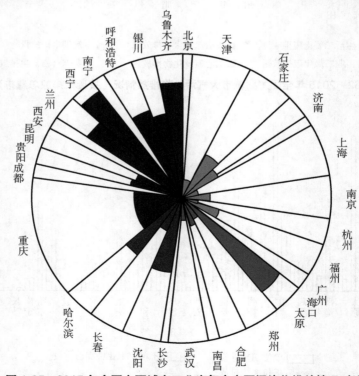

图 1-65 2015 年全国主要城市工业废气中主要污染物排放情况对比

注：按四大板块分区排列，扇形弧度和直径分别表征工业废气中污染物排放和万元工业增加值大气污染物排放量。

第 1 章　南宁市环境经济竞争力比较及环境功能定位研究 ｜ 47

1.3.4.3　环境质量基本情况

根据 2016 年环境监测总站提供的全国 1 940 个国控断面水质考核结果，南宁市叮当、老口、六景、南岸、上中、雁江 6 个国控断面中，1 个为Ⅲ类水质，5 个为Ⅱ类水质，好于Ⅲ类断面占比达 100%，与兰州、银川、海口并列全国第一，在 4 个好于Ⅲ类断面比例为 100% 的城市中，Ⅱ类水质断面占比 83.33%，为全国最高。可见，仅就国控断面论，南宁市水环境质量在全国 35 个主要城市中为最佳。此外，6 个国控断面水质相较于 2015 年无明显变化，全市水环境质量保持相对稳定，具体见图 1-66。

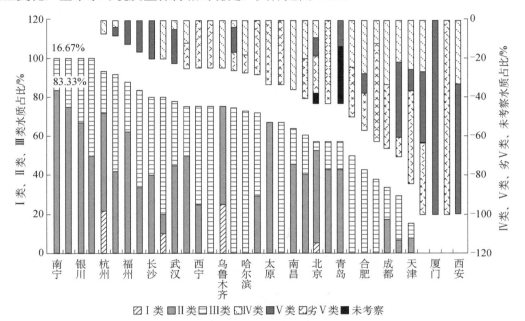

图 1-66　2016 年全国主要城市国控断面水质情况（按好于Ⅲ类断面比例排列）

大气环境质量方面，南宁市 2016 年环境空气质量综合指数为 3.95（指数值越低则空气质量越好），在全国 35 个主要城市中居第 6 位，仅次于海口（2.55）、厦门（3.29）、福州（3.35）、深圳（3.44）、昆明（3.71）。南宁市首要污染物为 $PM_{2.5}$，2016 年南宁市年均 $PM_{2.5}$ 质量浓度为 36μg/m³，在全国 35 个主要城市中居第 7 位，仅次于海口（21μg/m³）、福州（27μg/m³）、深圳（27μg/m³）、昆明（28μg/m³）、厦门（28μg/m³）、拉萨（28μg/m³）、广州（39.00μg/m³）。与 2015 年相比，南宁市环境空气质量综合指数改善 7.90%，改善幅度在 338 个地级及以上城市中居第 121 位，在全国 35 个主要城市中居第 14 位，可见南宁市大气环境质量总体处于较好水平，改善幅度同样居全国中上游水平，具体见图 1-67～图 1-69。

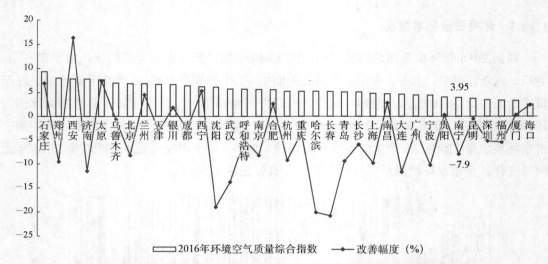

图 1-67 2016 年全国主要城市环境空气质量情况（按环境空气质量综合指数排列）

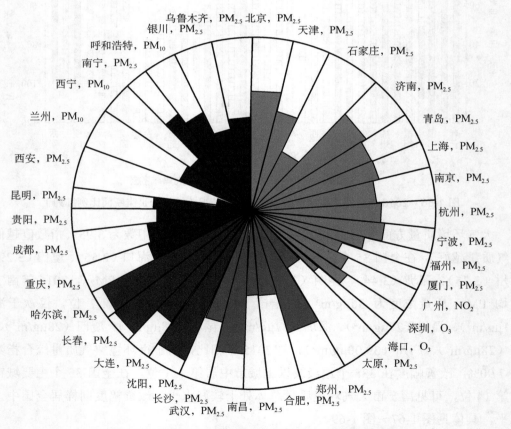

图 1-68 2016 年全国主要城市环境空气质量综合指数

注：按四大板块分区排列，扇形弧度和直径分别表征环境空气质量综合指数和改善幅度，市名后为主要污染物

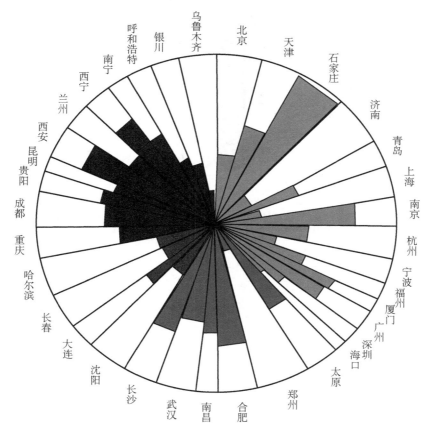

图 1-69　2016 年全国 35 个主要城市 PM$_{2.5}$ 浓度

注：按四大板块分区排列，扇形弧度和直径分别表征 PM$_{2.5}$ 年均浓度和改善幅度

1.4　区县发展情况

　　南宁市辖兴宁区、青秀区、江南区、西乡塘区、良庆区、邕宁区、武鸣区，及隆安县、马山县、上林县、宾阳县、横州市。从各区县经济社会发展情况来看，南宁市经济、人口、产业主要集中于市辖 7 区的中心 6 区。以 2015 年数据计，南宁市中心 6 区土地面积占全市的 29.96%。可见南宁市经济、人口，尤其是工业和服务业经济高度集中在中心城区，具体见图 1-70。根据《南宁空间发展战略规划》《南宁市城市总体规划（2011—2020 年）》，武鸣区—宾阳县—横州市是南宁市在中心城区外的重点发展组团，但从当前发展水平看，武鸣区、宾阳县、横州市三地以 40.87% 的土地面积占比，仅承载了 36.84% 的常住人口，实现了占全市总量 21.24% 的 GDP、25.56% 的工业增加值、12.98% 的第三产业增加值、23.49% 的固定资产投资和 13.93% 的全社会消费品零售总额。

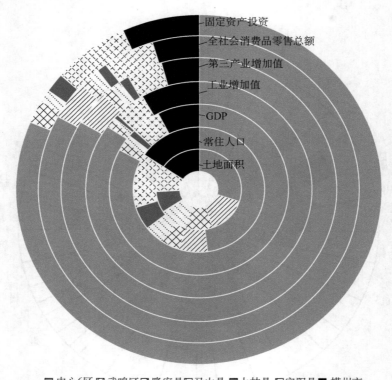

图 1-70　2015 年南宁市各区县主要经济社会发展指标

1.4.1　区县经济社会发展情况

　　南宁市经济发展呈较为明显的向中心 6 区及南部区县集中态势。2015 年，西乡塘区、青秀区、江南区、兴宁区 GDP 总量分别达 809.98 亿元、75.41 亿元、421.94 亿元、356.50 亿元，居全市前 4 位，占全市总量的 68.47%；青秀区、兴宁区、江南区、西乡塘区人均 GDP 分别达 99 161 元、84 911 元、69 644 元、675 79 元，居全市前 4 位，高于全市平均水平（2015 年 49 066 元、2016 年 52 724 元）。从经济增长角度看，南宁市经济增长动能和趋势也呈现出较为明显的"偏南"态势。2015 年，良庆区、江南区、兴宁区、青秀区、西乡塘区、邕宁区分别保持 10.48%、10.17%、9.87%、9.55%、8.59%、8.58% 的年经济增速，人均 GDP 增速分别为 9.20%、8.73%、8.73%、7.81%、7.76%、7.93%，中心 6 区 GDP 总量和人均水平增长在全市各区县中处于绝对领先地位，具体见图 1-71、图 1-72。

　　从产业结构、投资消费结构看，2015 年，除兴宁区外，其他区县固定资产投资/全社会消费品零售总额比均高于 1，其中良庆区、邕宁区、武鸣区分别为 7.70、6.88、4.32，良庆区为全市最高，青秀区、西乡塘区、江南区、武鸣区、横州市分别新增固定资产投资 334.18 亿元、295.65 亿元、228.28 亿元、210.53 亿元、165.22 亿元。可见，南宁市固定资产投资主要集中于中心 6 区及武鸣区，呈现出较为明显的"城区集中、两翼（武鸣区、横州市）并起"态势。工业经济主要集中于西乡塘区和江南区，2015 年两区分别实现工业增加值

395.34 亿元和 245.03 亿元,合计占全市工业增加值总量的 64.44%,同时两区分别保持 10.11%
和 11.51%的工业增速,此外武鸣区、横州市、良庆区、宾阳县分别实现工业增加值 127.92
亿元、83.77 亿元、44.09 亿元、43.96 亿元,工业增速分别为 3.84%、3.08%、5.16%、4.56%,
处于全市工业经济发展的第二梯队。可见,南宁市整体仍处于工业经济、投资型经济发展
的加速和扩张阶段,固定资产投资新增和工业经济增长较为明显。同时,投资与工业对区
县经济增长的拉动作用较为明显,除发展较为成熟的兴宁区外,工业经济规模较大、增长
较快,固定资产投资规模和增长较为明显的西乡塘区、青秀区、江南区、武鸣区、横州等
区县经济增长均处于全市较高水平,具体见图 1-73、图 1-74。

南宁市各区县人口分布相对平均,2015 年常住人口超过 100 万的分别为西乡塘区
(120.27 万人)、宾阳县(105.91 万人)、横州市(119.91 万人),此外青秀区、江南区、武
鸣区常住人口也在 50 万人以上,常住人口分布呈现出一定的向中心组团 6 区集中趋势。
同时,兴宁区、青秀区、江南区、西乡塘区、良庆区常住/户籍人口比分别为 1.33、1.12、
1.22、1.35、1.36,而包括武鸣区在内的外围 1 区 6 县中仅宾阳县常住/户籍人口比达到 1.01。
可见,中心 6 区对人口具有更强的吸引力,具体见图 1-75。

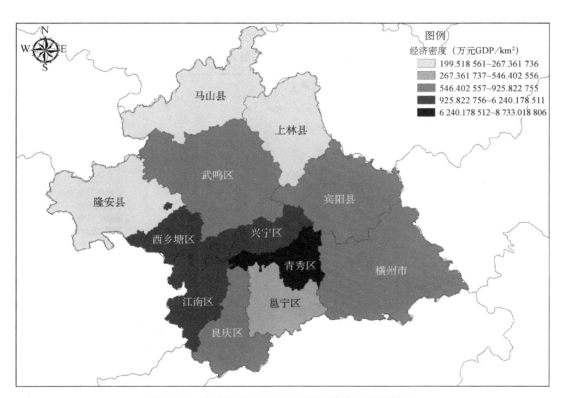

图 1-71 南宁市各区县 GDP 及三次产业结构情况

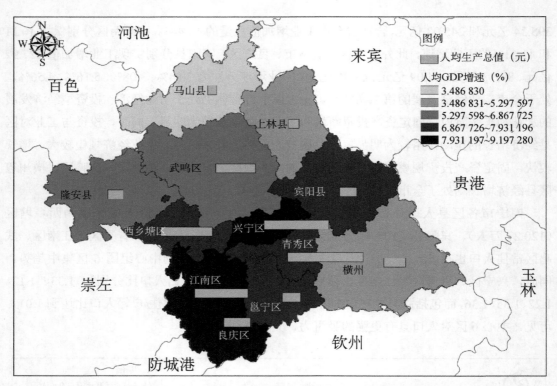

图 1-72 2015 年南宁市各区县人均 GDP 情况

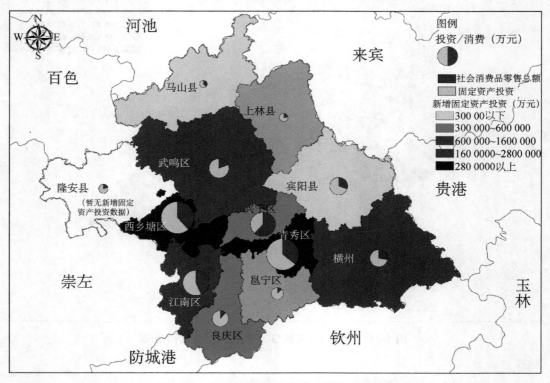

图 1-73 2015 年南宁市各区县投资/消费情况

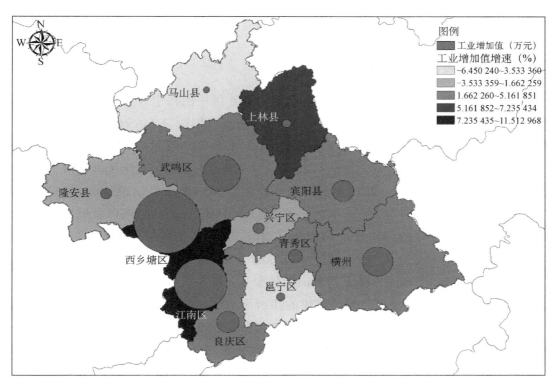

图 1-74　2015 年南宁市各区县工业发展情况

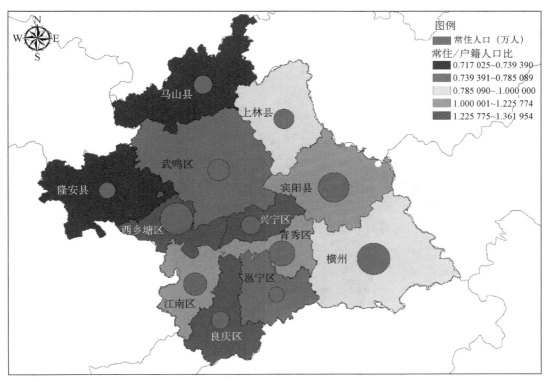

图 1-75　2015 年南宁市各区县常住/户籍人口分布情况

1.4.2 区县资源环境压力

1.4.2.1 土地资源压力

从经济密度、人口密度角度看，南宁市中心 6 区中的兴宁区、青秀区、江南区、西乡塘区土地资源承载压力较大，2015 年经济密度分别达 4 746.96 万元 GDP/km²、8 733.02 万元 GDP/km²、3 566.69 万元 GDP/km²、6 240.17 万元 GDP/km²，人口密度分别达 561 人/km²、886 人/km²、515 人/km²、927 人/km²。邕宁、良庆两区保留了一定的经济发展和人口布局空间，2015 年经济密度分别为 545.40 万元 GDP/km²、925.82 万元 GDP/km²，人口密度分别为 226 人/km²、269 人/km²。外围区县中，武鸣区发展空间较大，经济、人口密度分别为 862.4 万元 GDP/km²、163 人/km²，宾阳县、横州市两地土地空间相对紧张，经济密度分别达 782.39 万元 GDP/km²、739.81 万元 GDP/km²，人口密度分别达 461 人/km²、348 人/km²，持平甚至高于邕宁区、良庆区等中心组团城区。从工业经济密度看，工业增加值最高、增速较快的江南区、西乡塘区工业经济发展对区域土地资源造成较大压力，2015 年两区工业经济密度分别为 2 105.06 万元工业增加值/km²、3 045.80 万元工业增加值/km²，远高于全市其他区县，具体见图 1-76～图 1-78。

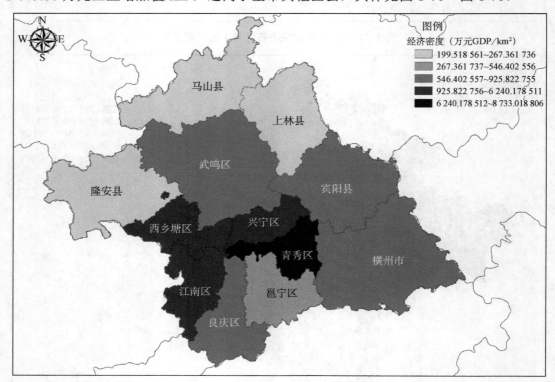

图 1-76 南宁市各区县经济密度

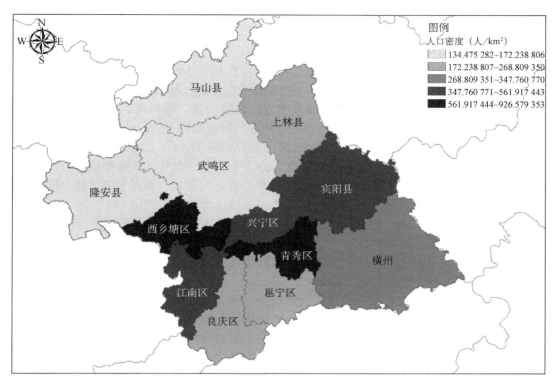

图 1-77　2015 年南宁市各区县人口密度

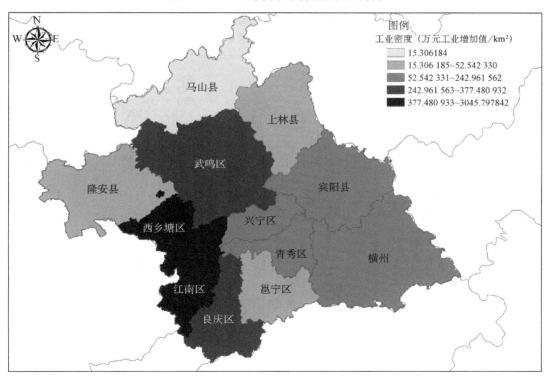

图 1-78　2015 年南宁市各区县工业密度

1.4.2.2 工业发展的大气、水环境压力

工业生产是南宁市各区县水、大气污染排放压力的主要来源。2015 年横州市、江南区、西乡塘区、武鸣区分别排放工业废气 417.20 亿 m^3、345.21 亿 m^3、269.14 亿 m^3、193.67 亿 m^3，横州、武鸣区、江南区、宾阳县分别排放工业废水为 1 952.25 万 t、1 309.86 万 t、1 124.82 万 t、993.40 万 t。污染物排放效率方面，隆安县、横州市、宾阳县及邕宁区排放效率较低，实现单位工业增加值所排放的工业废气量分别为 10.76 m^3、4.98 m^3、3.79 m^3、4.61 m^3，实现单位工业增加值所排放的工业废水量分别为 35.14 t、23.30 t、22.60 t、17.51 t。可见，南宁市中心组团 6 区中，兴宁、青秀、良庆 3 区水、大气污染物排放压力较小，武鸣、西乡塘、江南、邕宁 4 区及宾阳、隆安、横州市 3 县污染物排放量较高，其中隆安县、宾阳县、横州市及邕宁区污染物排放效率较低，排放压力也最为突出。

结合工业化进程研判，中心组团 6 区中兴宁区、青秀区人均 GDP 水平均已超过 1 万美元，产业结构中第三产业占比在 80%左右，可认为已进入后工业化发展阶段，同时也是全市范围内工业生产及工业经济扩张造成生态环境压力最小的地区。江南区、西乡塘区人均 GDP 水平同样超过 1 万美元，但第二产业在全区经济结构中占比超过 50%，可认为仍处于工业化后期向后工业化发展阶段的过渡时期，两区工业污染物排放总量较大，但排放绩效水平同样较高，工业发展对生态环境造成的压力处于高位，但环境压力新增势头已基本得到遏制。武鸣区、良庆区、横州市产业结构中第二产业占比已达到较高水平，已形成较高的污染物排放量，且工业经济仍处于持续扩张阶段，未来工业生产造成的生态环境压力将可能进一步提升。宾阳县、隆安县、兴宁区以及马山、上林两县整体经济发展水平较低，工业经济仍处于起步阶段，其中隆安县、宾阳县、邕宁区已形成一定的工业经济规模，处于工业化发展初期，污染物排放对生态环境的压力开始显现，上林县、马山县工业污染物排放量较小，生态环境压力尚未完全释放，具体见图 1-79～图 1-81。

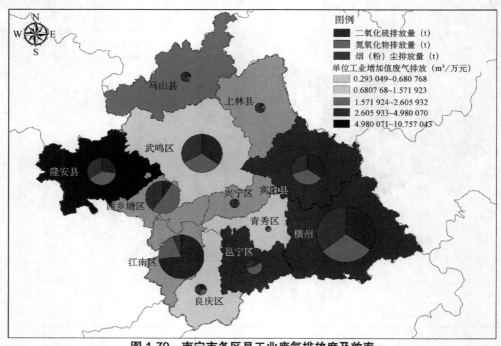

图 1-79　南宁市各区县工业废气排放度及效率

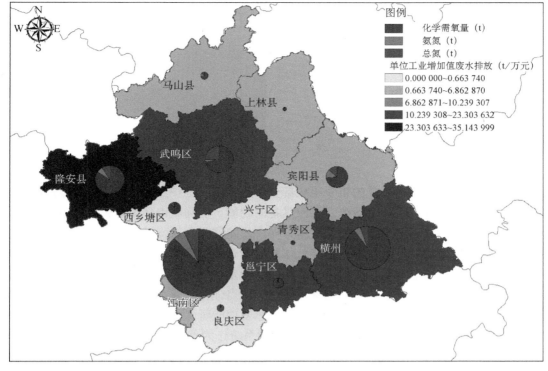

图 1-80　南宁市各区县工业废水排放强度及效率

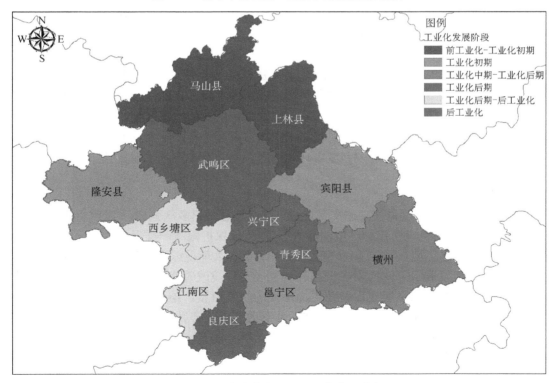

图 1-81　南宁市各区县工业化发展阶段

1.5 环境功能定位研究

1.5.1 环境功能定位研究

1.5.1.1 意义与研究思路

城市环境功能是城市功能的重要组成部分，是城市在维护生态环境安全、促进经济社会发展、保障人们安居生产生活等方面应具备的功能。明确城市环境定位，城市维持的环境功能、环境形态、环境安全就有了根本方向，才能够建立保障城市良性、可持续发展的目标和方向。环境功能定位是城市环境总体规划的重要组成部分。维护并提升环境功能是环境保护工作的出发点和最终归宿，明确环境功能定位是制定环境保护目标、策略、机制的前提和基础，是编制环境总体规划首要面临的重点任务。城市环境功能定位方法仍在摸索当中，尚无可以借鉴的已有成果。目前城市环境功能研究大部分以城市本身为着眼点来进行城市环境功能分区研究，而不是以城市环境系统作为整体的研究对象。跳出城市范围，从更宏观的视野和更高的角度对城市环境功能进行战略性的定位研究。城市环境功能定位是城市环境总体规划的有益尝试，从目前实践的方法来看，其主要的研究思路有：明确城市发展建设的现实要求背景：以全国环境形势现实要求为出发点，明确生态环保建设形势下城市发展过程中应承担的环境责任和要求。自然地理特征：分析城市地形地貌、气候气象、水系水文、植被区系等特征，明确城市在自然地理位置中所承担的环境功能。大尺度流域、区域环境要求分析：城市在空间地理上总是存在于某个区域、流域中，区域、流域自然特性决定了城市自然基底，城市在区域或流域中承担一定的生态功能。应分析城市与区域、城市与流域的环境系统的相互关系，明确城市所处的地理区域、自然流域对城市环境系统的要求。根据城市环境经济现状和未来城市发展目标，结合城市所处的区域流域环境要求，环境经济所处发展阶段和城市环境问题，确定城市环境功能定位。

1.5.1.2 现实背景

党中央、国务院高度重视生态文明建设。习近平总书记多次强调，"绿水青山就是金山银山""要坚持节约资源和保护环境的基本国策""像保护眼睛一样保护生态环境，像对待生命一样对待生态环境"。李克强总理多次指出，要加大环境综合治理力度，提高生态文明水平，促进绿色发展，下决心走出一条经济发展与环境改善双赢之路。党的十八大以来，党中央、国务院把生态文明建设摆在更加重要的战略位置，纳入"五位一体"总体布局，作出一系列重大决策部署，出台《生态文明体制改革总体方案》，实施大气、水、土壤污染防治行动计划。把发展观、执政观、自然观内在统一起来，融入执政理念、发展理念中，生态文明建设的认识高度、实践深度、推进力度前所未有。2016 年 3 月，《中华人民共和国国民经济和社会发展第十三个五年规划纲要》提出：以提高环境质量为核心，以解决生态环境领域突出问题为重点，加大生态环境保护力度，提高资源利用效率，为人民提供更多优质生态产品，协同推进人民富裕、国家富强、中国美丽。党的十九大提出：建设生态文明是中华民族永续发展的千年大计。必须树立和践行"绿水青山就是金山银山"的理念，坚持节约资源和保护环境的基本国策，像对待生命一样对待生态环境，统筹山水林田湖草系统治理，实行最严格的生态环境保护制度，形成绿色发展方式和生活方式，坚定走生产发展、生活富裕、生态良好的文明发展道路，建设美丽中国，为人民创造良好生产生活环境，为全球生态安全作出贡献。

1.5.1.3　自然地理

南宁，是广西壮族自治区的首府，是中国面向东盟 10 国的核心城市和边境区域中心城市，环北部湾城市群特大城市，西南出海综合交通枢纽城市，中国东盟博览会暨中国东盟商务与投资峰会的永久举办地，国家"一带一路"海上丝绸之路有机衔接的重要门户城市；曾获得"联合国人居奖""全国文明城市"等称号。

南宁市地形是以邕江广大河谷为中心的盆地形态。这个盆地向东开口，南、北、西三面均为山地围绕，北为高峰岭低山，南有七坡高丘陵，西有凤凰山（西大明山东部山地）。形成了西起凤凰山，东至青秀山的长形河谷盆地。南宁市地貌分平地、低山、石山、丘陵、台地 5 种类型。平地是南宁市面积最大的地貌类型，分布于左、右江下游汇合处和邕江两岸。低山分布于市区西部边缘的凤凰山，石山主要分布在西北部边缘和坛洛镇一带。丘陵总面积为 279.86 km²，占全市土地面积 15.59%。台地一般呈缓坡起伏而顶面齐平的地貌。

南宁位于北回归线南侧，属湿润的亚热带季风气候，阳光充足，雨量充沛，霜少无雪，气候温和，夏长冬短；夏季潮湿，冬季稍显干燥，干湿季节分明。南宁一年四季绿树成荫，繁花似锦，物产丰富。

南宁市主要河流均属珠江流域西江水系，较大的河流有邕江、右江、左江、红水河、武鸣河、八尺江等。郁江在南宁及邕宁区境内称邕江，河道全长 116.4 km，上游从距南宁水文站 38 km 的永新区江西乡同江村开始（俗称三江口），下游至邕宁区伶俐镇那车村止，为南宁市重要饮用水水源河流，流域面积为 73 728 km²，多年平均年径流量 418 m³，年平均流量 1 290 m³/s，最大流量 20 600 m³/s，最枯流量为 95.6 m³/s，多年平均含沙量 0.24 kg/m³，平均侵蚀模数 95.6 t/km²。邕江南宁市河段河床宽约 485 m，深约 21 m，平均水面宽 307 m，枯水水深 8～9 m。

南宁市良好的水、热条件孕育了丰富的植物资源。国家公布保护的一级、二级野生植物主要分布在广西大明山国家级自然保护区、广西龙山自治级自然保护区、广西龙虎山自治区级自然保护区、广西三十六弄—陇均自治区级自然保护区、广西弄拉自治区级自然保护区。

1.5.1.4　大尺度流域、区域对南宁市环境要求

（1）国家对南宁市的环境要求

根据《全国主体功能区规划》，南宁属北部湾地区，属于国家层面的重点开发区域。该区域的功能定位是：我国面向东盟国家对外开放的重要门户，中国—东盟自由贸易区的前沿地带和桥头堡，区域性的物流基地、商贸基地、加工制造基地和信息交流中心。其中对生态环境的要求为：

加强对自然保护区、生态公益林、水源保护区等的保护，加强防御台风能力建设。

根据全国"七区二十三带"为主体的农业战略格局，南宁属于华南主产区。要建设以优质高档籼稻为主的优质水稻产业带，甘蔗产业带，以对虾、罗非鱼、鳗鲡为主的水产品产业带。

根据《全国生态功能区划》，南宁跨越西江上游水源涵养与土壤保持重要区。该区域喀斯特地貌类型发育，生态脆弱，水土流失敏感程度高。主要生态问题：由于不合理的土地利用、矿产开发和过度砍伐森林等粗放型人类活动，原生森林生态系统遭到严重破坏，人工经济林面积不断扩大，生态功能明显降低；水土流失严重；水源涵养能力降低，水质污染严重。生态保护主要措施：加强自然生态系统保护力度，开展水土流失综合治理；控制人工经济林种植面积，加强林产业经营区可持续的集约化丰产林建设；加大矿产资源开发监管力度，改变以破坏资源为代价的经济发展模式。

2016年11月24日，国务院印发《"十三五"生态环境保护规划》，其中要求全国统筹推进"五位一体"总体布局和协调推进"四个全面"战略布局，牢固树立和贯彻落实创新、协调、绿色、开放、共享的发展理念，按照党中央、国务院决策部署，以提高环境质量为核心，实施最严格的环境保护制度，打好大气、水、土壤污染防治三大战役，加强生态保护与修复，严密防控生态环境风险，加快推进生态环境领域国家治理体系和治理能力现代化，不断提高生态环境管理系统化、科学化、法治化、精细化、信息化水平，为人民提供更多优质生态产品。其中特别要求：开展大规模植树增绿活动，集中连片建设森林，加强珠江流域等防护林体系建设，加快建设储备林及用材林基地建设，推进退化防护林修复，建设绿色生态保护空间和连接各生态空间的生态廊道。珠江流域建立健全广西等治污防控体系，改善珠江三角洲地区水生态环境。建立土壤污染治理与修复全过程监管制度，严格修复方案审查，加强修复过程监督和检查，开展修复成效第三方评估。珠江三角洲地区以化工、电镀、印染等重污染行业企业遗留污染地块为重点，强化污染地块开发利用环境监管。

（2）广西壮族自治区对南宁市的环境要求

根据《广西壮族自治区主体功能定位》，南宁市的青秀区、兴宁区、西乡塘区、良庆区、江南区、邕宁区及横州属于广西北部湾经济区。该区域的功能定位：我国面向东盟国家对外开放的重要门户，中国—东盟自由贸易区的前沿地带和桥头堡，中国—东盟区域性的物流基地、商贸基地、加工制造基地和信息交流中心，成为带动支撑西部大开发的战略高地、重要国际区域经济合作区。其主要环境要求为：加强生态建设和环境保护。产业布局要严格遵循沿岸海洋生态环境保护的要求。进一步加大各类自然保护区、生态公益林和防护林和水源保护区的保护，构建以大明山等生态功能区为重点的内陆生态屏障。

南宁市武鸣区、宾阳县、隆安县为农产品主产区，其功能定位为：全区重要的商品粮生产基地，保障农产品供给安全的重要区域，现代农业发展和社会主义新农村建设的示范区。发展方向：以提供农产品为主体功能，以提供生态产品、服务产品和工业品为其他功能，不宜进行大规模高强度工业化、城镇化开发，重点提高农业综合生产能力。严格保护耕地，增强粮食安生保障能力，加快转变农业发展方式，发展现代农业，增加农民收入，加强社会主义新农村建设，提高农业现代化水平和农民生活水平，确保粮食安全和农产品供给。按照集中布局、点状开发原则，以县城和重点镇为重点推进城镇建设和工业发展，引导农产品加工、流通、储运企业集聚，避免过度分散发展工业导致过度占用耕地。

构建"两屏四区一走廊"为主体的生态安全战略格局。两屏，即桂西生态屏障、北部湾沿海生态屏障；四区，即桂东北生态功能区、桂西南生态功能区、桂中生态功能区、十万大山生态保护区；一走廊，即西江千里绿色走廊。构建以"两屏四区一走廊"为主骨架，以其他重点生态功能区为重要支撑，以点状分布的禁止开发区域为重要组成的生态安全战略格局。

南宁的上林县、马山县属于国家级重点生态功能区，功能定位：提供生态产品、保护环境的重要区域，保障国家和地方生态安全的重要屏障，人与自然和谐相处的示范区。发展方向：以西江流域地区为重点，着力加强以植树造林和水生态环境保护为主要内容的生态建设。以保护和修复生态环境、提供生态产品为首要任务，不宜进行大规模高强度工业化、城镇化开发，可施行保护性开发，因地制宜发展资源环境可承载的适宜产业和旅游业等服务业，引导部分人口逐步有序转移，根据不同地区的生态系统特征，增强生态服务功能，形成重要的生态功能区。能源和矿产资源丰富的地区，按照"点状开发、面上保护"原则，适度开发能源和矿产资源，发展当地资源环境可承载的特色优势产业。按照国家和自治区综合交通网络建设规划布局，统筹规划建设交通基础设施。

根据《广西壮族自治区生态功能区划》，南宁的生态功能区包括：南宁盆地农林产品提供功能区，马山—武鸣—隆安—平果丘陵林农产品提供功能区。其主要生态问题包括：耕地面积减少，土壤肥力下降；农业面源污染及城镇生活污水污染比较突出；部分农业区干旱；林种结构单一，森林质量下降；矿产开采造成的植被破坏、水土流失问题比较突出。生态保护主要方向与措施：调整农业产业和农村经济结构，合理组织农业生产和农村经济活动；坚持保护基本农田；加强农田基本建设，增强抗自然灾害的能力；推行农业标准化和生态化生产，发展无公害农产品、绿色食品和有机食品；加快农村沼气建设，推广"养殖沼气—种果"生态农业模式；协调木材生产与生态功能保护的关系，科学布局和种植速生丰产林区，合理采伐，实现采育平衡；加快城镇环保基础设施建设，加强城乡环境综合整治。

南宁中心城市功能区。其主要生态问题包括：城市环保设施滞后，部分城市水环境、空气环境污染问题较为突出，城市生态功能不完善。生态保护主要方向与措施：推进生态城市建设，改善生态人居，建设生态文明，弘扬生态文化；合理规划布局城市功能组团，完善城市功能；以循环经济理念指导产业发展，加快产业结构调整，推广应用清洁能源，提高资源利用效率；加强城市园林绿地系统建设，保护城市自然植被、水域；深化城市环境综合整治，加快城市环保设施建设；加快公共交通建设，控制机动车尾气排放，减少环境污染。

大明山—高峰岭水源涵养与生物多样性保护重要区。该区总面积 0.26 万 km²，范围包括大明山山脉和高峰岭山地丘陵。本区主导生态功能为水源涵养与生物多样性保护。大明山是武鸣河和清水河的源头区和水源涵养区，对于维护这些流域的生态安全具有重要作用；分布有大明山国家级自然保护区和龙山自治区级自然保护区，生物多样性丰富，珍稀物种多，是我国南热带地区的重要物种贮存库。高峰岭山地丘陵拥有 14 个水库，河流注入邕江和红水河；是南宁城市天然生态屏障，对维护城市生态环境、调节区域气候具有非常重要的作用。主要生态环境问题：大明山的中下部多为马尾松针叶林和经济林，森林涵养水源的功能有所下降；坡耕地面积大，水土流失比较严重。高峰岭山地丘陵区，多为人工针叶林和速丰林，涵养水源的功能减弱。生态保护和建设的重点：加强区内自然保护区建设和管理；开展退耕还林、植被恢复和水土流失治理，保护现有天然林，进行封山育林，恢复为阔叶林，提高森林质量和森林涵养水源的功能；适当发展生态旅游。

根据《广西壮族自治区国民经济和社会发展第十三个五年规划纲要》，围绕"两个建成"总体要求，"十三五"时期经济社会发展生态环境方面要努力实现生态环境质量保持全国前列。主体功能区布局和生态安全屏障基本形成。能源资源开发利用效率大幅提高，节能减排降碳实现国家下达的目标，空气、水体、土壤环境质量优良。生态文明制度建立健全，生态经济体系基本建成。健全生态文明制度：落实生态空间用途管制，划定生态红线。强化节能减排降碳指标管理，实行最严格的源头保护制度和环境保护责任追究、环境损害赔偿、自然资源资产离任审计制度，建立健全自然资源资产产权和用途管制、资源有偿使用和生态补偿、国土空间开发保护制度，以及用能权、用水权、排污权、碳排放权初始分配制度，完善碳排放权、排污权交易制度。建立森林、草地、湖泊、湿地总量管理制度和生态价值评估制度，探索编制自然资源负债表。完善财政转移支付与生态环境保护成效挂钩制度。建立生态安全动态监测预警体系，实施环境风险全过程管理。强化价格引导和税费调节，形成有利于资源节约和环境保护的制度安排和利益导向。开展九洲江跨省区生态补偿试点。

根据《广西环境保护和生态建设"十三五"规划》，现阶段主要问题为：环境质量状况不容乐观；污染减排形势依然严峻；环境风险、安全隐患依然存在；环境风险、安全隐患依然存在；生态产品供给不足；环境监管能力亟待加强。"十三五"时期，是广西贯彻落实"五位一体"总体布局、"四个全面"战略布局，与全国同步全面建成小康社会的决胜期，是全面履行中央赋予广西"三大定位"新使命、深入实施创新驱动、开放带动、双核驱动、绿色发展四大战略，强力推进基础设施建设、产业转型升级、农村全面脱贫三大攻坚战的关键阶段。广西经济发展进入中高速增长新常态，产业结构调整和转型升级任务繁重，改善环境质量和保障生态安全责任重大，环境管理制度改革任务紧迫，在经济社会发展新常态下，生态环境保护面临新的历史机遇和挑战。

（3）流域对南宁市的环境要求

珠江是我国第二大河流。年径流量 3 492 多亿 m^3，居全国江河水系的第二位，仅次于长江，是黄河年径流量的 6 倍。全长 2 320 km，流域面积约 44 万 km^2，是中国境内第三长河流。珠江包括西江、北江和东江三大支流，其中西江最长，通常被称为珠江的主干。珠江是我国南方的大河，流经滇、黔、桂、粤、湘、赣等省（区）及越南社会主义共和国的东北部，流域面积 453 690 km^2，其中我国境内面积 442 100 km^2。根据《珠江流域综合规划（2012—2030）》，到 2020 年，珠江流域重点城市和防洪保护区基本达到防洪标准，山洪灾害防御能力显著提高；城乡供水和农业灌溉能力明显增强，流域内城乡和港澳地区居民生活用水全面保障，水能资源开发利用程度稳步提高，航运体系不断完善；饮用水水源地水质全面达标，局部河湖水生态环境恶化趋势有效遏制，水土流失有效治理；最严格水资源管理制度基本建立，涉水事务管理全面加强。到 2030 年，流域防洪减灾体系更加完善，防洪减灾能力进一步提高；节水型社会基本建成，水资源和水能资源开发利用程度进一步提高；水生态环境明显改善，河流生态系统良性发展；流域综合管理现代化基本实现，具体见图 1-82。

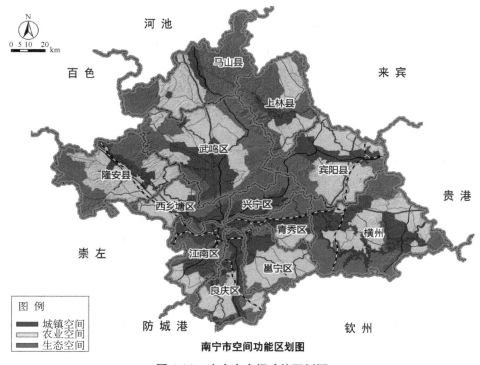

图 1-82　南宁市空间功能区划图

到 2020 年，综合实力显著增强，区域一体化发展水平明显提升，支撑西南、中南地区开放发展的能力显著提高，成为我国西南、中南地区的重要增长极。内河港口布局和功能进一步完善，交通基础设施支撑保障能力明显提升，以珠江—西江干线航道为核心的综合交通运输体系基本形成；生态环境质量进一步提高，资源节约集约利用水平大幅提升，区域可持续发展能力明显增强；产业分工合作更趋紧密，产业结构进一步优化，综合竞争力和自主创新能力显著提升；沿江城镇体系进一步完善，基本公共服务趋于均等，城乡区域协调发展格局初步形成；与港澳、东盟合作深化拓展，全方位、宽领域的开放合作迈上新台阶，开放型经济水平显著提高。展望 2030 年，经济持续健康发展，引领西南、中南地区开放发展作用充分发挥，开放型经济体系进一步健全，区域一体化发展格局基本形成，生态环境宜居优美，为加快实现社会主义现代化宏伟目标奠定坚实基础。

空间布局：一轴。以珠江—西江主干流区域为轴带，包括广州、佛山、肇庆、云浮、梧州、贵港、南宁 7 市，加快通道基础设施建设，加强流域环境保护，形成特色鲜明、分工有序、互动发展的多层次增长中心。两核。强化广州和南宁作为经济带的双核作用，依托现有综合优势，发挥连接港澳、面向东盟、服务周边的作用，成为引领经济带开放发展和辐射带动西南中南腹地的战略高地。

南宁属于开放门户区。发挥南宁面向东盟、通江达海、内陆开放型经济战略高地的作用，加强海陆统筹、江海联动，扩大沿边开放，转变优势资源开发模式，促进与北部湾经济区开放发展互动，提升开放型经济发展水平。

（4）南宁环境保护要求与需求

根据《南宁城市总体规划（2011—2020年）》，南宁城市发展目标为：加强区域协调与合作，进一步强化南宁作为广西壮族自治区首府的中心职能，发挥多区域合作的国际通道、交流桥梁和合作平台作用，建设成为面向中国与东盟合作的区域性国际城市；进一步深化提升"中国绿城"，建设"中国水城"，彰显秀丽岭南风光，展现以浓郁壮民族文化风情为主，体现时代性、包容性的城市文化，建设成为最宜居的壮乡首府和具有亚热带风光的生态园林城市。城市性质为：广西壮族自治区首府，北部湾经济区中心城市，我国西南地区连接出海通道的综合交通枢纽。城市职能为：①广西壮族自治区首府：承担政治、经济、文化与信息中心职能；②区域性国际城市：面向中国与东盟合作的区域性国际城市，区域性现代商贸物流基地、先进制造业基地和特色农业基地，以及区域性国际综合交通运输枢纽、信息交流中心和金融中心；③西南地区连接出海通道的综合交通枢纽：承担西南出海大通道的交通枢纽职能；④广西北部湾经济区中心城市：承担区域现代服务中心与科技创新基地职能；⑤泛珠三角经济圈西部区域性中心城市：珠三角经济向西扩散的枢纽，新兴产业基地。其中生态环境保护策略为：加强区域生态环境联合建设和流域综合治理，建立稳定的区域生态网络，特别是加强与邕江上游的百色、崇左在生态环境建设方面的合作。坚持可持续发展，关注生态安全。注重生态敏感地区的保护，尤其是城市水源区的保护，实现资源的综合利用与生态环境的协调发展。严格执行污染物排放标准，控制大气、水、噪声和固体废物的污染，加强重点污染源的监督与管理，优化能源结构，节约使用能源。对生态环境的要求为：将南宁市建设成为人居环境优美，生态环境良好，支撑体系健全，居民生态意识和文化素质较高的生态文明城市。坚持可持续发展，关注生态安全；在生态健康的基础上，形成区域性资源的综合利用与生态环境的协调发展，强化自然保护区及天然林资源的保护和管理，保护生物多样性，建立防护林体系；有效保护河湖、水库等生态敏感地区，加强河湖、水库上游水土保持，做好流域生态环境保护；进行坡耕地改造，治理水土流失。严格制定环境排放标准；大力推进清洁生产和循环经济，控制大气、水、噪声和固体废物的污染，加强重点污染源的监督与管理；优化能源结构，节约使用能源。城市生活；垃圾无害化处理率达到100%。

根据《南宁市国民经济和社会发展第十三个五年规划纲要》，南宁生产生活方式绿色、低碳水平提高，能源资源利用效率不断提升，生态经济加快发展。生态环境质量进一步改善，生态文明制度体系更加健全，全社会环保意识显著增强，"中国绿城"品牌更加凸显。单位生产总值能耗降低率、二氧化碳排放量降低率和主要污染物排放总量控制在自治区下达目标任务以内。城市环境空气质量优良率保持在85%以上，生态环境质量保持全国省会城市前列。

根据《南宁市土地利用总体规划（2006—2020 年）》，南宁实行生态保护与建设优先战略。强化土地利用分区引导和土地用途管制，优先配置国土生态屏障网络用地，严格保护基础性生态和景观用地；城镇和产业发展重点安排在资源和环境承载能力较大的市区、横州、武鸣区等区域，适当控制生态脆弱的上林县和马山县的开发建设强度，促进人口、资源、环境和经济社会协调发展。坚守耕地保护红线战略。落实最严格的耕地保护制度，严格保护耕地特别是基本农田，统筹安排其他农用地，提高农用地综合生产能力。分类有序地保障各项建设用地战略。优先保障南宁与东盟各国、周边省区等的出海、出省、出边国际大通道建设和国家、自治区重点交通、水利、能源等基础设施建设所需用地；落实工业化和城镇化的合理用地，统筹城乡协调发展；合理安排各县城和重点城镇建设用地，积极保障国家级和自治区级开发区发展用地，集中布置县域工业集中区发展用地，保障城乡公共事业、公益设施等民生用地，充分利用国有农林场土地，加速推进工业化与城镇化进程。建设用地结构调整优化和节约集约用地战略。严格控制新增建设用地总量，大力推进建设用地结构调整优化；落实最严格的节约用地制度，坚持走建设用地内涵挖潜与外延扩张相结合的新型工业化和城镇化发展道路，转变低效、粗放和以外延扩张为主的土地利用方式，加快盘活现有存量建设用地，加大村庄整治和工矿废弃地复垦力度，积极探索城乡建设用地增减挂钩工作。

根据《南宁市环境保护"十三五"规划》，南宁市将抓住提升"首位度"和"双核驱动"战略交汇城市及中国对东盟交流的"桥头堡"的机遇，实行最严格的环境保护制度，打赢大气、水体、土壤污染防治三大战役，坚守生态红线底线不退让，强化体制机制改革创新，依法严格环境和生态监管，解决危害人民群众健康的突出环境问题，着力为"一带一路"倡议实施提供绿色保障，为南宁市实现全面建成小康社会宏伟目标打下良好生态环境基础。到 2020 年，南宁市生态环境质量总体改善，主要污染物排放总量得到有效控制。城市空气质量优良天数增加；饮用水安全保障水平持续提升，主要江河水质保持稳定，城市建成区内河基本消除黑臭水体；土壤环境质量状况基本摸清；辐射环境质量保持良好，农村环境得到进一步改善。环境监管能力进一步提升，环境风险得到有效管控。区域协作得到加强，生态环境治理体系与治理能力现代化取得进展，环境保护机制体制不断完善，生产方式和生活方式绿色、低碳水平上升，主体功能区布局和环境功能区设置基本形成，生态文明水平与全面建成小康社会相适应，建设天更蓝、地更绿、水更清的美丽南宁。

1.5.1.5　环境功能定位确定

根据目前生态文明建设形势及南宁市自然地理特征，在系统地分析了大尺度流域和区域对南宁生态环境要求、南宁环境和经济发展水平关系和南宁生态环境质量在全国和广西自治区的地位，对南宁市环境功能定位为"一渠两区"。

（1）中国生态文明"走出去""渠道"

南宁市作为面向东盟的前沿、衔接"一带一路"的门户、带动全区发展的首府城市，是推动中国生态文明建设战略思想"走出去"、共谋全球生态文明建设之路的重要渠道与纽带。

（2）珠江流域上游水环境调节区

南宁市作为珠江流域西江水系上游水环境重要流经区，是承担流域水环境调节功能和水环境安全维护功能的重要节点城市。

（3）桂西南生态安全格局维护区

南宁市作为广西"两屏四区一走廊"生态安全战略格局中西江千里绿色走廊的重要组成部分，是维护承担全区生态格局安全、生态系统健康稳定的重要廊道。

第 2 章 南宁市中长期环境经济形势分析及战略路线

2.1 中长期经济社会发展预测

2.1.1 全市经济社会发展预测

本章参考南宁市、广西壮族自治区及区域、全国范围各相关规划研究提出的中长期南宁市经济社会发展目标，并通过引入数学模型、统计学方法进行运算模拟，对南宁市经济社会发展及资源能源开发利用形势进行预测分析，主要以近期即到"十三五"末（2020 年）、中远期即到 2030 年为主要时间节点进行预测。首先，各相关规划文件中提出的南宁市在不同时期的发展目标列于表 2-1。

表 2-1　南宁市中长期主要发展目标

规划名称/主要指标	规划年限	GDP/亿元	人均GDP/元	常住人口/万人	工业增加值/亿元	产业结构	城镇化率/%
南宁市国民经济和社会发展"十三五"规划	2016—2020 年	年均增长 8%	年均增长 7%	740	占 GDP 总量 33%以上	第三产业年均增长 9%	65
南宁市工业信息化发展"十三五"规划	2016—2020 年	5 000 亿元	—		年均增长 8%以上，1 600 亿元以上，占 GDP 总量 32%以上	—	—
南宁市城市总体规划	2011—2020 年	—	—	780～800	—	—	60～65
南宁市土地利用总体规划	2006—2020 年	—	—	800	—		62
北部湾城市群发展规划	2017—2020 年	建成特大城市					
南宁市新型城镇化规划	2016—2020 年	2030 年建成特大城市	—	740	—	—	65

规划名称/主要指标	规划年限	GDP/亿元	人均GDP/元	常住人口/万人	工业增加值/亿元	产业结构	城镇化/%
南宁市人口发展"十三五"规划	2016—2020年	—	—	740	—	—	65
广西北部湾经济区国土规划	2014—2030年	年均增长8%以上	8.84万元以上	人口逐渐向南宁、北海、钦州、防城港集聚	年均增长10~11	—	74（2030年）
美丽南宁战略规划	2016—2030年	到2020年均增长8%，到2030年均增长7%	到2020年均增长7%，到2030年均增长6.5%	到2020年均增长0.009 346左右，到2030年均增长0.004 695左右	—	—	65（2020年）75（2030年）
南宁市空间发展战略规划	2016—2030年	—	—	730（2020年），850~950（2030年）	—	—	65（2020年），70~80（2030年）

　　根据南宁市、广西壮族自治区及北部湾城市群等市、区、城市群规划可知，南宁市在中长期基本的发展方向研判为："十三五"期间全市经济总量、人均GDP分别维持8%、7%的年均增长，人口和城镇化水平稳步提升，到2020年GDP总量达5 000亿元左右（2015年价格），人均GDP达70 000元左右（2015年价格），常住人口规模在740万~800万人，常住人口城镇化率达60%~65%。到2030年，GDP总量在1万亿元左右（2015年价格），人均GDP达130 000元左右（2015年价格），常住人口规模800万~950万人，常住人口城镇化率达70%~80%。同时，各相关规划未对中长期南宁市产业结构调整方向提出明确预判和期望值，如按"十三五"规划和工业信息化发展"十三五"规划中提出的，到2020年第三产业产值年均增长9%、工业增加值占GDP总量的33%以上计，则2020年南宁市工业、服务业增加值分别在1 650亿元、2 600亿元左右，同时考虑到"十二五"期间南宁市建筑业增长呈持续下滑态势，建筑业增加值增速由2010年的23.8%下降至2014年的8.6%、2015年的8.3%和2016年的6.4%，未来南宁市产业结构将呈现工业、服务业加速发展态势，建筑业、第一产业的发展空间受到一定程度挤压的基本态势。预计到2020年及中长期，南宁市产业结构整体调整趋势为：第一产业逐渐从南宁市产业结构中剥离，工业在产业结构中的主导地位日趋明显，但第二产业、第三产业比例将呈现一定程度的振荡变化。

　　南宁市新型城镇化规划、北部湾城市群发展规划等均提出到2030年南宁市将建成特大城市，根据《国务院关于调整城市规模划分标准的通知》（国发〔2014〕51号），特大城市定义为城区常住人口500万~1 000万人的城市。根据Demographia世界城市区域研究[①]和《中国城市建设统计年鉴》中提供的相关数据，2015—2016年，我国已建成特大及以上级别城市主要包括北京、上海、广州、深圳、重庆、天津、南京、成都等，其中北京、上

① Cox W. Demographia World Urban Areas [R]. 13th Annual Edition ed. St. Louis：Demographia. Available：http：//www.demographia.com/db-worldua.pdf. Date of access，2017.

海、深圳、重庆等城区常住人口达到 1 000 万人以上为超大城市。与国内特大、超大城市相比，南宁市城区常住人口规模在 200 万～300 万人，即到 2030 年要实现建成特大城市的发展目标，城区常住人口规模仍需扩大 1 倍以上，全市经济、人口规模也将同步扩张，具体见表 2-2。

表 2-2　目前我国特大及以上规模城市人口规模

Demographia 报告/2016 年	城区人口/万人	世界排名	《中国城市建设 统计年鉴》/2015 年	城区人口/ 万人
南宁	285.5	168	南宁	208.45
上海	2 339.0	7	上海	2 415.27
北京	2 041.5	11	北京	1 877.70
广州−佛山	1 907.5	13	深圳	1 137.89
天津	1 324.5	25	重庆	1 032.63
深圳	1 277.5	26	天津	676.84
成都	1 105.0	30	广州	615.10
东莞	831.0	43	南京	581.65
重庆	799.0	44	成都	494.41
沈阳−抚顺	793.5	45	武汉	474.22
武汉	789.5	46	沈阳	467.45
郑州	700.5	54	西安	423.14
杭州	682.0	56	哈尔滨	406.71
泉州	648.0	59		
南京	632.0	62		
苏州	584.5	71		
青岛	577.5	73		
西安	574.0	74		
福州	524.5	80		
哈尔滨	501.5	84		

参考各相关规划提出的发展目标和预期值，本章同时采用年均增长和增量增长结合的方法对南宁市人口和城镇人口进行预测；基于 Logistic 回归和自回归积分滑动平均模型（ARIMA 模型），通过设置不同情境模拟预测南宁市 GDP 总量、工业增加值；基于 ARIMAX 模型对 GDP 构成进行分解，预测南宁市产业结构情况。

2.1.1.1　人口及城镇化预测

基于 2005 年、2010 年和 2015 年南宁市常住人口数据计算可知，"十一五""十二五"期间南宁市年均常住人口增长率分别为 4.97‰、4.98‰，增长情况较为接近，如以 2016 年南宁市人口总量 706.22 万人为基数，按"十三五"及至中长期仍保持相近增长率计算，则到 2020 年、2025 年和 2030 年南宁市常住人口规模将分别达 720.45 万人、738.64 万人、757.29 万人,显然距离各相关规划给出的常住人口规模预期有较大差距。如按增量法计算,"十一五""十二五"期间,南宁市常住人口分别增长 27.08 万人、32.45 万人,以此推算"十三五"期间至中长期,南宁市年均常住人口增量将保持在 5.5 万~6.5 万人,到 2020 年、2025 年和 2030 年常住人口规模在 730 万人、760 万人、790 万人左右,距离各相关规划的预测预期仍有一定差距。此外,到 2030 年南宁市将建成特大城市,城区常住人口规模将达到 500 万人以上,目前国内与南宁市定位类似的特大城市中,南京、成都、武汉城区人口占常住人口的比重分别为 70.33%、31.06%、44.05%,其余特大及超大城市如天津(43.33%)、重庆(33.87%)、广州(43.80%)城区人口占比也较为相似,按此推算,则南宁市建成特大城市时常住人口规模将可能达到 900 万~1 000 万人。

根据《中国科学发展报告 2010》[①],我国部分城市、地区已从 2015 年开始进入人口负增长阶段,而 2025—2030 年将是我国人口增长全面趋缓和停滞的历史时期,但报告对我国各地区人口停止增长年份的预测,并未对广西壮族自治区做明确判断,可见中长期广西壮族自治区和南宁市人口发展进程将与全国整体呈偏离态势,在建设对接东盟重要枢纽、边境、区域、经济带、城市群核心城市、特大城市等发展需求的拉动下,南宁市人口仍将在较长时间内保持较快增长和集聚。综上,本研究按照低增长、中增长、高增长 3 种情景对南宁市到 2020 年及中长期人口规模进行预测,低增长情景下南宁市常住人口仍保持"十一五""十二五"期间 5‰的平稳增长幅度;中增长情景下南宁市常住人口保持"十一五"至"十二五"期间 5.5 万~6.5 万人的年均增量,增长幅度较大;高增长情景下南宁市实现常住人口在中长期的跨越式增长和集聚,对区域经济发展、城市建设和城市核心地位的支撑能力大幅提升,并在 2030 年达到特大城市规模。城镇化发展方面,根据各相关规划给出的预期目标,以及当前我国各特大城市常住人口城镇化水平得出预测结果,具体见表 2-3。

表 2-3 南宁市社会发展预测结果

	增长情景	2020 年	2025 年	2030 年
常住人口/万人	低增长情景	720.45	738.64	757.29
	中增长情景	730	760	790
	高增长情景	740	800	850~950
常住人口城镇化率/%		65	68~71	75~80

2.1.1.2 经济发展预测

南宁市各相关规划如"十三五"规划、工业信息化发展"十三五"规划、美丽南宁战略规划等对到"十三五"末期经济总量的预测基本一致,即以 8%的年均增速增长至 5 000 亿元左右。因此,本章以 2020 年 5 000 亿元 GDP 为基准,进一步预测到 2025 年、2030 年南宁市经济增长情况。经济增长预测主要通过 Logistic 回归和 ARIMA 模型实现,分别以

---

① 牛文元,刘学谦,杨多贵. 中国科学发展报告 2010[M]. 北京:科学出版社,2010.

GDP 增速、GDP 总量和人均 GDP 增长率为预测依据。

如按 GDP 增速预测，应用 ARIMA 模型对 1978—2016 年南宁市年 GDP 增速数据进行模拟，并以 2017—2020 年 GDP 年均增长 8% 的预期增速为验证，可推算 2021—2025 年、2026—2030 年南宁市年均 GDP 增速分别为 6.93%、6.55%，则到 2025 年、2030 年南宁市 GDP 将分别达 6 989.85 亿元、9 599.20 亿元。如按 GDP 总量预测，则应用 ARIMA 模型对 1978—2016 年南宁市 GDP 总量数据进行模拟，并以 2020 年 GDP 总量 5 000 亿元为验证，可推算 2025 年、2030 年南宁市 GDP 将分别达 7 066.65 亿元、9 911.34 亿元。如按人均 GDP 增长率计算，则应用 ARIMA 模型对 1978—2016 年南宁市人均 GDP 增长率数据进行模拟，并以 2017—2020 年人均 GDP 年均增长 7% 的预期增速为验证，可推算 2021—2025 年、2026—2030 年南宁市人均 GDP 年均增速分别为 6.71%、6.40%，则参照人口预测结果可推算到 2025 年、2030 年南宁市 GDP 总量将达到 7 267.46 亿～7 649.96 亿元、11 149.19 亿～13 039.99 亿元。据此，可得在 3 种情景下南宁市中长期 GDP 增长的预测结果，即低、中、高 3 种增长情景均认为到"十三五"末期（2020 年），南宁市 GDP 增长至 5 000 亿元左右；在低增长情景下，中长期南宁市经济结构和增长动能未发生显著调整提升，在全国经济进入新常态的大环境下，经济增长仍主要依赖传统产业和投资开发，对外经济贸易、高新技术产业和生产性服务业等发展前景收窄，经济增速相比"十三五"期间有所下滑，到 2025 年、2030 年全市 GDP 将在 7 000 亿元、9 600 亿元左右；中增长情景下，中长期南宁市经济结构调整和增长方式、增长动能转换效果较为明显但经济转型升级进程较为平缓，经济增速相比"十三五"期间有小幅提升，到 2025 年、2030 年全市 GDP 达到 7 000 亿元、9 900 亿元以上；高增长情景下，中长期南宁市经济质量提升明显，生产性服务业、高端服务业快速发展，高技术制造业和对外经济贸易增长明显，先进产业和人口集聚效应显著增强，到 2030 年基本建成特大城市，GDP 总量达到特大城市标准（类比南京、成都、武汉当前水平，即突破万亿元），到 2025 年、2030 年 GDP 总量达到 7 500 亿元左右、11 000 亿元以上。

表 2-4　南宁市经济发展预测结果

	增长情景	2020 年	2025 年	2030 年
GDP/亿元	低增长情景	5 000 左右	6 989.85	9 599.20
	中增长情景		7 066.65	9 911.34
	高增长情景		7 267.46～7 649.96	11 149.19～13 039.99

2.1.1.3　产业结构预测

南宁市产业结构发展进程具有一定特殊性，如前文所述，虽然早在 1991 年即完成产业结构的"退二进三"，但实际上并未经历成熟的工业化进程推进，属于典型的产业结构"早熟式"发展。"十二五"期间，南宁市产业结构中第三产业占比较"十一五"期间有所下降，说明南宁市仍处于工业化发展的加速阶段，未来产业结构将呈一定的"逆向化"发展趋势。根据南宁市"十三五"规划、工业信息化发展"十三五"规划等，未来南宁市仍将继续以"工业强市"为产业发展的基本方向之一,扩大全市工业经济规模,提升工业在产业结构中的占比。如按南宁市"十三五"规划、工业信息化发展"十三五"规划给出的发展预期,则在"十三五"期间南宁市工业、服务业年均增速将分别达 10.8%、9%左右,工业增速高于服务业增速约 2 个百分点。但从"十三五"开局之年(2016 年)情况看,南宁市三次产业结构重新调整至 10.82∶38.54∶50.64,在以金融、信息等为主的生产性服务业和高端服务业投资大幅增长的同时,第三产业占比有所回升,工业、服务业分别增长 5.6%、8.5%,与"十三五"期间相关规划给出的增长预期不符,可见"十三五"期间及中长期南宁市产业结构仍将处于振荡变化态势。

基于南宁市产业结构发展进程及所处的工业化中期发展阶段,可预判未来南宁市三次产业结构中,第二产业、第三产业占比将进一步提升,但具体比例关系仍存在较大变数,第二产业、第三产业占比可能呈振荡交错变化态势。本章援引南宁市"十三五"期间主要规划中提出的预测结果和预期目标,基于 ARIMAX 模型,以南宁市 1978—2016 年 GDP 总量、三次产业增加值和工业增加值为数据基础,分第二产业主导、第三产业主导、均衡发展 3 种情景预测到 2025 年、2030 年南宁市三次产业结构,同时按低增长、中增长、高增长 3 种情景对南宁市工业增加值进行预测。

按三次产业结构以第二产业为主导发展,"十三五"期间及中长期南宁市工业实现做强、做大发展,工业经济规模显著提升,电子信息、生物医药、装备制造等先进技术产业发展良好,工业成为全市经济发展的重要支柱。在此情景下,南宁市在 2017—2020 年保持年均 10%以上的工业增速,第三产业则在"十三五"期间维持 9%左右的年均增速,以此计算,到 2020 年南宁市三次产业结构将调整至 5.85∶42.02∶52.13,第一产业占比显著下调,第二产业、第三产业占比间差距缩小。中长期,以南宁市 1978—2016 年三次产业结构变化情况为数据基础,采用 ARIMAX 模型并以 2020 年预测结果为验证,则到 2025 年、2030 年南宁市三次产业结构将调整至 4.72∶46.09∶49.19、3.96∶49.11∶46.93 左右,届时,南宁市将完全进入工业化发展后期,构建以食品加工、轻工业等传统行业以及先进制造业为主的高新技术产业为主导的工业体系,并为经济社会发展进一步向后工业化阶段过渡完成积累和准备。

按三次产业结构以第三产业为主导发展,则南宁市在"十三五"期间无法实现工业占 GDP 总量 32%~33%,实现 1 650 亿元工业增加值的既定目标,而金融、信息、养老等新兴服务业和生产性服务业得到较好较快发展,2017—2020 年工业、服务业将分别保持 8%、9%左右的增速,到 2020 年三次产业结构调整至 8.22∶38.84∶52.95,第一产业占比下调幅度较小,第二产业占比基本维持在与 2016 年相同的水平,第三产业占比提升较为明显。到 2025 年、2030 年,基于 ARIMAX 模型预测,产业结构将调整至 7.03∶39.15∶53.82、4.67∶40.65∶54.68,以第三产业为主导,可能在中长期实现南宁市经济、社会和产业体系的跨越式发展,由当前工业化中期、"早熟式"的产业发展阶段直接向以高端服务业、生产性服务业为主导的现代化先进产业结构体系迈进。

按三次产业均衡发展,南宁市在"十三五"或到 2025 年前后将保持工业经济的快速发展,同时服务业也将持续保持较快速度增长,预计中长期可能出现波动。初步预计,到 2020 年南宁市工业保持 10%左右的年均增速,同时建筑业增长有所回暖,增速达到 8%左右,

服务业增速仍维持在年均 9% 左右，则 2020 年南宁市三次产业结构将调整至
4.96：42.9：52.13。中长期，采用 ARIMAX 模型预测并以 2020 年产业结构为修正可得，到
2020 年、2030 年南宁市三次产业结构将分别调整至 4.22：45.26：50.52、3.51：43.50：52.99。
在此情境下，2025—2030 年南宁市产业结构可能出现一定程度波动，即第二产业占比在某
些年份超过第三产业，但到 2030 年第三产业仍将在三次产业结构中占据主导地位，届时
南宁市将处于工业化发展后期向后工业化阶段的过渡期，产业结构优化程度较高，但仍有
进一步调整升级的空间。

工业增加值方面，认为到 2020 年南宁市全部工业增加值将在 1 600 亿～1 650 亿元，
基于三次产业结构的预测结果，采用 ARIMAX 模型预测到 2025 年、2030 年南宁市工业增
加值。在低增长情景下，2021—2025 年、2026—2030 年南宁市工业经济增长持续放缓，工
业增加值年均增速分别下调至 8%、6% 左右，工业增加值分别达 2 424.39 亿元、3 244.38
亿元，相同情景下占 GDP 比重为 34.68%、33.80% 左右；中增长情景下，南宁市工业增加
值增长呈平稳趋缓态势，2021—2025 年、2026—2030 年年均增速分别下调至 9%、7.5% 左
右，到 2025 年、2030 年分别实现工业增加值 2 558.24 亿元、3 672.68 亿元，相同情景下
占 GDP 比重分别为 36.20%、37.056% 左右；高增长情景下，南宁市工业经济在 2021—2030
年内仍保持平稳较快增长，工业经济高度发展，工业增加值年均增速在 10%～11%，到 2025
年、2030 年分别实现工业增加值 2 718.02 亿元、4 377.40 亿元，相同情景下占 GDP 比重达
37.40%、39.26%，接近 40%，与 2016 年国内特大城市及工业发展水平较高城市，如南京（工
业增加值占 GDP34.10%）、成都（37.05%）、武汉（35.58%）、宁波（44.09%）、郑州（41.47%）
相比，基本处于同一区间，说明以高增长情景计，到 2030 年南宁市工业经济发展水平及其
对经济增长的贡献水平已基本与国内工业经济先进城市持平，具体见表 2-5。

表 2-5　南宁市产业结构及工业发展预测结果

	增长情景	2020 年	2025 年	2030 年
三次产业结构/%	第二产业主导	5.85：42.02：52.31	4.72：44.21：51.07	3.96：47.54：48.50
	第三产业主导	8.22：38.84：52.95	7.03：39.15：53.82	4.67：40.65：54.68
	均衡发展	4.96：42.91：52.13	4.22：45.26：50.52	3.51：43.50：52.99
工业增加值/亿元	低增长情景	1 660～1 650	2 424.39	3 244.38
	中增长情景		2 558.24	3 672.68
	高增长情景		2 718.02	4 377.40

2.1.2　资源利用和能源消费预测

2.1.2.1　水资源利用

根据南宁市"十三五"规划提出的发展目标，到 2020 年南宁市每万元 GDP 用水将下
调至 100 m³，但根据《2016 年南宁市国民经济和社会发展统计公报》、《2016 年南宁市水
资源公报》提供的相关数据，2016 年南宁市每万元 GDP 用水量已下降至 100.85 m³，基本
提前满足"十三五"期间的发展预期，如到 2020 年南宁市用水效率进一步提升，则以 5 000

亿元的当年 GDP 总量计，年用水量有可能保持在 37 亿 m³ 左右。但是，南宁市历年用水量波动较为明显，如 2016 年有效灌溉面积相比"十二五"期间减少较多，是导致用水量处于波谷的重要原因，而根据《南宁市农业和农村经济发展"十三五"规划》，"十三五"期间全市农田灌溉面积仍将增长，可见 2016 年南宁市 100 m³/万元 GDP 左右的用水效率应无法在近期内保持稳定。如按到 2020 年南宁市水资源利用效率为 100 m³/万元 GDP，则基于 GDP 预测结果可知南宁市用水量将达到 50 亿 m³。

根据南宁空间发展战略规划中给出的预测结果，到 2030 年南宁市城市人均综合用水量指标为 580 L/人，应急用水量为 105 L/人，基于人口预测结果可计算 2030 年南宁市用水总量将在 19.00 亿～23.75 亿 m³。同时，本章参考《全国水资源综合规划（2010—2030 年）》《广西西江经济带国土规划（2014—2030 年）》，根据规划中提出到 2030 年南宁市用水定额指标，计算水资源利用总量。从 2000—2016 年南宁市农田有效灌溉面积变化情况看，自 2003 年达到 23.51 万 hm² 以来，南宁市农田有效灌溉面积始终在 20 万～25 万 hm² 浮动，根据《南宁市农业和农村经济发展"十三五"规划》《广西农业可持续发展规划（2016—2030 年）》提出的相关目标要求，可预计到 2030 年南宁市农田有效灌溉面积将仍保持在 25 万～28 万 hm² 规模。由此，结合前文对人口、经济的预测结果，可预测到 2030 年低、中、高 3 种情景下南宁市用水总量将分别达 39.77 亿 m³、43.50 亿 m³、49.36 亿～50.01 亿 m³，具体见表 2-6、表 2-7。

表 2-6　南宁市历年水资源利用情况

年份	有效灌溉面积/万 hm²	用水量/亿 m³
2000	9.63	—
2001	9.67	—
2002	9.80	—
2003	23.51	—
2004	23.52	—
2005	23.50	—
2006	19.99	32.59
2007	20.28	34.04
2008	23.32	41.54
2009	—	37.21
2010	21.81	37.38
2011	23.96	38.32
2012	25.68	40.36
2013	24.67	44.76
2014	25.36	42.60
2015	25.88	41.88
2016	22.72	37.35

表 2-7　南宁市水资源利用预测结果

增长情景	2020 年	2030 年				
定额（珠江区）	—	城镇居民生活 L/（人·d）	农村居民生活 L/（人·d）	工业用水 m³/万元	农田灌溉 m³/亩	总量
		195	126	33～53	700	
低增长情景	37	4.04	0.87	10.71	24.15	39.77
中增长情景	40	4.22	0.91	12.12	26.25	43.50
高增长情景	50	4.54～5.07	0.98～1.09	14.45	29.40	49.36～50.01

2.1.2.2　能源消费

根据南宁市"十三五"规划，2015 年南宁市单位 GDP 能源消费水平为 0.56 t 标准煤/万元，到 2020 年预计根据自治区标准继续下调，《广西能源发展"十三五"规划》则根据国家《能源发展"十三五"规划》，提出与"十二五"规划相同的 5 年累计下降 15%的目标值。"十二五"期间，南宁市万元 GDP 能源消费实际下降 18.22%，结合同期我国各省（区、市）能源消费效率整体调整进度，可初步预判到 2020 年南宁市万元 GDP 能源消费累计降幅应在 15%～18%，则基于 GDP 预测结果，到 2020 年南宁市能源消费总量应在 2 280.03 万～2 363.44 万 t 标准煤。到 2030 年，预计南宁市、自治区仍将以国家发布的能源消规划和战略为主要指引，则根据《能源生产和消费革命战略（2016—2030 年）》，2030 年国内单位生产总值能耗将达到目前世界平均水平，参照世界银行数据[①]公布的世界主要国家能源消费数据，2014 年世界单位 GDP 能源消费平均值为 7.876 美元/kg 石油当量，按热值折算 1 kg 石油=1.428 6 kg 标准煤[②]，则到 2030 年我国每万元 GDP 能源消费水平将达到 75.39 元 GDP/kg 标准煤，即 0.270 7 t 标准煤/万元 GDP，由此依据 GDP 预测结果计算，到 2030 年南宁市能源消费总量应在 2 598.50 万～3 529.93 万 t 标准煤。

能源结构方面，根据《广西能源发展"十三五"规划》，"十三五"期间广西壮族自治区能源消费结构中煤炭占比将由 46%提升至 47%。结合近年我国能源消费结构走势看，2000 年全国一次能源消费中煤炭占比为 68.50%，到 2003 年煤炭占比增长至 70%以上（70.20%）并保持到 2011 年（70.20%）左右，2012—2015 年全国一次能源消费中煤炭占比持续降低，到 2015 年已调整至 63.70%，全国《能源发展"十三五"规划》中提出到 2020 年煤炭占比下降到 58%，可见我国能源结构正处于由高煤炭向煤炭、油气、清洁能源等多种能源多元化构成的转变阶段。南宁市经济社会和工业发展水平相比全国平均水平、东部发达地区存在差距，特别是工业发展水平差距明显，随着未来南宁市工业化进程的持续推进，煤炭在工业结构中的占比也将有所提升。综上，预测到 2020 年、2030 年南宁市能源消费结构中煤炭占比将分别达 47%、50%～52%。

---

① 世界银行数据库. http://data.worldbank.org.cn/indicator.

② 《中国能源统计年鉴 2016》。

2.1.3 区县主要指标预测

2.1.3.1 区县人口预测

在之前全市经济社会中长期发展预测的基础上，参考南宁市各相关规划研究，及区县相关规划文件中提出的中长期各区县经济社会发展目标，并通过引入数学模型、统计学方法进行运算模拟，对南宁市各区县经济社会发展形势进行预测分析，主要以近期即到"十三五"末（2020年）、中远期即到2030年为主要时间节点进行预测。

人口方面，根据《南宁市人口发展"十三五"规划》《南宁市空间发展战略规划》，结合已发布的兴宁区、邕宁区、青秀区等区县"十三五"相关规划，可基本预判到2020年、2030年各区县人口占全市人口比重及人口规模范围。中长期，南宁市仍将保持人口向中心组团6区集聚的基本趋势，到2020年、2030年兴宁区、青秀区、江南区、西乡塘区、良庆区、邕宁区常住人口将达400万人、500万人左右，合计占全市人口的比重将由2015年的47.82%提升至50%以上、65%～70%以上；武鸣区同样将呈较为明显的人口集聚发展趋势，2020年、2030年人口规模分则达70万人左右、100万人左右，占全市人口的比重由2015年的7.23%提升至2020年的9%左右、2030年的15%左右；以宾阳、横州为首的人口大县常住人口将持续外流，到2020年宾阳、横州人口规模将下调至100万人以下，隆安、马山、上林三县将维持在40万人左右规模，到2030年宾阳、横州人口规模调整至50万人以下，隆安、马山、上林三县人口下降至10万人以下，具体见表2-8。

表 2-8 南宁市各区县中长期人口发展预测

	2020 年人口/万人	占比/%	2030 年人口/万人	占比/%
兴宁区	39	5.26	—	—
青秀区	80	10.78	—	—
江南区	65	8.76	—	—
西乡塘区	127	17.12	500～600	65～70
良庆区	39	5.26	—	—
邕宁区	29	3.91	—	—
武鸣区	69	9.30	90～100	15%左右
隆安县	33	4.45	5～10	1.5～2
马山县	42	5.66	5～10	1.5～2
上林县	38	5.12	5～10	1.5～2
宾阳县	86	11.59	30～50	5.5～6.5
横州	95	12.80	30～50	5.5～6.5

2.1.3.2 区县经济预测

经济增长方面，根据《南宁空间发展战略规划》、各区县已发布的"十三五"规划，可基本判断至2020年、2030年南宁市经济增长情况，具体见表2-9。

表 2-9　南宁市各区县中长期经济发展预测

	到 2020 年年均增速/%	2020 年 GDP/亿元	工业占比/%	到 2030 年年均增速/%	2030 年 GDP/亿元	工业占比/%
兴宁区	7	500.01	2	7	983.59	1.5 以下
青秀区	8	1 109.94	3	8.5	2 509.55	2 以下
江南区	9	649.21	62	8	1 401.59	60 左右
西乡塘区	8.5	1 217.92	53	9	2 883.27	55 左右
良庆区	10	204.12	36	9	483.24	45 左右
邕宁区	10	108.30	8	9	256.39	5 左右
武鸣区	10	470.69	47	11	1 336.48	55 左右
隆安县	7	86.47	20	6	154.86	18 以下
马山县	7	65.62	11	4	97.14	10 以下
上林县	7	69.57	16	4	102.99	15 左右
宾阳县	9	276.66	26	8	597.29	30 左右
横州	9	392.49	35	8	847.35	40 左右

2.2　污染行业发展的环境压力分析

我国国民经济行业分类中，第一产业主要包括农林牧渔业，第二产业主要包括工业、建筑业，第三产业主要包括批发零售业、交通运输业、住宿餐饮业、信息传输业等，其中以第二产业中的工业对生态环境的压力最为显著和直接。基于国民经济行业分类①，我国共有采矿业，制造业，电力、热力、燃气及水生产和制造业 3 个工业门类及 39 个次级工业门类。根据《大气污染防治行动计划》《水污染防治行动计划》《土壤污染防治行动计划》中对重点污染行业及污染源监管提出的相关要求，可归纳 39 个工业门类中主要的污染行业见表 2-10，本章采用污染行业区位熵方法（具体见图 2-1～图 2-4），对南宁市主要污染行业的发展趋势、经济地位、布局结构及其可能产生的环境压力进行分析（具体见表 2-11）。

---

① 《国民经济行业分类与代码》（GB/T4754—2017）。

表 2-10　各环境要素对应的重点监管污染行业①②③

分类项	行业——对应污染行业门类	水污染行业	大气污染行业	土壤污染行业
采矿业	煤炭开采和洗选业	√	√	
	石油和天然气开采业			√
	黑色金属矿采选业			
	有色金属矿采选业			√
	非金属矿采选业			
	其他采矿业			
制造业	农副食品加工业——食品加工	√		
	食品制造业			
	饮料制造业			
	烟草制品业			
	纺织业——纺织印染	√		
	纺织服装、鞋、帽制造业			
	皮革、毛皮、羽毛（绒）及其制品业——皮革	√		√
	木材加工及木、竹、藤、棕、草制品业			
	家具制造业			
	造纸及纸制品业——造纸	√		
	印刷业和记录媒介的复制			
	文教体育用品制造业			
	石油加工、炼焦及核燃料加工业——石化炼焦	√	√	√
	化学原料及化学制品制造业——化工	√	√	√
	医药制造业——制药	√		
	化学纤维制造业			
	橡胶制品业			
	塑料制品业			
	非金属矿物制品业——建材		√	
	黑色金属冶炼及压延加工业——钢铁		√	
	有色金属冶炼及压延加工业——有色	√	√	√
	金属制品业——电镀	√		√
	通用设备制造业			
	专用设备制造业			
	交通运输设备制造业			
	电气机械及器材制造业			
	通信设备、计算机及其他电子设备制造			
	仪器仪表及文化、办公用机械制造业			

---

① 根据《水污染防治行动计划》，需进行专项整治的十大重点水污染行业为造纸、焦化、氮肥、有色金属、印染、农副食品加工、原料药制造、制革、农药、电镀。

② 根据《大气污染防治行动计划》《大气污染防治重点工业行业清洁生产技术推行方案》，大气污染重点行业主要包括钢铁、建材、石化、化工、有色及火力发电等。

③ 根据《土壤污染防治行动计划》，需重点监管的土壤污染行业包括有色金属矿采选、有色金属冶炼、石油开采、石油加工、化工、焦化、电镀、制革等。

分类项	行业——对应污染行业门类	水污染行业	大气污染行业	土壤污染行业
制造业	工艺品及其他制造业			
	废弃资源和废旧材料回收加工业			
电力、热力、燃气及水生产和制造业	电力、热力的生产和供应业——热电		√	
	燃气生产和供应业			
	水的生产和供应业			

区位熵计算公式：

$$LQ = \frac{X_{ab} / \sum_{i=1}^{b} X_{ab}}{\sum_{j=1}^{a} X_{ab} / \sum_{i=1, j=1}^{ab} X_{ab}} \qquad (2-1)$$

式中，X_{ab} 代表地区 a 行业 b 的发展水平，本章以工业总产值衡量，并分别从广西壮族自治区、全国两个层面对南宁市主要污染行业的区位熵进行计算。区位熵表征南宁市某行业在区域或全国整体产业结构中的地位，一般认为区位熵大于 1 则为优势或主导行业，小于 1 则为次要或弱势行业。从 2002 年、2005 年、2010 年和 2015 年南宁市主要污染行业在全区、全国的区位熵评估结果看，可知南宁市钢铁冶炼加工、采矿业及与油气开采相关的石化行业发展水平较低，相关行业 2002—2015 年相对全区、全国的区位熵始终在 0.5 以下，说明在全区、全国范围内，钢铁冶炼加工、采矿及石化炼焦行业是南宁市的弱势行业。此外，南宁市皮革、毛皮、羽毛（绒）及其制品业发展水平相对较低，2002—2015 年区位熵均低于 1，但 2015 年南宁市皮革、毛皮、羽毛（绒）及其制品业相对全区的区位熵已上升至 0.55，相比 2002 年的 0.13 有所提升，虽然相对于全国的区位熵仍维持在较低水平（2015 年为 0.25），但南宁市皮革、毛皮、羽毛（绒）及其制品业发展仍呈现出一定的自治区内集中趋势。

南宁市传统优势行业主要包括农副食品加工、纺织、造纸等轻工业行业，以及建材（即非金属矿物制品业）、有色金属冶炼加工、金属制品、热电等重工业行业。从近年各行业区位熵演变情况看，南宁市传统优势重工业行业发展逐渐放缓，有色金属加冶炼加工、热电行业 2015 年相对全区的区位熵分别为 0.22、0.27，相比 2002 年（0.45、0.37）、2005 年（0.47、1.44）下降较为明显。有色金属冶炼加工、热电行业 2015 年相对全国的区位熵分别为 0.28、0.28，相比 2002 年（1.08、0.39）、2005 年（1.19、2.04）、2010 年（0.60、1.24）同样呈明显下降趋势。建材、金属制品业发展较为稳定，2015 年相对全区的区位熵分别为 1.06、1.83，相对全国的区位熵分别为 1.49、0.98，虽然与 2002 年相比（相对全区 1.27、2.86，相对全国 2.79、2.70）产业主导地位有一定幅度下降，但区位熵仍大于或接近于 1，表明建材及金属制品行业在作为南宁市的支柱产业之一，仍在全区、全国产业结构中处于优势地位。

2015 年，南宁市农副食品加工业、纺织业、造纸业相对全区的区位熵分别达 1.50、1.28、1.93，相对全国的区位熵分别达 2.51、0.43、2.55，与 2002 年、2005 年及 2010 年相比，三大轻工行业中农副食品加工业在全区、全国产业结构中的优势地位下降较为明显，纺织业、造纸业相对稳定，但主导产业优势同样有一定程度缩减。可见，南宁市正处于工业结构调整的推进阶段，轻工业在产业结构中的主导地位持续下降。2015 年，南宁市化工、医药行业相对全区的区位熵分别为 1.50、4.06，相对全国的区位熵分别为 1.05、3.22，与 2002 年、2005 年、2010 年相比基本处于稳定增长，且已确立行业在全区、全国整体产业结构中的优势地位。可见，在轻工业主导地位下降的同时，以化工、医药行业为主的重化工业优势地位正持续加强。

根据南宁市产业结构的相关预测及区位熵评估分析结果，可进一步预判到"十三五"末期及中长期，南宁市仍将保持轻工业稳定、重工业加速的基本发展态势。且由于产业结构的"早熟式"发展，中长期南宁市产业结构可能出现再工业化转折，以工业制造业为主导的第二产业发展可能重新在区域经济结构中占据主导地位。由此，则在食品加工、纺织造纸等轻工业行业保持一定规模，生物医药、化工及电子信息、装备制造等新兴行业加速布局发展的预期情境下，污染行业对南宁市生态环境将造成持续压力。

从具体行业看，目前南宁市生产规模较大或仍处于加速发展阶段的污染行业包括：皮革、毛皮、羽毛（绒）及其制品业，农副食品加工业，纺织业，造纸及纸制品业，非金属矿物制品业，金属制品业，化学原料及化学制品制造业，医药制造业，有色金属冶炼及压延加工业，电力、热力的生产和供应业。可以认为，以上 10 个行业将是"十三五"期间及中长期对南宁市生态环境产生影响和压力的主要污染行业，也是生态环境保护工作的重点。主要污染行业中，包括 8 个水污染行业，4 个大气污染行业和 4 个土壤污染行业，且大气污染行业中 2 个发展放缓（有色金属冶炼加工、热电），土壤污染行业中 1 个（皮革制品）规模较小，1 个发展放缓（有色金属冶炼加工），可见"十三五"期间及中长期，南宁市水环境仍将承受污染行业发展造成的主要压力。

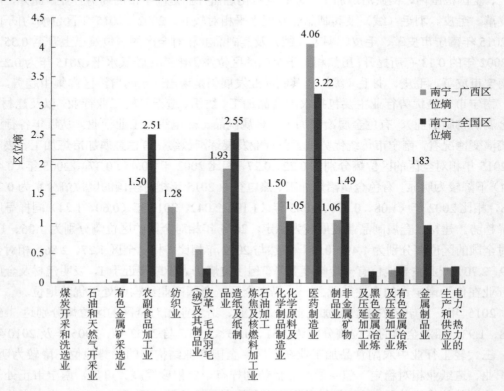

图 2-1 2015 年南宁市主要污染行业区位熵

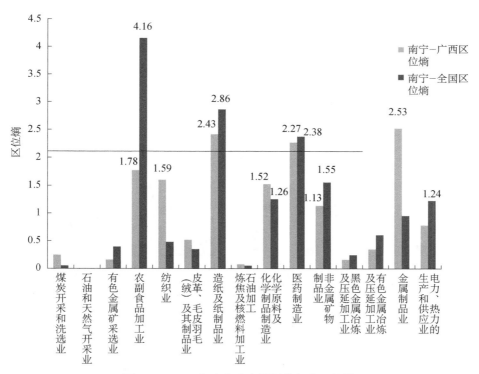

图 2-2　2010 年南宁市主要污染行业区位熵

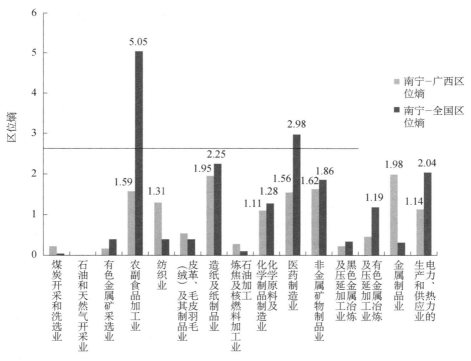

图 2-3　2005 年南宁市主要污染行业区位熵

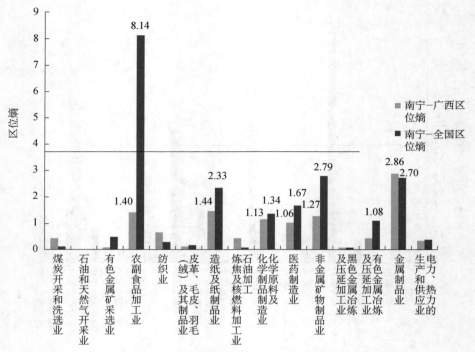

图 2-4　2002 年南宁市主要污染行业区位熵

表 2-11　南宁市主要污染行业发展情况

分类项	行业	水污染行业	大气污染行业	土壤污染行业
弱势行业	煤炭开采和洗选业	√	√	
	石油和天然气开采业			√
	有色金属矿采选业			√
	石油加工、炼焦及核燃料加工业	√	√	√
	黑色金属冶炼及压延加工业		√	
发展加速的弱势行业	皮革、毛皮、羽毛（绒）及其制品业	√		√
持续发展的优势行业	农副食品加工业	√		
	纺织业	√		
	造纸及纸制品业	√		
	非金属矿物制品业		√	
	金属制品业	√		√
发展加速的优势行业	化学原料及化学制品制造业	√	√	√
	医药制造业	√		
发展放缓的优势行业	有色金属冶炼及压延加工业	√		√
	电力、热力的生产和供应业		√	

第 3 章　南宁市环境战略分区研究与目标指标体系构建

3.1　环境战略分区研究

3.1.1　分区方法

环境保护既要定位好当前环境保护问题，还要定位好当前和今后环境保护工作的方向，要有大格局、大战略。环境战略分区是尊重自然规律、经济规律，提高环境综合管理水平的客观需要。一方面，环境问题的长期性、复杂性和广泛性决定了环境管理没有定式可循，必须针对不同时期的关键问题和情况变化进行调整；另一方面，各地区的自然生态本底和资源环境承载力差异巨大，经济社会发展阶段和面临的突出环境问题也有所不同，实施差别化的环境保护势在必行。

本章综合考虑南宁社会人居、经济发展、农业水平和生态环境现状等因素，构建南宁环境战略分区评价指标体系，采用层次分析法确定指标权重，对南宁进行环境战略分区研究。

3.1.1.1　指标体系构建

指标选取主要遵循以下原则：一是综合性，能较全面地反映城乡接合部的特征，统筹考虑社会结构、经济发展、自然生态等方面存在的突出问题；二是可操作性，需要考虑数据的可获取性，指标意义明确，便于操作与理解，有利于与相似地区的比较；三是简洁性，各指标之间涵盖的信息尽可能互相独立（表 3-1）。

表 3-1　环境战略分区评价指标体系

目标层（A）	准则层（B）	指标（C）
环境战略分区（A）	社会子系统（B1）	城镇化率（C1）
		人口密度（C2）
		城镇居民可支配收入（元/人）（C3）
		农民人均纯收入（元/人）（C4）

目标层（A）	准则层（B）	指标（C）
环境战略分区（A）	经济子系统（B2）	GDP（万元）（C5）
		人均 GDP（元）（C6）
		规模以上工业总产值（万元）（C7）
	农业子系统（B3）	耕地总面积（hm²）（C8）
		农作物总产量（t）（C9）
		农林牧渔业生产总值（万元）（C10）
	生态子系统（B4）	EI 指数（C11）
		森林覆盖率（C12）
		活立木蓄积量（万 m³）（C13）

3.1.1.2 评价方法研究

（1）层次分析法

20 世纪 70 年代，运筹学家 T.L.Saaty 提出了一种定性与定量相结合的决策方法，该方法就是层次分析法（Analytie Hierarehy Proeess，AHP）。目前该方法在社会、政治、经济、军事、管理等各个领域中都得到了广泛的应用。其主要原理是：首先将所要解决的问题分解成若干个可能影响的因素，然后通过层次分配关系使之形成从上到下的层次结构，其次采用两两比较的方法来确定决策中各个因素的相对重要性。这种层次结构一般可分为三个层次结构：①最高层（目标层）：在该层中只有一个元素，代表了所要解决问题的预定目标；②中间层（准则层）：这层可以由若干个层次组成，诸如所需要考虑的准则和子准则，它表示与实现目标层有关的各种中间环节；③最底层（方案层）：该层主要是指为了达到预定的目标，可以选择采取的各种措施与决策方案等。其主要步骤为：

1）建立层次结构。首先，为了构成递阶层次模型，应建立层次结构。即建立包含最高层、中间层和最底层三种层次结构。一般来说，上一层次的元素作为准则支配着下一层次的元素。

2）构建判断矩阵。当递阶层次结构被建立以后，各层次元素之间的隶属关系就已经建立起来，然后各层元素的相对权重就要被确定。通常而言，采取通过比较同一层次两两元素之间的相对重要性，来构造判断矩阵。其方法一般是采用 1～9 标度法（见表 3-2），同时结合专家打分法确定其判断矩阵 A。

表 3-2　1～9 标度的含义

比例标度	含义
1	两个元素相比，二者具有相同的重要性
3	两个元素相比，前者比后者稍重要
5	两个元素相比，前者比后者明显重要
7	两个元素相比，前者比后者强烈重要
9	两个元素相比，前者比后者极端重要
2，4，6，8	表示上述相邻判断的中间值

3）层次单排序及一致性检验。判断矩阵 A 构建完成后，进行层次单排序。它是指判断矩阵 A 的特征根问题 $AW=\lambda\max w$ 的解 W，经归一化后成为同一层次相应因素对于上一层次某因素相对重要性的排序权重。当层次单排序（判断矩阵）完成后，需要对其进行一致性检验，其检验方法是通过计算一致性指标 $CI=\lambda\max-n/n-1$，并且引入判断矩阵的平均随机一致性指标 RI 值，当随机一致性比率 $CR=CI/RI<0.1$ 时，即可判定层次单排序的结论满足一致性的要求，若大于 0.1，则表示需重新对判断矩阵中的元素进行取值。

4）层次总排序。层次总排序是指计算同层全部因素对于最高层（目标层）相对权值的排序过程。该过程是从最高层次到最低层次逐层进行的。若上一层次 A 包含 m 个因素 A_1，A_2，…，A_m，其层次总排序权值分别为 a_1，a_2，…，a_m，下一层次 B 包含 n 个因素 B_1，B_2，…B_n，它们对于因素 A_j 的层次单排序的权值分别为 b_{1j}，b_{2j}，…，b_{nj}（当 B_k 与 A_j 无关时，取 b_{kj} 为 0），此时 B 层次的总排序权值由表 3-3 得出。

表 3-3　权重合层方法

| 层次 A
层次 B | A_1 | A_2 | … | A_m | B 层次总排序值 |
	a_1	a_2	…	a_m	
B_1	b_{11}	b_{12}	…	b_{1m}	$\sum\limits_{j=1}^{m} a_j b_{nj}$
…	…	…	…	…	…
B_n	b_{n1}	b_{n2}	…	b_{nm}	$\sum\limits_{j=1}^{m} a_j b_{nj}$

如果 B 层次某些因素对于 A_j 的一致性指标为 CI_j，相应地平均随机一致性指标为 RI_j，则 B 层次总排序一致性比例为

$$CR = \frac{\sum\limits_{j=1}^{m} a_j CI_j}{\sum\limits_{j=1}^{m} a_j RI_j} \qquad (3-1)$$

经层次分析最终得到方案层相对于总目标的权重，并给出这一组合权重所依据整个递阶层次结构所判断的总一致性指标，从而为决策者提供依据。

（2）评价指标的标准化

由于各指标性质不同，量纲也不一致，不能直接进行比较，必须对原始数据进行标准化处理，化成统一的无量纲的数值。本章采用差值法进行标准化处理。

$$x'_{ij} = \frac{x_{ij} - x_{\min}}{x_{\max} - x_{\min}} \qquad (3-2)$$

式中，x'_{ij} ——标准化后某指标的值；

x_{ij} ——某一指标的原始值；

$x_{\max}$ ——各指标原始数据中的最大值；

$x_{\min}$ ——各指标原始数据中的最小值。

（3）环境战略分区评价指数法

在确定各单项指标在各自对应层次的权重及其对系统总层次的总排序权重的基础上，

通过线性加权法，得到环境战略分区综合评价指数来衡量环境战略分区，综合评价指数的计算公式如下：

$$ESZ = \sum_{j=1}^{n} W_i \cdot C_i \qquad\qquad (3\text{-}3)$$

式中，ESZ——环境战略分区综合评价指数；

      W_i——第 i 个指标的权重；

      C_i——第 i 个指标的归一化值。

3.1.2 环境战略分区结果

（1）层次单排序及一致性检验

在对系统要素进行相对重要性判断时，由于运用的主要是专家经验知识，不可能一次性完全准确地判断出两元素相对重要性的比值，只能对其进行估计，存在着一定的误差，因此，必须进行相容性和误差分析，对判断矩阵的一致性进行检验。当一致性指标 CR＜0.1 时，认为判断矩阵的一致性是可以接受的，权重分配合理；当 CR≥0.1 时，应该对判断矩阵做适当修正。

按照一致性检验的计算公式及方法计算得到各矩阵 CR 分别为：CR（A）=0.022 6＜0.1，CR（B1）=0.003 9＜0.1，CR（B2）=0.008 8＜0.1，CR（B3）=0.051 6＜0.1，CR（B4）=0.000 0＜0.1（见表 3-4～表 3-8）。判断矩阵 A、B1、B2、B3、B4 的一致性可以接受，即权重的分配是合理的。

表 3-4 B1-B4 矩阵标度

A	B1	B2	B3	B4
B1	1.000 0	1.000 0	2.000 0	0.500 0
B2	1.000 0	1.000 0	2.000 0	1.000 0
B3	0.500 0	0.500 0	1.000 0	0.500 0
B4	2.000 0	1.000 0	2.000 0	1.000 0

表 3-5 C1-C4 矩阵标度

B1	C1	C2	C3	C4
C1	1.000 0	0.333 3	0.500 0	0.500 0
C2	3.000 0	1.000 0	2.000 0	2.000 0
C3	2.000 0	0.500 0	1.000 0	1.000 0
C4	2.000 0	0.500 0	1.000 0	1.000 0

表 3-6 C5-C7 矩阵标度

B2	C5	C6	C7
C5	1.000 0	0.333 3	0.500 0
C6	3.000 0	1.000 0	2.000 0
C7	2.000 0	0.500 0	1.000 0

表 3-7　C8-C10 矩阵标度

B3	C8	C9	C10
C8	1.000 0	3.000 0	3.000 0
C9	0.333 3	1.000 0	2.000 0
C10	0.333 3	0.500 0	1.000 0

表 3-8　C11-C13 矩阵标度

B4	C11	C12	C13
C11	1.000 0	2.000 0	2.000 0
C12	0.500 0	1.000 0	1.000 0
C13	0.500 0	1.000 0	1.000 0

（2）权重分配

根据判定，各指标层权重结果如表 3-9 所示。

表 3-9　各指标层权重分配

目标层（A）	准则层（B）	权重	指标（C）	权重
环境战略分区（A）	社会子系统（B1）	0.238 2	城镇化率（C1）	0.029 1
			人口密度（C2）	0.100 8
			城镇居民可支配收入（元/人）（C3）	0.054 2
			农民人均纯收入（元/人）（C4）	0.054 2
	经济子系统（B2）	0.283 3	GDP（万元）（C5）	0.046 3
			人均 GDP（元）（C6）	0.152 9
			规模以上工业总产值（万元）（C7）	0.084 1
	农业子系统（B3）	0.141 6	耕地总面积（hm²）（C8）	0.084 1
			农作物总产量（t）（C9）	0.035 3
			农林牧渔业生产总值（万元）（C10）	0.022 2
	生态子系统（B4）	0.336 9	EI 指数（C11）	0.168 4
			森林覆盖率（C12）	0.084 2
			活立木蓄积量（万 m³）（C13）	0.084 2

（3）聚类分析结果

运用 SPSS 统计软件的系统聚类功能对各指标层进行分析，结果如下（表 3-10）：社会子系统中（图 3-1 和图 3-2），兴宁区、江南区、青秀区、西乡塘区社会发展水平最高，发展水平相似；良庆区、邕宁区、武鸣区、宾阳县、横州社会发展水平中等，发展水平相似；上林县、隆安县、马山县社会发展水平最低，发展水平相似。经济发展子系统中（图 3-3 和

图 3-4），武鸣区、兴宁区、江南区、青秀区、西乡塘区经济发展水平最高，发展水平较为相似；良庆区、横州经济发展水平相似，为一类；宾阳县、邕宁区、隆安县、上林县、马山县经济发展水平最低，水平相似，为一类。农业子系统中（图 3-5 和图 3-6），武鸣区、横州、宾阳县农业发展水平最高，水平相似，为一类；邕宁区、上林县、马山县、隆安县农业发展水平相似，为一类；青秀区、西乡塘区、江南区、良庆区、兴宁区农业发展水平最低，为一类。生态子系统中（图 3-7 和图 3-8），宾阳县、横州、上林县生态环境状况水平整体较高，水平相似；马山县、隆安县、兴宁区、武鸣区生态环境状况水平一般，水平相似；青秀区、邕宁区、良庆区、江南区、西乡塘区生态环境状况水平相对较低，水平类似。

表 3-10　四大子系统发展水平能力统计

	水平能力		
	高	中等	低
社会子系统	兴宁区、江南区、青秀区、西乡塘区	良庆区、邕宁区、武鸣区、宾阳县、横州	上林县、隆安县、马山县
经济子系统	兴宁区、江南区、青秀区、西乡塘区、武鸣区	良庆区、横州	宾阳县、邕宁区、隆安县、上林县、马山县
农业子系统	横州、宾阳县、武鸣区	邕宁区、上林县、马山县、隆安县	青秀区、西乡塘区、江南区、良庆区、兴宁区
生态子系统	宾阳县、横州、上林县	马山县、隆安县、兴宁区、武鸣区	青秀区、邕宁区、良庆区、江南区、西乡塘区

组间平均连锁树状图

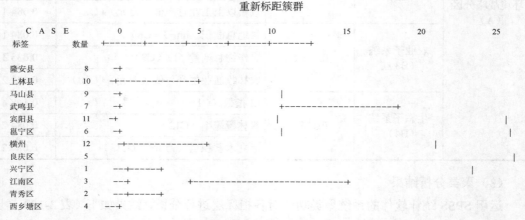

图 3-1　社会子系统聚类分析

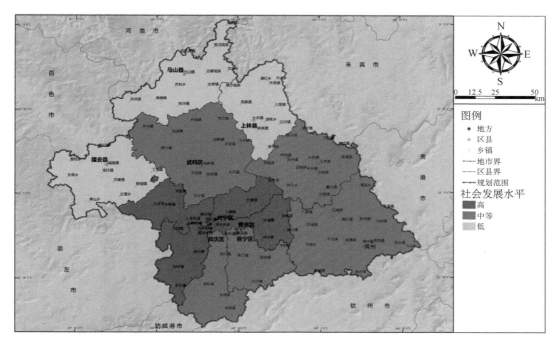

图 3-2　社会发展水平评价

组间平均连锁树状图

重新标距簇群

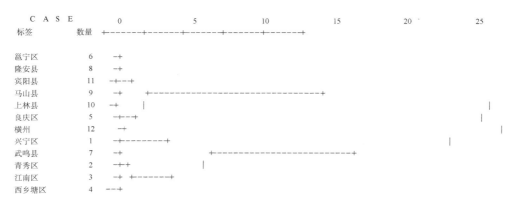

图 3-3　经济子系统聚类分析

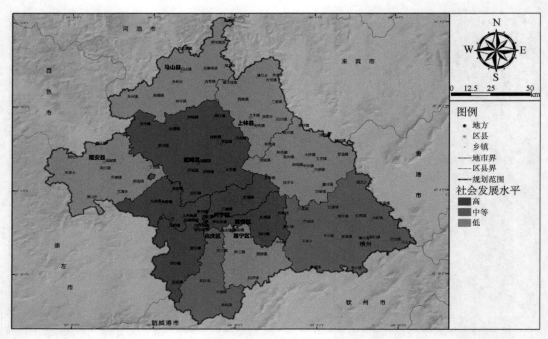

图 3-4 经济发展水平评价

组间平均连锁树状图

重新标距簇群

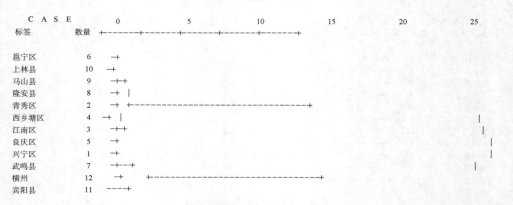

图 3-5 农业子系统聚类分析

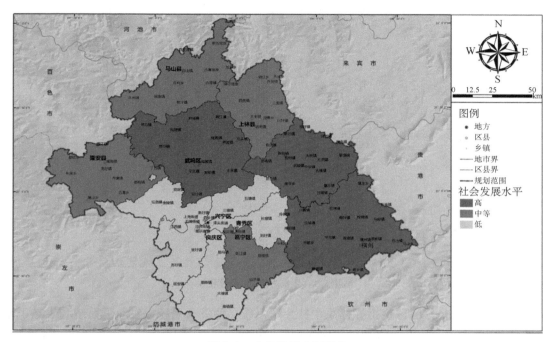

图 3-6 农业发展水平评价

组间平均连锁树状图

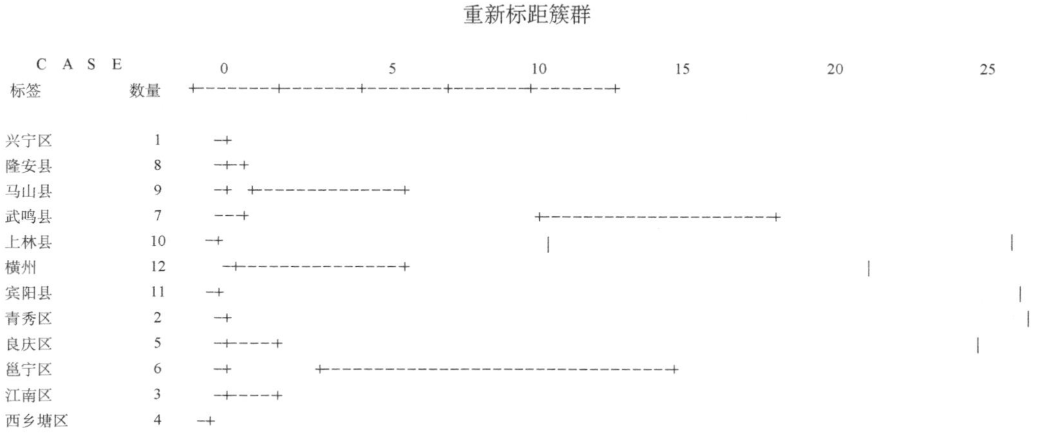

重新标距簇群

图 3-7 生态子系统聚类分析

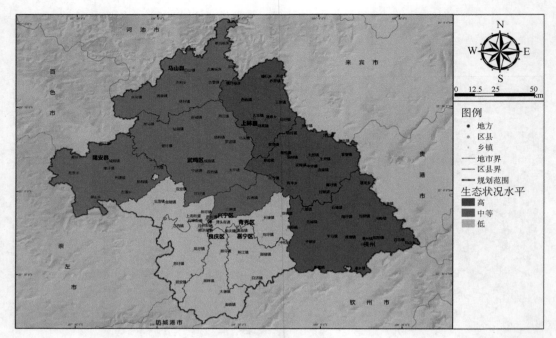

图 3-8 生态状况水平评价

　　根据环境战略分区评价指标体系中社会子系统、经济子系统、农业子系统和生态子系统评估结果，以《全国主体功能区划》《广西壮族自治区主体功能区划》为基础，综合考虑南宁市资源与生态环境现状、社会经济发展现状等情况，将南宁市环境战略分区（图 3-9）分为中部城镇人居环境维护区：兴宁区、江南区、青秀区、西乡塘区、邕宁区、

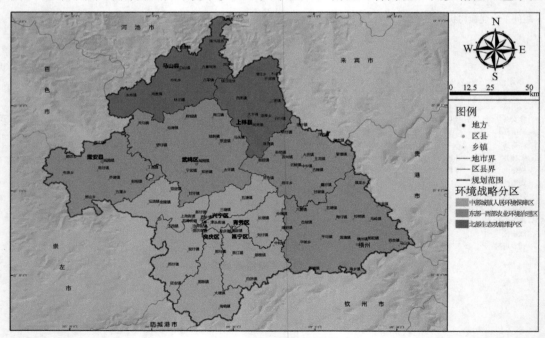

图 3-9 南宁市环境战略分区

良庆区；东西两翼农业环境保护区：武鸣区、宾阳县、隆安县、横州；北部生态安全屏障区：马山县、上林县。对于三个战略分区实施不同的环境管制政策。三大战略分区范围、面积、人口及环境政策指引详见表 3-11。

表 3-11　环境战略分区结果

环境战略分区	区域范围	面积/km²	占比/%	环境战略指引	环境管控方向
中部城镇人居环境维护区	兴宁区、江南区、青秀区、西乡塘区、邕宁区、良庆区	6 447.17	29.18	坚持绿色发展，强化资源节约、环境治理、质量改善、风险防范	区域内应以生态环境承载力为基础，优化城市发展规模、产业方向；积极推动建设区域内循环经济园区建设，提高资源利用效率；加快城市环境保护基础设施建设，加强城乡环境综合整治。实行能源和水资源消耗、建设用地等总量和强度双控行动。推进全市有色金属、皮革制品、化工、医药、电镀等重点行业企业重金属污染调查
东西两翼农业环境保护区	武鸣区、宾阳县、隆安县、横州	11 442.64	51.77	坚持生态农业，强化农业面源污染防治、土壤污染防护与治理	推进农业面源污染防治监管示范试点，推广测土配方施肥技术、增施有机肥料。推广使用生物农药或高效、低毒、低残留农药，推广病虫害绿色防控技术，加强废弃农用地膜、农药包装物的回收和处理，加强秸秆等农业生产废弃物资源化利用
北部生态安全屏障区	马山县、上林县	4 211.99	19.05	坚持生态优先，强化生态修复、生态补偿	以修复生态、保护环境、提供生态产品为首要任务，增强水源涵养、水土保持和维护生物多样性等提供生态产品的能力，因地制宜地发展资源环境可承载的适宜产业，引导超载人口逐步有序转移

3.2　目标指标体系

南宁生态环境保护战略研究相关指标设置主要参考文件包括：

《南宁市城市总体规划（2006—2020 年）》（桂政报〔2009〕7 号）

《南宁市海绵城市总体规划》

《美丽南宁战略规划（2016—2030 年）》

《南宁市"十三五"新型城镇化规划（2016—2020 年）》（南府发〔2017〕1 号）

《广西环境保护和生态建设"十三五"规划》

《中共中央　国务院关于加快推进生态文明建设的意见》（中发〔2015〕12 号）

《"十三五"生态环境保护规划》（国发〔2016〕65 号）

《水污染防治行动计划》（国发〔2015〕17 号）

《土壤污染防治行动计划》（国发〔2016〕31 号）

《国家环境保护模范城市考核指标及其实施细则（第六阶段）》（环办〔2011〕3 号）

《生态文明建设目标体系（征求意见稿）》（环办函〔2014〕120 号）

《国家级生态村创建标准（试行）》（环发〔2006〕192 号）

《国家级生态乡镇创建指标（试行）》（环发〔2010〕75 号）

《国家生态文明建设示范县、市指标（试行）》（环生态〔2016〕4 号）

《关于划定并严守生态保护红线的若干意见》

《自然生态空间用途管制办法（试行）》（国土资发〔2017〕33 号）

《关于建立资源环境承载能力监测预警长效机制的若干意见》（厅字〔2017〕25 号）

《重点生态功能区产业准入负面清单编制实施办法》

《关于健全生态保护补偿机制的意见》

并结合南宁本区域环境问题特点，共设置生态功能保障基线、环境质量安全底线、自然资源利用上线、环境安全保障防线四大类目标共 37 个指标。

3.2.1 生态功能保障基线类指标及解释

生态功能保障基线类指标共 6 个，见表 3-12。

表 3-12　生态功能保障基线类指标

序号	指标	指标来源
1	生态保护红线区面积比例/%	15
2	生态空间面积比例/%	
3	大气环境核心和严格管控区面积比例/%①	
4	水源保护控制区和水源涵养控制区面积比例/%	
5	森林覆盖率/%	1；2；5；7
6	湿地保有量/亿亩	7

资料来源：1—《南宁市城市总体规划（2006—2020 年）》；2—《南宁市海绵城市总体规划》；5—《广西环境保护和生态建设"十三五"规划》；7—《"十三五"生态环境保护规划》；15—《关于划定并严守生态保护红线的若干意见》。

指标 1：生态保护红线区面积比例（%）。是指生态保护红线区占行政区面积的比例。生态保护红线是指依法在重点生态功能区、生态环境敏感区和脆弱区等区域划定的严格管控边界，是国家和区域生态安全的底线。生态保护红线所包围的区域称为生态保护红线区。

指标 2：生态空间面积比例（%）。是指生态空间占行政区面积的比例。生态空间是指具有自然属性、以提供生态产品或生态服务为主导功能的国土空间，涵盖需要保护和合理利用的森林、草原、湿地、河流、湖泊、滩涂、岸线、海洋、荒地、荒漠、戈壁、冰川、高山冻原、无居民海岛等。

指标 3：大气环境核心和严格管控区面积比例（%）。是指大气环境核心控制区和严格控制区占行政区面积的比例。核心控制区范围为环境空气质量功能区一类区，重点控制区范围为环境空气质量功能区二类区。大气污染物排放控制区共分三类，包括核心控制区、

---

① 青岛划定大气污染排放控制区。

严格控制区、一般控制区。核心控制区是指生态环境敏感度高的区域，包括各类自然保护区、风景名胜区和其他需要特殊保护的区域。严格控制区是指人口密度大、环境容量较小、生态环境敏感度较高的区域。

指标 4：水源保护控制区和水源涵养控制区面积比例（%）。是指饮用水水源保护控制区和水源涵养控制区面积占饮用水水源保护区面积的比例。

指标 5：森林覆盖率（%）。是指行政区森林面积占土地总面积的比例。高寒区或草原区林草覆盖率指行政区林地、草地面积之和与土地总面积的百分比。

指标 6：湿地保有量（亿亩）。是指在一定区域内的湿地总面积。

3.2.2 环境质量安全底线类指标及解释

环境质量安全底线类指标共 10 个，见表 3-13。

表 3-13 环境质量安全底线类指标

序号	指标	指标来源
7	空气质量优良天数比率/%	4；14；15
8	PM$_{2.5}$ 年均浓度/（μg/m³）	14
9	臭氧日最大 8 h 浓度 90%分位值/（μg/m³）	
10	市控及以上监测断面达到或好于Ⅲ类水体比例/%	7；8；10；13；14；15
11	市控及以上监测断面劣Ⅴ类比例/%	7；14；15
12	地表水水功能区达标率/%	1；5
13	城市集中式饮用水水源地水质达标率/%	10；7；8；13
14	农村饮用水卫生合格率/%	11；12；13
15	地下水质量考核点位较差比例/%	—
16	噪声敏感区达标率/%	10；13

资料来源：1—《南宁市城市总体规划（2006—2020 年）》；4—《南宁市"十三五"新型城镇化规划（2016—2020 年）》；5—《广西环境保护和生态建设"十三五"规划》；7—《"十三五"生态环境保护规划》；8—《水污染防治行动计划》；10—《家环境保护模范城市考核指标》；12—《国家生态村标准》；13—《国家级生态乡镇创建指标》；14—《国家生态文明建设示范县、市指标（试行）》；15—《关于划定并严守生态保护红线的若干意见》；16—《自然生态空间用途管制办法（试行）》。

指标 7：空气质量优良天数比率（%）。是指行政区空气质量达到或优于二级标准的天数占全年有效监测天数的比例。执行《环境空气质量标准》（GB 3095—2012）和《环境空气质量功能区划分原则与技术方法》（HJ 14—1996）。计算公式：

$$空气质量优良天数比率=\frac{空气质量达到或优于二级标准的天数}{全年有效监测天数}\times100\% \quad (3-4)$$

指标 8：PM$_{2.5}$ 年均浓度（μg/m³）。是指 PM$_{2.5}$ 一个日历年内各日平均浓度的算术平均值。PM$_{2.5}$ 是指大气中直径小于或等于 2.5 μm 的颗粒物，也称为可入肺颗粒物。

指标 9：臭氧日最大 8 小时浓度 90%分位值（μg/m³）。是指一天中最大的连续 8 小时臭氧浓度均值作为评价这一天臭氧污染水平的标准。通常发生在午后光照强、温度高的时段。90 百分位表示精确到小数点后 2 位数。

指标 10：市控及以上监测断面达到或好于Ⅲ类水体比例（%）。是指行政区内市控及以上主要监测断面水质达到或优于Ⅲ类水的比例，执行《地表水环境质量标准》（GB 3838—2002）。要求行政区地表水达到水环境功能区标准，且Ⅰ类、Ⅱ类水质比例不降低，过境河流市控以上断面水质不降低。

指标 11：市控及以上监测断面劣Ⅴ类比例（%）。是指要求基本消除行政区内劣Ⅴ类水体（占比不超过 5%），执行《地表水环境质量标准》（GB 3838—2002）。

指标 12：地表水水功能区达标率（%）。是指辖区地表水环境质量达到相应功能水体要求，市域跨界（市界、省界）断面出境水质达到国家或省考核目标，且市辖区范围内无黑臭水体。

指标 13：城市集中式饮用水水源地水质达标率（%）。是指向城市提供饮用水的集中式饮用水水源地，达标水量占总取水量的百分比。计算如下：

$$城市集中式饮用水水源地水质达标率 = \frac{饮用水水源地水质达标水量}{总取水量} \times 100\% \qquad （3-5）$$

指标 14：农村饮用水卫生合格率（%）。是指饮用安全、卫生水的农户数占农户总户数的比例。饮用水卫生标准执行《农村生活饮用水量卫生标准》（GB 11730—89）。计算方法：

$$农村饮用水卫生合格率 = \frac{饮用卫生水的农户数}{农户总户数} \times 100\% \qquad （3-6）$$

指标 15：地下水质量考核点位较差比例（%）。是指以地下水含水系统为单元，潜水为主的浅层地下水和以承压水为主的中深层地下水为监测对象，较差级的考核监测点占总考核监测点的比例。

指标 16：噪声敏感区达标率（%）。是指规划区内敏感区域如疗养区、高级别墅区、高级宾馆区等特别需要安静的区域以及居住、文教机关为主的区域等，达到《声环境质量标准》（GB 3096—2008）0 类和 1 类标准占整个规划区内敏感区域的比重，计算如下：

$$噪声敏感区达标率 = \frac{噪声敏感达标区}{噪声敏感区} \times 100\% \qquad （3-7）$$

3.2.3 自然资源利用上线类指标及解释

自然资源利用上线类指标共 3 个，见表 3-14。

表 3-14 自然资源利用上线类指标

序号	指标	指标来源
17	万元 GDP 能耗下降/%	
18	万元 GDP 水耗下降/%	1
19	农田灌溉水有效利用系数	1

资料来源：1—《南宁市城市总体规划（2006—2020 年）》。

指标 17：万元 GDP 能耗下降（%）。是指一个地区在每年创造每 1 万元所耗费的综合能源消费量相比上年度的下降率。万元 GDP 能耗计算如下：

$$万元GDP能耗下降率=\frac{综合能源消费量（t标准煤）}{GDP（万元）}\times100\% \tag{3-8}$$

指标 18：万元 GDP 水耗下降（%）。是指一个地区在每年创造每一万元的总耗水量相比上年度的下降率。万元 GDP 水耗计算如下：

$$万元GDP水耗下降率=\frac{总耗水量（t）}{GDP（万元）}\times100\% \tag{3-9}$$

指标 19：农田灌溉水有效利用系数。是指在某次或某一时间内被农作物利用的净灌溉水量与水源渠首处总灌溉引水量的比值，它与灌区自然条件、工程状况、用水管理水平、灌水技术等因素有关。

3.2.4　环境安全保障防线类指标及解释

环境安全保障防线类指标共 3 个，见表 3-15。

表 3-15　环境安全保障防线类指标

序号	指标	指标来源
20	环境 γ 辐射剂量率/%	
21	受污染耕地安全利用率/%	7；9
22	受污染地块安全利用率/%	7；9
23	危险废物安全处置率/%	1；10；11
24	环境应急能力标准化建设（县级）	
25	城乡生活污水集中处理率（城市污水集中处理率）	1；4；5；7；9
26	城镇污泥无害化处置率/%	
27	城乡生活垃圾无害化处理率/%	5；10；11
28	农村卫生厕所普及率/%	11；12
29	村庄环境综合整治率	14
30	污染场地环境监管体系	14
31	重、特大突发环境事件	14
32	生态环境空间管控制度	16
33	生态环境承载能力监测预警制度	17
34	环境准入负面清单制度	18
35	生态补偿制度	19
36	区域联防联控制度	—
37	生态文明建设工作占党政实绩考核的比例	14

资料来源：1—《南宁市城市总体规划（2006—2020 年）》；4—《南宁市"十三五"新型城镇化规划（2016—2020 年）》；5—《广西环境保护和生态建设"十三五"规划》；7—《"十三五"生态环境保护规划》；9—《土壤污染防治行动计划》；10—《国家环境保护模范城市考核指标》；11—《环保部生态文明目标体系》；12—《国家生态村标准》；14—《国家生态文明建设示范县、市指标（试行）》；16—《自然生态空间用途管制办法（试行）》；17—《关于建立资源环境承载能力监测预警长效机制的若干意见》；18—《重点生态功能区产业准入负面清单编制实施办法》；19—《关于健全生态保护补偿机制的意见》。

指标 20：环境 γ 辐射剂量率（%）。是指田野、道路、森林、草地、广场以及建筑物内，地表上方一定高度处（通常为 1m）有周围物质中的天然核素和人工核素发出的 γ 射线产生的空气吸收剂量率。

指标 21：受污染耕地安全利用率（%）。是指受污染耕地已被安全利用的面积占辖区内所有受污染耕地面积的比例。

指标 22：受污染地块安全利用率（%）。是指受污染地块已被安全利用的面积占辖区内所有受污染地块面积的比例。

指标 23：危险废物安全处置率（%）。是指危险废物实际处置量占危险废物应处置量的比例，反映污染风险防范水平。危险废物是指列入《国家危险废物名录》或者根据国家规定的危险废物鉴别标准和鉴别方法认定的具有危险特性的固体或液体废物。污水处理厂污泥处置根据《关于加强城镇污水处理厂污泥污染防治工作的通知》（环办〔2010〕157 号）有关规定，参照危险废物管理。计算方法为：

$$危险废物安全处理率=\frac{危险废物实际处置量}{危险废物应处置量}\times100\% \quad (3-10)$$

指标 24：环境应急能力标准化建设（县级）。是指县级按照《全国环保部门环境应急能力建设标准》中对县级环保部门环境应急管理机构与人员、硬件装备、业务用房等环境应急能力建设的情况。

指标 25：城乡生活污水集中处理率（%）。是指城乡污水处理量占城乡污水排放量的比重。有关标准及要求参照《城镇污水处理厂污染物排放标准》（GB18918—2002）。计算方法为：

$$城镇污水处理率=\frac{城乡污水处理量}{城乡污水排放量}\times100\% \quad (3-11)$$

指标 26：城镇污泥无害化处置率（%）。是指城镇生物污水处理厂所产生的污泥无害化处置量占污泥总量的比例，计算方法为：

$$城镇污泥无害化处理率=\frac{城镇污泥无害化处置量}{城镇污泥总量}\times100\% \quad (3-12)$$

指标 27：城乡生活垃圾无害化处理率（%）。是指生活垃圾无害化处理量占生活垃圾清运量的比值。城镇生活垃圾无害化处理有关标准及要求参照《生活垃圾焚烧污染控制标准》（GB 18485—2001）、《生活垃圾填埋污染控制标准》（GB 16889—2008）等执行。计算方法为：

$$生活垃圾无害化处理率=\frac{生活垃圾无害化处理量}{生活垃圾清运量}\times100\% \quad (3-13)$$

指标 28：农村卫生厕所普及率（%）。是指使用卫生厕所的农户数占农户总户数的比例。卫生厕所标准执行《农村户厕卫生标准》（GB 19379—2012）、联合国千年发展目标、《国务院关于印发中国妇女发展纲要和中国儿童发展纲要的通知》（国发〔2011〕24 号）。计算方法为：

$$农村卫生厕所普及率=\frac{使用卫生厕所的农户数}{农户总户数}\times100\% \quad (3-14)$$

指标 29：村庄环境综合整治率（%）。是指行政区内完成环境综合整治的行政村的数量占行政区行政村总数的比例。完成环境综合整治的行政村认定标准为：村容整洁，无"脏、乱、差"现象，饮用水水源地水质达标率、生活污水处理率、生活垃圾无害化处理率和畜禽养殖粪便综合利用率分别达到 100%、60%、70% 和 70%。计算方法为：

$$村庄环境综合整治率 = \frac{完成村庄环境综合整治的行政村个数}{行政区行政村总数} \times 100\% \qquad (3-15)$$

指标 30：污染场地环境监管体系。是指行政区建立了污染场地环境全过程监管体系，因地制宜地出台了污染场地环境风险防范的调查、监测、评估、修复等相关管理制度和政策措施，形成了污染场地多部门联合监管工作机制，且没有污染场地风险事故发生。

指标 31：重、特大突发环境事件。是指行政区三年内发生重大和特大突发环境事件的数量以及问题整改情况。要求三年内无国家或相关部委认定的资源环境重大破坏事件，无重大跨界污染和危险废物非法转移、倾倒事件。

重、特大突发环境事件的判别参照《国家突发环境事件应急预案》等有关突发环境事件分级规定。

指标 32：生态环境空间管控制度。是指通过生态环境空间管控制度保障，在空间规划基础上，确保不同生态功能空间得到合理的用途管理，使空间规划理念得以落地实施。

指标 33：生态环境承载能力监测预警制度。是指建立资源环境承载能力监测预警长效机制，对国土空间开发利用状况开展综合评价，可以更加清晰地认识不同区域国土空间的特点和属性，开发现状、潜力和超载状况，明确区域资源环境超载问题的根源与症结，从而实施差异化的管控与管理措施。

指标 34：环境准入负面清单制度。是指在开展资源环境承载能力评价的基础上，遵循"县市制定、省级统筹、国家衔接、对外公布"的工作机制，因地制宜地制定限制和禁止发展的产业目录，完善相关配套政策，强化生态环境监管，确保严格按照主体功能定位谋划发展。

指标 35：生态补偿制度。是指以防止生态环境破坏、增强和促进生态系统良性发展为目的，以从事对生态环境产生或可能产生影响的生产、经营、开发、利用者为对象，以生态环境整治及恢复为主要内容，以经济调节为手段，以法律为保障的新型环境管理制度。

指标 36：区域联防联控制度。是指横向关系上的行政区协同运用组织和制度等资源综合实施污染防治措施的制度体系。

指标 37：生态文明建设工作占党政实绩考核的比例。是指地方党政干部实绩考核评分标准中生态文明建设工作所占的比例。该指标旨在推动创建地区将生态文明建设工作纳入党政实绩考核范围，通过强化考核，把生态文明建设工作任务落到实处。

注：标红色指标为新增指标。

第 4 章 南宁市生态环境系统解析与 生态空间保护

4.1 生态环境现状

4.1.1 生态系统格局

基于 2015 年南宁市土地利用现状，对南宁市生态系统格局进行统计分析。南宁市森林生态系统面积约为 9 728 km²，约占全市总面积的 44.01%；城镇生态系统面积约为 1 678 km²，约占全市总面积的 7.59%；草地生态系统面积约为 471 km²，约占全市总面积的 2.13%；湿地生态系统面积约为 976 km²，约占全市总面积的 4.41%；农田生态系统面积约为 8 246 km²，约占全市总面积的 37.31%；其他生态系统面积约为 1 003 km²，约占全市总面积的 4.54%。各类生态系统面积大小依次为：森林生态系统>农田生态系统>城镇生态系统>其他生态系统>湿地生态系统>草地生态系统。如图 4-1 所示，森林生态系统主要分布在南宁市东部的横州及西部的马山县、武鸣区和隆安县等地区。农田生态系统主要分布在南宁市东部的宾阳县和横州及西部的武鸣区和隆安县等地区。城镇生态系统主要分布在南宁市南部的江南区、西部的武鸣区、东部的宾阳县和横州等地区。湿地生态系统主要分布在南宁市东部的宾阳县、横州及西部的武鸣区等地区。草地生态系统主要分布在南宁市南部的邕宁区、良庆区，北部的上林县、宾阳县及西部的武鸣区等地区。其他生态系统主要分布在南宁市西部的隆安县及北部的马山县、上林县等地区。

兴宁区的生态系统主要有农田生态系统、森林生态系统、城镇生态系统，所占比例分别为 24.94%、54.58%、12.06%；青秀区的生态系统主要有农田生态系统、森林生态系统、城镇生态系统，所占比例分别为 29.92%、48.08%、14.69%；江南区的生态系统主要有农田生态系统、森林生态系统、城镇生态系统，所占比例分别为 44.80%、32.16%、14.26%；西乡塘区的生态系统主要有农田生态系统、森林生态系统、城镇生态系统，所占比例分别为 50.55%、25.48%、15.31%；良庆区的生态系统主要有农田生态系统、森林生态系统、城镇生态系统，所占比例分别为 39.23%、43.11%、7.66%；邕宁区的生态系统主要有农田生态系统、森林生态系统、城镇生态系统，所占比例分别为 47.64%、38.03%、6.98%；武鸣区的生态系统主要有农田生态系统、森林生态系统、城镇生态系统，所占比例分别为 42.93%、43.69%、6.25%；隆安县的生态系统主要有农田生态系统、森林生态系统，所占比例分别为 36.72%、45.50%；马山县的生态系统主要有农田生态系统、森林生态系统，所占比例分别为 22.45%、63.89%；上林县的生态系统主要有农田生态系统、森林生态系统，所占比例分别为 27.97%、33.42%；宾阳县的生态系统主要有农田生态系统、森林生态系统、城镇生态系统，所占比例分别为 41.89%、41.67%、7.80%；横州的生态系统主要有农田生态系统、森林生态系统、城镇生态系统，所占比例分别为 37.58%、46.26%、7.56%。

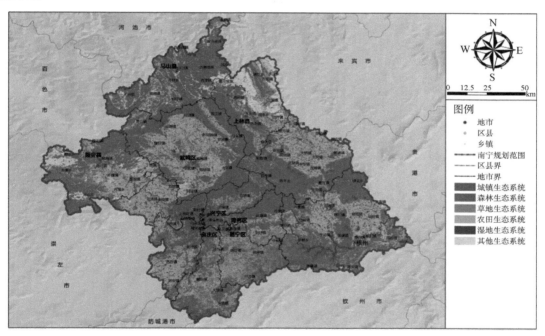

图 4-1 南宁市生态系统分布

4.1.2 生态环境质量

根据 2016 年全国各区县生态环境状况指数情况可知，南宁市生态环境状况指数为 69.99，在广西壮族自治区中，位于全区中下游水平（图 4-2）。市域各区县生态环境整体较好，生态环境状况等级皆为良（图 4-3）。其中宾阳县生态环境质量指数最高，西乡塘区生态环境质量指数最低。各区县生态环境质量指数大小依次为：宾阳县>上林县>良庆区>横州>马山县>武鸣区>青秀区>隆安县>兴宁区>邕宁区>江南区>西乡塘区。

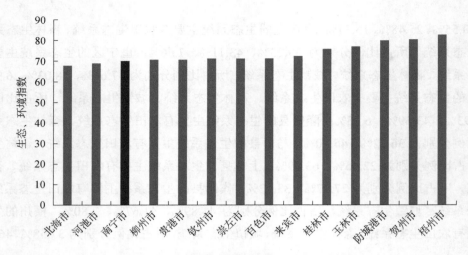

图4-2 广西地级市城市生态环境状况指数

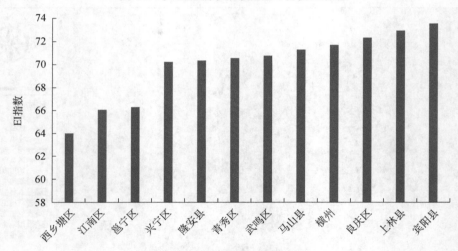

图4-3 南宁市各区县 EI 指数

4.1.3 土地利用现状

基于南宁市 2015 年土地利用现状（图4-4、图4-5），南宁市林地面积为 9 727.66 km²，占南宁市总面积的 44.01%，主要分布在东部的横州、西部的武鸣区和隆安县及北部的马山县等地区，主要包括有林地和灌木林地等；草地面积为 471.22 km²，占南宁市总面积的 2.13%，主要分布在西北部的上林县和宾阳县、西部的隆安县及南部的良庆区和邕宁区等地区；水域及设施用地面积为 1 070.27 km²，占南宁市总面积的 4.84%，主要分布在东部的宾阳县、横州及西部的武鸣区等地区；耕地面积为 7 414.10 km²，占南宁市总面积的 33.55%，主要分布在东部的宾阳县和横州及西部的武鸣区等地区，主要包括旱地、水田、水浇地等；园地面积为 832.17 km²，占南宁市总面积的 3.77%，主要分布在东部的横州、南部的良庆区及西部的隆安县、武鸣区等地区，主要包括果园、茶园等；城镇村及工矿用地面积 1 255.96 km²，占南宁市总面积的 5.68%，主要分布在东部的宾阳县、横州及西部的武鸣区等地区；交通运输用地面积为 376.81 km², 占南宁市总面积的 1.70%, 主要包括公路、铁路、机场、码头等; 其他土地面积为 953.61 km², 占南宁市总面积的 4.31%。各土地利用类型面积大小依次为: 林地>耕地>城镇村及工矿用地>水域及设施用地>其他土地>园地>草地>交通运输用地。

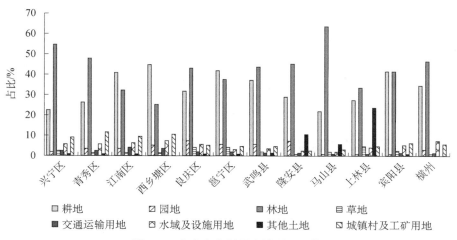

图 4-4 南宁市各区县土地利用现状

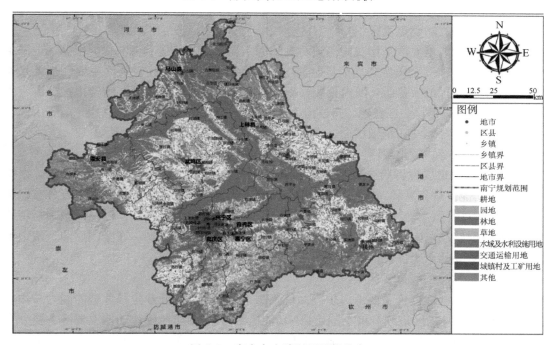

图 4-5 南宁市土地利用现状分布

兴宁区的土地利用类型主要包括耕地、林地、城镇村及工矿用地, 所占比例分别为 22.81%、54.58%、8.92%; 青秀区的土地利用类型主要包括耕地、林地、城镇村及工矿用地, 所占比例分别为 26.40%、48.08%、11.77%; 江南区的土地利用类型主要包括耕地、林地、城镇村及工矿用地, 所占比例分别为 41.02%、32.16%、9.76%; 西乡塘区的土地利用类型主要包括耕地、林地、城镇村及工矿用地, 所占比例分别为 45.04%、25.48%、10.91%;

良庆区主要的土地利用类型主要包括林地、耕地，所占比例分别为43.11%、31.64%；邕宁区主要的土地利用类型主要包括耕地、林地，所占比例分别为42.07%、38.03%；武鸣区主要的土地利用类型主要包括耕地、林地，所占比例分别为37.17%、43.69%；隆安县主要的土地利用类型主要包括耕地、林地、其他土地，所占比例分别为29.35%、45.50%、10.50%；马山县主要的土地利用类型主要包括耕地、林地，所占比例分别为21.97%、63.89%；上林县主要的土地利用类型主要包括耕地、林地、其他土地，所占比例分别为27.25%、33.42%、23.62%；宾阳县主要的土地利用类型主要包括耕地、林地，所占比例分别为41.44%、41.67%；横州主要的土地利用类型主要包括耕地、林地，所占比例分别为33.55%、44.01%。

4.2 生态环境系统解析

4.2.1 生态环境特征

4.2.1.1 全国尺度

（1）水源涵养功能重要区

水源涵养功能重要区是指我国河流与湖泊的主要水源补给区和源头区。根据《全国主体功能区规划》和《全国生态功能区划》，全国范围内的水源涵养重要区主要包括大兴安岭、长白山、太行山—燕山、浙闽丘陵、秦岭—大巴山区、武陵山区、南岭山区、海南中部山区、川西北高原区、三江源、祁连山、天山、阿尔泰山、藏东南、昆仑山、横断山区、滇西及滇南地区等地。在全国层面，南宁市不属于我国重要的水源涵养区。

（2）水土保持功能重要区

水土保持的重要性评价主要考虑生态系统减少水土流失的能力及其生态效益。根据《全国主体功能区规划》和《全国生态功能区划》，全国水土保持功能重要区主要分布在黄土高原、太行山区、秦岭—大巴山区、祁连山区、环四川盆地丘陵区，以及西南喀斯特地区、川西高原、藏东南、海南中部山区以及南方红壤丘陵区等区域。在全国层面，南宁市不属于我国重要的水土保持区。

（3）防风固沙功能重要区

防风固沙重要性评价主要考虑生态系统预防土地沙化、降低沙尘暴危害的能力与作用。根据《全国主体功能区规划》和《全国生态功能区划》，全国防风固沙功能重要区主要分布在内蒙古浑善达克沙地、科尔沁沙地、毛乌素沙地、鄂尔多斯高原、阿拉善高原、塔里木河流域和准噶尔盆地、呼伦贝尔草原、京津风沙源区、河西走廊、阴山北部、河套平原、宁夏中部等区域。在全国层面，南宁市不属于我国重要的防风固沙区。

（4）生物多样性维护功能重要区

生物多样性维护功能重要区是指国家重要保护动植物的集中分布区，以及典型生态系统分布区。根据《全国主体功能区规划》和《全国生态功能区划》，我国生物多样性保护重要区域主要包括大兴安岭、秦岭—大巴山区、天目山区、浙闽山地、武夷山区、南岭山地、武陵山区、岷山—邛崃山区、滇南、滇西北高原、滇东南、海南中部山区、滨海湿地、藏东南、鄂尔多斯高原、锡林郭勒与呼伦贝尔草原区、松潘高原及甘南地区、羌塘高原、大别山区、长白山以及小兴安岭等地区。在全国层面，南宁市不属于我国重要的生物多样性维护区。

（5）水土流失敏感性区域

我国水土流失敏感性主要受地形、降水量、土壤性质和植被的影响。根据《全国生态功能区划》，全国水土流失敏感区主要分布在黄土高原、吕梁山、横断山区、念青唐古拉山脉以及西南喀斯特地区、太行山区、大青山、陇南地区、秦岭—大巴山区、四川盆地周边、川滇干热河谷、滇中和滇西地区、藏东南，南方红壤区，以及天山山脉、昆仑山脉局部地区。在全国尺度，南宁市不属于我国水土流失主要分布区。

（6）土地沙化敏感性区域

我国沙漠化敏感性主要受干燥度、大风日数、土壤性质和植被覆盖的影响。根据《全国生态功能区划》，全国沙漠化敏感区主要集中分布在降水量稀少、蒸发量大的干旱、半干旱地区。具体主要分布在塔里木盆地、塔克拉玛干沙漠、吐鲁番盆地、巴丹吉林沙漠和腾格里沙漠、柴达木盆地、毛乌素沙地等地区及周边地区、准噶尔盆地、鄂尔多斯高原、阴山山脉以及浑善达克沙地以北地区。在全国层面，南宁市不属于全国土地沙化重点分布区。

（7）石漠化敏感性区域

我国西南石漠化敏感性主要受石灰岩分布、岩性与降水的影响。根据《全国生态功能区划》，西南石漠化敏感区总面积为 51.6 万 km^2，主要分布在西南岩溶地区。极敏感区与高度敏感区交织分布，面积为 2.3 万 km^2，集中分布在贵州省西部、南部区域，包括毕节地区、六盘水、安顺西部、黔西南州以及遵义、铜仁地区等，广西百色、崇左、南宁交界处，云南东部文山、红河、曲靖以及昭通等地。川西南峡谷山地、大渡河下游及金沙江下游等地区也有成片分布。在全国层面，南宁市与崇左市、百色市等交界处属于我国石漠化主要敏感区。

（8）盐渍化敏感性区域

我国盐渍化敏感性区域主要分布在塔里木盆地周边、和田河谷、准噶尔盆地周边、柴达木盆地、吐鲁番盆地、罗布泊、疏勒河下游、黑河下游、河套平原、浑善达克沙地以西、呼伦贝尔东部、西辽河河谷平原以及滨海半湿润地区的盐渍土分布区。在全国层面，南宁市不属于我国盐渍化重点分布区。

4.2.1.2　自治区级尺度

根据《广西壮族自治区主体功能区规划》，南宁市上林县、马山县为国家重点生态功能区，属于桂西生态屏障，其中主要的生态功能为水源涵养和生物多样性保护。

根据《广西壮族自治区生态功能区划》，涉及南宁市的重要生态功能区有：马山县东北部和西部、上林县西北部属于都阳山岩溶山地土壤保持重要区，其主导生态功能为土壤保持；大明山山脉和高峰岭山地丘陵属于大明山—高峰岭水源涵养与生物多样性保护重要区，大明山是武鸣河和清水河的源头区和水源涵养区，分布有大明山国家级自然保护区和龙山自治区级自然保护区。高峰岭山地丘陵拥有 14 个水库，河流注入邕江和红水河。隆安县西部和西南部属于桂西南岩溶山地生物多样性保护重要区，是我国北热带岩溶地区的重要物种贮存库，同时区内分布的林、灌、草植被具有重要的水土保持功能，对维护桂西南石山区和右江流域以及左江流域的生态安全都具有重要作用。

根据《广西壮族自治区生物多样性保护战略与行动计划（2013—2030 年）》，南宁市马山县、上林县、宾阳县、武鸣区、隆安县属于大明山区生物多样性保护优先区域，其保护对象主要有南亚热带季风常绿阔叶林生态系统，钟萼木、桫椤、黑桫椤、白豆杉、林麝、淡水龟等野生动植物及其生境。

4.2.1.3 市级尺度

根据《南宁市生态功能区划》（图 4-6），南宁主要以水源涵养、土壤保持、生物多样性保护三类主导生态调节功能为主，共 9 个重要生态功能区，具体如下：①马山东北部—上林北部岩溶山地土壤保持与生物多样性保护重要区，该区总面积 1 772 km²，主导生态功能为土壤保持与生物多样性保护。②大明山水源涵养与生物多样性保护重要区，该区总面积 621 km²，主导生态功能为水源涵养与生物多样性保护。③隆安西部岩溶山地土壤保持与生物多样性保护重要区，该区总面积 843 km²，主导生态功能为土壤保持、生物多样性保护。④西大明山水源涵养与生物多样性保护重要区，西大明山主要分布在崇左市的大新县和江州区，小部分在南宁市。在南宁市的范围总面积 216 km²，主导生态功能为水源涵养与生物多样性保护。⑤隆安敏阳—武鸣玉泉—宁武岩溶山地土壤保持与生物多样性保护重要区。该区总面积 623 km²，主导生态功能为土壤保持、生物多样性保护。⑥高峰岭—白花山—三状岭水源涵养重要区，该区总面积 1 917 km²，主导生态功能为水源涵养。⑦镇龙山水源涵养重要区，该区总面积 573 km²，主导生态功能为水源涵养。⑧西津水库库区水源涵养与生物多样性保护重要区，该区总面积 1 145 km²，主导生态功能为水源涵养与生物多样性保护。⑨凤亭河水库—大王滩库区水源涵养重要区，该区总面积 778 km²，主导生态功能为水源涵养。

4.2.2 生态环境系统解析

根据南宁市在全国尺度、自治区级尺度和自身生态环境特征，确定南宁市主导生态环境功能为水源涵养功能、水土保持功能和生物多样性保护功能，主要生态环境敏感特征为水土流失和石漠化。因此，主要针对南宁市水源涵养、水土保持、生物多样性保护、水土流失和石漠化等方面，对南宁市生态环境系统进行解析。

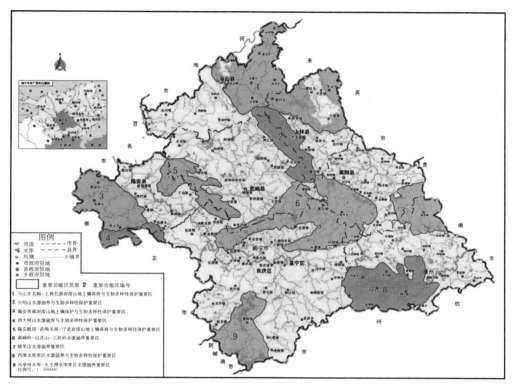

图 4-6 南宁市重要生态功能区分布

4.2.2.1 研究方法

（1）水源涵养功能重要性评估

采用水量平衡方程来计算水源涵养量，计算公式为：

$$TQ = \sum_{i=1}^{j} \left(P_i - R_i - \mathrm{ET}_i \right) \times A_i \times 10^3 \tag{4-1}$$

式中，TQ——总水源涵养量，m^3；

P_i——降雨量，mm；

R_i——地表径流量，mm；

ET_i——蒸散发，mm；

A_i——i 类生态系统面积，km^2；

i——研究区第 i 类生态系统类型；

j——研究区生态系统类型数。

降雨量因子：根据气象数据集处理得到。在 Excel 中计算出区域所有气象站点的多年平均降水量，将这些值根据相同的站点名与 ArcGIS 中的站点（点图层）数据相连接（Join）。在 Spatial Analyst 工具中选择 Interpolate to Raster 选项，选择相应的插值方法得到降水量因子栅格图。

地表径流因子：降雨量乘以地表径流系数获得，计算公式为：

$$R = P \times \alpha \tag{4-2}$$

式中，*R*——地表径流量，mm；

P——多年平均降雨量，mm；

α——平均地表径流系数，如表 4-1 所示。

表 4-1 各类型生态系统地表径流系数均值

生态系统类型 1	生态系统类型 2	平均地表径流系数/%
森林	常绿阔叶林	2.67
	常绿针叶林	3.02
	针阔混交林	2.29
	落叶阔叶林	1.33
	落叶针叶林	0.88
	稀疏林	19.20
灌丛	常绿阔叶灌丛	4.26
	落叶阔叶灌丛	4.17
	针叶灌丛	4.17
	稀疏灌丛	19.20
草地	草甸	8.20
	草原	4.78
草地	草丛	9.37
	稀疏草地	18.27
湿地	湿地	0.00

蒸散发因子：根据国家生态系统观测研究网络科技资源服务系统网站提供的产品数据。原始数据空间分辨率为 1km，通过 ArcGIS 软件重采样为 250m 空间分辨率，得到蒸散发因子栅格图。

生态系统面积因子：根据全国生态状况遥感调查与评估成果中的生态系统类型数据集得到。原始数据为矢量数据，通过 ArcGIS 软件转为 250m 空间分辨率的栅格图。

通过模型计算，得到不同类型生态系统服务值栅格图。在地理信息系统软件中，运用栅格计算器，输入公式"Int（[某一功能的栅格数据]/[某一功能栅格数据的最大值]×100）"，得到归一化后的生态系统服务值栅格图。导出栅格数据属性表，属性表记录了每一个栅格像元的生态系统服务值，将服务值按从高到低的顺序排列，计算累加服务值。将累加服务值占生态系统服务总值比例的 50%与 80%所对应的栅格值，作为生态系统服务功能评估分级的分界点，利用地理信息系统软件的重分类工具，将生态系统服务功能重要性分为 3 级，即极重要、重要和一般重要。

表 4-2　生态系统服务功能评估分级

重要性等级	极重要	重要	一般重要
累积服务值占服务总值比例/%	50	30	20

（2）水土保持功能重要性评估

采用修正通用水土流失方程（RUSLE）的水土保持服务模型开展水土保持功能重要性评价，公式为：

$$A_c = A_p - A_r = R \times K \times L \times S \times (1 - C) \tag{4-3}$$

式中，A_c——水土保持量，t/（hm^2·a）；

　　　A_p——潜在土壤侵蚀量；

　　　A_r——实际土壤侵蚀量；

　　　R——降雨侵蚀力因子，MJ·mm/（hm^2·h·a）；

　　　K——土壤可蚀性因子，t·hm^2·h/（hm^2·MJ·mm）；

　　　L、S——地形因子，L——坡长因子，S——坡度因子；

　　　C——植被覆盖因子。

降雨侵蚀力因子 R：是指降雨引发土壤侵蚀的潜在能力，通过多年平均年降雨侵蚀力因子反映，计算公式为：

$$R = \sum_{k=1}^{24} \overline{R}_{\text{半月}k}$$

$$\overline{R}_{\text{半月}k} = \frac{1}{n} \sum_{i=1}^{n} \sum_{j=0}^{m} \left(\alpha \cdot P_{i,j,k}^{1.726\,5} \right) \tag{4-4}$$

式中，R——多年平均年降雨侵蚀力，MJ·mm/（hm^2·h·a）；

　　　$\overline{R}_{\text{半月}k}$——第 k 个半月的降雨侵蚀力，MJ·mm/（hm^2·h·a）；

　　　k——一年的 24 个半月，k=1，2，…，24；

　　　i——所用降雨资料的年份，i=1，2，…，n；

　　　j——第 i 年第 k 个半月侵蚀性降雨日的天数，j=1，2，…，m；

　　　$P_{i,j,k}$——第 i 年第 k 个半月第 j 个侵蚀性日降雨量，mm，可以根据全国范围内气象站点多年的逐日降雨量资料，通过插值获得；或者直接采用国家气象局的逐日降雨量数据产品；

　　　α——参数，暖季时 α=0.393 7，冷季时 α=0.310 1。

土壤可蚀性因子 K：指土壤颗粒被水力分离和搬运的难易程度，主要与土壤质地、有机质含量、土体结构、渗透性等土壤理化性质有关，计算公式为：

$$K = (-0.01383 + 0.51575 K_{\text{EPIC}}) \times 0.1317$$

$$\begin{aligned} K_{\text{EPIC}} = & \left\{ 0.2 + 0.3 \exp\left[-0.0256 m_s (1 - m_{\text{silt}}/100) \right] \right\} \times \left[m_{\text{silt}} / (m_c + m_{\text{silt}}) \right]^{0.3} \\ & \times \left\{ 1 - 0.25 orgC / \left[orgC + \exp(3.72 - 2.95 orgC) \right] \right\} \\ & \times \left\{ 1 - 0.7(1 - m_r/100) / \left\{ (1 - m_s/100) + \exp\left[-5.51 + 22.9(1 - m_s/100) \right] \right\} \right\} \end{aligned} \tag{4-5}$$

式中，K_{EPIC}——修正前的土壤可蚀性因子；

K——修正后的土壤可蚀性因子；

m_c、m_{silt}、m_s 和 orgC——分别为黏粒（＜0.002 mm）、粉粒（0.002～0.05 mm）、砂粒（0.05～2 mm）和有机碳的百分比含量（%），数据来源于中国 1：100 万土壤数据库。在 Excel 表格中，利用上述公式计算 K 值，然后以土壤类型图为工作底图，在 ArcGIS 中将 K 值连接（Join）到底图上。利用 Conversion Tools 中矢量转栅格工具，转换成空间分辨率为 250m 的土壤可蚀性因子栅格图。

地形因子 L、S：L 表示坡长因子，S 表示坡度因子，是反映地形对土壤侵蚀影响的两个因子。在评估中，可以应用地形起伏度，即地面一定距离范围内最大高差，作为区域土壤侵蚀评估的地形指标。选择高程数据集，在 Spatial Analyst 下使用 Neighborhood Statistics，设置 Statistic Type 为最大值和最小值，即得到高程数据集的最大值和最小值，然后在 Spatial Analyst 下使用栅格计算器 Raster Calculator，计算方法为最大值−最小值，获取地形起伏度，即地形因子栅格图。

植被覆盖因子 C：反映了生态系统对土壤侵蚀的影响，是控制土壤侵蚀的积极因素。水田、湿地、城镇和荒漠参照 N-SPECT 的参数分别赋值为 0、0、0.01 和 0.7，旱地按植被覆盖度换算，计算公式为：

$$C_{旱} = 0.221 - 0.595\log c_1 \tag{4-6}$$

式中，$C_{旱}$——旱地的植被覆盖因子；

c_1——小数形式的植被覆盖度。

其余生态系统类型按不同植被覆盖度进行赋值，如表 4-3 所示。

表 4-3　不同生态系统类型植被覆盖因子赋值

生态系统类型	植被覆盖度					
	<10	10～30	30～50	50～70	70～90	>90
森林	0.1	0.08	0.06	0.02	0.004	0.001
灌丛	0.4	0.22	0.14	0.085	0.04	0.011
草地	0.45	0.24	0.15	0.09	0.043	0.011
乔木园地	0.42	0.23	0.14	0.089	0.042	0.011
灌木园地	0.4	0.22	0.14	0.087	0.042	0.011

利用地理信息系统软件的重分类工具，将生态系统服务水土保持功能重要性分为 3 级，即极重要、重要和一般重要。

（3）生物多样性维护功能重要性评估

以生物多样性维护服务能力指数作为评估指标，计算公式为：

$$S_{bio} = NPP_{mean} \times F_{pre} \times F_{tem} \times (1 - F_{alt}) \tag{4-7}$$

式中：S_{bio}——生物多样性维护服务能力指数；

NPP_{mean}——多年植被净初级生产力平均值；

F_{pre}——多年平均降水量；

F_{tem}——多年平均气温；

F_{alt}——海拔因子。

多年平均降水量因子 F_{pre}：在 Excel 中计算出区域所有气象站点的多年平均降水量，将这些值根据相同的站点名与 ArcGIS 中的站点（点图层）数据相连接（Join）。在 Spatial Analyst 工具中选择 Interpolate to Raster 选项，选择相应的插值方法得到多年平均降水量栅格图。

多年平均气温因子 F_{tem}：在 Excel 中计算出区域所有气象站点的多年平均气温，将这些值根据相同的站点名与 ArcGIS 中的站点（点图层）数据相连接（Join）。在 Spatial Analyst 工具中选择 Interpolate to Raster 选项，选择相应的插值方法得到多年平均气温栅格图。

（4）水土流失敏感性评估

根据土壤侵蚀发生的动力条件，水土流失类型主要有水力侵蚀和风力侵蚀。以风力侵蚀为主带来的水土流失敏感性将在土地沙化敏感性中进行评估，本章主要对以水动力为主的水土流失敏感性进行评估。参照原国家环保总局发布的《生态功能区划暂行规程》，根据通用水土流失方程的基本原理，选取降水侵蚀力、土壤可蚀性、坡度坡长和地表植被覆盖等指标。将反映各因素对水土流失敏感性的单因子评估数据，用地理信息系统技术进行乘积运算，计算公式为：

$$SS_i = \sqrt[4]{R_i \times K_i \times LS_i \times C_i} \tag{4-8}$$

式中，SS_i——i 空间单元水土流失敏感性指数。

评估因子包括降雨侵蚀力（R_i）、土壤可蚀性（K_i）、坡长坡度（LS_i）、地表植被覆盖（C_i）。

降雨侵蚀力因子 R_i：可根据西北农林科技大学王万忠教授等利用降水资料计算的中国 100 多个城市的 R 值，用 ArcGIS 软件，在 Spatial Analyst 工具中选择 Interpolate to Raster 选项，采用相应的插值方法绘制 R 值栅格分布图。

坡度坡长因子 LS_i：L 表示坡长因子，S 表示坡度因子，是反映地形对土壤侵蚀影响的两个因子。在评估中，可以应用地形起伏度，即地面一定距离范围内最大高差，作为区域土壤侵蚀评估的地形指标。选择高程数据集，在 Spatial Analyst 下使用 Neighborhood Statistics，设置 Statistic Type 为最大值和最小值，即得到高程数据集的最大值和最小值，然后在 Spatial Analyst 下使用栅格计算器 Raster Calculator，计算方法为最大值−最小值，获取地形起伏度，即地形因子栅格图。

土壤可蚀性因子 K_i：计算方法同水土保持功能重要性评估中方法。

植被覆盖度因子 C_i：植被覆盖度信息提取是在对光谱信号进行分析的基础上，通过建立归一化植被指数与植被覆盖度的转换信息，直接提取植被覆盖度信息，计算公式为：

$$C_i = (NDVI - NDVI_{soil}) / (NDVI_{veg} - NDVI_{soil}) \tag{4-9}$$

式中，$NDVI_{veg}$——完全植被覆盖地表所贡献的信息；

$NDVI_{soil}$——无植被覆盖地表所贡献的信息。

覆盖全国的 MODIS-NDVI 数据，来源于美国国家航空航天局（NASA）的 EOS/MODIS 数据产品（http: //e4ft101.cr.usgs.gov），空间分辨率为 250 m×250 m，时间分辨率为 16d。运用地理信息系统软件进行图像处理，获取植被 NDVI 影像图。由于大部分植被覆盖类型是不同植被类型的混合体，所以不能采用固定的 $NDVI_{soil}$ 和 $NDVI_{veg}$ 值，通常根据 NDVI 的频率统计表，计算 NDVI 的频率累积值，累积频率为 2% 的 NDVI 值为 $NDVI_{soil}$，累积频率为 98% 的 NDVI 值为 $NDVI_{veg}$。然后在 Spatial Analyst 下使用栅格计算器 Raster Calculator，进而计算植被覆盖度。

各项指标综合采用自然分界法与专家知识确定分级赋值标准，不同评估指标对应的敏感性等级值见表 4-4。

表 4-4　水土流失敏感性的评估指标及分级

指标	降雨侵蚀力	土壤可蚀性	地形起伏度	植被覆盖度	分级赋值
一般敏感	<100	石砾、沙、粗砂土、细砂土、黏土	0～50	≥0.6	1
敏感	100～600	面砂土、壤土、砂壤土、粉黏土、壤黏土	50～300	0.2～0.6	3
极敏感	>600	砂粉土、粉土	>300	≤0.2	5

利用 ArcGIS 的重分类模块，结合专家知识，将生态环境敏感性评估结果分为 3 级，即一般敏感、敏感和极敏感，具体分级赋值及标准见表 4-5。

表 4-5　生态环境敏感性评估分级

敏感性等级	一般敏感	敏感	极敏感
分级赋值	1	3	5
分级标准	1.0～2.0	2.1～4.0	>4.0

（5）石漠化敏感性评估

石漠化敏感性评估是为了识别容易产生石漠化的区域，评估石漠化对人类活动的敏感程度。根据石漠化形成机理，选取碳酸岩出露面积百分比、地形坡度、植被覆盖度因子构建石漠化敏感性评估指标体系。利用地理信息系统的空间叠加功能，将各单因子敏感性影响分布图进行乘积计算，得到石漠化敏感性等级分布图，公式如下：

$$S_i = \sqrt[3]{D_i \times P_i \times C_i}$$

（4-10）

式中：S_i——i 评估区域石漠化敏感性指数；

D_i、P_i、C_i——分别为 i 评估区域碳酸岩出露面积百分比、地形坡度和植被覆盖度。

D_i 根据已有研究资料，利用 ArcGIS 中的空间分析工具进行运算处理；P_i 根据评估区数字高程，利用 Spatial Analyst→Slope 工具提取坡度；C_i 的数据来源和处理方法参照土地沙化敏感性。

各项指标综合采用自然分界法与专家知识确定分级赋值标准，不同评估指标对应的敏感性等级值见表 4-6。

表 4-6　石漠化敏感性评估指标及分级

指标	碳酸岩出露面积百分比/%	地形坡度	植被覆盖度	分级赋值
一般敏感	≤30	≤8°	≥0.6	1
敏感	30～70	8°～25°	0.2～0.6	3
极敏感	≥70	≥25°	≤0.2	5

4.2.2.2　生态环境系统解析结果

（1）水源涵养功能重要性评估

1）多年平均降雨量。

根据 1984—2014 年南宁市降雨量数据（资料来源于中国气象科学数据共享服务网中的中国地面气候资料数据集），得出南宁市多年年平均降雨量分布（表 4-7 和图 4-7）。从结果统计看，南宁市多年年平均降雨量为 1 220～1 681 mm，平均约为 1 400 mm。从空间分布格局上，降雨量从东北逐渐向西南递减。马山、上林等区域降雨量最大，隆安、武鸣等区域降雨量最小。

表 4-7　南宁市降雨量统计

站点	区站号	降雨量/mm
隆安	59 229	1 221
马山	59 230	1 681
上林	59 235	1 644
武鸣	59 237	1 220
宾阳	59 238	1 506
南宁	59 431	1 283
南宁城区	59 432	1 299
邕宁	59 435	1 262
横向	59 441	1 486

2）地表径流因子。

根据 2015 年南宁市土地利用现状和南宁植被覆盖数据（数据来源国家综合地球观测数据共享平台），得出南宁市水源涵养主要生态系统分布情况，如图 4-8 所示，南宁市森林系统类型主要以常绿阔叶林为主，其次为常绿针叶林。从空间分布格局来看，南宁市水源涵养主要的生态系统类型主要分布在城市北部的马山县和中部的宾阳、武鸣等区域。

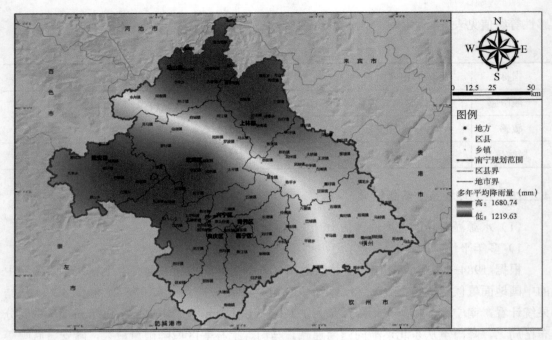

图 4-7 南宁市多年年平均降雨量

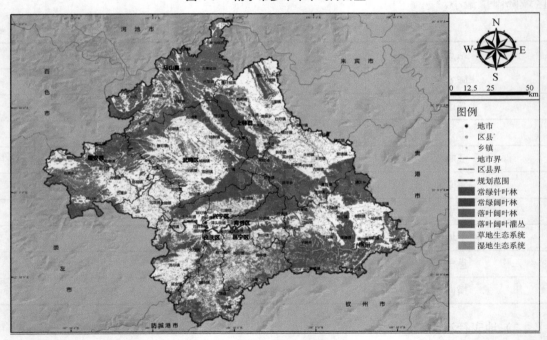

图 4-8 南宁市生态系统分布

　　根据主要水源涵养生态系统的分布格局和南宁市年均降雨量,得出南宁市地表径流量分布结果(图 4-9)。南宁市地表径流量为 0~124 mm,平均约为 44 mm,城市北部地区地表径流量相对较高。

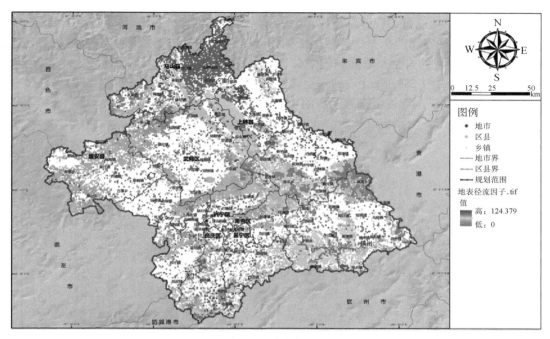

图 4-9　南宁市地表径流因子分布

3）多年平均蒸发量。

根据 1984—2014 年南宁市降雨量数据，得出南宁市多年年平均蒸发量分布情况（图 4-10）。从结果统计看，南宁市多年平均降雨量为 1 441～1 548 mm，平均约为 1 501 mm。从空间分布格局上，蒸发量东部和西部地区较高，中间地带较低。

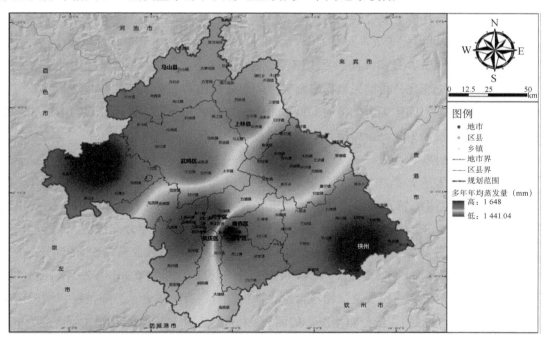

图 4-10　南宁市多年年平均蒸发量分布

4）水源涵养功能重要性评估。

南宁市水源涵养功能重要性评估结果如图 4-11 所示。南宁市水源涵养功能极重要区域面积为 662.3 km²，约占全市总面积的 3%，主要分布在北部的马山县等区域。水源涵养功能重要区域面积约为 559.1 km²，约占全市总面积的 2.5%。水源涵养功能一般重要区域面积约为 10 005.6 km²，约占全市总面积的 45.3%。

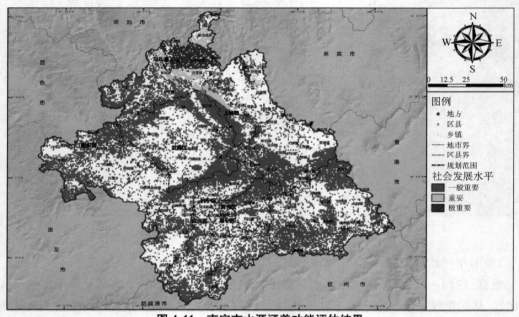

图 4-11　南宁市水源涵养功能评估结果

（2）水土保持功能重要性评估

1）降雨量侵蚀力因子 R。

降雨侵蚀力因子 R 是指降雨引发土壤侵蚀的潜在能力。本章中参考采用谢坤坚等对广西降雨侵蚀力时空变化分析结果，得出南宁市降雨量侵蚀力因子 R，如图 4-12 所示。南宁市年均降雨量侵蚀力因子为 8 000～13 000MJ·mm/（hm²·h·a）。整体表现为南部和北部地区年均降雨量侵蚀力较高，中间地带降雨量侵蚀力较低。

2）土壤可蚀性因子 K。

土壤可蚀性因子 K 是指土壤颗粒被水力分离和搬运的难易程度，主要与土壤质地、有机质含量、土体结构、渗透性等土壤理化性质有关。根据中国土壤数据集（V1.1），得出南宁市土壤黏粒含量、土壤粉粒含量、土壤砂粒含量、土壤有机碳含量分布情况，如图 4-13～图 4-16 所示，南宁市黏粒含量为 3%～67%，平均约为 30%；粉粒含量为 5%～54%，平均约为 29%；砂粒含量为 4%～92%，平均约为 42%；有机碳含量为 0.36%～39.4%，平均约为 1.25%。根据南宁市黏粒含量、粉粒含量、砂粒含量、有机碳含量分布情况，得出南宁市土壤可蚀性因子 K 的含量分布情况，如图 4-17 所示。南宁市土壤可蚀性因子 K 为 0～0.022 6，平均约为 0.016。

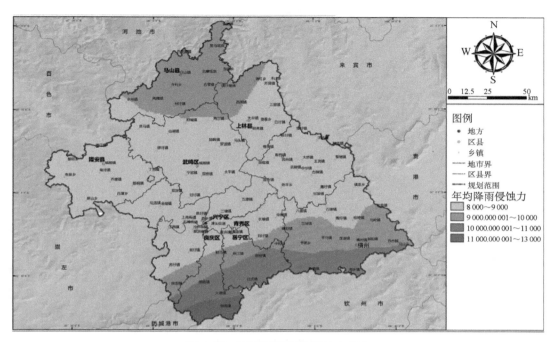

图 4-12 南宁市降雨量侵蚀力分布

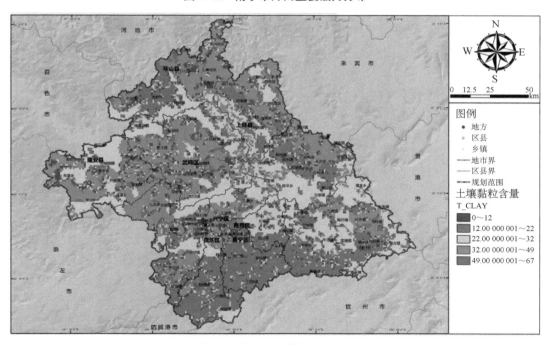

图 4-13 南宁市土壤黏粒含量分布

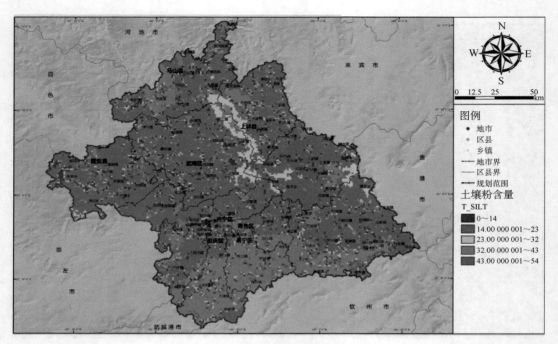

图 4-14　南宁市土壤粉粒含量分布

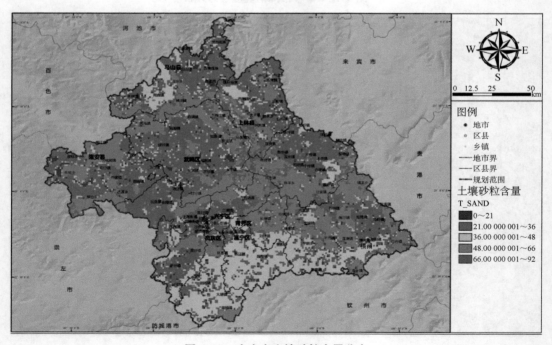

图 4-15　南宁市土壤砂粒含量分布

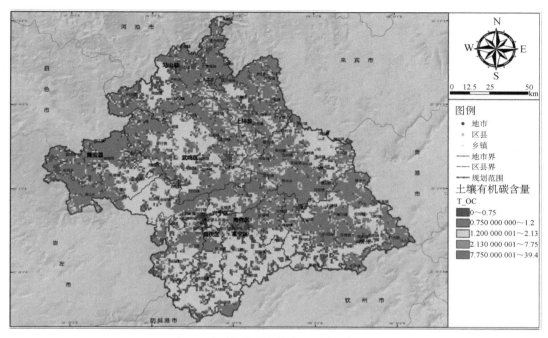

图 4-16　南宁市土壤有机碳含量分布

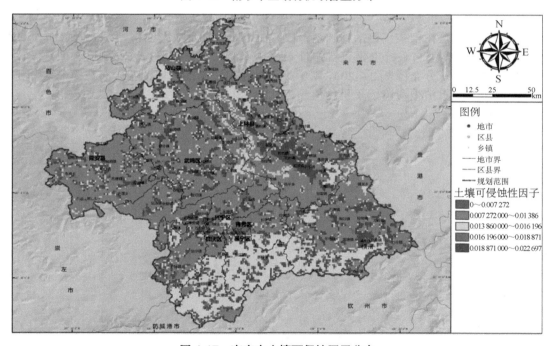

图 4-17　南宁市土壤可侵蚀因子分布

3）地形起伏度。

地形起伏度是指地面一定距离范围内最大高差。根据南宁市数字高程计算得出南宁市地形起伏度结果，如图 4-18 所示：南宁市地形起伏度为 0～264m，平均值约为 22m。其地形起伏度较大的区域主要分布在北部地区，南部地区地形起伏度则较小。

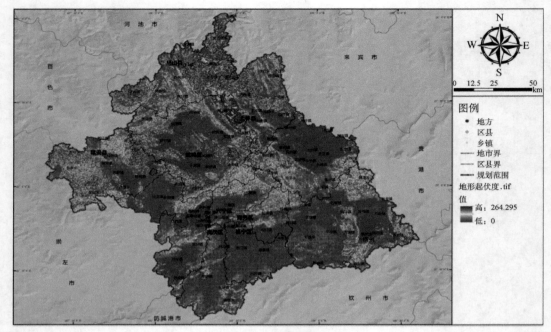

图4-18 南宁市地形起伏度分布

4）植被覆盖因子。

植被覆盖度是指植被（包括叶、茎、枝）在地面的垂直投影面积占统计区总面积的百分比。根据南宁市生态系统主要类型分布（图4-19），按照植被覆盖因子赋值原则，得出南宁市植被覆盖因子分布图（图4-20），南宁市植被覆盖较高的区域主要分布在横州、宾阳、马山等区域，全市植被覆盖因子平均值约为0.203 2。

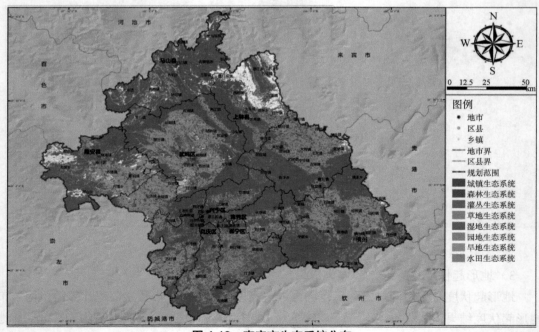

图4-19 南宁市生态系统分布

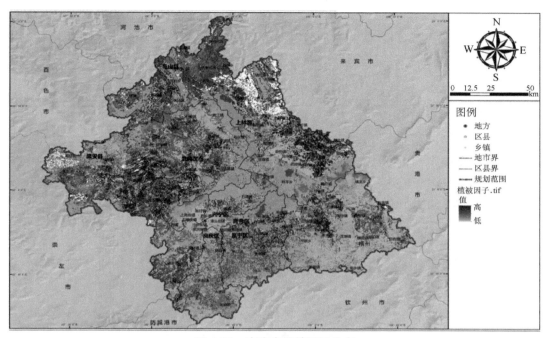

图 4-20　南宁市植被因子分布

5）水土保持功能重要性评估。

南宁市水土保持功能重要性评估结果如图 4-21 所示，南宁市水土保持功能极重要区域面积约为 3 223.17 km²，约占全市总面积的 14.58%；水土保持功能重要区域面积约为 4 399.78 km²，约占全市总面积的 19.92%；水土保持功能一般重要区域约为 14 478.85 km²，约占全市总面积的 65.50%。从空间分布来看，南宁市北部的马山县、上林等地区水土保持功能相对较高。

（3）生物多样性维护功能重要性评估

1）多年植被净初级生产力平均值（NPP）。

本章所利用的多年植被净初级生产力平均值数据（MOD17A3）是基于 2000—2014 年 MODIS 影像计算的陆地植被净初级生产力年均数据。其拟合模型为 BIOME-BGC 模型。结果表明（图 4-22），南宁市 NPP 值在为 114.9～1 171.6gC/m²，平均约为 636.9 gC/m²。从空间格局上看，城市中部区域和西北地区 NPP 较高，沿邕江其值最低。

2）多年平均气温（F_{tem}）。

根据 1984—2014 年南宁市气温数据，得出南宁市多年平均气温分布情况。从结果统计看（图 4-23），南宁市多年平均气温为 20.9～22.1℃，平均约为 21.7℃。从空间分布格局上，东北部地区的上林等区域多年平均气温较低，而市区、武鸣等区域多年平均气温较高。

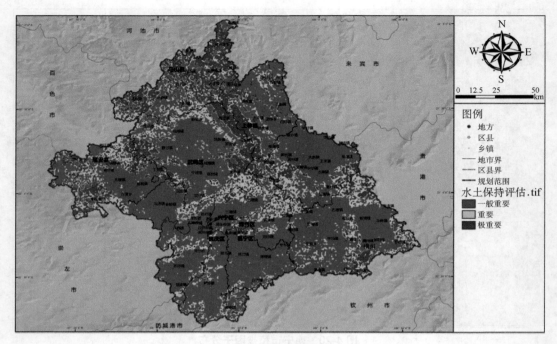

图 4-21　南宁市水土保持功能重要性分布

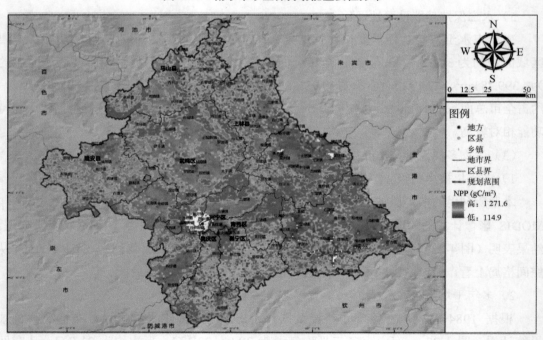

图 4-22　南宁市 NPP 分布

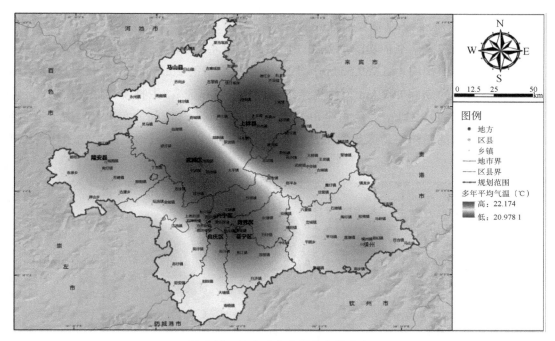

图 4-23　南宁市多年平均气温分布

3）海拔因子（F_{alt}）。

海拔是一个重要的地形因子，各种环境综合因子在海拔梯度上表现出梯度性变化。根据南宁市数字高程（分辨率 8m），得出南宁市平均海拔约为 194m（图 4-24）。北部地区海拔较高，南部地区海拔较低。

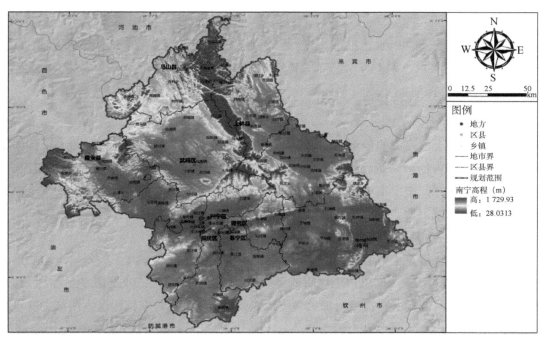

图 4-24　南宁市海拔分布

（4）生物多样性维护功能重要性评估

南宁市生物多样性维护功能重要性评估结果如图4-25所示。南宁市生物多样性维护功能极重要区域面积约为5 569.65 km²，约占全市总面积的25.2%；生物多样性维护功能重要区域面积约为5 540.92 km²，约占全市总面积的25.07%；生物多样性维护功能一般重要区域约为10 991.23 km²，约占全市总面积的49.73%。从空间分布来看，南宁市北部的马山县、东南部横州等地区生物多样性维护功能相对较高，西部地区生物多样性维护功能相对较低。

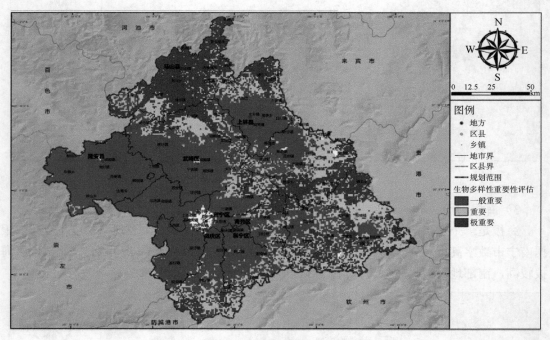

图4-25　南宁市生物多样性维护功能重要性分布

（5）水土流失敏感性评估

1）降雨侵蚀力因子。

降雨是引起土壤流失的最重要的因子。侵蚀性降雨是指引起土壤流失的最小降雨强度和在该强度范围内的降雨量。一般而言，凡是产生地表径流的降雨，就能引起土壤流失。根据王万忠等研究，南宁市年 R 值为715.4，根据结果可知，南宁市降雨引发的水土流失均处于极敏感区域。

2）土壤可蚀性因子。

土壤质地与土壤流失有着很大的关系。根据中国土壤数据集（V1.1），得出土壤质地分布情况，如图4-26所示，南宁市土壤质地类型主要以黏土、壤土、砂质黏壤土为主，其次为粉壤土。从空间分布上，市域南部土壤质地主要以壤土为主，东部地区宾阳县主要以粉壤土为主，西部地区主要以黏土为主。

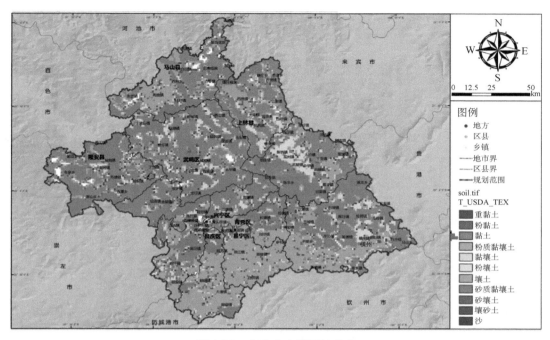

图 4-26　南宁市土壤质地分布

根据土壤质地类型赋值情况，得出土壤质地类型因子水土流失敏感性赋值结果，如图 4-27 所示。

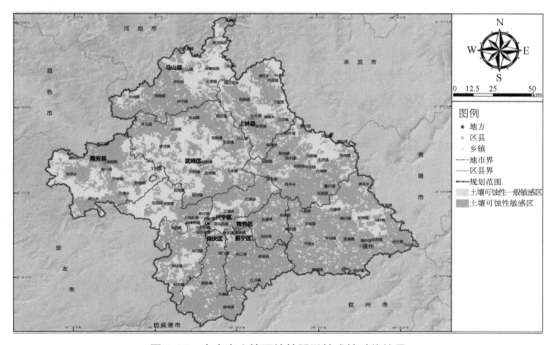

图 4-27　南宁市土壤可蚀性因子敏感性赋值结果

3）地形起伏度。

根据南宁市地形起伏情况，得出南宁市地形起伏度因子水土流失敏感性赋值情况，见图 4-28。

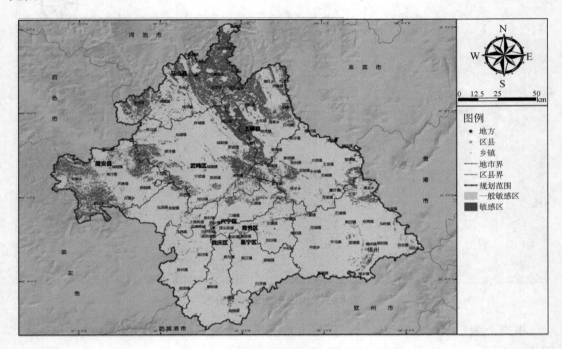

图 4-28　南宁市地形起伏度因子敏感性赋值结果

4）地表植被覆盖。

植被覆盖度信息通过建立归一化植被指数与植被覆盖度的转换信息，直接提取植被覆盖度信息。根据美国国家航空航天局（NASA）公布的 MODIS-NDVI 数据（空间分辨率为 250 m×250 m），结果如图 4-29 所示，南宁市 NDVI 指数为 -0.17～0.69（负值表示地面覆盖为水等；0 表示有岩石或裸土等；正值表示有植被覆盖，且随覆盖度增大而增大），平均约为 0.198。从图 4-29 可知，城市南部的横州、良庆、邕宁等区域和中部的武鸣植被覆盖度较大，北部的马山县、上林县、宾阳县等区域植被覆盖度较低。

根据南宁市 NDVI，得出累积频率为 2% 的 NDVI 值 $NDVI_{soil}=0.031\,9$，累积频率为 98% 的 NDVI 值为 $NDVI_{veg}=0.683\,3$，由此得出南宁市植被覆盖度因子 C_i 结果，如图 4-30 所示：南宁市植被覆盖度因子 C_i 为 0～1，平均值约为 0.275 0。

根据植被覆盖度因子赋值要求，得出南宁市植被覆盖度因子水土流失敏感性评估分级结果，结果如图 4-31 所示。

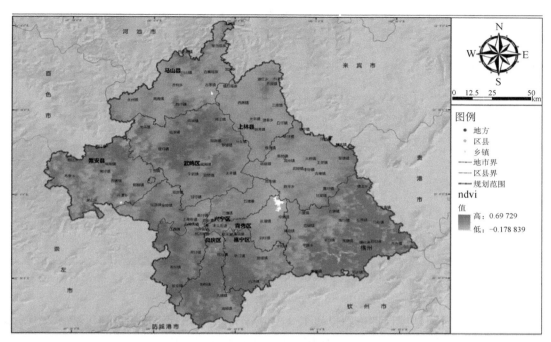

图 4-29　南宁市 NDVI 覆盖情况分布

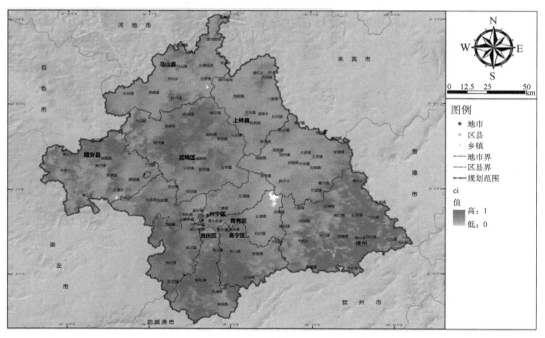

图 4-30　南宁植被覆盖度因子分布

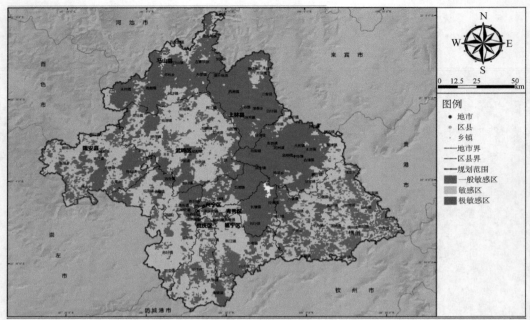

图 4-31　南宁植被覆盖水土流失赋值分布

5）水土流失敏感性评估结果。

南宁市水土流失敏感性评价结果如图 4-32 所示，南宁市水土流失主要以敏感为主，其面积约为 19 065.01 km²，约占全市总面积的 86.26%；其次以一般敏感为主，面积约为 3 005.8 km²，约占全市总面积的 13.6%；水土流失极敏感区域面积较少，总面积约为 30.9 km²，约占全市总面积的 0.14%，在空间分布上，其主要以零星点状的形式分布在上林、宾阳等地区。

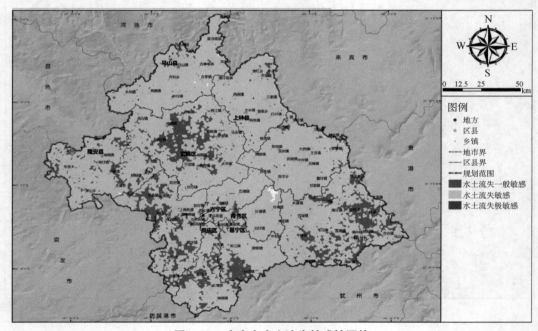

图 4-32　南宁市水土流失敏感性评估

（6）石漠化敏感性评估

石漠化是指在热带、亚热带湿润、半湿润气候条件和岩溶极其发育的自然背景下，受人为活动干扰，使地表植被遭受破坏，导致土壤严重流失，基岩大面积裸露或砾石堆积的土地退化现象，也是岩溶地区土地退化的极端形式。根据石漠化形成机理，选取碳酸岩出露面积百分比、地形坡度、植被覆盖度因子构建石漠化敏感性评估指标体系。

1）碳酸岩出露面积百分比。

根据中国土壤数据集（V1.1），以土壤中碳酸钙含量情况表征南宁市土壤碳酸岩出露面积百分比分布情况，如图 4-33 所示，南宁市表层土壤中碳酸钙含量在 0～29.5%，平均值约为 1.7%。

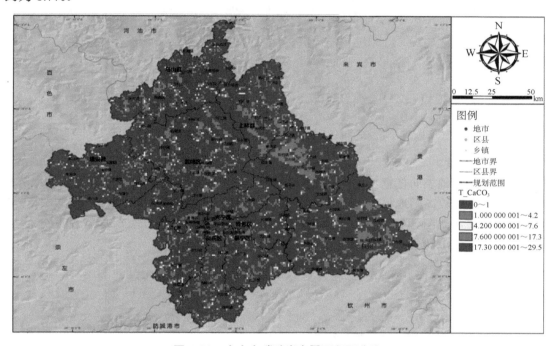

图 4-33　南宁市碳酸岩出露面积百分比

表 4-8　南宁市碳酸岩出露面积百分比

CaCO₃ 含量	百分比
很低	<2
低	2～5
中等	5～15
高	15～40
很高	>40

资料来源：分类来源于"有害世界土壤数据库"（Harmonized World Soil Database）的分类结果。

根据碳酸盐含量，进行石漠化敏感性赋值结果，具体结果如图 4-34 所示。

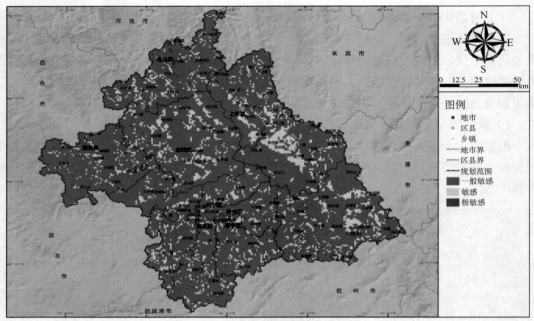

图 4-34　南宁市碳酸岩敏感性赋值

2）地形坡度。

坡度是指过地表面任意一点的切平面与水平地面之间的夹角，坡度值低则表明地势较为平坦，坡度值较高则地势较为陡峭。根据南宁市高程数据（分辨率为 8m），得出南宁市坡度分布结果，如图 4-35 所示，南宁市坡度为 0～58°，平均值约为 6.08°。空间分布上，北部的马山县、上林县、隆安县、中部的武鸣区坡度较大。

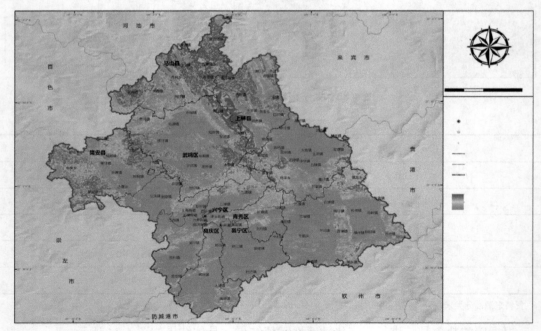

图 4-35　南宁市坡度分布

　　根据坡度分析结果，按照赋值标准，得出南宁市坡度石漠化敏感性赋值结果，如图 4-36 所示。

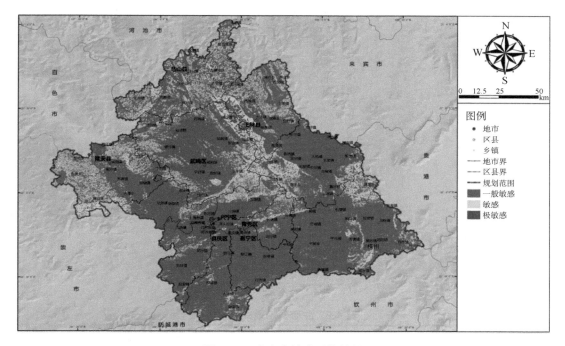

图 4-36　南宁市坡度赋值结果

　　3）石漠化敏感性评估结果。

　　根据碳酸盐因子、坡度因子和植被覆盖因子，得出南宁石漠化敏感性评估结果，如图 4-37 所示，南宁市石漠化以敏感为主，面积约为 7 689.22 km²，占全市总面积的 34.79%；其次大部分为一般敏感区域，面积约为 14 363.96 km²，占全市总面积的 64.99%；南宁市石漠化极敏感区域面积较小，大约为 48.62 km²，约占全市总面积的 0.22%。从空间分布上，南宁市北部的马山县、上林县、隆安县、武鸣区石漠化敏感性程度相对较高。

　　（7）生态环境系统解析结果

　　根据对南宁市生态系统重要性（水源涵养服务功能重要性、水土保持功能重要性、生物多样性保护功能重要性）和生态系统敏感性（水土流失敏感性、石漠化敏感性）的评价（表 4-9 和表 4-10）可知，南宁市主要生态服务功能为生物多样性保护功能和水土保持功能，二者分别占全市国土面积的 50.27% 和 34.5%，其次为水源涵养功能。生态环境敏感性评价中，主要以水土流失敏感性为主，其次为石漠化敏感性。

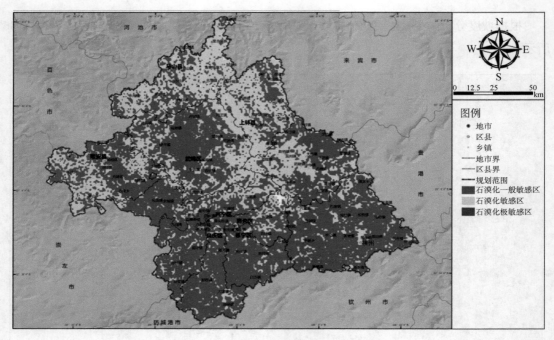

图 4-37　南宁市石漠化敏感性评估结果

表 4-9　生态保护重要性评估

类型	生态系统服务功能重要性					
	极重要		重要		一般重要	
	面积/km²	比例/%	面积/km²	比例/%	面积/km²	比例/%
水源涵养功能	662.3	3	559.1	2.5	10 005.6	45.3
水土保持功能	3 223.17	14.58	4 399.78	19.92	14 478.85	65.5
生物多样性保护功能	5 569.65	25.2	5 540.92	25.07	10 991.23	49.73

表 4-10　生态敏感性评价

类型	生态敏感性评价					
	极敏感		敏感		一般敏感	
	面积/km²	比例/%	面积/km²	比例/%	面积/km²	比例/%
水土流失敏感性	30.9	0.14	19 065.01	86.26	3 005.8	13.6
石漠化敏感性	48.62	0.22	7 689.22	34.79	143 63.96	64.99

4.3　生态空间保护研究

4.3.1　生态空间识别

　　按照《关于划定并严守生态保护红线的若干意见》，生态空间是指具有自然属性、以提供生态产品或生态服务为主导功能的国土空间，涵盖需要保护和合理利用的森林、草原、湿地、河流、湖泊、滩涂、岸线、海洋、荒地、荒漠、戈壁、冰川、高山冻原、无居民海岛等。结合南宁市遥感影像和土地利用现状，初步提取天然草原、湿地、天然林保护区等具有自然属性、以提供生态服务或生态产品为主体功能的生态用地。根据生态环境评价结果，参考地理国情普查，充分参考土地利用权属和地表覆盖信息，按照"就近就大"原则，将生态服务功能重要区域、敏感区域和生态保护重要区域纳入生态空间。

4.3.1.1　生态用地

根据 2015 年南宁市土地利用现状，按照《土地利用现状分类》（GB/T 21010—2007），提取南宁市生态用地（表 4-11），主要包括林地、草地、水域和其他土地总面积约为 12 145.49 km^2，约占全市总面积的 54.95%（图 4-38）。

表 4-11　南宁市生态用地类型

生态用地类型	主要类型
林地	有林地、灌木林地、其他林地
草地	天然牧草地、人工牧草地、其他草地
水域	河流水面、湖泊水面、水库水面、坑塘水面、沿海滩涂、内陆滩涂、沟渠
其他土地	盐碱地、沼泽地、沙地、裸地

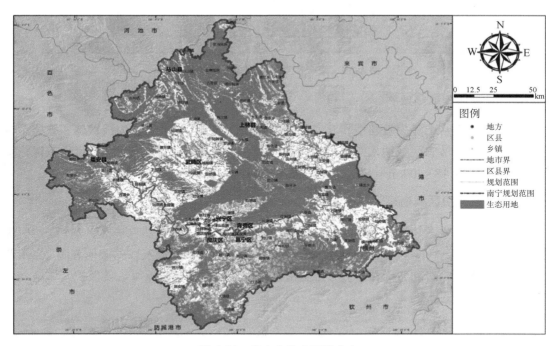

图 4-38　南宁市生态用地分布

4.3.1.2　生态保护重要区域

根据南宁市水源涵养、水土保持和生物多样性保护功能评价结果，将水源涵养功能极重要和重要区域、水土保持功能极重要和重要区域、生物多样性保护功能极重要和重要区域纳入南宁市生态保护重要区域，如图 4-39 所示，全市生态保护重要区域面积约为 12 747.81 km²。在空间分布格局上，主要分布在城市北部的马山县、上林县、南部的横州等区域。

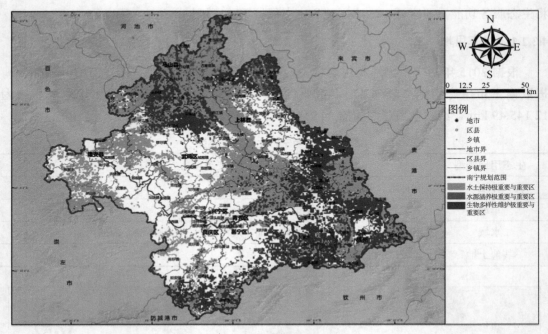

图 4-39　南宁市生态保护重要区域分布

4.3.1.3　生态保护敏感区域

根据南宁市水土流失敏感性和石漠化敏感性评价结果，将水土流失极敏感和敏感区域、石漠化极敏感和敏感区域纳入南宁市生态保护敏感区域，如图 4-40 所示，全市生态保护敏感区域面积约为 18 950 km²，约占全市总面积的 85.74%。

4.3.1.4　重点保护区域衔接

根据南宁市生态环境实际，将南宁市 6 个自治区级及以上自然保护区、7 个自治区级及以上森林公园、2 个自治区级及以上风景名胜区、2 个自治区级及以上湿地公园、乡镇及以上饮用水水源一级和二级保护区、国家级生态公益林，重要河流等重要保护区域纳入生态空间进行管控。

4.3.1.5　生态空间识别

根据生态保护重要区域、生态保护敏感区域和南宁市生态用地分布，充分参考土地利用权属和地表覆盖信息，按照"就近就大"原则，结合实际情况，扣除建设用地和农业用地后，合理扣除独立细小斑块，将生态服务功能重要区域、敏感区域和生态保护重要区域纳入生态空间，得出南宁市生态空间结果（表 4-12），如图 4-41 所示，南宁市生态空间主要包括 6 个自治区级及以上自然保护区、7 个自治区级及以上森林公园、2 个自治区级及以上风景名胜区、2 个自治区级及以上湿地公园、乡镇及以上饮用水水源一级和二级保护区、国家级生态公益林，重要河流、水源涵养功能极重要和重要区、水土保持功能极重要和重要区、生物多样性保护功能极重要和重要区，总面积约 10 778.21 km²，占南宁市国土总面积的 48.76%。

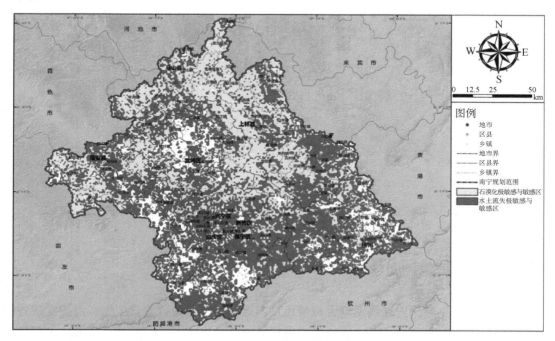

图 4-40　南宁市生态保护敏感区域分布

表 4-12　生态空间类型统计表

序号	类型	面积/km²
1	自治区级及以上自然保护区	513.19
2	自治区级及以上森林公园	59.8
3	自治区级及以上风景名胜区	16.28
4	自治区级及以上湿地公园	73.73
5	乡镇及以上饮用水水源一级和二级保护区	1 172.59
6	国家级生态公益林	2 661.98
7	重要河流	381.79
8	水源涵养功能极重要和重要区、水土保持功能极重要和重要区、生物多样性保护功能极重要和重要区	9 869.16
合计（扣除重复面积）		10 778.21

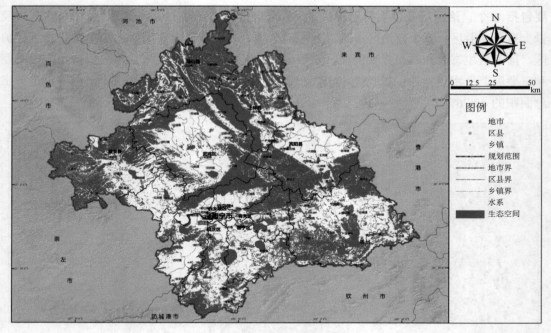

图 4-41 南宁市生态空间分布

4.3.2 生态空间管控要求

生态空间内生态保护红线原则上按禁止开发区域的要求进行管理。生态保护红线外的生态空间,原则上按限制开发区域的要求进行管理。对生态空间依法实行区域准入和用途转用许可制度,严格控制各类开发利用活动对生态空间的占用和扰动,确保依法保护的生态空间面积不减少,生态功能不降低,生态服务保障能力逐渐提高。

从严控制生态空间转为城镇空间和农业空间,禁止生态保护红线内空间违法转为城镇空间和农业空间。加强对农业空间转为生态空间的监督管理。鼓励城镇空间和符合国家生态退耕条件的农业空间转为生态空间。

严格控制新增建设占用生态保护红线外的生态空间。符合区域准入条件的建设项目,涉及占用生态空间中的林地、草原等,按有关法律法规规定办理;涉及占用生态空间中其他未作明确规定的用地,应当加强论证和管理。鼓励结合土地综合整治、工矿废弃地复垦利用、矿山环境恢复治理等各类工程实施,因地制宜促进生态空间内建设用地逐步有序退出。

严格限制农业开发占用生态保护红线外的生态空间,符合条件的农业开发项目,须依法由市县级及以上地方人民政府统筹安排。生态保护红线外的耕地,除符合国家生态退耕条件,并纳入国家生态退耕总体安排,或因国家重大生态工程建设需要外,不得随意转用。有序引导生态空间用途之间的相互转变,鼓励向有利于生态功能提升的方向转变,严格禁止不符合生态保护要求或有损生态功能的相互转换。

4.4　生态安全格局构建

生态安全格局指景观中存在某种潜在的生态系统空间格局，它由景观中的某些关键的局部、其所处方位和空间联系共同构成。生态安全格局对维护或控制特定地段的某种生态过程有着重要的意义。不同区域具有不同特征的生态安全格局，对它的研究与设计依赖于对其空间结构的分析结果，以及研究者对其生态过程的了解程度。生态安全格局的理论基础涉及景观生态学、干扰生态学、保护生态学、恢复生态学、生态经济学、生态伦理学和复合生态系统理论等，针对特定的生态环境问题，以生态、经济、社会效益最优为目标，依靠一定的技术手段，对区域内的各种自然和人文要素进行安排、设计、组合与布局，得到由点、线、面、网组成的多目标、多层次和多类别的空间配置方案，用以维持生态系统结构和过程的完整性，实现土地资源可持续利用，生态环境问题得到持续改善的区域性空间格局。典型的生态安全格局包含以下几个景观组分：

（1）生态源

景观生态学中，将能够促进景观过程发展的景观类型称为"源地"。"源地"是以自然生态功能的发挥为主，生态环境脆弱、生态敏感性较高，并具有重要生态系统服务功能的自然生态斑块，如较大面积的林地、草地、水域、山体等。"源地"景观具有维持、促进景观功能的作用，具有空间拓展性。

（2）生态廊道

生态廊道是指不同于周围景观基质的线状或带状生态景观要素，是景观生态流扩散的主要通道。从阻力面图的反映上来看，廊道是相邻两个"源"之间的阻力低谷，是"源"之间最容易联系的低阻力通道。按照不同的安全层次，"源"之间的廊道可以有一条、两条甚至多条，它们是生态流之间的高效通道和联系途径。每相邻两个"源"之间相联系的廊道应该至少有一条。生态廊道主要是由植被、水体、生物群落等生态性结构要素构成，具有保护生物多样性、过滤污染物、防止水土流失、防风固沙、调控洪水等生态服务功能。生态廊道有利于景观生态流在"源"间及"源"和基质间的相互流动，连接原生植被的廊道有利于不同物种跨景观范围的扩散以及生态流的运行。

（3）生态节点

生态节点是指生态空间中连接两个相邻生态源，并对景观生态过程起到关键性作用的地段。利用累计耗费阻力模型计算生成的累计耗费距离面，提取阻碍生态流的最小耗费路径和最大耗费路径的交叉点以及生态廊道最薄弱的点，这些点都可以作为潜在的生态节点。

（4）生态基质

基质是一定区域内面积最大、分布最广而优质性突出的景观生态系统，往往表现为斑块、廊道等的环境背景。基质的空间形态与特征主要取决于其中斑块、廊道的分布状况。其特征在很大程度上制约着整个区域的发展方向和管理措施的选择。每一个生态基质必定有一个核心的斑块和外向的廊道。

4.4.1 生态源地识别

景观生态学中，将以发挥自然生态功能为主，具有重要生态系统服务功能或生态环境脆弱、生态敏感性较高的土地称为"生态源"。本章将对城市景观生态具有重要保护价值的绿地、风景名胜区、水域和林地作为"生态源"；为了清楚显示与区分各类"生态源"，将其转化为生态源点表示。根据南宁市区域范围，将南宁市重要的自然保护区、重要湖泊水库、森林公园等视为本研究的重要生态源地，如表 4-13 所示。根据所选取的生态源地类型，运用 ArcGIS 软件将生态源地转化为生态源地数据，如图 4-42 所示。

表 4-13　代表性生态源地

编号	生态源地
1	龙虎山自然保护区
2	天雹森林公园
3	高峰岭森林公园
4	昆仑关森林公园
5	逃军山森林公园
6	大王滩水库生态保护区
7	良凤江森林公园
8	屯六水库生态保护区
9	西津水库生态保护区
10	镇龙山生物多样性保护区
11	龙山自然保护区
12	大明山自然保护区
13	弄拉山自然保护区
14	州圩林地源
15	三十六弄自然保护区北
16	三十六弄自然保护区南

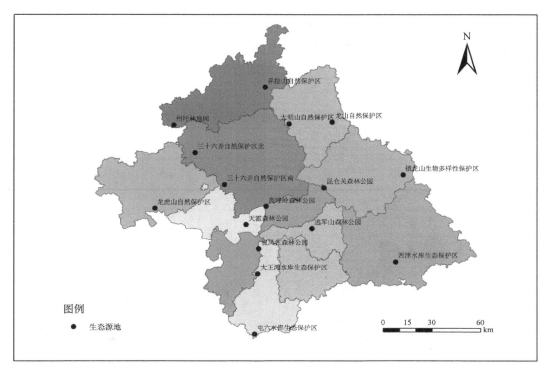

图 4-42　南宁市生态源地分布图

4.4.2　生态廊道判定

　　基于"源—汇"景观理论——"源"是对某种生态过程产生促进作用的景观类型，"汇"是对某种生态过程产生抑制作用的景观类型，最小耗费距离是指从"源"经过不同阻力的景观组所耗费的费用或克服阻力所做的功，即为生态廊道。综合考虑南宁市的土地利用景观类型、数量及空间分布情况、土地利用景观格局对土地利用生态环境变化产生的影响，同时参考相关研究文献对累计耗费距离的不同赋值方法，以及对不同土地利用景观类型的生态系统服务功能具体指标的研究数据，对南宁市土地利用景观类型的生态系统服务功能进行赋值，根据赋值结果确定生态流运行过程中的"源"与"汇"，基于 ArcGIS 平台的空间分析代价距离模块，计算每一个景观单元通过代价表面到最近的生态源的最低累积耗费距离，构建累积耗费距离模型，将相邻两"源"之间的阻力低谷确定为生态廊道。

　　本节将研究区被识别出的生态廊道分为两种类型，一类是显性生态廊道，这类生态廊道在地表景观中是可见的、容易识别的，包括研究区内河流水系、自然或人工带状林地、草地等用地类型，在本研究区内部，研究区显性生态廊道较多，最主要的廊道是河流；另一类是隐性生态廊道，这类生态廊道不易直接观测到，是研究区内地下或空中物质能量交换的隐形网络，往往容易被忽视，其对生态流的运行和城市生态环境的维护起到至关重要的作用。本章研究采用最小成本路径模拟隐性生态廊道。

　　基于成本路径方法的潜在生态网络模拟是通过计算"源"与目标之间的累计阻力值来获取的。景观阻力是指物种在不同景观单元之间进行迁移的难易程度，斑块生境适宜性越高，物种迁移的景观阻力就越小。通过对南宁市生态系统服务功能价值的评价及相关资料，对南宁市不同土地利用类型的景观阻力进行赋值（见表 4-14）。通过 ArcGIS 中的距离分析模块生成各生态源地到其他各生态目的地的最小耗费距离表面及路径（图 4-43～图 4-45）。

表 4-14   不同土地利用类型的景观阻力值

土地利用类型	交通用地	居民点及工矿用地	未利用地	草地	水域	园地	农田	林地
景观阻力（1～100）	100	100	70	60	60	50	20	5

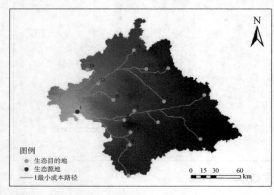

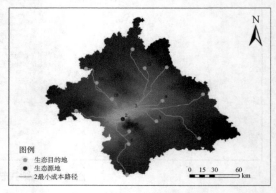

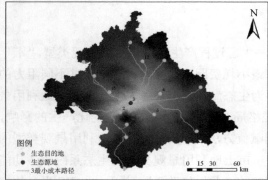

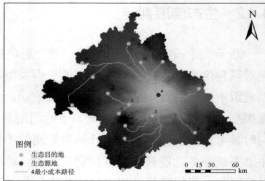

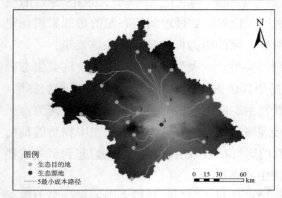

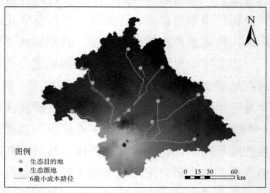

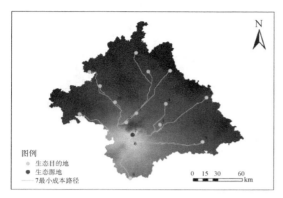

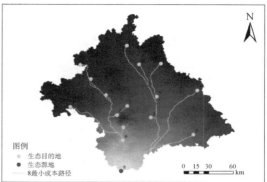

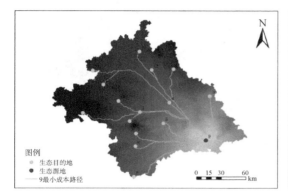

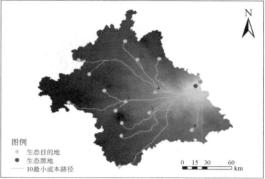

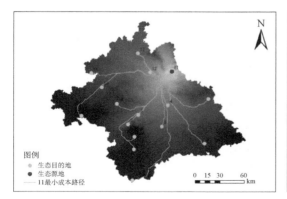

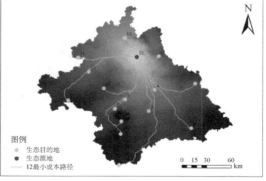

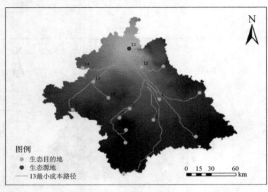

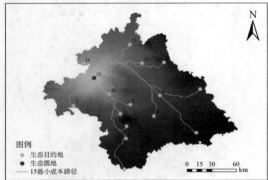
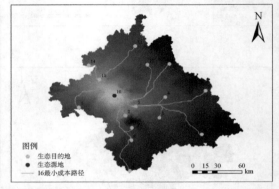

图 4-43   生态源地到各生态目的地成本路径

图 4-44   成本回溯示意

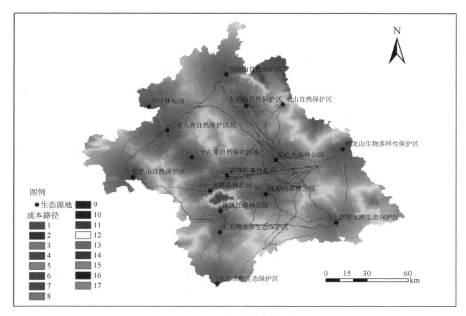

图 4-45　成本路径示意

　　研究区现有生态廊道较密集，各类生态源通过廊道建立的联系紧密，生态源地与周围生态源地间的廊道联系密切。现有廊道道路复杂，因此在 ArcGIS 中对现有廊道进行概化，概化结果如图 4-46 所示。

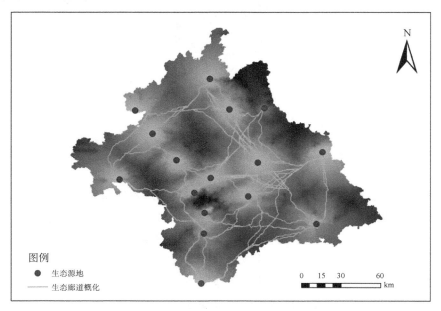

图 4-46　南宁市生态廊道概化

4.4.3　生态节点

　　生态节点指生态空间中连接两个相邻"生态源"，并对景观生态过程起到关键性作用的地段，一般是生态功能最薄弱处，对控制景观生态流具有至关重要的意义。本章将阻力面图上以相邻"源"为中心的等阻力线的相切点作为生态节点。

运用 ArcGIS 的空间分析中的领域分析和重分类等功能，利用之前设定的域值区间，得到这两个节点间克服阻力所做功的最大值和最小值的栅格表面；再针对它开展栅格计算，提取以上两个栅格表面的交集，确定生态节点的空间分布。

南宁市内生态节点识别结果如图 4-47 所示。全市节点共有 10 个，主要集中在南宁市南部地区等，生态节点一般是生态廊道的交会处，对区域生态流的流动起着关键作用，因此，应加强南宁市中心城区外围区域生态节点建设，注重与周围景观相结合，提高生态节点稳定性。

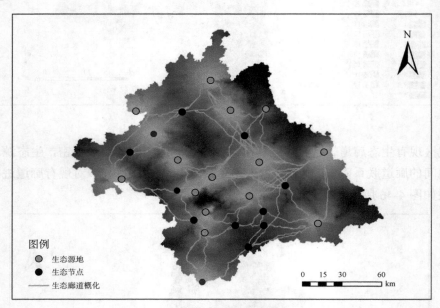

图 4-47　南宁市生态节点

4.4.4　生态安全格局构建

根据生态源地识别、生态廊道研究，依托南宁市生态本底特征和生态功能区划、城市总体规划等相关规划，从保障区域生态安全、维护区域生物多样性出发，初步构建南宁"一轴、两带、三廊、九区、多节点"的生态安全格局（图 4-48）。

"一轴"："右江—邕江—郁江"生态保育轴，是南宁市从西向东贯彻城区的重要生态廊道，也是重要物质流、生态流和基因流的传输通道，是南宁市生物物种与栖息地保存与维护、退化生态系统恢复、改良和重建工作的重要区域，对南宁市生态环境质量改善和生态效益的提升具有重要作用。

"两带"：分别是"隆安西部—大明山—镇龙山山地生态保护带"和"武鸣山地—凤亭河—大王滩—西津生态保护带"。"隆安西部—大明山—镇龙山山地生态保护带"重要连接隆安西部山地生态功能区、马山—上林生态功能区、大明山生态功能区、高峰岭—白花山生态功能区、镇龙山生态功能区的重要生态保护带，生态系统服务功能较高。"武鸣山地—凤亭河—大王滩—西津生态保护带"是主要连接隆安—武鸣生态功能区、中心城区周围的森林公园等生态节点、大王滩—凤亭河生态功能区、西津水库生态功能区的重要生态保护带。"两带"是全市植物资源和动物资源分布的主要区域，是全市生态流、基因流传输的重要通道。

"三廊"：主要是指"清水河生态廊道""武鸣河生态廊道""八尺江生态廊道"，由市内主要的三条河流水系形成的相对独立的水系格局，是连接生态功能区和生态保育轴的局部区域重要的生态流传输通道。

"九区"：主要是指南宁市九类重要的生态功能区，分别是马山—上林生态功能区（马山东北部—上林北部岩溶山地土壤保持与生物多样性保护重要区）、大明山生态功能区（大明山水源涵养与生物多样性保护重要区）、隆安西部山地生态功能区（隆安西部岩溶山地土壤保持与生物多样性保护重要区）、西大明山生态功能区（西大明山水源涵养与生物多样性保护重要区）、隆安—武鸣生态功能区（隆安敏阳—武鸣玉泉—宁武岩溶山地土壤保持与生物多样性保护重要区）、高峰岭—白花山生态功能区（高峰岭—白花山—三状岭水源涵养重要区）、镇龙山生态功能区（镇龙山水源涵养重要区）、西津水库生态功能区（西津水库库区水源涵养与生物多样性保护重要区）、凤亭河—大王滩生态功能区（凤亭河水库—大王滩水库库区水源涵养重要区），这些区域是维护南宁市生态安全的重要区域。

"多节点"：主要是指南宁市境内的自然保护区、森林公园、风景名胜区、湿地公园、大型林地等。这些节点维持区域生态流、基因流的重要的"脚踏石"和传输"跳板"，同时部分节点是南宁重要生态系统服务功能或生态环境脆弱、生态敏感性的生态高地。

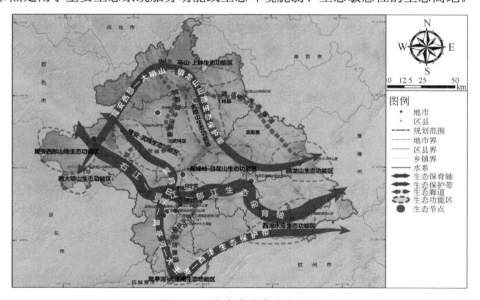

图 4-48　南宁市生态安全格局

应强化南宁市区域生态建设一体化，推动生态建设联动。系统整治右江—邕江—郁江流域，连通江河湖库水系，推进两岸重点区域造林绿化。推动隆安西部—马山县—上林县山地生态环境建设，维护城市区域共建生态环境。严格保护武鸣河、清水河、八尺江等河湖水域、岸线水生态空间。推动市内九大重点生态功能区水土流失、土壤保持、生物多样性保护等生态环境保护建设。全面加强自然保护区、森林公园、重要湿地等区域生态保护力度。

4.4.5　生态保护与修复

根据生态安全格局构建情况，开展南宁区域生态保护与修复。

管护重点生态区域。推进马山县、上林县等国家重点生态功能区生态环境建设，制定国家重点生态功能区产业准入负面清单，制定区域限制和禁止发展的产业目录。强化对马山、上林生态功能稳定性和生态产品供给能力的评价与考核，加强对开发建设活动的生态监管。加强大明山、弄拉、龙山等各级自然保护区的建设与管理，定期组织自然保护区专项执法检查，严肃查处违法违规活动。积极推进自然保护区范围界限核准和勘界立标工作，有步骤地对自然保护区核心区和缓冲区居民实施生态移民。积极争取大明山自然保护区和龙山自然保护区等重要自然保护地纳入广西国家公园建设试点。

保护重要生态系统。全面开展全市天然林保护工程本底资源调查工作，将全市所有天然林纳入国家天然林保护工程范围，严格控制天然林采伐，全面停止天然林商业性采伐。严格保护林地资源，分级分类进行林地用途管制。以退耕重点为 25°以上非基本农田坡耕地和重要水源地 15°～25°非基本农田坡耕地为重点，继续实施新一轮退耕还林工程。加强珠江流域防护林体系和水源涵养林体系建设，启动实施南宁市饮用水水源地水源涵养林建设和城乡景观林改造，实施"绿满南宁"造林绿化提升工程。加快全市桉树种植调整与优化树种结构，提高林地单位面积蓄积量和产出率。加强南宁湿地资源的保护与利用、开展湿地自然保护区、湿地公园、湿地生态旅游示范区建设，强化南宁市重要湿地资源保护以及湿地资源监测、管理体系等方面的能力建设，形成较为完整的湿地保护、管理和科研监测体系。

保护生物多样性。以马山县、上林县、宾阳县、武鸣区、隆安县等生物多样性保护优先区域为重点，开展全市县域野生动植物资源本底调查，监测和保护古树名木和重点保护野生动植物资源变化与外来物种入侵动态。对境内现存的天然次生林区、生物多样性丰富区、珍稀物种聚集区进行综合调查，以小种群物种保护为重点，在各县区乡镇村屯的"后龙山风水林"等珍稀濒危物种相对富集区和生物多样性丰富度高的森林小区域内建立自然保护小区。

修复生态系统退化地区。深入实施石漠化综合治理，以马山县石漠化治理"弄拉模式"为技术模式，实施石山封山和人工促进自然恢复方式，采取封山育林、人工补助造林等岩溶地区石漠化生态治理措施，在石漠化区域大力发展生态效益与经济效益兼优的乡土树种、珍贵树种、特色经济树种以及林药、林草等林下经济，对全市现有中度石漠化面积 2 660 hm²、强度和极强度石漠化面积 823 hm² 进行石漠化生态综合治理。加强马山、上林、武鸣等区县采石区和矿区地质环境保护与生态修复，按照"谁破坏谁治理"原则，通过采取废坑回填、矿地平整、植树造林等措施，全面推进矿区废弃地生态恢复治理，使全市矿区废弃地生态恢复面积达到采矿区面积的 80% 以上。开展病危险尾矿库和"头顶库"（1km 内有居民或重要设施的尾矿库）专项整治。

第 5 章　南宁市生态保护红线划定研究

5.1　区域概况

5.1.1　自然环境状况

南宁市为广西壮族自治区首府,地理位置是北纬 22°13′~23°32′,东经 107°45′~108°51′,全市面积为 22 112 km²。位于广西西南部,毗邻粤港澳,背靠大西南,面向东南亚,是中国西南地区出海通道的枢纽城市,具备四通八达的水陆空交通系统。同时南宁市也是国家级经济区——广西北部湾经济区建设的核心城市,交通区位和地理位置优势突出,是华南沿海和西南腹地两大经济区的接合部以及东南亚经济圈的连接点。

南宁市为低山丘陵环绕的椭圆形盆地（图 5-1）,邕江蜿蜒曲折流经盆地中央,邕江河谷对称呈"U"形,冲积平原沿邕江两岸分布,形成多级明显的阶地及超漫滩内叠阶地。盆地向东开口,南、北、西三面均为山地丘陵围绕,北为高峰岭低山,南有七坡高丘陵,西有凤凰山（西大明山东部山地）,形成了西起凤凰山,东至青秀山的长形河谷盆地地貌。全市地貌分平地、低山、石山、丘陵、台地 5 种类型,面积分别占全市面积的 58%、5%、3%、16% 和 18%。南宁市属湿润的亚热带季风气候,阳光充足,雨量充沛,霜少无雪,气候温和,夏长冬短,年平均气温在 21.6℃ 左右,极端最高气温 40.4℃,极端最低气温−2.4℃。冬季最冷的 1 月平均 12.8℃,夏季最热的 7 月、8 月平均 28.2℃。年均降雨量达 1 304.2 mm,平均相对湿度为 79%,气候特点是炎热潮湿。主要河流均属珠江流域西江水系,较大的河流有邕江、右江、左江、红水河、武鸣河、八尺江等。

5.1.2　经济社会概况

南宁市是广西壮族自治区首府,是全区的政治、经济、文化、科学、信息中心。市辖 7 区 5 县,即兴宁区、青秀区、江南区、西乡塘区、邕宁区、良庆区、武鸣区 7 个城区和宾阳县、上林县、横州、马山县、隆安县 5 个县。全市共有壮族、汉族、瑶族、苗族、侗族、仫佬族、毛南族、回族、京族、彝族、水族 11 个民族。2015 年年末,南宁市全市常住人口约 698.61 万人,城镇人口约 414.32 万人,农村居住人口约 284.29 万人,城镇化率为 59.31%。

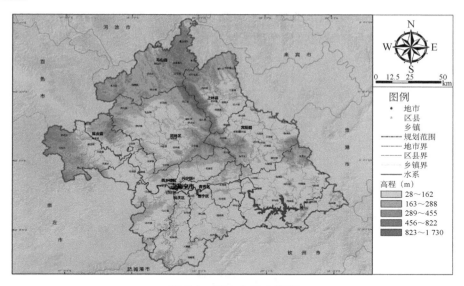

图 5-1　南宁市数字高程

2015 年，南宁市地区生产总值 3 410.09 亿元，增长 8.6%；其中，第一产业增加值增长 4.1%、第二产业增加值增长 8.2%、第三产业增加值增长 9.9%。财政收入 572.48 亿元，增长 8.71%。固定资产投资 3 366.89 亿元，增长 16.64%。规模以上工业增加值 969.55 亿元，增长 8.3%。社会消费品零售总额 1 786.68 亿元，增长 10.5%。进出口总额 58.69 亿美元，增长 21.9%。城镇居民人均可支配收入 29 106 元，增长 7.5%；农村居民人均纯收入 9 408 元，增长 9.7%。

5.1.3　生态环境保护状况

5.1.3.1　生态保护区域

南宁市生态保护区域有自然保护区、森林公园、湿地等多种自然保护地形式。目前有自然保护区 7 个，按保护区级别划分，有国家级 1 个，即广西大明山国家级自然保护区；自治区级 5 个，分别为广西三十六弄—陇均自治区级自然保护区、广西龙虎山自治区级自然保护区、广西龙山自治区级自然保护区、广西弄拉自治区级自然保护区、广西横州六景泥盆系地质自治区级自然保护区；市级 1 个，即南宁市那兰鹭鸟自然保护区。全市自然保护区面积 5.17 万 hm²，占全市总面积的 2.33%，低于广西保护区面积占国土总面积 5.8% 的平均水平。南宁市有森林公园 16 个，面积 1.16 万 hm²，包括国家级横州九龙瀑布群森林公园、良凤江森林公园，自治区级五象岭森林公园、老虎岭森林公园、金鸡山森林公园，市级石门森林公园。此外，南宁还有国家湿地公园建设试点共 2 个，分别为横州西津国家湿地公园和大王滩国家湿地公园。生态保护区域对全市重要的生态系统和大部分野生动植物资源都进行了较好的保护。南宁市基本形成以沿市中心城区环城高速公路百里环城森林生态走廊、市区内河水生态系统、南部五象岭和良凤江森林公园、东部天堂岭郊野公园、西北部山地生态功能区等为重点的城市生态圈以及交通通道绿化网与重要水系林网为骨架"一圈、两网、多块"的绿色屏障空间构架（图5-2）。

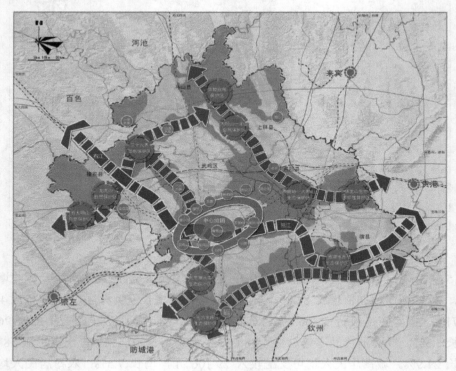

图 5-2　南宁生态空间保护格局

资料来源：《南宁空间发展战略规划》。

5.1.3.2　湿地资源状况

　　南宁市的湿地有河流湿地、湖泊湿地、沼泽湿地和人工湿地 4 大湿地类、11 个湿地型。其中，河流湿地包括永久性河流、季节性或间歇性河流、洪泛平原湿地、喀斯特溶洞湿地 4 个湿地型；湖泊湿地包括永久性淡水湖、季节性淡水湖 2 个湿地型；沼泽湿地包括草本沼泽湿地型；人工湿地包括库塘、运河/输水河、水产养殖场和稻田/冬水田 4 个湿地型。

　　根据广西壮族自治区 2011 年完成的全国第二次湿地资源调查，除去喀斯特溶洞湿地型和稻田/冬水田湿地型，南宁市包括面积 8 hm² （含 8 hm²）以上、河流宽度 10 m 以上、长度 5 km 以上的湿地面积共 63 018.02 hm²。河流湿地 23 999.96 hm²，占湿地总面积的38.5%。已有保护管理的面积为 371.86 hm²，占河流湿地总面积的 1.5%。河流湿地中以永久性河流所占面积最大，为 23 869.74 hm²；季节性或间歇性河流面积 39.86 hm²；洪泛平原湿地面积 90.36 hm²。湖泊湿地 836.80 hm²，占湿地总面积的 1.3%，目前均无保护管理面积。在湖泊湿地中，永久性淡水湖面积 574.14 hm²，季节性淡水湖面积 262.66 hm²。沼泽湿地面积 219.90 hm²，占湿地总面积的 0.4%，全为草本沼泽湿地。其中已有的保护管理面积为 14.13 hm²，占沼泽湿地总面积的 6.4%。人工湿地面积 37 351.60 hm²，占湿地总面积的 59.9%。已有的保护管理面积为 11 132.64 hm²，占人工湿地总面积的 29.8%。人工湿地中库塘湿地面积最大，有 33 790.14 hm²；运河/输水河面积 598.56 hm²；水产养殖场面积 2 962.90 hm²。

5.1.3.3　植被资源状况

南宁市植被资源丰富，类型多样，特色鲜明。在中国植被区划上，南宁市左、右江及邕江流域位于热带季雨林、雨林区域，东部（偏湿性）季雨林、雨林亚区域，北热带半常绿季雨林、湿润雨林地带，桂西南、石灰岩山地季雨林区。市域典型的地带性植被为亚热带季风常绿阔叶林；原生森林植被主要有亚热带季风常绿阔叶林、北热带季雨林（包括石灰岩石山常绿季雨林、石灰岩石山落叶季雨林、常绿落叶阔叶混交林等）；天然植被主要类型有暖性针叶林（如低山丘陵针叶林和中山针阔叶混交林）、暖性落叶阔叶林、常绿落叶阔叶混交林、常绿阔叶林、季风常绿阔叶林、山顶（山脊）苔藓矮林、季风性雨林等。受人为活动的影响，市域天然森林植被主要分布于自然保护区、自然保护小区、森林公园、风景名胜区、村庄后山风水林、局部水源保护地等地段。而其他区域的天然森林植被已为桉树林、马尾松、杉木林等人工用材林，以及龙眼林、芒果林、柑橘林、板栗林等人工经济林，或者为农业植被所代替。

在石灰岩地区如隆安比较典型的是以蚬木为标志的石灰山季雨林，其他共建种有肥牛树、金丝李等石灰岩地区的特有种类。700～800 m 以上过渡为青冈、黄连木、越南栲、越南榆等组成的石灰岩地区常绿、落叶混交林。石灰岩区的次生植被普遍分布有雅棕、假鹰爪等或由红背山麻杆、云实、龙须藤等组成的石山藤灌丛。由于该地区开发早，地带性植被大部分被人工植被所替代。马山、上林等红水河流域则为东部常绿阔叶林区域，东部（湿润）常绿阔叶林亚区域，南亚热带季风常绿阔叶林地带，黔、桂石灰岩丘陵山地，青冈、仪花林区。地带性典型植被为含有季雨林成分的石灰岩季风常绿阔叶林。在低海拔石灰岩地区，主要由青冈、仪花、石山樟、华南皂荚、金丝李等常绿或落叶树种组成的混交林。

5.1.3.4　野生生物资源状况

至今已知南宁市野生维管束植物、脊椎动物、昆虫、大型真菌等野生生物 6 072 种（含变种、亚种、栽培变种和变型，下同），隶属于 551 科 2 412 属。其中野生维管束植物 248 科 1 254 属 3 988 种，野生脊椎动物 5 纲 40 目 133 科 406 属 725 种，昆虫 17 目 126 科 630 属 1 042 种，大型真菌 20 目 44 科 122 属 317 种。

（1）维管束植物物种

目前已知南宁市域共有野生维管束植物 248 科 1 254 属 3 988 种（含变种、亚种、栽培变种和变型），其中蕨类植物 52 科 122 属 403 种，裸子植物 8 科 14 属 24 种，被子植物 189 科 1 118 属 3 561 种，被子植物中双子叶植物有 157 科 884 属 2 941 种，单子叶植物 32 科 234 属 620 种。

南宁市域野生维管束植物物种多样性最丰富的是武鸣区，共有 236 科 1 064 属 2 998 种；其次是上林县，有 232 科 996 属 2 701 种；再次是城市建成区有 210 科 852 属 1 675 种。其他县份依次是隆安县有 208 科 835 属 1 666 种，马山县 204 科 813 属 1 619 种，横州 195 科 716 属 1 355 种，宾阳县 192 科 668 属 1 172 种。

南宁市域分布有国家重点保护野生植物 30 种（隶属于 24 科 27 属），包括国家 I 级重点保护野生植物 3 种，即石山苏铁（*Cycas spiniformis*）、水松（*Glyptostrobus pensilis*）、伯乐树（*Bretschneidera sinensis*）；国家 II 级重点保护野生植物 27 种，隶属于 21 科 24 属。南宁市分布有广西重点保护野生植物 162 种，隶属于 24 科 81 属，其中裸子植物 10 种，隶属于 4 科 8 属；双子叶植物 27 种，隶属于 18 科 22 属；单子叶植物仅有兰科植物，种类丰富，共有 51 属 125 种。

（2）野生脊椎动物物种

南宁市有野生脊椎动物 5 纲 40 目 133 科 406 属 725 种。其中鱼纲 8 目 17 科 67 属 87 种，两栖动物 3 目 8 科 19 属 30 种，爬行动物 2 目 16 科 54 属 80 种，鸟类 19 目 69 科 216 属 452 种，哺乳动物 8 目 23 科 50 属 76 种。其中马山金线鲃（*Sinocyclocheilus mashanensis*）和无眼岭鳅（*Oreonectes anophthalmus*）是南宁市特有种。

南宁市野生脊椎动物物种资源中，有国家 I 级重点保护野生动物有 6 种，它们是鼋（*Pelochelys bibroni*）、圆鼻巨蜥（*Varanus salvator*）、蟒（*Python molurus*）、中华秋沙鸭（*Mergus squamatus*）、黑叶猴（*Trachypithecus francoisi*）和林麝（*Moschus berezovskii*）；国家 II 级重点保护野生动物有 72 种。

（3）昆虫物种

南宁市分布有各类昆虫 1 042 种，隶属于 17 目 126 科 630 属。其中种数最多的是膜翅目，13 科 99 属 248 种；其次是鞘翅目，有 9 科 130 属 173 种；再次为鳞翅目，有 20 科 130 属 170 种。其他依次是直翅目（133 种）、半翅目（126 种）、双翅目（71 种）、蜻蜓目（37 种）、等翅目（17 种）、缨翅目（17 种）、毛翅目（16 种）、广翅目（12 种）、虫脩目（6 种）、襀翅目（6 种）、蜚蠊目（4 种）、蜉蝣目（3 种）、缨尾目（1 种）。

目前在南宁市分布的昆虫未见国家重点物种，但有些种类已经列入国家保护有益的或者有重要经济、科学研究价值的陆生野生动物名录，包括广西瘤虫脩、双叉犀金龟、乌桕大蚕蛾、巨燕蛾、暖曙凤蝶、燕凤蝶、双星箭环蝶、中华蜜蜂 8 种。

（4）大型真菌物种

南宁市大型真菌有 317 种，隶属于 122 属 44 科 20 目，其中单科单属单种的有 16 个，单目单科单属的有 10 个。以担子菌占种类绝对优势，有 315 种，隶属于 120 属 42 科 18 目。

5.2 主要生态问题

（1）城市、产业空间延伸，城市生态空间的挤压与冲突加剧

南宁市地形是以邕江广大河谷为中心的盆地形态。向东开口，南、北、西三面均为山地围绕，北为高峰岭低山，南有七坡高丘陵，西有凤凰山。根据《南宁市空间发展战略规划》（图 5-3），南宁全市域将构建"一个中心城区、两个发展片区、六大发展带"的"一

区、两片、六带"的空间结构，转变南宁市域仅靠中心组团的单中心发展模式。其空间发展战略为南拓、东进、西优、北联。根据南宁空间功能区规划对城镇空间、农业空间和生态空间的划分情况，南宁未来向北、向南、向西、向东的发展格局势必会造成城市生态空间的挤压。南宁城区随着经济发展和房地产开发，建成区不断扩大，城市建设占用湿地的状况比较严重。2009—2012 年，南宁城区湿地就因城市建设开发被占用填埋 1 160.65 hm^2（其中第二次湿地资源调查结束后，南宁城区被占用填埋的湿地面积为 609.76 hm^2）。虽然"中国水城"建设增加湿地面积 166.33 hm^2，但远小于被侵占的湿地面积。南宁城区人为因素导致湿地萎缩的趋势明显。

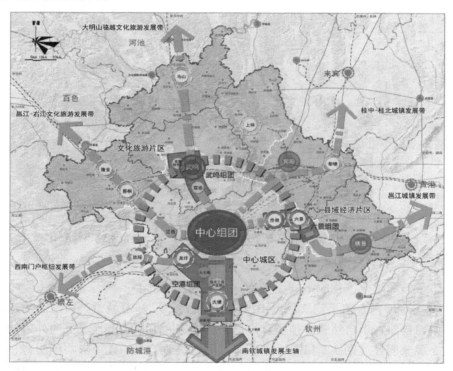

图 5-3 南宁市市域空间结构规划

资料来源：《南宁市空间发展战略规划》。

（2）中心城区空间以"辐射式"与"圈层式"形式快速扩展，生态空间范围减小

1980—2010 年，南宁市区建设用地呈圈层式向外扩张，扩张方向上东西向的扩展强度略大于南北向，建设用地由高度集中趋于局部分散，用地边界也趋于破碎化（图 5-4）。南宁市中心城区建设用地、裸土耕地占用的用地组成面积比例大幅增加，建设用地占比由 1980 年的 7% 增加到 2010 年的 33.7%，裸土耕地占比由 22% 增加到 36.5%。绿地、水体总面积下降明显，绿地面积占比由 1980 年的 62.1% 减少到 2010 年的 22.5%，水体占比由 8.7% 下降至 4%。

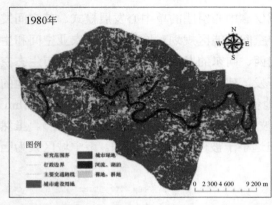 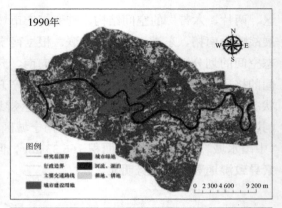

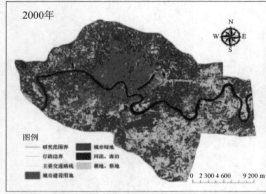 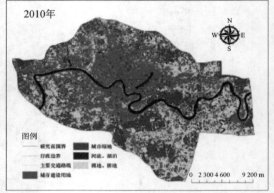

图 5-4　1980 年、1990 年、2000 年、2010 年南宁市土地利用变化

资料来源:《南宁市土地利用与城市环境气候的关系研究》。

（3）生境破坏退化，生物多样性下降，生态效益降低

从 1951 年起，南宁市平均气温每 10 年约升高 0.2℃。随着城市不透水面的连片蔓延、农田、水域等自然、半自然景观被蚕食，道路、建筑区等非渗透地表呈向外延伸态势，使得城市热岛现象明显（图 5-5 和图 5-6）。城市用地快速扩张，直接影响了湿地、林地等生态用地在调节洪水、涵养水源、净化水质及调节气候方面的生态服务功能。南宁市部分地区天然林森林生态系统消失，人工林森林生态系统纯林化突出，林分结构单一，巨桉、尾叶桉等速生桉占比过高，并呈现逐年扩张的趋势。

图 5-5　2000 年南宁市中心城区热场分布

资料来源:《南宁市热岛效应的遥感研究》。

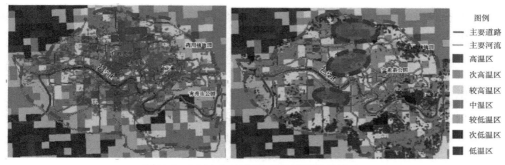

图 5-6　2010 年南宁市中心城区热场分布

资料来源：《南宁市热岛效应的遥感研究》。

5.3　生态保护红线划定总则

5.3.1　划定目标

通过生态保护红线的划定和实施，全市基本满足生产、生活和生态空间基本需求，符合南宁市实际的生态保护红线区域空间分布格局，确保具有重要生态保护的区域、重要生态系统以及主要物种得到有效保护，提高生态产品供给能力，确保国土生态空间得到优化和有效保护，生态功能保持稳定，区域生态安全格局更加完善，为南宁生态保护与建设、自然资源有序开发和产业合理布局提供重要支撑。

5.3.2　划定原则

5.3.2.1　强制性原则

保障国家和地方生态安全的重点区域必须划定生态保护红线，生态保护红线一旦划定，原则上将按照禁止开发区域的要求进行管理。严禁不符合主体功能定位的各类开发活动，严禁任意改变用途，确保生态功能不降低，面积不减少，性质不改变。

5.3.2.2　科学性原则

按照《生态保护红线划定指南》（2017 年 5 月），采取定量评估与定性判定相结合的方法划定生态保护红线。按生态系统服务功能（以下简称"生态功能"）重要性、生态环境敏感性识别生态保护红线范围，并落实到国土空间，确保生态保护红线布局合理、落地准确、边界清晰。

5.3.2.3　整体性原则

统筹考虑南宁市自然生态整体性和系统性，结合山脉、河流、地貌单元、植被等自然边界以及生态廊道的连通性，合理划定生态保护红线，应划尽划，避免生境破碎化，加强跨区域间生态保护红线的有序衔接。

5.3.2.4 协调性原则

建立协调有序的生态保护红线划定工作机制，强化部门联动，上下结合，充分与主体功能区规划、生态功能区划、水功能区划及土地利用现状、城乡发展布局、国家应对气候变化规划等相衔接，与永久基本农田保护红线和城镇开发边界相协调，与经济社会发展需求和当前监管能力相适应，统筹划定生态保护红线。

5.3.2.5 动态性原则

根据构建南宁生态安全格局，提升生态保护能力和生态系统完整性的需要，生态保护红线布局应不断优化和完善，面积只增不减。因国家重大基础设施、重大民生保障项目建设等需要调整的，由南宁市人民政府提出，由自治区政府组织论证，提交调整方案，经生态环境部、国家发展改革委会同有关部门提出审核意见后，报国务院批准。

5.3.3 划定依据

5.3.3.1 国家层面

1）《中华人民共和国环境保护法》（主席令〔2014〕第 9 号）

2）《中华人民共和国国家安全法》（主席令〔2015〕第 29 号）

3）《中华人民共和国水土保持法》（主席令〔2010〕第 39 号）

4）《中华人民共和国土地管理法》（主席令〔2004〕28 号）

5）《中华人民共和国水法》（主席令〔2002〕第 74 号）

6）《中华人民共和国防沙治沙法》（主席令〔2001〕第 55 号）

7）《中华人民共和国森林法》（主席令〔1984〕第 17 号）

8）《关于划定并严守生态保护红线的若干意见》

9）《国务院关于印发全国国土规划纲要（2016—2030 年）的通知》（国发〔2017〕3 号）

10）《国务院办公厅关于印发湿地保护修复制度方案的通知》（国办〔2016〕89 号）

11）《国务院关于印发"十三五"生态环境保护规划的通知》（国发〔2016〕65 号）

12）《生态保护红线划定指南》（环办生态〔2017〕48 号）

13）《北部湾城市群发展规划》（发改规划〔2017〕277 号）

14）《关于印发全国土地利用总体规划纲要（2006—2020 年）调整方案的通知》（国土资发〔2016〕67 号）

15）《水利部关于印发全国重要饮用水水源地名录（2016 年）的通知》（水资源函〔2016〕383 号）

16）《中共中央　国务院关于加快推进生态文明建设的意见》（中发〔2015〕12 号）

17）《生态文明体制改革总体方案》（中发〔2015〕25 号）

18)《国务院关于全国水土保持规划（2015—2030 年）的批复》（国函〔2015〕160 号）

19)《关于印发全国生态功能区划（修编版）的公告》（环境保护部　中国科学院公告 2015 年第 61 号）

20)《国务院关于全国重要江河湖泊水功能区划（2011—2030 年）的批复》（国函〔2011〕167 号）

21)《国务院关于全国林地保护利用规划纲要（2010—2020 年）的批复》（国函〔2010〕69 号）

22)《国务院关于印发全国主体功能区规划的通知》（国发〔2010〕46 号）

5.3.3.2　自治区级层面

1)《广西壮族自治区环境保护条例》（2016 年修订）

2)《广西生态保护红线管理办法（试行）》（2016 年）

3)《广西湿地保护条例》（2014 年）

4)《广西壮族自治区实施〈中华人民共和国水土保持法〉办法》（2014 年 7 月修订）

5)《广西壮族自治区地质环境保护条例》（2006 年）

6)《广西壮族自治区农业环境保护条例》（2004 年修订）

7)《广西森林和野生动物类自然保护区管理条例》（1997 年）

8)《广西陆生野生动物保护管理规定》（1994 年）

9)《广西水生野生动物保护管理规定》（1994 年）

10)《广西壮族自治区土地管理实施办法》（1992 年修订）

11)《广西陆域生态保护红线划定方案（征求意见稿）》（2016 年）

12)《广西壮族自治区生物多样性保护战略与行动计划（2013—2030 年）》（桂环发〔2014〕12 号）

13)《广西壮族自治区主体功能区规划》（桂政发〔2012〕89 号）

14)《广西壮族自治区城镇体系规划（2006—2020 年）》（2010 年）

15)《广西壮族自治区土地利用总体规划（2006—2020 年）》（2009 年）

16)《广西壮族自治区生态功能区划》（桂政办发〔2008〕8 号）

17)《广西北部湾经济区发展规划》（2008 年）

18)《广西壮族自治区水功能区划》（2002 年）

19)《广西壮族自治区土地利用总体规划（2006—2020 年）》

5.3.3.3　市级层面

1)《南宁空间发展战略规划》（2016 年）

2)《南宁市自然保护小区规划（2013—2020 年）》（2015 年）

3)《南宁市主体功能区规划》（2013 年）

4)《南宁市湿地保护规划（2013—2020 年）》（2013 年）

5)《南宁市城市总体规划（2011—2020 年）》（2012 年）

6)《南宁市土地利用总体规划（2006—2020 年）》（2012 年）
7)《南宁市城市绿地系统规划（2011—2020 年）》（2012 年）
8)《南宁市生态功能区划》（2011 年）

5.3.4　技术路线

按照定量与定性相结合的原则，通过科学评估，识别生态保护的重点类型和重要区域，合理划定生态保护红线。生态保护红线划定技术流程参见图 5-7。

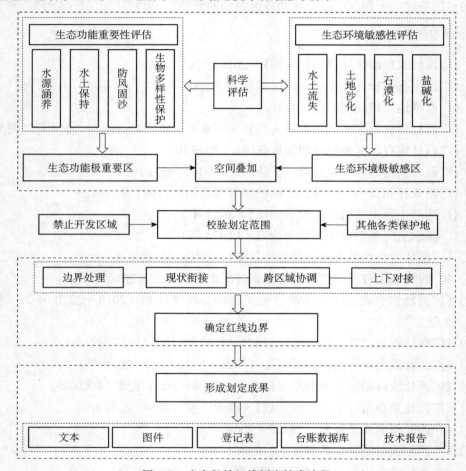

图 5-7　生态保护红线划定技术流程

5.3.5　生态保护红线划定方法

根据《全国主体功能区规划》和《全国生态功能区划》，在全国层面，南宁市不属于重要生态功能区域，与崇左、百色等交界处属于我国石漠化敏感区。根据《广西壮族自治区主体功能区划》《广西壮族自治区生态功能区划》《广西壮族自治区生物多样性保护战略与行动计划》和《南宁市生态功能区划》，在自治区和市级层面，南宁市主要的生态服务功能为水源涵养、水土保持和生物多样性保护三类主导生态调节功能。南宁境内生态环境敏感类型主要以水土流失和石漠化类型为主。因此，根据《生态保护红线划定技术指南》，选择模型评估法对水源涵养功能、水土保持功能进行评估；选择净初级生产力（NPP）定量指标评估法对生物多样性保护功能进行评估；选择水土流失方程和石漠化评估模型对水土流失和石漠化进行评估。具体方法见第 4 章。然后根据科学评估结果，将评估得到的生态功能极重要区域和生态环境极敏感区域进行叠加合并，并于自治区级及以上的禁止开发区域互补性校验，然后根据现状与规划衔接、跨区域协调、上下对接等方式，确定生态保护红线边界。

5.4 划定生态保护红线

5.4.1 生态保护红线叠加分析

5.4.1.1 基于评估的生态保护红线基础边界

依据《生态保护红线划定技术指南》，将评估得到的生态功能极重要区和生态环境极敏感区进行叠加合并，识别南宁市范围内具有重要生态功能区域，形成南宁市生态保护红线的基础边界（根据生态环境水土流失敏感性和石漠化敏感性评估结果，南宁生态环境极敏感区域分布较少，水土流失极敏感区域占全市面积的 0.14%，石漠化极敏感区域约占全市面积的 0.22%，因此南宁市生态环境敏感性不计入红线，主要统计生态功能极重要区域），面积约为 6 952.34 km²，约占全市面积的 31.46%，见图 5-8。

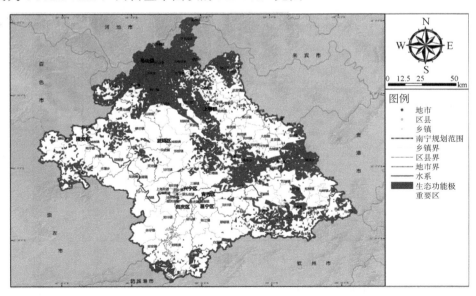

图 5-8 南宁市生态功能极重要区域分布

5.4.1.2 衔接禁止开发区域

禁止开发区域是指有代表性的自然生态系统、珍稀濒危野生动植物物种的天然集中分布地、有特殊价值的自然遗迹所在地和文化遗址等，需要在国土空间开发中禁止进行工业化、城镇化开发的重点生态功能区。其包含的类型主要有自治区级及以上自然保护区、自治区级及以上风景名胜区、自治区级及以上的森林公园等。根据《广西壮族自治区主体功能区规划》和各部门提供的相关资料，按照《生态保护红线划定技术指南》，梳理自治区级及以上禁止开发区域，见表 5-1 和图 5-9。

表 5-1　自治区级及以上自然保护区名录

序号	名称	面积/km²	级别	行政区域	保护类型
1	大明山自然保护区	169.9	国家级	南宁市武鸣区、马山县、上林县、宾阳县	北回归线上多样性的山地森林生态系统，黑叶猴、桫椤
2	六景泥盆系地质标准剖面保护区	0.21	国家级	南宁市横州	泥盆系地质剖面
3	龙虎山自然保护区	22.56	自治区级	南宁市隆安县	石灰岩生态系统，猕猴、石山苏铁、毛瓣金花茶
4	上林龙山自然、保护区	107.49	自治区级	南宁市上林县	典型山地森林生态系统，熊猴、黑叶猴、桫椤、任豆树
5	三十六弄—陇均自然保护区	128.22	自治区级	南宁市武鸣区	石灰岩石山植被为主的生态系统，石山苏铁、蚬木、林麝
6	弄拉自然保护区	84.81	自治区级	南宁市马山县	南亚热带岩溶森林生态系统，任豆树、花榈木、林麝

图 5-9　南宁市重点保护区域

（1）自治区级及以上自然保护区

南宁市共有自治区级及以上自然保护区 6 个，总面积 513.19 km²，占全市总面积的 2.32%

（表 5-1）。其中国家级自然保护区 2 个，总面积为 170.11 km²，占全市总面积的 0.77%；自治区级自然保护区 4 个，总面积为 343.08 km²，占全市总面积的 1.55%。

（2）自治区级及以上森林公园

南宁市共有自治区级及以上森林公园 7 个，总面积约为 59.8 km²，占全市总面积的 0.27%（表 5-2）。其中国家级森林公园 2 个，总面积约为 18.88 km²，占全市总面积的 0.09%。自治区级森林公园共 5 个，总面积约为 40.92 km²，占全市总面积的 0.19%。

表 5-2　自治区级及以上森林公园名录

序号	名称	面积/km²	级别	行政区域	保护类型
1	良凤江国家森林公园	2.48	国家级	南宁市	森林景观、风景河段
2	九龙瀑布群国家森林公园	16.4	国家级	南宁市横州	瀑布景观、森林景观
3	老虎岭自治区级森林公园	3.07	自治区级	南宁市	森林景观、湖泊景观
4	五象岭自治区级森林公园	6.5	自治区级	南宁市	森林景观
5	金鸡山自治区级森林公园	23.0	自治区级	南宁市	森林景观
6	广西七坡自治区级森林公园	4.95	自治区级	南宁市	
7	武鸣朝燕自治区级森林公园	3.4	自治区级	南宁市	

（3）自治区级及以上风景名胜区

南宁市共有自治区级及以上风景名胜区 2 个（表 5-3），全部为自治区级，总面积约为 16.28 km²，占全市总面积的 0.07%。

表 5-3　自治区级及以上风景名胜区名录

序号	名称	面积/km²	级别	行政区域	保护类型
1	龙虎山风景名胜区	2.74	自治区级	隆安县	猕猴、石山苏铁、毛瓣金花茶、珍贵药用植物
2	青秀山风景名胜区	13.54	自治区级	南宁市青秀区	龙象塔、凤凰阁、古道河水月庵

（4）自治区级及以上湿地公园

南宁市共有自治区级以上湿地公园 2 个，全部为国家级（表 5-4），总面积约为 73.73 km²，占全市总面积的 0.33%。

表 5-4　自治区级及以上湿地公园名录

序号	名称	面积/km²	级别	行政区域
1	广西横州西津国家湿地公园（试点）	18.53	国家级	横州
2	广西南宁大王滩国家湿地公园（试点）	55.2	国家级	江南区

（5）县级以上集中式饮用水水源一级保护区

南宁市共有县级以上集中式饮用水水源一级保护区 27 处（表 5-5），总面积约为 26 km²，占全市总面积的 0.12%。

表 5-5　县级以上集中式饮用水水源一级保护区名录

序号	名称	面积/km²	行政区域
1	三津水厂饮用水水源一级保护区	0.2	江南区
2	陈村水厂饮用水水源一级保护区	0.2	西乡塘区
3	西郊水厂饮用水水源一级保护区	0.3	西乡塘区
4	中尧水厂饮用水水源一级保护区	0.3	西乡塘区
5	河南水厂饮用水水源一级保护区	0.5	江南区
6	峙村河水库饮用水水源一级保护区	2.1	西乡塘区
7	老虎岭水库饮用水水源一级保护区	2.1	西乡塘区
8	龙潭水库饮用水水源一级保护区	0.6	江南区
9	西云江水库饮用水水源一级保护区	0.6	兴宁区、武鸣区
10	东山水库饮用水水源一级保护区	1.6	兴宁区
11	天雹水库饮用水水源一级保护区	0.6	西乡塘区
12	大王滩水库饮用水水源一级保护区	3.9	江南区
13	凤亭河水库饮用水水源二级保护区*	—	良庆区
14	灵水湖地下水饮用水水源一级保护区	0.4	武鸣区
15	郁江蒙垌饮用水水源一级保护区	0.6	横州
16	六蓝水库饮用水水源一级保护区	4.8	横州
17	娘山水库饮用水水源一级保护区	2.5	横州
18	自来水厂饮用水水源一级保护区	0.01	宾阳县
19	商贸城供水公司饮用水水源一级保护区	0.004	宾阳县
20	新宾供销公司水厂饮用水水源一级保护区	0.002	宾阳县
21	清平水库饮用水水源一级保护区	3.5	宾阳县
22	宾阳清水河饮用水水源一级保护区	0.5	宾阳县
23	北仓河饮用水水源一级保护区	—	上林县
24	上林清水河饮用水水源一级保护区	—	上林县
25	六朝水库饮用水水源一级保护区	0.08	马山县
26	马山县城地下水饮用水水源一级保护区	—	马山县
27	那降水库饮用水水源一级保护区	0.5	隆安县
28	右江规划饮用水水源地一级保护区	0.43	隆安县
29	右江备用水源地一级保护区	0.12	隆安县

注：*凤亭河水库为南宁市规划水源，未划定饮用水水源一级保护区，仅有二级保护区，将二级保护区纳入生态保护红线。

5.4.1.3　生态保护红线初步方案

基于地理信息系统软件，以南宁市高精度遥感影像（分辨率约2m）和土地利用数据为基础，将生态功能评估结果、禁止开发区域进行叠加分析，保障生态系统红线的生态完整性和连续性，扣除独立细小斑块，扣除城镇开发建设用地、基本农田，考虑未来城镇发展需要的用地空间，初步得到南宁市生态保护红线初步方案面积约为6 043.11 km²（图5-10），约占全市国土面积的27.34%。

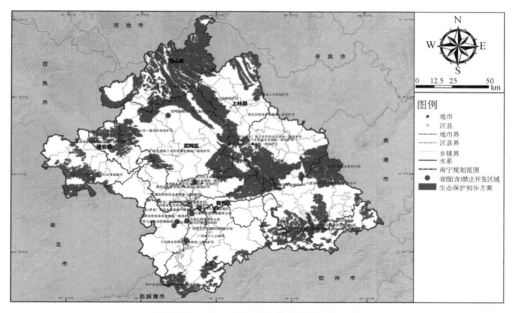

图 5-10　南宁市生态保护红线初步方案

5.4.2　与相关规划协调性分析

（1）《南宁市主体功能区规划》

根据《南宁市主体功能区规划》，按可开发强度，分为重点开发区域、限制开发区域和禁止开发区域。其中，国家层面重点开发区域主要分布在南宁市城区和横州等区域，包括兴宁区、江南区、青秀区、西乡塘区、邕宁区、良庆区和横州 7 个区块。其中点状开发城镇主要为农产品主产区和重点生态功能区中的重点开发镇，包括武鸣区的城厢镇、双桥镇、锣圩镇、陆斡镇，宾阳县的宾州镇、黎塘镇、新桥镇，隆安县的城厢镇、那桐镇、南圩镇，上林县的大丰镇和马山县的白山镇 12 个乡镇。限制开发区域主要包括农产品主产区和重点生态功能区域，其中武鸣区的太平镇、甘圩镇、宁武镇、灵马镇、仙湖镇、府城镇、两江镇、罗波镇、马头镇，宾阳县的思陇镇、新圩镇、大桥镇、邹圩镇、王灵镇、和吉镇、洋桥镇、武陵镇、中华镇、古辣镇、露圩镇、甘棠镇、陈平乡，隆安县的乔建镇、丁当镇、雁江镇、都结乡、布泉乡、屏山乡、古潭乡为农产品主产区。南宁市重点生态功能区主要包括四种类型：水源涵养与生物多样性保护功能区（上林县明亮镇、镇圩瑶族乡，马山县的金钗镇、百龙滩镇），水源涵养与林产品提供功能区（上林县的塘红乡、乔贤镇，马山县的周鹿镇），土壤保持与生物多样性保护功能区（上林县木山乡、西燕镇、澄泰镇、三里镇，马山县的里当瑶族乡、古寨瑶族乡、加方乡、古零镇），土壤保护功能区（马山县永州镇、林圩镇），总面积约 4 215 km²，占全市面积的 19.06%。南宁市禁止开发区域主要包括县级（含）以上的自然保护区、县级（含）以上的森林公园和风景名胜区。

南宁市生态保护红线初步方案与《南宁市主体功能区规划》在空间布局要求上总体基本协调。具体表现见表 5-6。

表 5-6　与《南宁市主体功能区规划》协调性分析

生态保护红线初步方案	《南宁市主体功能区规划》	协调性分析
控制重点开发区域中生态保护红线分布，原则上重点开发区域内红线尽可能占比较小。因此调整南宁市横州、邕宁区等重点开发区域生态保护红线范围，扣除细小独立斑块	重点开发区域是全市重要的人口和经济密集区，是工业化和城镇化重点区域和现代产业发展集聚区	按照重点开发区域分布，优化调整红线。重点优化横州、邕宁等区域红线分布范围
农产品主产区不在生态保护红线范围内	限制开发区域（农产品主产区）是从保障农产品安全与可持续发展的角度而应当限制进行大规模高强度工业化城镇化开发，大力推动特色农业的规模化、产业化和现代化的地区	完全协调
重点生态功能区大部分范围为生态保护红线	限制开发区域（重点生态功能区）是生态脆弱、生态功能重要，资源环境承载能力较低，不具备大规模高强度工业化城镇化开发的条件，把增强生态产品生产能力作为首要任务，而限制进行大规模高强度工业化城镇化开发的地区	完全协调
经过校验，将禁止开发区中自治区（含）级以上区域纳入生态保护红线范围内进行管理	禁止开发区是指依法设立的各级各类自然文化资源保护区，以及其他禁止进行工业化城镇化开发、需要特殊保护的重点生态功能区。禁止开发区要依据法律法规规定和相关规划实施强制性保护，严格控制人为因素对自然生态的干扰，严禁不符合主体功能定位的开发活动，引导人口逐步有序转移，实现污染物"零排放"，提高环境质量	基本协调

（2）《南宁市生态功能区划》

《南宁市生态功能区划》根据生态系统的自然属性和所具有的主导生态服务功能类型，将全市划分为生态调节、产品提供与人居保障 3 类一级生态功能区。在一级生态功能区的基础上，依据生态功能重要性划分为 8 类二级生态功能区。生态调节功能区包括水源涵养与生物多样性保护功能区、水源涵养功能区、土壤保持与生物多样性保护功能区、土壤保持功能区；产品提供功能区为农林产品提供功能区；人居保障功能区包括中心城市功能区、县城功能区、重点城镇功能区。在二级生态功能类型区的基础上，根据生态系统与生态功能的空间差异、地貌差异、土地利用的组合以及主导功能划分为 55 个三级生态功能区。

南宁市生态保护红线初步方案与《南宁市生态功能区划》在生态功能主导、空间分布格局上，总体基本协调。具体表现见表 5-7。

表 5-7　与《南宁市生态功能区划》协调性分析

生态保护红线	南宁市生态功能区划	协调性分析
生态保护红线总体主要分布在 9 个重要生态功能区	根据各生态功能区对保障区域生态安全的重要性，以水源涵养、土壤保持、生物多样性保护等三类主导生态调节功能为基础，确定了 9 个重要生态功能区。主要包括：马山东北部—上林北部岩溶山地土壤保持与生物多样性保护重要区、大明山水源涵养与生物多样性保护重要区、隆安西部岩溶山地土壤保持与生物多样性保护重要区、西大明山水源涵养与生物多样性保护重要区、隆安敏阳—武鸣玉泉—宁武岩溶山地土壤保持与生物多样性保护重要区、高峰岭—白花山—三状岭水源涵养重要区、镇龙山水源涵养重要区、西津水库库区水源涵养与生物多样性保护重要区、凤亭河水库—大王滩水库库区水源涵养重要区	按照生态功能区划内容，调整马山县西部区域永州镇周鹿镇、乔利乡、林圩镇等附件区域红线调整上林县木山乡、乔贤镇等区域红线

（3）《南宁空间发展战略规划》

《南宁空间发展战略规划》指出：市域构建"一个中心城区、两个发展片区、六大发展带"的"一区、两片、六带"的空间结构，引导区域空间资源的整合与结构优化，发挥中心城区统筹城乡发展的引领作用。依托南宁市生态本底特征和南宁市土地利用总体规划、城市总体规划、生态功能区划等相关规划，从保障区域生态安全、维持区域生物多样性出发，通过线性生态廊道的连通与间隔作用，构建"一轴、一圈，四带，多廊道、多节点"的区域生态安全格局。

南宁市生态保护红线初步方案与《南宁空间发展战略规划》在维护区域生态安全，空间保护范围分布上，总体保持基本协调。具体表现见表 5-8。

表 5-8　与《南宁空间发展战略规划》协调性分析

生态保护红线	《南宁空间发展战略规划》	协调性分析
生态保护红线区是《南宁市空间发展战略规划》中构建的生态安全格局的基本骨架，是"四带"和"多节点"的重要组成部分	构建"一轴、一圈，四带，多廊道、多节点"的市域生态安全格局。一轴："右江—邕江—郁江"生态保育轴，是广西壮族自治区南部重要的区域性生态廊道，也是从东西向贯穿南宁市城区的生态廊道。一圈：由生态保护地区构成的环中心城生态屏障绿圈，控制城市无序蔓延，保护周边生态用地保障中心组团生态安全。四带：由四条山体生态涵养与生物多样性保护带，连通重要生态功能区和重大生态斑块，生态服务功能和生物多样性程度高。多廊道：由多条河流水系构成形成既相互联系又相对又独立的水系格局，为生态廊道体系的构建提供了天然依托。多节点：多个具有重要生态功能和价值的生态斑块，是区域生态建设的重点地区	基本协调

（4）《南宁市城市总体规划（2011—2020 年）》

《南宁市城市总体规划（2011—2020 年）》生态环境保护策略为：①加强区域生态环境联合建设和流域综合治理，建立稳定的区域生态网络，特别是加强与邕江上游的百色、崇左在生态环境建设方面的合作。②坚持可持续发展，关注生态安全。注重生态敏感地区的保护，尤其是城市水源区的保护，实现资源的综合利用与生态环境的协调发展。③严格执行污染物排放标准，控制大气、水、噪声和固体废物的污染，加强重点污染源的监督与管理，优化能源结构，节约使用能源。

将市域划分为 6 类生态功能区：①生态脆弱区：马山西部岩溶山地喀斯特地貌与水土流失重点防治区，马山—上林岩溶山地喀斯特地貌与水土流失重点防治区，隆安西部岩溶山地喀斯特地貌与水源涵养功能区，武鸣丘陵台地喀斯特地貌与生物多样性保护功能区。②水源涵养区：马山—武鸣山地丘陵水源涵养与林地功能区，大王滩—凤亭河水库饮用水水源地保护生态功能区，西津水库饮用水水源与生物多样性保护功能区。③生物多样性功能区：大明山生物多样性与水源涵养生态功能区，高峰岭生物多样性与水土流失防治区，宾阳—横州生物多样性与水源涵养功能区。④生态农业区：隆安—中心城山地丘陵生态农业功能区，武鸣盆地生态工业功能区，上林—宾阳—横州丘陵台地生态农业功能区，南宁丘陵台地生态农业功能区。⑤南宁城市建设与工业环境生态功能区。⑥南宁中心城生态功能区。

南宁市生态保护红线与《南宁市城市总体规划（2011—2020 年）》，在空间管制上总体基本协调。具体表现为（表 5-9）。

表 5-9　与《南宁市城市总体规划（2011—2020 年）》协调性分析

生态保护红线	《南宁市城市总体规划（2011—2020 年）》	协调性分析
生态保护红线主要类型为水源涵养、生物多样性保护和土壤保持功能	将全市分为 6 类生态功能区，其中主导生态服务功能为水源涵养、生物多样性保护和土壤保持功能	完全协调
生态保护红线区主要类型为水源涵养、生物多样性保护和土壤保持，其中包括的禁止开发区域主要有县城以上的饮用水水源一级保护区、自治区及以上自然保护区等。不包括基本农田保护区、防护绿地廊道、大型基础设施通道等区域	禁建区：包括地表水饮用水水源一级保护区、自然保护区、基本农田保护区（按土地利用规划确定）、水土流失高度敏感区、地质灾害危险区、中心城内主要河道、市域铁路、高速公路两侧区域防护绿地通廊、中心城大型基础设施通道区域（500kV、220kV、110kV 高压架空线下范围、输油管线通廊）。该区域内原则上禁止任何建设活动	基本协调
生态保护红线区含有自治区级及以上的森林公园核心区，不含水源二级保护区、一般农田用地区、生态绿地、机场净空控制区等区域	限建区：包括水源二级保护区、一般农田用地区、生态绿地、森林公园、水土流失中度敏感区、机场净空控制区、文保单位建控地带以及工程地质条件不适宜的建设区域。该区域内对各类开发建设活动进行严格限制，科学合理地引导开发建设行为，城市建设应尽可能避让，避免与生态保护发生冲突。确有必要开发建设的项目应符合城镇建设整体和全局发展的要求，并应严格控制项目的性质、规模和开发强度，谨慎进行开发建设	基本协调
生态保护红线区不含城市建成用地和未来城镇开发区域	适建区：包括地质灾害不易发区和地质灾害低易发区、城镇建设区及独立工矿等其他适宜建设的区域，是城市发展优先选择的区域。城市发展优先选择的区域，但仍需根据环境与资源禀赋条件，合理确定开发模式、规模和强度 已建区：主要指已经建设的区域	完全协调

（5）《南宁市土地利用总体规划（2006—2020 年）》

《南宁市土地利用总体规划（2006—2020 年）》指出，南宁市土地利用战略为：①实施生态保护与建设优先战略。强化土地利用分区引导和土地用途管制，优先配置国土生态屏障网络用地，严格保护基础性生态和景观用地；城镇和产业发展重点安排在资源和环境承载能力较大的市区、横州、武鸣区等区域，适当控制生态脆弱的上林县和马山县的开发建设强度，促进人口、资源、环境和经济社会协调发展。②坚守耕地保护红线战略。落实最严格的耕地保护制度，严格保护耕地特别是基本农田，统筹安排其他农用地，提高农用地综合生产能力。③分类有序保障各项建设用地战略。优先保障南宁与东盟各国、周边省区、北（海）钦（州）防（城港）沿海城市群联系的出海、出自治区、出边国际大通道建设和国家、自治区重点交通、水利、能源等基础设施建设所需用地；落实工业化和城镇化的合理用地，统筹城乡协调发展，为将南宁市打造成为区域性国际城市和广西"首善之区"提供用地保障；合理安排各县城和重点城镇建设用地，积极保障国家级和自治区级开发区发展用地，集中布置县域工业集中区发展用地，保障城乡公共事业、公益设施等民生用地，充分利用国有农林场土地，加速推进工业化与城镇化进程。④建设用地结构调整优化和节约集约用地战略。严格控制新增建设用地总量，大力推进建设用地结构调整优化；落实最严格的节约用地制度，坚持走建设用地内涵挖潜与外延扩张相结合的新型工业化和城镇化发展道路，转变低效、粗放和以外延扩张为主的土地利用方式，加快盘活现有存量建设用地，加大村庄整治和工矿废弃地复垦力度，积极探索城乡建设用地增减挂钩工作。

南宁市生态保护红线与《南宁市土地利用总体规划（2006—2020 年）》在空间管制上相比总体基本协调，详见表 5-10。

表 5-10　与《南宁市土地利用总体规划（2006—2020 年）》协调性分析

生态保护红线	《南宁市土地利用总体规划（2006—2020 年）》	协调性分析
生态保护红线区扣除了未来城镇建设所需的用地区域	允许建设区：包括中心城区、五县县城以及吴圩、三塘、六景、黎塘、那桐、伶俐、那马 7 个重点镇的城镇建设用地规模边界围合区域扣除其他区的剩余区域，是规划期内可以作为城、镇、村或工矿和工业发展建设的用地区域	完全协调
生态保护红线区扣除了中心城区、五县县城等 7 个重点镇的建设用地范围	有条件建设区：包括中心城区、五县县城以及吴圩、三塘、六景、黎塘、那桐、伶俐、那马 7 个重点镇的城镇建设用地扩展边界围合区域扣除允许建设区和其他区的剩余区域，是在不突破允许建设区规划建设用地规模的前提下，可以用于允许建设区布局调整的区域	完全协调
生态保护红线区扣除了基本农田等农业生态空间	限制建设区：是除允许建设区、有条件建设区、禁止建设区以外的其他区域，区内土地主导用途为农业生产空间，是开展土地整理复垦开发和基本农田建设的主要区域	基本协调
生态保护红线区主要含有水源涵养、生物多样性保护和土壤保持功能极重要区域，自治区级及以上的自然保护区、自治区级及以上的森林公园、自治区级及以上的风景名胜区、自治区级及以上的地质公园、自治区级及以上的湿地公园、县城集中式饮用水水源一级保护区	禁止建设区：是禁止建设用地边界范围内的土地，包括广西大明山自然保护区、隆安龙虎山自然保护区、武鸣区三十六弄—陇均自然保护区、西大明山自然保护区、上林龙山自然保护区、良庆区那兰鹭鸟自然保护小区、马山县弄拉自然保护区、横州六景泥盆纪地质标准剖面自然保护区、广西坛洛金花茶自然保护区、苏圩石山猕猴自然保护区、西津库区湿地自然保护区等自然保护区的核心区，良凤江、五象岭、金鸡山、罗文、天雹、老虎岭、高峰岭、昆仑关、逃军山等森林公园，高峰岭—白花山—三状岭、镇龙山生物多样性保护重要区，主要城镇饮用水水源保护区，左江、右江、邕江及其支流等主要江河，百龙滩、凤亭河、屯六、大王滩、仙湖、大龙洞、天雹、龙潭等大中型水库及其一定范围的缓冲区，马山县东北部—上林县北部、隆安县西部、隆安县敏阳—武鸣区玉泉—宁武等岩溶石漠化地区，占全市土地总面积的 23.61%	基本协调

（6）《南宁市环境保护"十三五"规划》

根据《南宁市环境保护"十三五"规划》，未来五年内，南宁将抓住提升南宁市"首位度"和"双核驱动"战略交汇城市及中国对东盟交流的桥头堡的机遇，实行最严格的环境保护制度，打赢大气、水体、土壤污染防治三大战役，坚守生态红线底线不退让，强化体制机制改革创新，依法严格环境和生态监管，解决危害人民群众健康的突出环境问题。到2020 年，南宁市生态环境质量总体改善，主要污染物排放总量得到有效控制。城市空气质量优良天数增加；饮用水安全保障水平持续提升，主要江河水质保持稳定，城市建成区内河基本消除黑臭水体；土壤环境质量状况基本摸清；辐射环境质量保持良好，农村环境得到进一步改善。环境监管能力进一步提升，环境风险得到有效管控。区域协作得到加强，生态环境治理体系与治理能力现代化取得进展，环境保护机制体制不断完善，生产方式和生活方式绿色、低碳水平上升，主体功能区布局和环境功能区设置基本形成，生态文明水平与全面建成小康社会相适应，建设天更蓝、地更绿、水更清的美丽南宁。

南宁市生态保护红线与《南宁市环境保护"十三五"规划》在生态环境保护空间要求上，总体基本协调。具体表现见表 5-11。

表 5-11　与《南宁市环境保护"十三五"规划》协调性分析

生态保护红线	南宁市环境保护"十三五"规划	协调性分析
生态保护红线区是生态安全格局的重要组成部分	严守生态保护红线，构建以重点生态功能区为主体、以山区生态林为支撑、以沿江绿化防护林为廊道和以自然保护区、森林公园、湿地公园、饮用水水源地保护区等重点生态区域为重要组成的生态安全格局	基本协调
生态保护红线区内（含自治区级及以上自然保护区、饮用水水源一级保护区）禁止开发，严格保护	严禁在生态红线区域、自然保护区、饮用水水源保护区、基本农田保护区以及其他环境敏感区域内规划各类工业园区及引进各类建设项目	基本协调
县城集中式饮用水水源一级保护区纳入生态保护红线区进行管理	开展饮用水水源保护区水污染防治整治工作，对饮用水水源一级保护区实行封闭式管理	完全协调

5.4.3　生态保护红线划定方案确定

根据《生态保护红线划定指南》，按照定性分析与定量评估相结合方法，划定南宁市生态保护红线。南宁市生态保护红线（表 5-12）主要包括：6 个自治区级及以上自然保护区、7 个自治区级及以上森林公园、2 个自治区级及以上风景名胜区、2 个自治区级及以上湿地公园、29 个县级以上集中式饮用水水源一级保护区、国家级生态公益林（国家一级公益林与部分国家二级、三级生态公益林），水源涵养功能极重要区、水土保持功能极重要区、生物多样性保护功能极重要区，总面积约 3 256.03 km²[①]，占南宁市总面积的 14.73%，实现一条红线管控重要生态空间（表 5-13、表 5-14 和图 5-11）。2020 年年底前，全面完成生态保护红线勘界定标，基本建立生态保护红线制度。

表 5-12　南宁市生态保护红线类型

序号	类型	数量	面积/km²	纳入生态保护红线范围
1	自治区级及以上自然保护区	6	513.19	全域
2	自治区级及以上森林公园	7	59.8	生态保育区和核心景观区
3	自治区级及以上风景名胜区	2	16.28	核心景区
4	自治区级及以上湿地公园	2	73.73	湿地保育区和恢复重建区
5	县级以上集中式饮用水水源地	28	26	一级保护区*
6	国家生态公益林	—	1 293.85	国家一级生态公益林

---

① 最终以广西壮族自治区人民政府正式发布的红线面积为准。

序号	类型	数量	面积/km²	纳入生态保护红线范围
7	水源涵养、水土保持、生物多样性保护功能极重要区域	—	4 231.23	—
	总计（扣除重复叠加面积）		3 256.03	

注：*凤亭河水库为南宁市规划水源，未划定饮用水水源一级保护区，仅有二级保护区，将二级保护区纳入生态保护红线。

表 5-13　南宁市生态保护红线分布统计表

区县	生态保护红线面积/km²	占该行政区土地面积比例/%
兴宁区	26.32	3.50
青秀区	0.00	0.00
江南区	44.92	3.80
西乡塘区	66.21	5.92
良庆区	99.02	7.23
邕宁区	0.00	0.00
武鸣区	484.21	14.29
隆安县	411.68	17.85
马山县	1 122.66	47.87
上林县	739.92	39.55
宾阳县	113.98	4.96
横　县	147.10	4.27

表 5-14　生态保护红线名录

序号	类型	名称	级别	行政区域	面积/km²	纳入生态保护红线范围
1	自然保护区	大明山自然保护区	国家级	武鸣区、马山县、上林县、宾阳县	169.9	全域
2		六景泥盆系地质标准剖面保护区	国家级	横州	0.21	全域
3		龙虎山自然保护区	自治区级	隆安县	22.56	全域
4		上林龙山自然保护区	自治区级	上林县	107.49	全域
5		三十六弄—陇均自然保护区	自治区级	武鸣区	128.22	全域
6		弄拉自然保护区	自治区级	马山县	84.81	全域
7	森林公园	良凤江国家森林公园	国家级	江南区	2.48	生态保育区和核心景观区
8		九龙瀑布群国家森林公园	国家级	横州	16.4	生态保育区和核心景观区
9		老虎岭自治区级森林公园	自治区级	西乡塘区	3.07	生态保育区和核心景观区
10		五象岭自治区级森林公园	自治区级	良庆区	6.5	生态保育区和核心景观区
11		金鸡山自治区级森林公园	自治区级	江南区	23.0	生态保育区和核心景观区

序号	类型	名称	级别	行政区域	面积/km²	纳入生态保护红线范围
12	森林公园	广西七坡自治区级森林公园	自治区级	江南区	4.95	生态保育区和核心景观区
13		武鸣朝燕自治区级森林公园	自治区级	武鸣区	3.4	生态保育区和核心景观区
14	风景名胜区	龙虎山风景名胜区	自治区级	隆安县	2.74	核心景区
15		青秀山风景名胜区	自治区级	青秀区	13.54	核心景区
16	湿地公园	广西横州西津国家湿地公园（试点）	国家级	横州	18.53	生态保育区和恢复重建区
17		广西南宁大王滩国家湿地公园（试点）	国家级	江南区、良庆区	55.2	生态保育区和恢复重建区
18	县级以上饮用水水源地	三津水厂饮用水水源一级保护区	市级	江南区	0.2	一级保护区
19		陈村水厂饮用水水源一级保护区	市级	西乡塘区	0.2	一级保护区
20		西郊水厂饮用水水源一级保护区	市级	西乡塘区	0.3	一级保护区
21		中尧水厂饮用水水源一级保护区	市级	西乡塘区	0.3	一级保护区
22		河南水厂饮用水水源一级保护区	市级	江南区	0.5	一级保护区
23		岭村河水库饮用水水源一级保护区	市级	西乡塘区	2.1	一级保护区
24		老虎岭水库饮用水水源一级保护区	市级	西乡塘区	2.1	一级保护区
25		龙潭水库饮用水水源一级保护区	市级	江南区	0.6	一级保护区
26		西云江水库饮用水水源一级保护区	市级	兴宁区、武鸣区	0.6	一级保护区
27		东山水库饮用水水源一级保护区	市级	兴宁区	1.6	一级保护区
28		天雹水库饮用水水源一级保护区	市级	西乡塘区	0.6	一级保护区
29		大王滩水库饮用水水源一级保护区	市级	江南区	3.9	一级保护区
30		凤亭河水库饮用水水源二级保护区	市级	良庆区	0.55	一级保护区
31		灵水湖地下水饮用水水源一级保护区	县级	武鸣区	0.4	一级保护区
32		郁江蒙垌饮用水水源一级保护区	县级	横州	0.6	一级保护区
33		六蓝水库饮用水水源一级保护区	县级	横州	4.8	一级保护区

序号	类型	名称	级别	行政区域	面积/km²	纳入生态保护红线范围
34	县级以上饮用水水源地	娘山水库饮用水水源一级保护区	县级	横州	2.5	一级保护区
35		自来水厂饮用水水源一级保护区	县级	宾阳县	0.01	一级保护区
36		商贸城供水公司饮用水水源一级保护区	县级	宾阳县	0.004	一级保护区
37		新宾供销公司水厂饮用水水源一级保护区	县级	宾阳县	0.002	一级保护区
38		清平水库饮用水水源一级保护区	县级	宾阳县	3.5	一级保护区
39		宾阳清水河饮用水水源一级保护区	县级	宾阳县	0.5	一级保护区
40		北仓河饮用水水源一级保护区	县级	上林县	0.81	一级保护区
41		上林清水河饮用水水源一级保护区	县级	上林县	0.95	一级保护区
42		六朝水库饮用水水源一级保护区	县级	马山县	0.08	一级保护区
43		马山县城地下水饮用水水源一级保护区	县级	马山县	0.014	一级保护区
44		那降水库饮用水水源一级保护区	县级	隆安县	0.5	一级保护区
45		右江规划饮用水水源地一级保护区	县级	隆安县	0.43	一级保护区
46		右江备用水源地一级保护区	县级	隆安县	0.12	一级保护区
47	技术评估	水源涵养极重要区	—	马山县	859.21	—
48		水土保持极重要区	—	马山县、上林县、宾阳县、隆安县、武鸣区、横州	3 223.95	—
49		生物多样性维护功能极重要区	—	马山县、上林县、宾阳县、宾阳县、兴宁区	2 980.24	—

5.5 生态保护红线管控措施

5.5.1 管控要求

根据《关于划定并严守生态保护红线的若干意见》，生态保护红线原则上按照禁止开发区域的要求进行管理，确保生态功能不降低、面积不减少，性质不改变。生态保护红线实行严格管控，对于破坏自然生态系统的开发建设活动要坚决制止，严格控制人为因素对自然生态系统原真性、完整性的干扰。参考国家、广西壮族自治区、南宁市现有生态用地相关规章、制度、办法等管理文件要求，确定南宁市生态保护红线区管控措施，如表 5-15 所示。

表 5-15　南宁市生态保护红线管控措施

序号	红线类型	管控措施
1	自然保护区（自治区级及以上）	核心区和缓冲区严禁一切形式的开发建设活动。实验区内禁止砍伐、放牧、狩猎、捕捞、采药、开垦、烧荒、开矿、采石、捞沙等活动（法律、行政法规另有规定的从其规定）；严禁开设与自然保护区保护方向不一致的参观、旅游项目；不得建设污染环境、破坏资源或者景观的生产设施；建设其他项目，其污染物排放不得超过国家和地方规定的污染物排放标准；已经建成的设施，其污染物排放超过国家和地方规定的排放标准的，应当限期治理；造成损害的，必须采取补救措施
2	风景名胜区（自治区级及以上）	核心景区严禁一切形式的开发建设活动。除核心景区之外的其他区域禁止开山、采石、开矿、开荒、修坟立碑等破坏景观、植被和地形地貌的活动；禁止修建储存爆炸性、易燃性、放射性、毒害性、腐蚀性物品的设施；禁止在景物或者设施上刻、划、涂污；禁止乱扔垃圾；不得建设破坏景观、污染环境、妨碍游览的设施；在珍贵景物周围和重要景点上，除必须的保护设施外，不得增建其他工程设施；风景名胜区内已建的设施，由当地人民政府进行清理，区别情况，分别对待；凡属污染环境，破坏景观和自然风貌，严重妨碍游览活动的，应当限期治理或者逐步迁出；迁出前，不得扩建、新建设施
3	森林公园（自治区级及以上）	生态保护区域严禁一切形式的开发建设活动。其他区域内禁止毁林开垦和毁林采石、采砂、采土以及其他毁林行为；采伐森林公园的林木，必须遵守有关林业法规、经营方案和技术规程的规定；森林公园的设施和景点建设，必须按照总体规划设计进行；在珍贵景物、重要景点和核心景区，除必要的保护和附属设施外，不得建设宾馆、招待所、疗养院和其他工程设施
4	湿地公园（自治区级及以上）	湿地保育区和恢复重建区严禁一切形式的开发建设活动。其他区域除国家另有规定外，禁止下列行为：开（围）垦湿地、开矿、采石、取土、修坟以及生产性放牧等；从事房地产、度假村、高尔夫球场等任何不符合主体功能定位的建设项目和开发活动；商品性采伐林木；猎捕鸟类和捡拾鸟卵等行为
5	县城集中式饮用水水源一级保护区	严禁一切形式的开发建设活动

序号	红线类型	管控措施
6	生态功能极重要、生态环境极敏感区	禁止破坏水源涵养林的各类活动，积极开展生态修复与水源涵养林建设，恢复林地、草地、湿地等生态系统。禁止新垦农田、果园等经济林。禁止新建有损涵养水源功能和污染水体的项目，区内已有的企业和建设项目必须逐步退出。禁止新建有损土壤保持功能和破坏植被的项目，不得进行露天采矿、筑坟、建墓地、开垦、采石、挖砂和取土活动；已有的企业和建设项目必须逐步退出

5.5.2　管理机制

根据《关于划定并严守生态保护红线的若干意见》，参考国家、广西壮族自治区、南宁市现有生态保护相关规章、制度、办法等管理文件要求，明确生态保护红线管控要求。

（1）管控原则

生态保护红线依据相关法律法规和相关规划实施强制性保护，面积只能增加、不能减少。生态保护红线实行严格管控，对于破坏自然生态系统的开发建设活动要坚决制止，严格控制人为因素对自然生态系统原真性、完整性的干扰。

（2）强化底线约束

生态保护红线划定后，要牢固树立生态保护红线的底线思维，在决策、规划、管理中切实体现生态保护红线的基础定位和底线作用。各类规划要符合生态保护红线空间管控要求，不符合的要及时进行调整。相关专项规划、空间规划的编制，要将生态保护红线作为重要基础，与生态保护红线的空间布局和管控要求衔接一致，充分发挥生态保护红线对于国土空间开发的底线作用。

（3）严格项目准入

生态保护红线原则上禁止进行工业化、城镇化开发建设活动，此类项目禁止落户生态保护红线区域。因国家重大战略资源勘查需要，在不影响主体功能定位的前提下，经程序批准后予以安排勘查项目。

生态保护红线内已依法批准的建设项目中，以工业化、城镇化开发建设为目的的开发建设活动，应建立限期退出机制，通过制定实施产业、土地、税收等方面的优惠政策，科学引导生态保护红线内人口和产业的逐步转移，逐步实现污染物"零排放"，降低人类活动强度，逐步推进生态移民，有序推动人口适度集中安置，减小生态压力。

（4）开展保护修复

生态保护红线采取以封禁为主的自然恢复措施，辅以必要的人工修复，改善和提升生态功能。在水土保持、天然林资源保护、退耕还林还草及退牧还草、山水林田湖生态保护修复等项目工程中，加大对生态保护红线保护与修复的支持力度。

（5）实施以奖促治

积极制定完善有利于生态保护红线的财税政策和考核体系，探索建立财政生态保护红线财政转移支付机制、横向生态保护红线生态保护补偿机制。创新激励约束机制，通过设立专项表彰、奖励基金等方式，对生态保护红线保护成效突出的单位和个人予以奖励。探索设立生态保护红线管护岗位，提高居民参与生态保护的积极性，有序引导生态保护红线区域居民转产转移。

（6）严格责任追究

将生态保护红线保护的目标、任务层层分解，将生态保护红线的保护成效纳入地方人民政府党委和政绩考核，建立目标责任制和责任追究机制。对违规审批占用生态保护红线项目、未完成生态保护红线面积保护要求的，进行通报批评、限期整改，并依法依规追究相关人员责任。对违反生态保护红线管控要求、造成生态破坏的部门、单位和有关责任人员，按照有关法律法规和《党政领导干部生态环境损害责任追究办法（试行）》等规定，实行责任追究。

（7）明确部门职责

地方各级党委和政府是严守生态保护红线的责任主体。各有关部门要按照职责分工，加强监督管理，做好指导协调、日常巡护和执法监督，共守生态保护红线。

第6章　南宁市大气环境系统模拟、评价与分区引导建议

6.1　大气环境分区管控总体思路

基于南宁市大气传输规律，衔接法定保护、人居环境、产业发展等不同区域的功能定位，基于南宁市大气环境的自然属性，充分结合大气环境质量底线要求，开展大气环境受体敏感性、大气环境布局敏感性和大气污染聚集敏感性三个方面的大气环境空间敏感性评价，将全市划分为大气环境核心保护区、重点削减区、严控新增区和一般管控区4类控制区，对不同控制区提出差异化的管控要求。

6.1.1　总体思路与主要目的

大气环境空间管控需要与大气环境质量底线充分结合，在当前南宁市大气环境质量目标的要求下，为更加有利于改善大气环境质量，需要达成三大目标：

目标一：实施基于空间的大气环境质量底线管理手段，将大气环境质量底线转化为不同区域空间污染物排放总量限值、能源消耗控制和环境治理的系统管控方案，实施大气环境精细化管理；

目标二：充分分析南宁市大气流场特征，借助风场特征、大气环境空间敏感性评价，为南宁市大气环境质量治理的深度挖潜提供基础；

目标三：通过区域大气污染传输模拟分析，为区域大气污染联防联控指明方向，为重点区域的治理和保护提供理论依据。

6.1.2　大气环境分级管控总体思路

按照"划单元—评功能—定目标—定总量—评承载—划分区—定清单"的总体思路（图6-1），将环境目标落实各行政区和空间网格单元，并承接后续的大气污染总量控制，以及大气分区质量、总量、准入及治理要求，实施"一张清单"的大气环境系统管理。

（1）划单元：划分大气公里网格，作为大气环境评价的基础；

（2）评功能：协调其他规划用地属性，开展大气环境布局敏感性、聚集脆弱性和受体重要性评价，明确不同区域间大气环境功能特征差异；

（3）划分区：以公里网格为基础，识别区域大气环境敏感性差异，划定环境功能分区，为后续容量、承载评估和负面清单提供空间基础；

（4）定目标：以大气环境功能差异特征为基础，结合"大气十条"等要求，确定大气环境质量底线，并落实到各行政区，将点状目标转化为空间目标；

（5）定总量：以环境质量底线目标测算大气环境容量（见第 7 章），开展大气环境承载力评估；

（6）定清单：以全口径网格化排放清单为基础，开展大气污染源汇解析关系，对重点区域实施质量、总量、准入的清单式管理（见第 7 章）。

图 6-1　大气环境分区划定总体思路

6.1.3　大气环境空间管控技术路线

（1）大气环流特征解析

采用 WRF 中尺度气象模型和 CALMET 气象模型，结合气象观测、土地利用和地形高程数据，模拟分析广西壮族自治区和南宁市不同尺度的大气流场特征，揭示空间大气污染输送规律，识别上风向、扩散通道及静风等典型气象特征区域。

（2）大气环境敏感性空间识别

采用空气质量模型 CALPUFF 对南宁市大气开展环境敏感性空间评价：（1）为保护人体健康和法定保护区域，基于人口密度等社会经济要素和环境功能区划等自然要素，进行大气受体重要性分析；（2）为指导未来污染源合理布局，开展源头敏感性分析，识别和划分污染源布局敏感区域；（3）为指导城市空间扩张模式，进行污染物聚集敏感性分析，识别和划分污染物易聚集地区。

（3）大气环境分区划定

根据大气环境敏感性识别结果，结合自然保护区、人口密度空间分布，按照"二八原则"[①]思路，通过控制最核心区的 20%区域将对大气环境的影响降低 80%，以此划定大气环境敏感性分区，指导污染物排放格局优化。

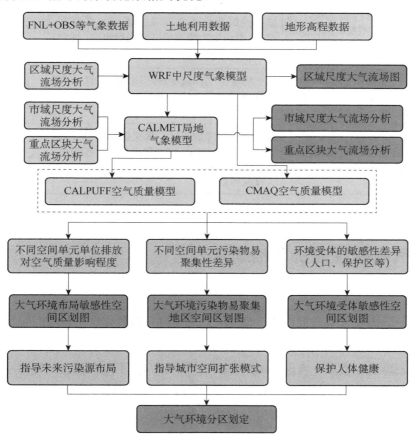

图 6-2 大气环境分区划定技术路线图

表 6-1 大气环境分区划定技术框架

技术模块	实现目的	技术要点	数据需求
大气流场特征模拟	从区域、城市等多尺度模拟、分析大气环流特征、重点控制廊道节点，评价空气资源大小	基于逐时地面气象观测数据和探空数据，利用 WRF、CALMET 等气象模型模拟三维逐时气象场，重点分析风向、风速、混合层高度等气象要素。三维逐时气象数据是空气质量模型的必备输入数据	地面气象数据、探空气象数据、海拔高程数据、土地利用数据
源头敏感区识别	识别出布局污染源易对城市空气质量造成严重影响的区块	把规范区划分为若干个规则网格，假定每个网格排放相同的污染物，利用 CALPUFF、CMAQ 等空气质量模型逐个模拟每个网格的环境影响，依据每个网格源对城市空气质量的影响大小，划定源头布局敏感区	虚拟污染源的排放强度、烟囱高度、直径、出口速率等污染源基本资料

---

① 二八原则：也叫巴莱多定律，是 19 世纪末 20 世纪初意大利经济学家巴莱多发现的，定律认为：任何一组东西中，最重要的只占其中 20%；其余 80%尽管是多数，却是次要的。自定律发现以来，人们发现无论是经济社会活动，还是日常生活，无不呈现出"二八法则"现象，大气环境空间管控中也运用此规律。

技术模块	实现目的	技术要点	数据需求
聚集脆弱性识别	识别出污染物天生易聚集、不易扩散的区块	把规划区划分为若干个规则网格,假定每个网格排放相同的污染物,利用空气质量模型同时模拟所有网格源排放的环境影响,依据污染物浓度的高低或聚集度,划定污染物聚集脆弱性	虚拟污染源的排放强度、烟囱高度、直径、出口速率等污染源基本资料
受体重要区识别	识别出敏感的环境受体(人口密集区、大气环境一类功能区)	基于环境空气质量标准环境功能分区,人口聚集度划定受体敏感区,目的是保护人体健康及其他较敏感受体	现有建成区、大气环境功能区划
大气环境分区管控划定	确定综合大气环境管控分区	综合源头布局敏感区、聚集脆弱性及受体敏感区,通过 GIS 空间融合技术,按极敏感、较敏感和一般区三级划定大气环境分区管控体系	结合上述资料

6.2 大气敏感性评价网格划定

研究以美国国家大气研究中心(NCAR)气象再分析数据、全球实时地面和高空气象观测数据(OBS)、美国地质调查局(USGS)地理数据为基础,首先以 WRF 模型三层嵌套对区域气象场进行模拟,考虑 WRF 特征分辨率较大,不足以捕获到许多小尺度的地形和地表特征,采用气象诊断模块 CALMET 对 WRF 中重要的信息进行诊断和再分析,结合更小尺度的地理信息,模拟更高精度气象流场的变化。

6.2.1 中尺度 WRF 数据模拟方案

本章尺度 WRF 数据模拟以广西壮族自治区为中心,由三个相互嵌套的网格组成。其中外层的 DOMAIN1 覆盖整个中国东南部区域;中间层 DOMAIN2 主要包括两广区域,并为内层区域提供边界条件;内层 DOMAIN3 包括广西壮族自治区区域,对研究区域的气象有着重要的影响。

WRF 模式在垂直方向采用与地形相关的 σ 坐标,每一个 σ 定义为:

$$s = \frac{P - P_{\text{Top}}}{P_{\text{Sur}} - P_{\text{Top}}} \tag{6-1}$$

式中,P_{sur} 指的是地表气压,模型顶端的气压 P_{top}=100hPa。在垂直方向,从地表到模型顶端定义 23 个不同的 σ 值。对应垂直各层的 σ 高度分别为:1.000,0.99,0.98,0.96,0.93,0.89,0.85,0.80,0.75,0.70,0.65,0.60,0.55,0.50,0.45,0.40,0.35,0.30,0.25,0.20,0.15,0.10,0.05,0.00。

6.2.2　CALMET 诊断气象场

在 WRF 内层数据的基础上，使用美国地质调查局（USGS）的 900m 精度格点资料作为地理输入资料，采用 CALMET 模拟区域内的气象场，包括：模拟复杂地形对区域气象场的影响。网格格距 2km，格点数为 160×145。区域模拟的垂直高度均为 3 000m，从地面开始向高空共垂直定义 10 层，模拟时间与 WRF 模拟的时间范围相同，模式输出结果时间间隔 1h。

6.2.3　大气虚拟点布设方案

将南宁市域划分为 2km×2km 的规则矩形网格共计 5 489 个，在每个网格中心布设一个虚拟点源，假设每个网格或区块污染物排放量相同（污染物为一次稳态气态污染物 SO_2，每个源排放量为 100t/a），用空气质量模型 CALPUFF 逐个模拟每个网格或区块单位污染物排放对空气质量的影响范围和程度，依据其影响范围和程度定量分析污染源空间布局的敏感性。在等量排放污染物的情况下，网格或区块对空气质量影响越大，其空间布局敏感性越大（见图 6-3、图 6-4）。

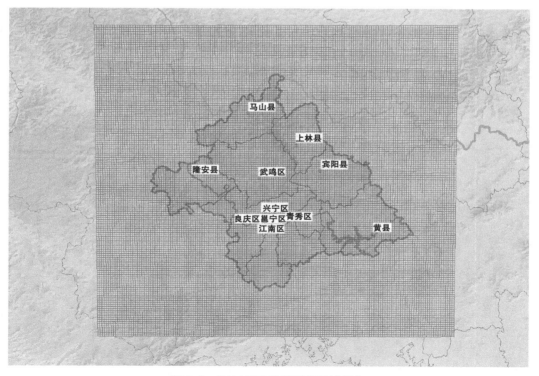

图 6-3　CALMET 诊断风场区域示意

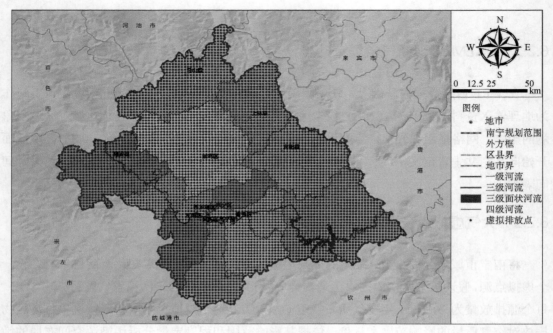

图 6-4　南宁市虚拟点源布局示意

6.2.4　大气敏感性评价依据

考虑到大气环境影响的主要因素是人体健康,研究应用中科院绘制的全国 1km 分辨率网格人数数据为基础,结合 2015 年南宁市各区县人口统计数据进行修正。

图 6-5　南宁市栅格人口空间分布

　　规划同时参考《土地利用现状分类标准》（GB/T 21010—2007），以不同类型的土地利用现状分类标准表为依据，对南宁市各种类型的用地进行分类，总体分为四大类：①建设用地；②交通用地；③林地/草地/园林用地/耕地；④水域用地/荒地，分别确定不同用地在各网格中的面积占比情况，通过对不同用地设置不同的敏感性因子测算不同网格的综合评价因子，并为最终评价大气敏感性提供依据（见表 6-2、图 6-6、图 6-7）。

表 6-2　不同用地大气环境敏感性因子

	建设用地	交通用地	林地/草地/园林用地/耕地	水域用地/荒地
敏感性因子	1.0	0.3	0.1	0

附　录　A

（规范性附录）

《土地利用现状分类》与《中华人民共和国土地管理法》"三大类"对照表

《土地利用现状分类》与《中华人民共和国土地管理法》"三大类"对照见表 A.1。

表 A.1　《土地利用现状分类》与《中华人民共和国土地管理法》"三大类"对照表

三大类	一级类		二级类	
	类别编码	类别名称	类别编码	类别名称
农用地	01	耕地	011	水田
			012	水浇地
			013	旱地
	02	园地	021	果园
			022	茶园
			023	其他园地
	03	林地	031	有林地
			032	灌木林地
			033	其他林地
	04	草地	041	天然牧草地
			042	人工牧草地
	10	交通运输用地	104	农村道路
	11	水域及水利设施用地	114	坑塘水面
			117	沟渠
	12	其他土地	122	设施农用地
			123	田坎
建设用地	05	商服用地	051	批发零售用地
			052	住宿餐饮用地
			053	商务金融用地
			054	其他商服用地
	06	工矿仓储用地	061	工业用地
			062	采矿用地
			063	仓储用地
	07	住宅用地	071	城镇住宅用地
			072	农村宅基地
	08	公共管理与公共服务用地	081	机关团体用地
			082	新闻出版用地
			083	科教用地

三大类	一级类		二级类	
	类别编码	类别名称	类别编码	类别名称
建设用地	08	公共管理与公共服务用地	084	医卫慈善用地
			085	文体娱乐用地
			086	公共设施用地
			087	公园与绿地
			088	风景名胜设施用地
	09	特殊用地	091	军事设施用地
			092	使领馆用地
			093	监教场所用地
			094	宗教用地
			095	殡葬用地
	10	交通运输用地	101	铁路用地
			102	公路用地
			103	街巷用地
			105	机场用地
			106	港口码头用地
			107	管道运输用地
	11	水域及水利设施用地	113	水库水面
			118	水工建筑物用地
	12	其他土地	121	空闲地
未利用地	04	草地	043	其他草地
	11	水域及水利设施用地	111	河流水面
			112	湖泊水面
			115	沿海滩涂
			116	内陆滩涂
			119	冰川及永久积雪
	12	其他土地	124	盐碱地
			125	沼泽地
			126	沙地
			127	裸地

图 6-6　南宁市用地参考分类因子

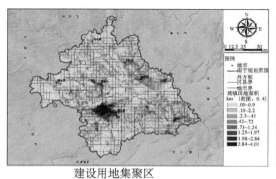

建设用地集聚区

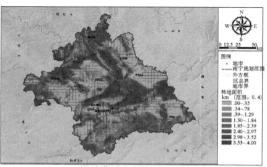

林地集中区

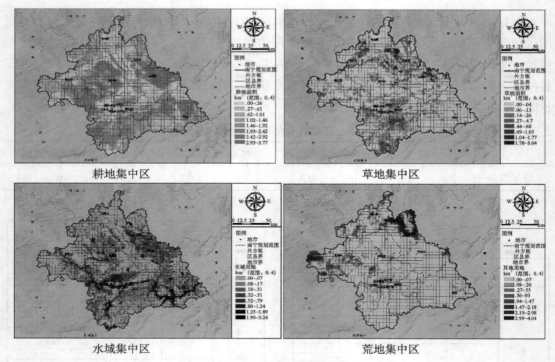

图 6-7　南宁市不同用地网格分布

6.3　大气环境敏感性评价

6.3.1　受体重要性评价

基于《环境空气质量标准》（GB 3095—2012）提出的环境空气功能区分类、人口密度、城市定位等不同环境功能区对空气污染的敏感性及基本要求的差异性，对大气环境受体的重要性进行识别和划分。

大气环境受体重要区为市域范围内的"两区一园"（法定保护区、风景名胜区、国家级省级森林公园）和人口密集受体重要区。人口密集受体重要区主要包括中心城区、周边各区市建成区核心区等。

（1）法定保护区域（"两区一园"）

南宁市域范围内法定保护区总计包括 15 项，面积 586.53 km²，其中森林公园 7 项、自然保护区 6 项、风景名胜区 2 项（见图 6-8、表 6-3）。

（2）人口密集受体重要区

根据南宁市人口密度空间数据开展受体敏感性识别，根据各区县差异，中心城区内人口主要集中于青秀区和西乡塘区，武鸣区、横州、宾阳县人口集中于各区县的建成区内。

按照人口密度大于 5 000 人/km² 分析，南宁市中心城区及各区市建成区内人口高密度集中区面积约为 396 km²，累计占市域面积的 1.79%（见图 6-9、表 6-4）。

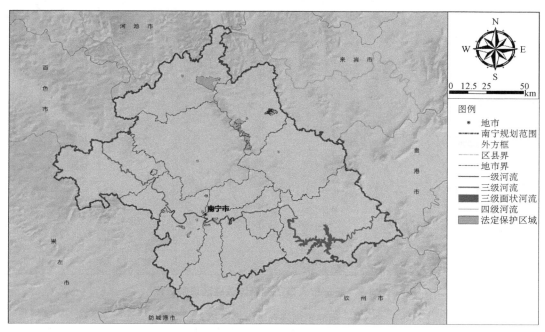

图 6-8　南宁市大气法定保护区域空间分布

表 6-3　南宁市大气法定保护区域清单

类型	序号	名称	面积/km²	级别	行政区域
森林公园	1	良凤江国家森林公园	2.48	国家级	南宁市
	2	九龙瀑布群国家森林公园	16.4	国家级	南宁市横州
	3	老虎岭自治区级森林公园	3.07	自治区级	南宁市
	4	五象岭自治区级森林公园	6.5	自治区级	南宁市
	5	金鸡山自治区级森林公园	23.0	自治区级	南宁市
	6	广西七坡自治区级森林公园	4.95	自治区级	南宁市
	7	武鸣朝燕自治区级森林公园	3.4	自治区级	南宁市
自然保护区	8	弄拉自然保护区	84.81	自治区级	南宁市马山县
	9	上林龙山自然保护区	107.49	自治区级	南宁市上林县
	10	大明山自然保护区	169.9	国家级	南宁市武鸣区、马山县 上林县、宾阳县
	11	六景泥盆系地质标准剖面保护区	0.21	国家级	南宁市横州
	12	龙虎山自然保护区	22.56	自治区级	南宁市隆安县
	13	三十六弄—陇均自然保护区	128.22	自治区级	南宁市武鸣区
风景名胜区	14	龙虎山风景名胜区	2.74	自治区级	隆安县
	15	青秀山风景名胜区	13.54	自治区级	南宁市青秀区

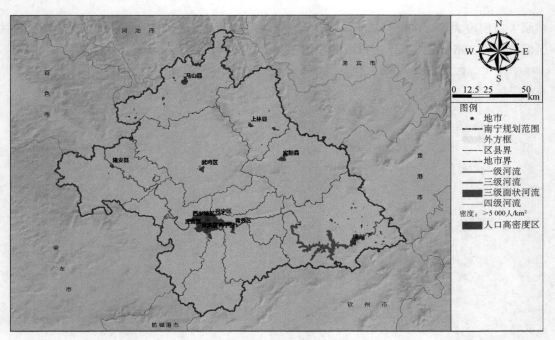

图 6-9　南宁市人口密度受体敏感区识别范围

表 6-4　预测不同规划年份各区县人口密度

区县	面积/km²	人口/万人			人口密度/（人/km²）		
		2016 年	2020 年	2030 年	2016 年	2020 年	2030 年
青秀区	865	71.23	80	105	820	920	1 210
兴宁区	723	32.7	39	50	450	540	690
江南区	1 183	51.41	65	85	430	550	720
西乡塘区	1 076	79.2	127	167	740	1180	1 550
良庆区	1 369	27.96	39	51	200	280	370
邕宁区	1 231	35.97	29	38	290	240	310
武鸣区	3 389	71.59	69	73	210	200	220
横州	3 448	126.92	95	100	370	280	290
宾阳县	2 298	105.79	86	78	460	370	340
上林县	1 871	49.89	38	35	270	200	190
隆安县	2 341	42.2	33	30	180	140	130
马山县	2 306	56.86	42	38	250	180	160

根据南宁市 5 489 个网格统计各网格建设用地面积在占比排序，南宁市前 5%的网格（291 个）占全市建设用地的比例为 41%；前 10%的网格（581 个）占全市建设用地的比例为 55%；南宁市前 15%的网格（872 个）占全市建设用地的比例为 64%；前 20%的网格（1 162 个）占全市建设用地的比例为 71%。

考虑各区县和乡镇也有相当比例的建设用地存在，南宁市前 10%的网格内已经包括全市一半以上的建设用地，实际建设用地仅占全市国土面积的 3.1%，将前 10%的网格作为受体极重要区进行控制；南宁市前 20%的网格内包括全市 70%的建设用地，实际建设用地仅占全市总面积的 3.9%，将前 10%～20%网格作为受体较重要区进行控制（见表 6-5、表 6-6 和图 6-10）。

表 6-5 不同网格内建设用地占比统计及排序

	网格数/个	网格面积/km²	建设用地面积/km²	建设用地占比/%
总计	5 812	22 341	1 256	100
前 5%	291	1 106	520	41
前 10%	581	2 212	686	55
前 15%	872	3 318	800	64
前 20%	1 162	4 424	887	71

表 6-6 人口密集受体重要区分区划定

敏感性分级别	极重要区	较重要区	一般区
网格数/个	581	581	4 650
网格面积/km²	2 212	2 212	17 688
占全市面积比例/%	10	10	80

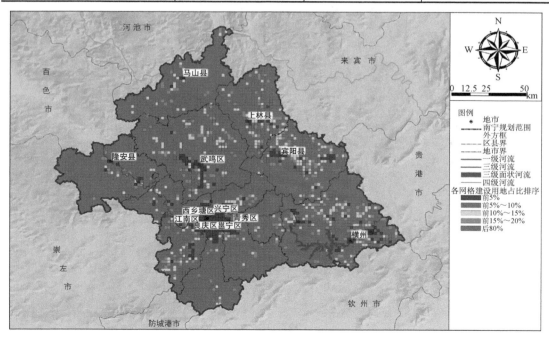

图 6-10 南宁市人口密度受体敏感区识别范围

6.3.2 布局敏感性评价

大气环境布局敏感性是假定每个网格排放等量污染物情况下，逐一模拟每个网格或区块单位污染物排放对空气质量的影响范围和程度。网格或区块对空气质量影响越大，该网格或区块的布局敏感性越强。

排放等量污染物的情况下，各网格对全市所有人口的平均浓度贡献存在显著差异。根据源头布局敏感性分级标准，划定南宁市源头布局极敏感区、较敏感区和一般区（见表 6-7）。

表 6-7　布局敏感性分级标准与分区划定

敏感性分级别	极敏感区	较敏感区	一般区
影响强度/（μg/m³）	≥4 000	2 000～4 000	≤2 000
面积/km²	2 165	5 002	14 945
占全市面积比例/%	9.79	22.9	67.6

模拟发现，大气环境布局敏感区主要集中在中心城区及上风向地区，面积约 2 196 km²，占全市域面积的 9.79%左右；较敏感区集中在极敏感区外围区域，面积约 5 002 km²，占市域面积的 22.6%左右；除上述两线区外的其余地区为一般区，面积约 14 945 km²，占市域面积的 67.5%。结合全市地形地貌、行政区划等特征，拟合大气环境分区边界，确定大气环境布局敏感性分区（见图 6-11、图 6-12）。

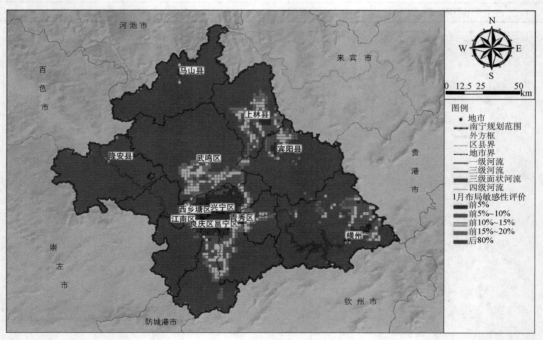

1月

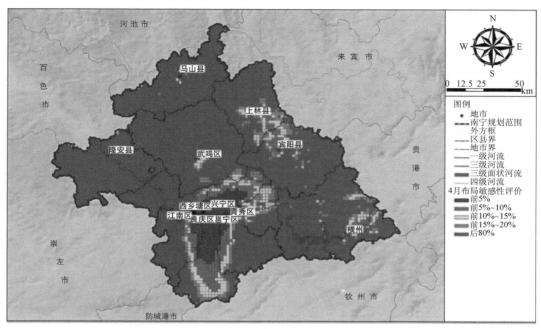

4月

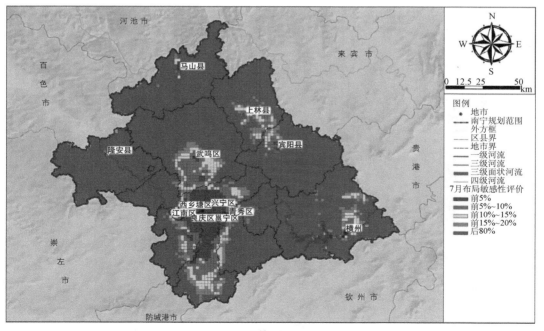

7月

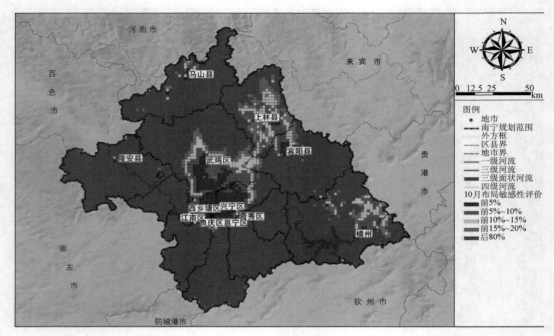

10月

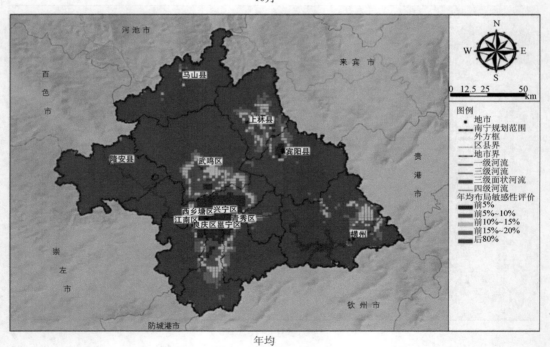

年均

图6-11 南宁市大气环境布局敏感性评价

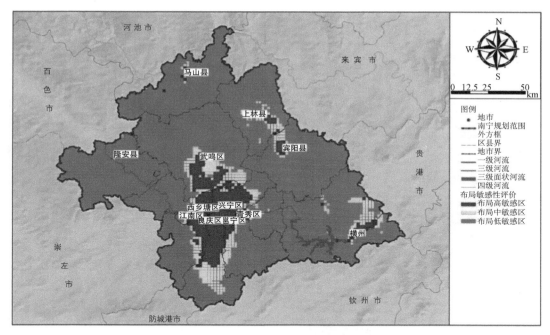

图 6-12　南宁市大气环境布局敏感性分区

6.3.3　污染聚集性评价

污染聚集性评价是假设上述 5 489 个虚拟污染点源同时排放污染物，利用空气质量模型模拟所有网格同时排放时的污染物浓度分布，污染物浓度较高地区则为不易扩散或易聚集地区，污染物浓度越高，则该地区聚集敏感性越大。

表 6-8　聚集脆弱性分级标准与分区划定

敏感性分级别	极脆弱区	较脆弱区	一般脆弱区
影响强度/（μg/m³）	30～42	20～30	<20
面积/km²	2 569	8 283	11 250
占市域面积比例/%	11.6	37.5	50.9

模拟发现，南宁市大气环境聚集能力较弱的区域主要集中于南宁市的东南部。依据污染聚集感性分级标准，划定污染聚集极脆弱区、较脆弱区和一般敏感区，其中极敏感地区面积 2 569 km²、较脆弱区面积 8 283 km²、一般敏感区面积 11 250 km²，分别占市域面积的 11.6%、37.5% 和 50.9%。

污染源聚集极脆弱区主要集中于西乡塘区、江南区、良庆区和武鸣区。由于在污染物同等排放强度的条件下，周边区域产生的污染物容易在该区域聚集，且本地区产生的污染物由于静风、小风等不利气象条件高发等原因，不利于扩散，从而导致局地重污染。因此，对环境质量需求较高的功能区，如自然保护区、高档别墅区及人口密集区等，应尽量避免建在聚集极脆弱区（见图6-13）。

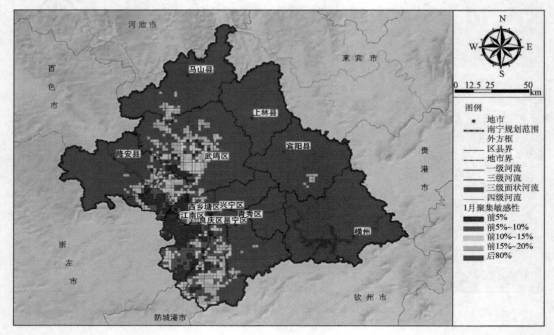

1月

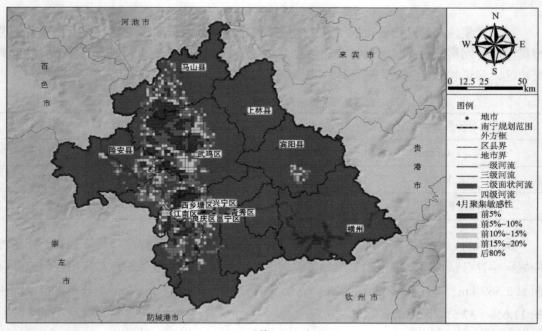

4月

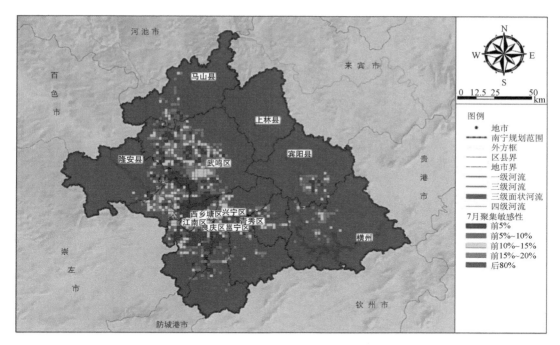

7月

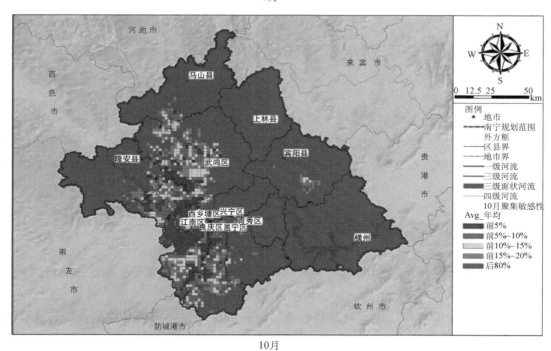

10月

图 6-13　南宁市大气环年均污染物聚集脆弱性评价

　　结合地形地貌、行政区划等特征，拟合大气环境分区边界，确定全市大气环境污染聚脆弱性分区（见图 6-14）。

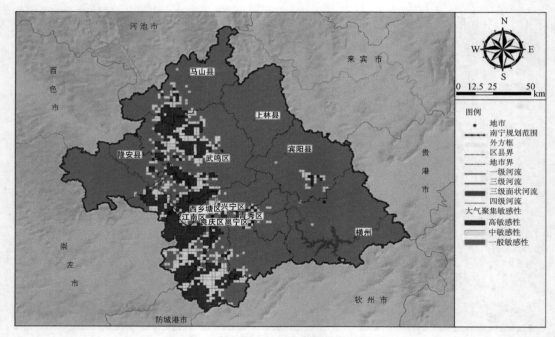

图 6-14　南宁市大气污染物聚集脆弱性分区

6.4　大气环境分区划定及管控措施

基于大气环境污染聚集脆弱性、源头布局敏感性、受体重要性评价结果，考虑大气污染传输规律和城市用地特征，识别网格单元主导属性，将全市划分为大气环境核心保护区、大气污染重点削减区、大气污染严控新增区和大气污染一般控制区，实施分级管理（见图 6-15）。

6.4.1　大气环境核心区管控措施

衔接全市环境空气质量功能区一类区，主要包括七坡森林公园等七项法定的自然保护区、风景名胜区，总面积约 220 km²，占全市土地面积的 1.0%。

核心管控区内执行一级空气质量标准，禁止破坏环境或污染环境的建设行为。区内禁止新建、改建、扩建涉及大气污染物排放项目，已建污染型项目逐步搬迁，其他设施满足区域性大气排放标准的浓度限值要求；禁止散烧燃煤和新上燃煤锅炉，加强区内餐饮、旅游、商贸项目的环境管理，餐饮及居民生活使用天然气、液化石油气等清洁能源。

表 6-9 全市大气环境优先保护区清单

序号	名称	面积/km²
1	七坡森林公园	5.1
2	五象岭森林公园	5.54
3	弄拉自然保护区	90.48
4	龙山自然保护区	107.65
5	金鸡山森林公园	6.1
6	良凤江森林公园	0.97
7	青秀山风景名胜区	4.76
总计		220

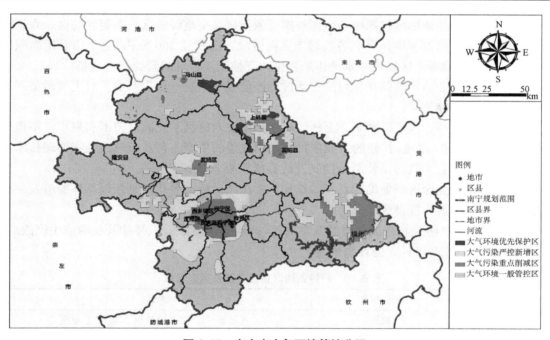

图 6-15 南宁市大气环境管控分区

6.4.2 大气污染重点削减区管控措施

根据大气环境敏感性差异，大气环境严格管控区主要是指现有和规划人口密集的受体重要区，污染排放影响较大的源头敏感区，自身扩散能力不足的浓度聚集脆弱区，包括城区外环线以内大部分区域，以及周边六区县县城区，总面积 2 730 km²，约占全市土地面积的 7.2%。大气污染重点削减区环境管控措施包括：

（1）禁止新（改、扩）建除热电联产以外的高能耗项目，新建其他项目实行区域内现役源 2 倍削减量替代，执行最严格的排放标准。

（2）现有涉及大气污染物的工业企业应持续开展节能减排，大气污染严重的工业企业应责令关停或逐步迁出，逐步实现城区工业废气"零排放"。

（3）重点开展移动源防控。严格区内机动车排放标准要求，完善油品升级置换，将工程机械用油纳入监管，提高城区公共交通占机动化出行比例，淘汰高污染柴油车，禁止高污染车辆入城。

（4）除电厂和锅炉外，将全区划入"禁燃区"范围，禁止使用原煤、重油、油渣等高污染燃料。

（5）开展城市精细化面源治理。加强对建设施工、道路保洁、物料运输与堆存、养护绿化等活动的扬尘管理，鼓励居民安装高效油烟去除设备，开展加油站、有机溶剂、装修涂料中排放 VOCs 全方位监管。

6.4.3 大气污染严控新增区管控措施

大气污染严控新增区包括中心城区外围五象新区、空港经济区、东盟经济区、六景工业园，以及城区西侧易静风区和各县城上风向区域，面积 2 360 km²，占全市陆地面积的10.7%。严控新增排放区以控制本地排放为主，严控新增区环境管控措施包括：

（1）按照产业结构调整指导目录淘汰过剩产能及"两高一资"产业，对大气污染严重的工业企业应实施关停。

（2）控制武鸣、横州、宾阳、上林、马山和隆安六区县工业园区范围和规模，不再新建工业园区；新建、改建、扩建的工业项目应采用先进的生产工艺及废气污染物治理技术，污染物排放应符合大气污染物总量控制及达标排放要求。

（3）优化工业园区产业结构及能源结构，实施清洁能源替代计划，以循环经济发展模式优化产业、资源、能源配置。

（4）实施大气污染物排放总量及效率双控，对现有工业企业应持续开展清洁生产改造，不断降低单位 GDP 煤耗、能耗水平。

表6-10　严控新增区各区县涉及园区名单

序号	所属区域	名称
1	城区	五象新区、空港经济区、现代工业园
2	武鸣区	东盟经济开发区、伊岭工业园
3	横州	六景工业园、那园工业园
4	宾阳县	芦圩工业园、黎塘工业园
5	上林县	象山工业园
6	隆安县	那桐园区

6.4.4 大气环境一般管控区

主要包括市域范围内除核心保护区、重点削减区、严控新增区之外的其他区域，面积约 16 690 km²，占全市土地面积的 72%。一般管控区内大气环境限制较小，属于优化开发和重点开发区域。除贯彻实施不同时限的区域性大气污染物综合排放标准外，按照不同区域环境容量的限制要求，严格执行污染物总量控制制度，对现有涉废气企业加强监督管理，定期开展清洁生产审核，推动各类产业园区高效集约发展。

（1）大气环境质量逐步改善。禁止分散布局工业项目。开展镇村工业集聚区大气污染治理，整治"小、散、乱、污"企业和加工点废气排放，淘汰燃煤小锅炉。

（2）逐步提高农村生活用能清洁化水平。鼓励利用天然气、电、太阳能、风能、生物质能等清洁能源。推广使用符合标准的煤炭。

（3）鼓励农业废弃物资源化综合利用，禁止秸秆露天燃烧。控制农业生产和畜禽养殖过程中挥发性有机物和氨排放。加强农用机械尾气污染防治。

表 6-11　大气环境质量分乡镇管控清单

区县	序号	乡、镇、街道	面积/km²	分区管控类别	区县	序号	乡、镇、街道	面积/km²	分区管控类别
兴宁区	1	朝阳街道	29.6	重点削减区	江南区	19	沙井街道	57.6	严控新增区、一般管控区
	2	昆仑镇	151.9	一般管控区		20	苏圩镇	234.5	一般管控区
	3	民生街道	9.2	重点削减区		21	坛洛镇	342.8	一般管控区
	4	三塘镇	243.8	重点削减区		22	吴圩镇	353.4	严控新增区、一般管控区
	5	五塘镇	287.4	重点削减区、一般管控区		23	安吉街道	15.6	重点削减区
青秀区	6	建政街道	9.6	重点削减区		24	安宁街道	90.3	重点削减区、严控新增区、一般管控区
	7	津头街道	37.7	重点削减区	西乡塘区	25	北湖街道	5.7	严控新增区、一般管控区
	8	伶俐镇	236.3	一般管控区		26	衡阳街道	3.6	严控新增区、一般管控区
	9	刘圩镇	159.7	一般管控区		27	华强街道	1.3	严控新增区、一般管控区
	10	南湖街道	32.9	重点削减区		28	金陵镇	182.6	严控新增区、一般管控区
	11	南阳镇	94.9	一般管控区		29	金陵镇	13.4	一般管控区
	12	新竹街道	5.1	重点削减区		30	上尧街道	7.2	重点削减区
	13	长塘镇	276.6	严控新增区、一般管控区		31	石埠街道	184.5	严控新增区、一般管控区
	14	中山街道	12.7	重点削减区		32	双定镇	188.0	严控新增区、一般管控区
江南区	15	福建园街道	13.1	重点削减区		33	西乡塘街道	17.8	重点削减区
	16	江南街道	18.8	重点削减区		34	新圩街道	16.8	重点削减区
	17	江西镇	238.5	严控新增区、一般管控区		35	新阳街道	6.6	重点削减区
	18	那洪街道	108.5	重点削减区、严控新增区、一般	良庆	36	大沙田街道	58.3	重点削减区、严控新增区

区县	序号	乡、镇、街道	面积/km²	分区管控类别	区县	序号	乡、镇、街道	面积/km²	分区管控类别
				管控区		60	仙湖镇	272.1	严控新增区、一般管控区
良庆	37	大塘镇	422.7	一般管控区					
	38	良庆镇	79.4	重点削减区、严控新增区		61	布泉乡	174.7	一般管控区
	39	那陈镇	331.3	严控新增区、一般管控区		62	城厢镇	281.8	重点削减区、严控新增区
	40	那马镇	186.6	严控新增区、一般管控区		63	丁当镇	274.0	严控新增区、一般管控区
	41	南晓镇	290.9	一般管控区		64	都结乡	222.7	一般管控区
邕宁区	42	百济乡	307.9	一般管控区	隆安县	65	古潭乡	124.1	一般管控区
	43	那楼镇	352.9	一般管控区		66	那桐镇	222.3	严控新增区、一般管控区
	44	蒲庙镇	236.7	重点削减区、严控新增区、一般管控区		67	南圩镇	320.8	一般管控区
	45	新江镇	165.5	一般管控区		68	屏山乡	251.5	一般管控区
	46	延安镇	158.9	一般管控区		69	乔建镇	203.5	一般管控区
	47	中和乡	168.4	一般管控区		70	雁江镇	121.8	一般管控区
武鸣区	48	城厢镇	390.5	重点削减区、严控新增区、一般管控区	马山县	71	白山镇	234.5	重点削减区、严控新增区、一般管控区
	49	府城镇	296.3	一般管控区		72	百龙滩镇	88.0	一般管控区
	50	甘圩镇	102.6	一般管控区		73	古零镇	290.1	一般管控区
	51	两江镇	276.0	一般管控区		74	古寨瑶族乡	151.5	一般管控区
	52	灵马镇	196.8	一般管控区		75	加方乡	204.7	一般管控区
	53	陆斡镇	269.4	一般管控区		76	金钗镇	124.3	一般管控区
	54	罗波镇	164.8	一般管控区		77	里当瑶族乡	147.1	一般管控区
	55	锣圩镇	489.1	严控新增区、一般管控区		78	林圩镇	321.0	严控新增区、一般管控区
	56	马头镇	171.1	一般管控区		79	乔利乡	172.3	一般管控区
	57	宁武镇	253.3	严控新增区、一般管控区		80	永州镇	266.9	一般管控区
	58	双桥镇	219.5	重点削减区、严控新增区、一般管控区		81	周鹿镇	340.4	一般管控区
	59	太平镇	396.5	一般管控区	上林县	82	白圩镇	234.6	重点削减区、严控新增区、一般管控区

区县	序号	乡、镇、街道	面积/km²	分区管控类别	区县	序号	乡、镇、街道	面积/km²	分区管控类别
上林县	83	澄泰乡	118.7	重点削减区、严控新增区、一般管控区	宾阳县	105	新圩镇	66.0	严控新增区、一般管控区
	84	大丰镇	193.7	严控新增区、一般管控区		106	洋桥镇	137.4	一般管控区
	85	明亮镇	122.3	严控新增区、一般管控区		107	中华镇	77.3	一般管控区
	86	木山乡	147.3	一般管控区		108	邹圩镇	149.4	严控新增区、一般管控区
	87	乔贤镇	128.5	一般管控区	横州	109	百合镇	184.1	严控新增区、一般管控区
	88	三里镇	195.5	严控新增区、一般管控区		110	横州镇	181.7	重点削减区、严控新增
	89	塘红乡	184.0	一般管控区		111	莲塘镇	152.0	严控新增区、一般管控区
	90	西燕镇	253.4	一般管控区		112	六景镇	369.1	严控新增区、一般管控区
	91	巷贤镇	180.3	严控新增区、一般管控区		113	峦城镇	77.7	严控新增区、一般管控区
	92	镇圩瑶族乡	112.4	一般管控区		114	马岭镇	92.5	严控新增区、一般管控区
宾阳县	93	陈平乡	154.7	一般管控区		115	马山乡	130.2	一般管控区
	94	大桥镇	116.1	一般管控区		116	那阳镇	140.0	严控新增区、一般管控区
	95	甘棠镇	189.1	一般管控区		117	南乡镇	341.9	一般管控区
	96	古辣镇	115.3	一般管控区		118	平朗乡	128.9	一般管控区
	97	和吉镇	121.4	一般管控区		119	平马镇	6.2	一般管控区
	98	黎塘镇	219.3	严控新增区、一般管控区		120	平马镇	131.8	一般管控区
	99	芦圩镇	228.1	重点削减区、严控新增区、一般管控区		121	石塘镇	222.9	一般管控区
	100	露圩镇	125.2	一般管控区		122	陶圩镇	182.4	严控新增区、一般管控区
	101	思陇镇	173.8	一般管控区		123	校椅镇	242.3	严控新增区、一般管控区
	102	王灵镇	160.1	一般管控区		124	新福镇	345.1	一般管控区
	103	武陵镇	158.7	一般管控区		125	云表镇	258.1	严控新增区、一般管控区
	104	新桥镇	107.9	严控新增区、一般管控区		126	镇龙乡	264.3	一般管控区

第7章 南宁市中长期城市空气质量改善战略研究

自 2013 年以来，南宁市大气环境质量持续好转，2013—2016 年首要污染物质 $PM_{2.5}$ 年均下降 10%以上，2016 年南宁市环境空气质量优良率已提高至 95.1%，$PM_{2.5}$、PM_{10}、SO_2、NO_x 四项污染物年均浓度分别排名 36 个重点城市（直辖市、省会及计划单列市）的第 8 位、第 9 位、第 10 位和第 8 位，在全国同等城镇中处于较高水平。

7.1 南宁市大气质量现状特征

南宁市作为全国首批实行空气质量新标准的 74 个重点城市之一，自 2013 年开始，空气质量监测项目包括新标准中的 SO_2、NO_2、PM_{10}、$PM_{2.5}$、CO 和 O_3 六项污染物。中心城区内拥有国控大气监测点位 8 个，市控监测站点 3 个，周边 1 区 4 县（武鸣区、横州、宾阳县、马山县、上林县和隆安县）2016 年 12 月刚刚启动设有市级监测点位 10 个。

表 7-1 南宁市空气监测站点位清单

序号	点位名称	片区名称	经度	纬度	级别
1	江南区二十一中	江南石柱岭片区	108.310 3	22.788 1	国控
2	西乡塘区北湖	友爱北湖片区	108.315 8	22.856 1	国控
3	西乡塘区区农职院	西乡塘大学路片区	108.238 9	22.846 4	国控
4	良庆区英华嘉园	良庆玉洞片区	108.327 5	22.735 0	国控
5	青秀区大自然花园	东盟商务片区	108.383 3	22.805 0	国控
6	江南区沙井镇街道办	沙井片区	108.243 6	22.783 3	国控
7	青秀区仙葫	仙湖开发区	108.439 4	22.790 6	国控
8	五象新区	五象片区	108.381 4	22.759 7	市控
9	邕宁区红星小区	邕宁片区	108.490 3	22.765 1	市控

序号	点位名称	片区名称	经度	纬度	级别
10	兴宁区市监测站	市中心朝阳片区	108.320 6	22.822 5	国控
11	江南区石化技校	那洪片区	108.279 0	22.778 8	市控
12	横州环保局				自建
13	武鸣区环保局				自建
14	宾阳县环保局				自建
15	马山县环保局				自建
16	上林县环保局				自建
17	隆安县环保局				自建

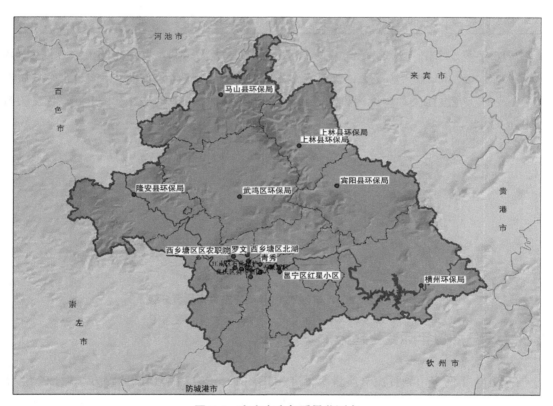

图 7-1　南宁市空气质量监测点

7.1.1　南宁市大气质量以颗粒物污染为主

2018 年，南宁市环境空气中 SO_2、NO_2、PM_{10}、$PM_{2.5}$ 年均值分别为 $11\mu g/m^3$、$35\mu g/m^3$、$56\mu g/m^3$ 和 $35\mu g/m^3$，CO 日均浓度第 95 分位为 $1.4mg/m^3$，臭氧日最大 8 小时浓度第 90 分位为 $119\mu g/m^3$。各污染物年均浓度均低于国家二级标准要求。

表 7-2　2013—2018 年南宁市大气污染年均浓度及达标情况

年份	SO₂/（μg/m³）	NO₂/（μg/m³）	PM₁₀/（μg/m³）	PM₂.₅/（μg/m³）	O₃（日均90%分位）/（μg/m³）	CO（日均95%分位）/（mg/m³）
2013	19	38	90	57	125	1.7
2014	15	37	84	49	126	1.6
2015	13	33	72	41	117	1.3
2016	12	32	62	36	114	1.3
2017	11	35	57	34	128	1.3
2018	11	35	56	24	119	1.4
标准值	60	40	70	35	160	4

2016 年南宁市空气质量优秀、良好、轻度污染、中度污染和重度污染的天数分别为 149 天、199 天、17 天、0 天和 1 天，优良天数占比为 95.1%。截至 2018 年，南宁市空气质量优秀、良好、轻度污染和中度污染的天数分别为 169 天、171 天、23 天和 1 天，优良天数占比为 93.4%。

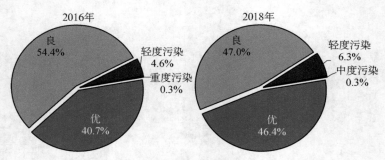

图 7-2　2016 年和 2018 年南宁市空气质量分级

7.1.2　空气质量年际变化趋势

自 2013 年南宁市施行空气质量新标准（GB 3095—2012）和新的监测方法后，PM₂.₅ 浓度累计降低了 37%，城市空气质量优良天数比例达到 20%，重度及以上污染天基本消除，空气质量改善显著。

7.1.3　空气质量空间特征分析

考虑周边各区县和南宁市中心城区之间的差异，2015 年和 2016 年各区县 SO₂、NO₂、PM₁₀ 的大气污染物浓度均低于城区，武鸣区 2016 年开始了 PM₂.₅ 监测，PM₂.₅ 年均浓度为 41μg/m³，其他区县 2016 年年底刚刚安装 PM₂.₅ 监测设备。

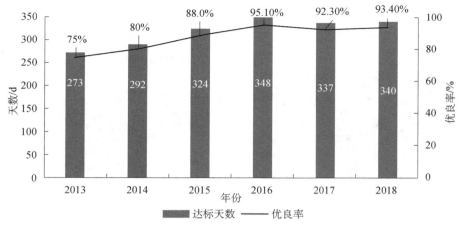

图 7-3　2013—2018 年城市空气质量优良天数比例变化趋势

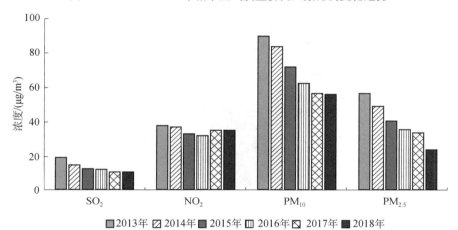

图 7-4　2013—2018 年主要污染物年均浓度变化

表 7-3　南宁市各区县现状环境质量　　　　　　　　　　单位：µg/m³

年份	区县	SO₂	NO₂	PM₁₀	PM₂.₅
2015 年	武鸣区	9	12	56	—
	横州	7	20	62	—
	宾阳县	7	20	68	—
	上林县	7	8	67	—
	马山县	4	22	67	—
	隆安县	4	19	65	—
	中心城区	13	33	72	41
2016 年	武鸣区	15	12	59	40
	横州	4	14	60	—
	宾阳县	5	17	53	—
	上林县	4	17	66	—
	马山县	4	15	49	—
	隆安县	4	16	61	—
	中心城区	12	32	62	36

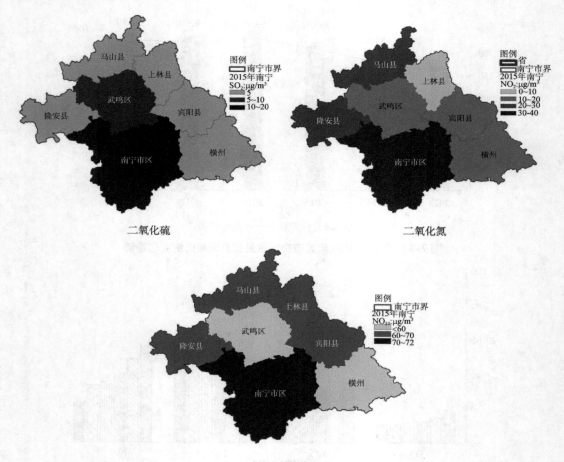

图 7-5　南宁市 2015 年各区县污染物浓度空间比较

以 2017 年南宁市中心城区外围一区五县前三季度监测的大气六项污染物为基础，分析结果显示：各区县普遍以颗粒物作为首要污染物，各监测点位 PM$_{2.5}$ 浓度并未出现超标现象，优良天数比例为 91.6%～96.1%，重污染天数最多为 1d。

表 7-4　南宁市 2017 年前三季度大气污染物浓度

南宁市辖区县	SO$_2$/（μg/m³）	NO$_2$/（μg/m³）	PM$_{10}$/（μg/m³）	PM$_{2.5}$/（μg/m³）	O$_3$-8h/（μg/m³）	CO/（mg/m³）	优良天数比例/%	重污染天数/d
宾阳县	21	14	50	25	130	1.2	96.1	0
横州	14	15	51	30	130	1.1	93.1	1
隆安县	18	23	44	28	125	1.0	94.1	1
马山县	15	23	42	24	103	1.3	95.1	0
上林县	14	14	43	27	122	1.2	96.4	0
武鸣区	17	15	50	35	73	1.4	91.6	1
中心城区	11	35	57	34	128	1.3	92.3	0

7.1.4　空气指标对比特征

以 2016 年 PM$_{2.5}$ 为特征污染物，对比全国 36 个重点城市（直辖市、省会城市及副省级城市），南宁市排名全国第 8 位，处于全国较优水平，仅次于海口、福州、深圳、厦门、昆明、拉萨和广州；在 36 个重点城市中 PM$_{10}$、SO$_2$、NO$_2$ 分别排第 9 位、第 10 位和第 8 位。

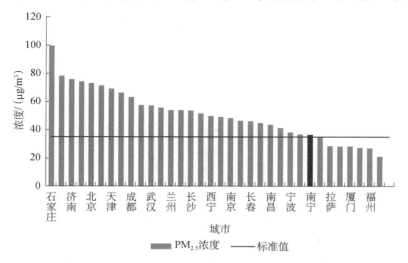

图 7-6　2016 年全国 36 个重点城市 PM$_{2.5}$ 年均浓度对比

以 2016 年 PM$_{2.5}$ 为特征污染物，对比广西壮族自治区 14 个地级市，南宁市排名自治区第 7 位，处于自治区中等水平，环境质量次于北海和防城港，略优于玉林、崇左、河池和贺州。

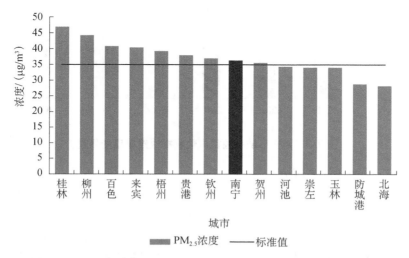

图 7-7　2016 年广西壮族自治区 14 个地级市 PM$_{2.5}$ 年均浓度对比

7.2 污染排放现状特征

7.2.1 常规污染排放现状特征

（1）大气污染物排放量变化趋势

2011—2016 年，南宁市二氧化硫排放量呈现不断降低趋势，氮氧化物自 2013 年以来得到了有效控制，"十二五"期间烟粉尘排放量较"十一五"期间有明显降低（图 7-8～图 7-10）。

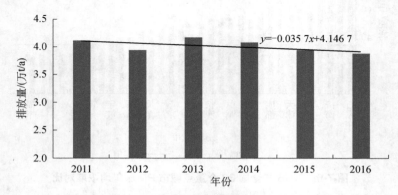

图 7-8　南宁市域范围二氧化硫排放量年度变化趋势

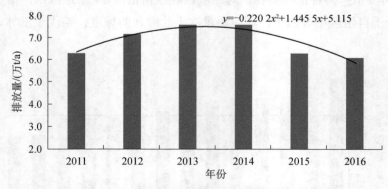

图 7-9　南宁市域范围氮氧化物排放量年度变化趋势

（2）大气污染物排放来源分析

为全面掌握南宁市大气污染物排放来源，按照工业排放、居民生活、机动车排放等几个方面，分析二氧化硫、氮氧化物、烟粉尘排放量的变化（图 7-11）。

根据 2015 年南宁市环境统计数据（表 7-5），全市大气污染物排放 SO_2、NO_x 和烟（粉）尘分别为 3.94 万 t、6.29 万 t 和 3.39 万 t。二氧化硫和烟粉尘中工业源占比较高，占比接近 60%以上，氮氧化物中工业源占比接近 35%。机动车源对氮氧化物的贡献比例较高，占全市总排放量的 58%左右，机动车源 NO_x 排放量也不容忽视。

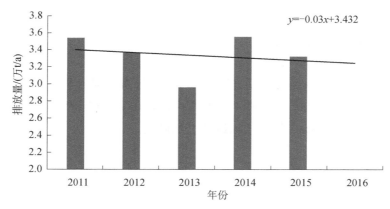

$y=-0.03x+3.432$

图 7-10　南宁全市域范围烟粉尘排放量变化趋势

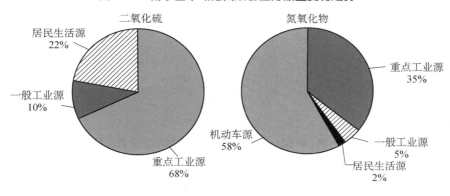

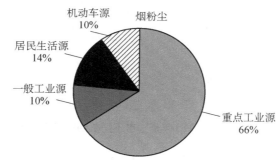

图 7-11　2015 年南宁市大气污染物排放量构成

表 7-5　南宁市大气污染物排放情况

污染源	二氧化硫		氮氧化物		烟（粉）尘	
	排放量/t	比例/%	排放量/t	比例/%	排放量/t	比例/%
重点工业源	26 756	67.9	23 136	35.5	22 409	66.0
一般工业源	3 922	9.9	3 020	4.6	3 599	10.6
居民生活源	8 748	22.2	1 068	1.6	4 631	13.6
机动车源		0.0	37 900	58.2	3 300	9.7
排放总量	39 426	100	65 124	100	33 939	100

7.2.2 机动车污染来源分析

近年来南宁市机动车保有量呈现井喷式增长，2016 年机动车保有量达到 194 万辆，与 2010 年相比累计增长 45.4%；特别是小型载客汽车，由 2010 年的 43 万辆增长至 2016 年的 93 万辆，累计增长 114%，年均增幅达到 15% 以上。

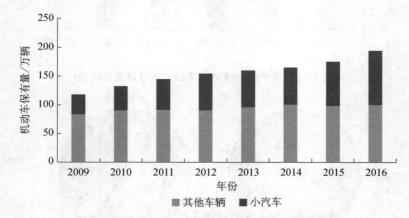

图 7-12　2009—2016 年南宁市机动车保有量变化

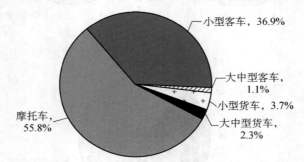

图 7-13　2016 年南宁市不同机动车保有量占比

南宁市 2016 年机动车排放 VOCs25 088t、氮氧化物 37 868t、总颗粒物 3 339t。各类型机动车的挥发性有机物排放量中，摩托车、小型载客汽车、大中型载客汽车排前三位，所占比例分别为 35%、32% 和 21%；各类型机动车的氮氧化物排放量中，大中型载客汽车和大中型载货汽车占比最高，占比分别为 32% 和 43%。

机动车对城市空气质量的影响程度不断提高，一方面是因为载客汽车数量大、增长快，其排放的各类污染物，特别是 VOCs 量较高；另一方面是因为载货汽车排放因子较高，单位货车氮氧化物、VOCs、总颗粒物排放量分别是客车的 10.5 倍、2.7 倍和 19.2 倍。因此控制道路移动源需要从控制机动车数量和控制污染排放强度两个方面入手。

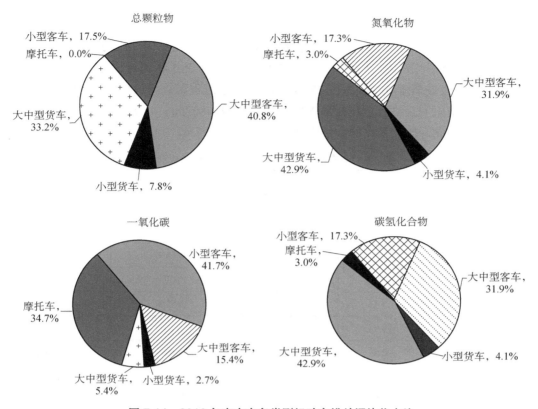

图 7-14　2016 年南宁市各类型机动车排放污染物占比

7.2.3　挥发性有机物排放特征

基于大气挥发性有机物源排放清单编制技术指南和文献资料，结合南宁市实际情况，计算得出 2015 年南宁市排放 VOCs 排放清单。全市 VOCs 污染源主要包括：生物质燃烧源、化石燃料燃烧源、工艺过程源、机动车排放源、机场排放源和建筑涂料排放源 6 个方面，总计排放 VOCs 为 91 547t/a，其中，工艺过程源排放量最多，占比 54.76%；机动车和建筑涂料排放源分居第 2 位、第 3 位，占比分别为 25.82% 和 10.05%；其他排放源所占比例均小于 10%。

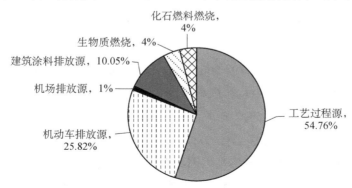

图 7-15　南宁市 VOCs 排放量及占比

（1）工业排放

工业排放占比超过 54.76%，对总量贡献不容忽视。根据南宁市重点企业工业产量统计结果，工艺过程源排放 VOCs 排放总量为 5.32 万 t/a，工艺过程源排放 VOCs 排放清单见表 7-6，其中平板玻璃排放 VOCs 量 27 218t/a，占工艺过程源总排放量的 51.0%；其次，商品混凝土、人造板和白酒行业所排放 VOCs 量分别为 4 807t/a、4 517 t/a 和 4 159t/a，所占工艺过程源总 VOCs 排放量比例分别为 9.0%、8.3% 和 7.8%。

表 7-6　南宁市工艺过程源排放 VOCs 排放清单

排放源	产量	排放系数 EF	VOCs 排放量/（t/a）	占比/%
精炼植物食用油	7.725	g/kg 产品	687	1.3
白酒	25	g/kg 产品	4 417	8.3
人造板	0.5	g/m³	4 159	7.8
家具	0.4	g/件	107	0.2
纸浆	3.1	g/kg	2 520	4.7
机制纸及纸板	3.1	g/kg	734	1.4
多色印刷品	0.5	g/kg	842	1.6
甲醛	0.5	g/kg	31	0.1
合成氨（无水氨）	4.72	g/kg	696	1.3
合成复合肥料	0.01	g/kg	4	0.0
塑料制品	3	g/kg	2 251	4.2
硅酸盐水泥熟料	0.177	g/kg	2 173	4.1
水泥	0.177	g/kg	2 394	4.5
商品混凝土	0.177	g/kg	4 807	9.0
平板玻璃	4.4	g/kg	27 128	51.0
小型拖拉机	2.43	kg/量	249	0.5
总计	—		21 342.9	100

（2）机动车

南宁市 2015 年机动车保有量 198.566 万辆，排放 VOCs 总量 2.509 万 t/a，各类型机动车排放占比及清单见表 7-7，其中载客汽车排放量最大，所占比例分别为 51.7%，摩托车排放量居第二，占总排放量的 35.5%。一方面是因为载客汽车数量大，排放 VOCs 量高，尤其是小轿车保有量高达 71.24 万辆，另一方面是因为大型载货汽车和大型载客汽车的 VOCs 的排放因子大，从而对 VOCs 贡献率高。因此有效控制小轿车路面行驶量，削减大型车的排放量，均对降低 VOCs 总排放量起到非常重要的作用；南宁市摩托车数量巨大，排放 VOCs 量也不容忽视。

表 7-7　南宁市机动车排放 VOCs 排放清单

排放源	汽车保有量/万辆	VOCs 排放量/万（t/a）	占比/%
载客汽车	75.376 7	1.298	51.7
载货汽车	11.878	0.308	12.3
三轮及低速汽车	0.417 3	0.013	0.5
摩托车	110.894	0.890	35.5
合计	198.566	2.509	100.0

（3）生物质燃烧

结合南宁市农作物产量统计结果与燃烧使用情况，核算生物质燃烧排放 VOCs 总量为 4 049 t/a，占总排放量的 4.2%。

（4）化石燃料燃烧

化石燃料排放源对 VOCs 总量贡献度相对较低，排放量为 4 363 t/a，占总排放量的 4.5%。

（5）机场排放

表 7-8　南宁吴圩机场排放 VOCs 排放清单

排放源	VOCs 排放量/（t/a）	占比/%
飞机尾气	590.0	85.7
地面保障系统（各类车辆）	28.6	4.2
锅炉烟气	0.0	0.0
油罐、加油排放	69.5	10.1
合计	688.1	100

7.2.4　农业氨排放特征

基于大气氨源排放清单编制技术指南和文献资料，结合南宁市实际情况，计算得出 2015 年全市氨排放清单，由畜禽养殖、氮肥施用、秸秆燃烧等 7 部分组成，全市氨排放总量为 2.47 万 t/a，其中，畜禽养殖占比最高，占比达 43.5%，氮肥施用、人体排泄、交通源等占比相对较低。

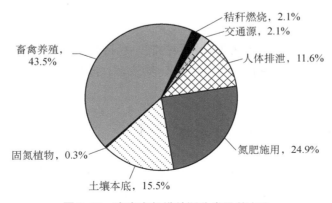

图 7-16　南宁市氨排放源分类及其占比

表 7-9 南宁市大气氨排放清单预测汇总

排放源	排放量/（t/a）	占比/%
氮肥施用	6 149	24.9
土壤本底	3 827	15.5
固氮植物	86	0.3
畜禽养殖	10 746	43.5
秸秆燃烧	514	2.1
交通源	531	2.1
人体排泄	2 870	11.5
总计	24 720	100

7.3 现有规划中南宁市大气环境质量目标

7.3.1 广西壮族自治区环境保护和生态建设"十三五"规划

大气环境质量：总体继续保持优良，"十三五"末期设区城市环境空气质量优良天数比例达到 91.5%以上，$PM_{2.5}$ 年均浓度未达标设区城市下降 15%。

大气污染排放：主要污染物减排达到国家要求，SO_2 和 NO_x 排放总量 5 年累计年均削减 13%。

为了改善大气环境质量和削减污染排放，设置了 4 个重点任务：

（1）严格环境准入，源头控制排污。严格控制城市建成区及其近郊新建和扩建重污染企业，推进城市建成区重污染企业的搬迁、改造。

（2）力推清洁能源，优化能源结构。对环境空气质量不达标地区，扩大高污染燃料禁燃区；实施清洁能源替代，严格控制煤炭消费总量。

（3）加强联防联控，实施城市空气达标管理。实施城市大气环境质量达标管理，明确各设区市大气环境质量改善目标。

（4）深化污染治理，开展多污染物协同控制。包括开展工业企业烟（粉）尘污染综合治理，加强主要行业挥发性有机物（VOCs）污染治理，强化移动源污染防治，深化城乡环境综合整治。

7.3.2 南宁市生态环境保护"十三五"规划

南宁市生态环境保护"十三五"规划中提出：2020 年南宁市生态环境质量总体改善，主要污染物排放总量得到有效控制，城市空气质量优良天数增加。

表 7-10　南宁市"十三五"期间大气环境质量目标

指标名称		2015 年现状值	2020 年目标	指标属性
城市空气质量	城市空气质量优良率	88.8%	≥85%	约束性
	PM_{10} 年均浓度/（$\mu g/m^3$）	72	≤58	约束性
	$PM_{2.5}$ 年均浓度/（$\mu g/m^3$）	41	≤41	约束性

为了改善全市大气环境，南宁市要求调整和修订市区环境空气质量功能区划，深入贯彻实施《大气污染防治行动计划》和《南宁市大气污染防治规划》，加快推动大气污染向多因子、全方位、区域协同控制转变，并设置了点源、面源、挥发性有机物、移动源和污染物协调治理 5 个方面的重点任务：

（1）加强点源污染综合治理。重点整治燃煤小锅炉和重点行业脱硫、脱硝、除尘改造工程建设。

（2）深化面源污染防治。综合整治城市扬尘，加强餐饮油烟污染治理，加强堆场扬尘综合治理，推进养殖业废气治理，强化恶臭污染综合防治。

（3）加强有机物污染治理。加大石化、印刷、制鞋、家具制造、汽车制造、纺织等产生挥发性有机物行业的清洁生产和污染治理力度，加强持久性有机物污染治理。

（4）强化移动源污染控制。加强城市交通管理，加快轨道交通建设，优化公交线网，设置清洁能源公交车和提高公共交通出行比例，综合行业发展规划、城市规划、城市公共交通、清洁燃油供应等方面采取措施。

（5）推进污染协同控制。坚持区域联动和综合治理思路，完善大气污染联防联控机制，推动南宁、北海、钦州、防城港、玉林、崇左、百色、来宾等市区域一体化协同治理，实施区域清洁空气行动计划。

7.3.3　大气污染防治类规划和大气达标规划

根据《南宁市大气污染防治规划（2012—2025 年）》和《南宁市环境空气质量达标规划（2012—2025 年）》要求：2025 年，南宁市 SO_2、NO_2、CO、PM_{10} 和 $PM_{2.5}$ 以及 O_3 等主要污染物浓度值达到《环境空气质量标准》（GB 3095—2012）的二级以上水平，争取部分指标达到世界卫生组织环境空气质量第二过渡阶段指导值和准则值；碳排放与主要污染物协同减排，排放强度达到国家、自治区提出的目标值。

2020 年目标（中期目标）：污染控制成效显著、空气质量改善明显，SO_2、NO_2、PM_{10} 和 O_3 年均值达标；$PM_{2.5}$ 年均浓度下降到 42$\mu g/m^3$ 以下。

2025 年目标（远期目标）：环境空气质量标准指标全面达标，空气质量持续改善；部分污染物力求达到世界卫生组织环境空气质量第二过渡阶段指导值和准则值；城市空气质量优良天数比例和市民感受基本一致。

表 7-11　南宁市大气污染防治规划指标（2012—2025 年）　　　　单位：μg/m³

序号	环境质量指标	2012 年/2013 年 现状值	目标值			国家空气质量新标准	WHO AQGs	属性
			近期 2016 年	中期 2020 年	远期 2025 年			
1	SO₂	19/19	≤18	≤16	≤15	≤60	—	约束
2	NO₂	33/38	≤40	≤38	≤36	≤40	≤40（AQG）	约束
3	PM₁₀	69/90	≤62	≤58	≤54	≤70	≤50（IT-2）	约束
4	PM₂.₅	无/56	≤50	≤42	≤35	≤35	≤25（IT-2）	约束
5	O₃ 日最大 8 小时滑动平均值第 90 百分位	无/125	≤130	≤135	≤135	≤160	≤100	约束

7.3.4　南宁市 2017 年制定大气污染减排规划

鉴于 2015 年和 2016 年南宁市空气质量改善显著，2017 年对大气污染防治规划进行了修改，设定了 2019 年空气质量达标，城市空气质量优良天数比例达到 90%以上；2027 年细颗粒物浓度降至 32μg/m³，城市空气质量优良天数比例达到 94%。

7.3.5　《南宁市国民经济和社会发展第十三个五年规划纲要(2016—2020 年)》

"生态环境质量进一步改善，生态文明制度体系更加健全，全社会环保意识显著增强，"中国绿城"品牌更加凸显。单位生产总值能耗降低率、二氧化碳排放量降低率和主要污染物排放总量控制在自治区下达目标任务以内。城市环境空气质量优良率保持在 85%以上，生态环境质量保持全国省会城市前列。"

控制性任务要求包括能源基础设施建设和环境污染治理两个方面：

（1）完善能源基础设施建设。加快推进生物质能、风能、太阳能、地热能、地源热泵、智能电网等新能源建设，到 2020 年，新能源消费量占比达 8%以上。

（2）加大环境保护力度，严格环境准入，淘汰落后产能；控制煤炭消费，建立健全机动车尾气污染减排体系，严控城市面源排放，加强挥发性有机物排放污染控制，加强周边区域大气污染联防联控。

表 7-12　"十三五"南宁市经济社会发展主要指标

指标名称		指标属性	单位	2015 年	"十三五"规划	
					2020 年	下降比例
万元 GDP 能源消耗降低		约束性	%	−5.81	按自治区下达任务	
万元 GDP 二氧化碳排放降低		约束性	%	−10		
主要污染物总量控制	二氧化硫	约束性	万 t	4.22		
	氮氧化物		万 t	6.18		
城市环境空气质量优良率		约束性	%	88.8	85 以上	—
其中：PM₂.₅ 浓度下降				—		14.6%

7.3.6　《南宁市节能减排降碳和能源消费总量控制"十三五"规划》

到 2020 年，南宁市能耗强度和碳排放强度指标稳步下降，主要污染物排放和能源消费总量得到有效控制，能源消费结构进一步优化，重点领域节能降碳取得显著成效，生态环境质量持续改善。《广西壮族自治区节能减排降碳和能源消费总量控制"十三五"规划》下达给南宁市的"十三五"节能减排降和能源消费总量的控制目标详见表 7-13。

表 7-13　南宁市"十三五"节能节能减排控制目标

类别	序号	指标	指标属性	2015 年现状值	2020 年目标值	下降比例/%
节能指标	1	万元地区生产总值能耗（t 标准煤/万元）	约束性	0.331 1	0.284 7	14.00
减排指标	2	化学需氧量排放总量（万 t）	约束性	10.72	10.61	1.00
	3	氨氮排放总量（万 t）	约束性	1.21	1.20	1.00
	4	二氧化硫排放总量（万 t）	约束性	3.94	3.43	13.00
	5	氮氧化物排放总量（万 t）	约束性	6.29	5.51	12.50
降碳指标	6	万元地区生产总值二氧化碳排放量（t 二氧化碳/万元）	约束性	0.440 7	0.365 8	17.00
能源总量控制指标	7	能源消费总量（万 t 标准煤）	控制性	1 129	1 283	—
	8	能源消费新增量（万 t 标准煤）	控制性	—	154	—

为完成自治区下达给南宁市的节能减排降碳和能源消费总量控制目标，"十三五"各区县节能降碳和能源消费总量控制目标见表 7-14。

表 7-14　各区县"十三五"节能降碳和能源消费总量控制目标

县区	2020 年万元 GDP 能耗下降/%	2020 年万元 GDP CO$_2$ 排放下降/%	2020 年能源消费总量目标/万 t 标准煤
全市	−14	−17	1 283
兴宁区	−3.5	−6.5	90.79
青秀区	−14.0	−17.0	154.92
江南区（含经开区）	−17.0	−20.0	163.13
西乡塘区（含高新区）	−17.0	−20.0	230.52
良庆区	−14.0	−17.0	54.51
邕宁区	−17.0	−20.0	33.67
武鸣区（含东盟经开区）	−16.0	−19.0	150.68
隆安县	−15.0	−18.0	62.43
马山县	−14.0	−17.0	29.46
上林县	−14.0	−17.0	30.08
宾阳县	−15.0	−18.0	126.11
横州	−16.0	−19.0	146.69

重点任务包括：深度调整三次产业结构，优化调整能源供给，强化节能减排降碳措施，降低能源消耗需求强度，减少污染物和二氧化碳排放，全面践行生态文明建设等方面内容：

（1）调整优化产业结构，构建低碳生产体系。突出淘汰落后和化解过剩产能，强化源头管理，发展循环经济，加快产业绿色转型升级，构建现代低碳生产体系。

（2）调整优化能源结构，推进能源消费转型。推进能源结构战略性调整，严格控制煤炭消费总量，重点发展清洁能源和可再生能源，打造智能电力系统，推动能源消费向高效化、清洁化、低碳化转型。

（3）推进重点领域节能降碳，提高能源利用效率。推进重点领域节能降碳，全面实施工业节能、绿色建筑、绿色交通等行动计划，抓好公共机构节能改造，大幅提高能源利用效率。

（4）推进污染物减排，提高城乡环境质量。加大环境保护力度，坚持以提高生态环境质量为核心，深入贯彻落实大气、水、土壤污染防治计划，进一步推进主要污染物排放减量化，强化环境监管和监测，提升生态环境质量。

（5）增强碳排放管控，推进绿色低碳发展。以建立全国碳排放权交易市场为契机，着力增强温室气体排放管控能力，实施低碳试点示范，巩固生态系统碳汇，努力降低碳排放强度。

7.3.7 南宁市清洁能源产业发展"十三五"规划

截至 2020 年，南宁市能源消费总量控制在 1 550 万 t 标准煤以内，年增幅不超过 6.5%，全社会用电量控制在 269 亿 kW·h 以内。在一次能源消费中，"十三五"末煤炭比重降低到 47%以下，天然气比重提高到 9%以上，非化石能源比重提高到 21%以上。到 2020 年，供电煤耗降至 310g 标准煤/（kW·h）；万元地区生产总值二氧化碳排放量，二氧化硫、氮氧化物排放量、化学需氧量排放量和氨氮排放量达到自治区下达的指标。

南宁市清洁能源产业发展"十三五"规划涉及重点任务包括：

1）合理控制煤炭消费总量。严格控制煤炭消费大户的总体能耗，加强高耗煤行业监管，高耗煤行业新建、改建、扩建项目实现煤炭消费等量或减量替代。

2）提高天然气消费比重。开展多气源确保供气量，实现梯度推进天然气利用，优先保障居民用气，积极拓展天然气在交通运输领域的应用。

3）大力发展可再生能源。有序发展风能，因地制宜发展太阳能，提升生物质能利用水平，积极开发其他可再生能源。

7.4 国内外空气质量改善历程

根据南宁市首要污染物 $PM_{2.5}$ 年均浓度变化趋势，2016 年南宁市 $PM_{2.5}$ 年均浓度已经降至 36μg/m³，距离达标仅一步之遥，在国内也已经处于领先水平，但是与发达国家（地区）相比仍有较大差距，是日本大阪（10μg/m³）、横滨（11μg/m³）和澳大利亚悉尼（8μg/m³）的 4 倍；是鹿特丹（15μg/m³）、汉堡（14μg/m³）、纽约（15μg/m³）的 2 倍；是釜山（22μg/m³）的 1.5 倍左右。

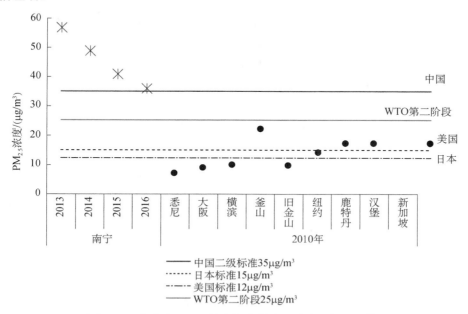

图 7-17　南宁市 PM2.5 浓度与世界主要城市、标准比较

　　发达国家和地区现状虽然质量较好，但是环境治理也经历了曲折和艰难的过程，特别是在空气质量接近达标阶段，传统的大气污染物削减已经达到极限。本节通过对部分发达国家（地区）空气质量的改善过程进行重点分析，为规划期间的大气环境质量底线目标值的设定提供参考和依据。

7.4.1　英国 50 年实现大气优良

　　20 世纪的英国伦敦也曾饱受大气污染问题的困扰，并于 1953 年经历了著名的"伦敦烟雾事件"，其间工厂和居民取暖排放的大量废气，在静风逆温的不利气象条件下，污染物浓度大幅增加，造成了严重的人员伤亡和经济损失。经过 50 年的治理，空气质量得到了极大改善，伦敦 SO_2 和黑烟累计下降 95%，2010 年 PM2.5 降至 12.5μg/m³。

　　伦敦在不同阶段大气污染物来源明确，防治措施相对单一，数据分析表明 PM2.5 主要来源于工业、商业和居民燃烧、道路运输、工业生产、农业及废弃物、公共发电和供热等。"伦敦烟雾事件"后，首先通过划定扬尘控制区，优化能源和产业结构。20 世纪 70 年代，英国 PM2.5 主要由固定源燃烧产生，家庭煤炭燃烧成为英国 PM2.5 的主要来源之一，针对固定源燃烧，英国采取了一系列的措施，经过若干年的治理，固定燃烧源排放量有了明显降低。自 20 世纪 80 年代起开始从区域宏观角度控制空气污染。2000 年以后，固定源燃烧排

放的 $PM_{2.5}$ 已趋于稳定，其他排放源所占的比重有所增加，道路运输逐渐成为一个重要的 $PM_{2.5}$ 排放来源，其中柴油车的污染最重，每公里柴油车行驶排放的颗粒物最多，伦敦开始重点治理机动车尾气。

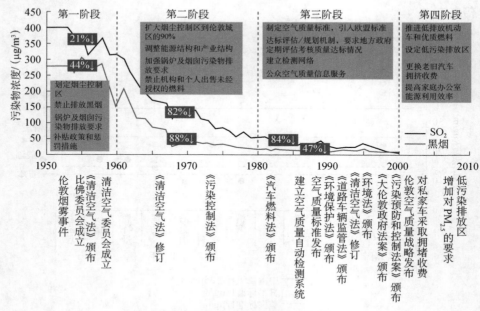

图7-18 伦敦大气污染治理路线

根据大气污染排放量的变化趋势，可以将伦敦市大气环境质量分为快速下降、波动下降和平缓下降三个阶段。其中，1970—1984年为快速下降阶段，年均削减率为3.6%；1986—1996年为波动阶段，年均削减率为2.9%；2009—2013年，由于 $PM_{2.5}$ 的排放量已经达到了很低的水平，因此下降幅度略小，年均削减率仅为0.5%。其中快速下降和波动下降是改善的关键，每15~20年颗粒物浓度下降50%~80%。

7.4.2 美国大气改善历程

美国早期的颗粒物监测主要包括 TSP 和 PM_{10}，对于 $PM_{2.5}$ 的监测是从1999年开始的。研究为了对比分析 $PM_{2.5}$ 的长期变化趋势，借鉴早期 PM_{10} 的监测数据，特别典型的监测指标包括日均浓度次高值和年均浓度。

（1）年均浓度变化趋势

2000年美国的 $PM_{2.5}$ 浓度为 $13.5μg/m^3$，2013年 $PM_{2.5}$ 的浓度为 $8.9μg/m^3$，在这14年间，$PM_{2.5}$ 浓度下降了 $4.6μg/m^3$，下降比例为33.7%，平均每年的下降比例为2.6%。

研究美国颗粒物空气质量标准发展历程可以看出，2006年美国国家环境保护局对 $PM_{2.5}$ 的浓度限值提出了更严格的要求，将 $PM_{2.5}$ 的24h平均浓度限值由 $65μg/m^3$ 降至 $35μg/m^3$。因此以2006年为分界线，2000—2006年，$PM_{2.5}$ 浓度下降了 $1.9μg/m^3$，下降比例为14.1%，年均下降比例为2.4%；2006—2013年，$PM_{2.5}$ 浓度下降了 $2.7μg/m^3$，下降比例为 22.8%，年均下降比例为 3.3%。

（2）日均浓度次高值变化趋势

日均浓度次高值可以排除突发事件对监测数据的影响，又能说明污染程度，是衡量污染状况的重要指标。

美国 1990 年 PM_{10} 的日均浓度次高值为 85.8μg/m³，2013 年降至 56.4μg/m³，24 年间 PM_{10} 的浓度下降了 29.4μg/m³，下降比例达到 34.2%，年均下降比例为 1.5%。

2001 年美国 $PM_{2.5}$ 的日均浓度次高值为 34.9μg/m³，2013 年 $PM_{2.5}$ 的日均浓度为 23.6μg/m³，13 年间 $PM_{2.5}$ 浓度下降了 11.3μg/m³，下降比例达到 32.4%，年均下降比例为 2.8%。根据 $PM_{2.5}$ 日均浓度次高值变化趋势，可以分为快速下降、波动下降和平缓下降三个阶段。其中 2001—2004 年为快速下降阶段，年均削减率为 4.1%，在浓度为 33.8μg/m³ 时达到最大的削减率 8.2%；2004—2008 年为波动下降阶段，年均削减率为 3.4%，在浓度为 35.7μg/m³ 时达到最大的削减率 23.0%；2008—2013 年为平缓下降阶段，年均削减率为 2.1%，在浓度为 26.4μg/m³ 时达到最大的削减率 3.8%。

7.4.3　洛杉矶大气治理行动经验

洛杉矶光化学烟雾出现的早期，污染来源一直没有确定，控制黑烟污染和垃圾焚烧污染等措施对烟雾的治理效果很小。研究发现机动车是烟雾的主要污染源后，1959 年加利福尼亚州成立了机动车污染控制管理局。1970 年美国出台了《清洁空气法》，逐步建立起联邦—州—地方政府三级空气质量管理体制。1977 年加利福尼亚州成立了南海岸空气质量管理局（SCAQMD），以全面解决包括洛杉矶在内的 4 个郡的区域空气污染问题。该机构通过制定区域空气质量管理计划（AQMP）确定未来 3～5 年的空气质量监管和污染物减排目标。另外，市场手段在洛杉矶空气质量管理中发挥了巨大的作用，1992 年，SCAQMD 开始实施区域空气市场激励项目（RECLAIM），实施氮氧化物和硫氧化物的排放权交易。其他激励手段还包括征收车辆行驶里程费等。尽管洛杉矶的汽车保有量和人口数量不断增加，但道路机动车 $PM_{2.5}$ 的排放量却明显降低。

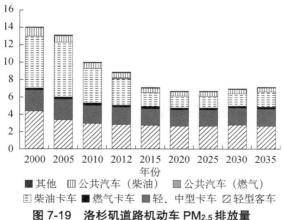

图 7-19　洛杉矶道路机动车 $PM_{2.5}$ 排放量

数据来源：http://www.arb.ca.gov/homepage.htm。

　　洛杉矶 1999—2013 年的 PM$_{2.5}$ 浓度变化趋势显示，1999 年 PM$_{2.5}$ 的浓度为 25.7μg/m³，2013 年 PM$_{2.5}$ 的浓度为 12.2μg/m³，下降比例达到 52.6%，年均下降比例为 3.8%。从 2010 年开始，由于 PM$_{2.5}$ 年均浓度已经达到了很低的水平，下降程度缓慢，由 2010 年的 13.2μg/m³ 降至 2013 年的 12.2μg/m³。

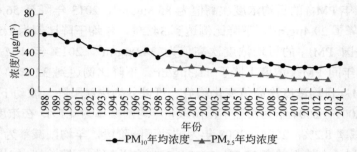

图 7-20　洛杉矶 PM$_{10}$ 和 PM$_{2.5}$ 年均浓度及变化趋势

数据来源：http://www.arb.ca.gov/adam/trends/trends2.php。

　　洛杉矶 PM$_{2.5}$ 稳定降至 15μg/m³ 之后，臭氧治理滞后于 PM$_{2.5}$ 并以 5 年为周期出现波动下降趋势，平均每 10 年臭氧污染降低 10%～15%。

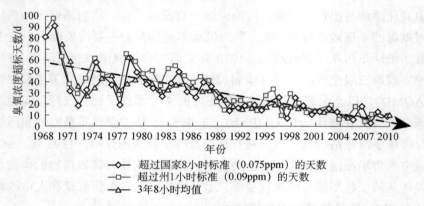

图 7-21　洛杉矶旧金山湾区抽样污染变化趋势

7.5　大气环境质量底线值

7.5.1　城区总体环境质量底线目标值

　　考虑到气象环境质量每年的波动性，按照大气环境质量"只能更好、不能变坏"的基本要求，结合《大气污染防治行动计划》，根据环境保护规划等国家、区域、自治区等的上位要求，《南宁市环境保护"十三五"规划指标体系》《南宁市环境空气质量达标规划（2012—2025 年)》和《南宁市大气污染防治规划（2012—2025 年)》考虑 2013—2016 年南宁市空气质量改善显著，可在规划期间强化空气质量要求。

确定南宁市分阶段的大气环境质量底线为：2020 年巩固现有大气减排成果，确保空气质量稳定达标，$PM_{2.5}$ 浓度降低至 35μg/m³，大气优良天气比例在 90% 以上，O_3 日最大 8 小时浓度 90% 分位值达标；2030 年空气质量继续改善，接近深圳、香港地区水平，$PM_{2.5}$ 浓度降低至 30μg/m³，大气优良天气比例稳定在 95% 以上，O_3 污染继续得到改善；2035 年空气质量比肩发达国家同等城市水平，$PM_{2.5}$ 浓度达到世界卫生组织第二阶段标准（降低至 25μg/m³），大气优良天数比例稳定在 95% 以上，无 O_3 污染发生。

表 7-15　南宁市城区（不含武鸣区）大气环境质量底线目标分解

	2016 年	2020 年	2030 年	2035 年
SO_2/（μg/m³）	12	继续改善		
NO_2/（μg/m³）	32			
PM_{10}/（μg/m³）	62	58	52	50
$PM_{2.5}$/（μg/m³）	36	35	30	25
臭氧日最大 8 小时 浓度 90% 分位值/（μg/m³）	114	160	160	160
优良天数比例/%	95.3	≥90	≥95	≥95

7.5.2　各区县大气环境质量底线

考虑地形地貌、流场特征、产业结构、发展阶段等方面的不同特点，南宁市各区县之间的现状环境质量尚有一定的差异性，其中 SO_2、NO_x、$PM_{2.5}$ 和 PM_{10} 的各区县监测结果均优于城区。考虑全市争取 2020 年大气环境质量达标的目标，2020 年各区县 $PM_{2.5}$ 目标设置为 35μg/m³，2030 年降低至 30μg/m³，2035 年降低至 25μg/m³。

表 7-16　南宁市各区县大气环境质量（$PM_{2.5}$）底线目标分解　　　　单位：μg/m³

区县	2016 年	2020 年	2030 年	2035 年
武鸣区	40	35	30	25
横州	—	35	30	25
宾阳县	—	35	30	25
上林县	—	35	30	25
马山县	—	35	30	25
隆安县	—	35	30	25

7.6　基于环境质量底线的容量测算与承载力评估

基于 WRF-CALMET 模型测算的 2km 分辨率通风系数，采用 A 值法测算 SO_2、NO_x、PM_{10} 三种污染物在不同季节以及全年的环境扩散能力。结合大气环境质量底线目标要求，测算南宁市大气污染物 SO_2、NO_x、PM_{10} 和一次 $PM_{2.5}$ 的最大允许排放量，并根据各区县环境排放特征和污染传输规律确定各区县允许排放量。

7.6.1 全市大气环境承载测算

评估测算显示，在 2030 年 $PM_{2.5}$ 质量底线目标约束下，南宁市 SO_2、NO_x、PM_{10} 和一次 $PM_{2.5}$ 排放量需要在 2015 年基础上分别需削减 20.1%、25.0%、21.7%和21.7%。

以 SO_2、NO_x、PM_{10} 三项污染物年均浓度达二级标准为约束条件，基于 WRF-CALMET 模型测算的 2km 分辨率通风系数，采用 A 值法测算 SO_2、NO_x、一次 $PM_{2.5}$ 三项污染物在 1月、4月、7月、10月四个典型月份以及全年的最大允许排放量，并分析三种大气污染物环境容量的空间格局。评估测算显示，在二级标准约束下，南宁市 PM_{10} 理想环境容量约为 2.82 万 t/a，SO_2、NO_x 容量以现状排放量为目标。

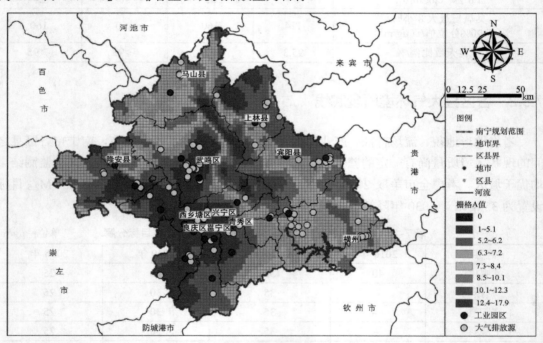

图 7-22 南宁市年均大气污染扩散能力空间分布

7.6.2 分区县大气环境承载测算

根据各区县理想情况下环境容量测算结果，分析不同区县之间工业园区、重点排放企业的空间分布，分析无组织工业面源、农业源、移动源、扬尘源等进行空间落地，统计各区县的污染排放，最终给出分区环境承载调控方案和控制措施。测算结果表明，环境容量整体与气象条件、地形条件关系密切。东南部平原山谷区环境容量较小，马山县、隆安县、横州和中部山脉地区环境容量较好。

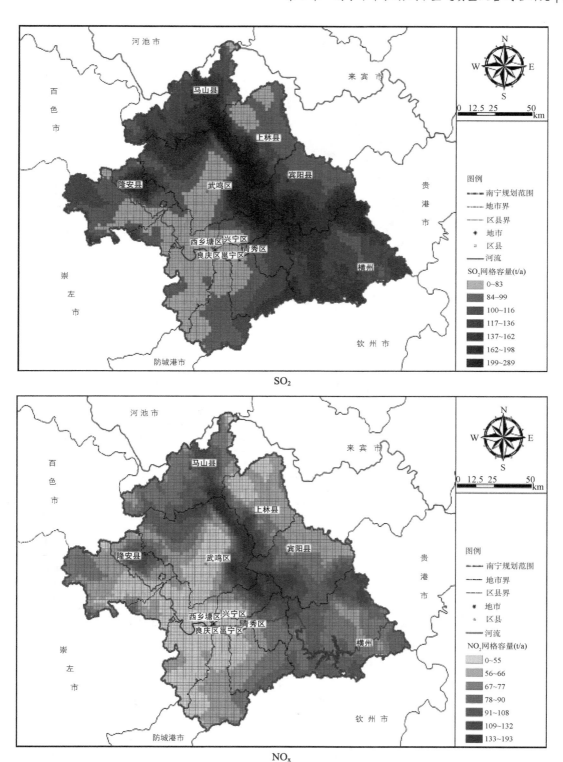

SO₂

NOₓ

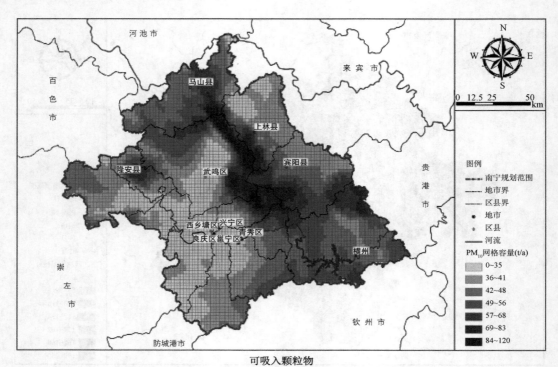

可吸入颗粒物

图 7-23　南宁市域范围网格化各污染物大气环境容量

表 7-17　大气环境底线目标下南宁大气污染允许排放量　　　单位：t/a

序号	区县	SO$_2$	NO$_x$	PM$_{10}$	一次 PM$_{2.5}$
1	兴宁区	400	1 800	700	500
2	青秀区	500	5 900	800	500
3	江南区	9 500	6 600	1 500	1 100
4	西乡塘区	3 800	10 100	4 600	3 200
5	良庆区	400	900	600	400
6	邕宁区	500	1 400	500	400
7	武鸣县	4 000	4 700	3 500	2 500
8	隆安县	1 500	2 100	1 600	1 100
9	马山县	300	1 100	500	400
10	上林县	200	700	500	400
11	宾阳县	2 700	4 300	2 100	1 500
12	横　县	7 600	9 200	7 000	4 900
合计		31 500	48 800	24 000	16 800

7.7　大气环境质量改善路线

7.7.1　工业污染治理

（1）强化污染行业企业淘汰升级

按照产业结构调整指导目录，严格限制冶炼、玻璃、皮革、印染、水泥等行业规模。推动城区内污染企业淘汰和外迁，以五象新区、空港经济开发区为基础重点开展高端服务业，培育壮大战略性新兴产业；以六景工业园、东盟经济技术开发区实施优势行业集中高效发展。

（2）提高重点工业行业污染治理水平

对南宁市电力、玻璃、陶瓷、水泥等重点行业实施脱硫脱硝降尘改造，确定工业污染源全面达标。建立健全污染源管理体系，全面实施工业污染源自行监测和信息公开。到 2020 年，基本实现工业排放源稳定达标；到 2030 年，基本实现基于环境质量的动态化、精细化管理。

（3）燃煤锅炉淘汰与深度改造

2020 年以前，加快淘汰建成区内低于 10t/h 及以下燃煤小锅炉或改用清洁能源，建成区内禁止新建 20t/h 及以下燃煤锅炉，全市范围内禁止新建 10t/h 及以下燃煤锅炉。推动现有锅炉超低排放技术改造，对已完成技术改造的燃煤锅炉加强环保监管，到 2030 年，锅炉废气排放稳定达到燃气锅炉排放标准。

（4）加强工业 VOCs 污染治理

加大石化、印刷、制鞋、家具制造、汽车制造、纺织等产生挥发性有机化合物行业的清洁生产和污染治理力度，2020 年前编制挥发性有机物排放源清单，并以此分解污染治理任务。对石化、精细化工等重点行业开展 VOCs 在线监测；完善加油站、油库、油罐车等生产、输送、储存过程有机废气回收系统。加大涉及持久性有机污染物企业清洁生产审核力度，严格控制新增持久性有机污染物排放源。

7.7.2　城市面源精细化治理

（1）抑制城市扬尘污染

加强对建设施工、道路保洁、养护绿化等活动的扬尘管理，规划 2020 年城市主次干路机扫、洒水率达到 95% 以上；渣土运输车辆全部密闭纳入监管。严格工地扬尘治理，积极推进绿色施工，建设工程施工现场全封闭设置围挡墙，场地周边实施在线监控。加快城市内部裸土、城市周边荒山绿化步伐，乔灌草相结合确保无裸露地面。

（2）加强堆场和采石场扬尘综合治理

贮存和堆放煤炭、煤矸石、煤渣、煤灰、砂石及灰土等易产生扬尘物料的场所，建设封闭设施、喷淋设施和表层凝结设施，并同步安装视频监控设施。城市周边区域禁止布设采石场，采石场厂区范围及沿途运输道路需采取抑尘措施，明确道路运输过程中扬尘污染控制的责任主体。

（3）加强生活油烟治理

将餐饮业和农家乐纳入规范化管理范畴，加强对露天烧烤的环境监管，鼓励家庭安装高效吸油烟机，规划 2020 年餐饮业油烟净化装置配备率达到 100%，大中型餐饮服务单位安装在线监控装置超过 80%。

（4）引导社会生活 VOCs 治理

加强建筑装饰装修行业推广使用低有机溶剂涂料，服装干洗行业淘汰开启式干洗机的生产和使用，推广使用配备压缩机制冷溶剂回收系统的封闭式干洗机，鼓励使用配备活性炭吸附装置的干洗机。

7.7.3 强化移动源污染控制

（1）开展绿色交通控制移动源防控

加大黄标车和老旧车污染排放的监督管理力度，2020 年前严格执行第五阶段机动车大气污染物排放标准，提前执行第六阶段机动车排放标准；在公交车、公用车、公务车等公共服务领域推广应用新能源汽车，到 2020 年清洁能源公交车占比达到 65%；加快轨道交通建设，优化公交线网，规划 2020 年和 2030 年城区公共交通占机动化出行比例提升至 60% 和 70% 以上。

（2）增强非道路移动源排放管理

控制农用机械、农用运输车、工程机械和铁路机车等非道路移动源排放，规划 2020 年建立非道路移动源大气污染控制任务清单，开展非道路移动机械污染防治工作，严格执行工地机械设备使用清洁油品规定，落实相关污染防治措施；2030 年前在城区划定高排放非道路移动机械禁止驶入区。

第8章　南宁市水环境系统解析、评价与分区引导建议

8.1　方法与数据

8.1.1　基本思路

南宁市属南方山丘区，岩溶地貌较为发育，地表水与地下水易相互转化，枯水期河川径流主要由地下水径流补给。下辖区县的饮用水水源供应主要依赖于地下水资源的开采，但近些年地下水的无序开采已经影响了环境质量，如宾阳县黎塘镇等区域已经出现了严重的地下水超采问题，因此南宁地表水的管控应该连同地下水共同开展。水污染防治和水资源管理是相互联系、相互支撑的有机整体，需要协同推进。表征水环境指标浓度中的污染物量"分子"和水资源量"分母"需要同时控制，因此，在强调控源减排的同时，更需要协同推进南宁市水生态保护和水资源管理。

按照"划单元—评功能—定目标—定总量—评承载—划分区—定清单"的水环境质量管理基本思路，将水环境质量底线的目标要求、水污染排放的总量控制、水资源开发的上线要求等内容落实到空间单元，综合提出基于水环境控制单元的质量、总量、准入及环境治理要求，实施"一张清单"的水环境系统管理，主要思路为：

（1）划单元：划分水环境控制单元；

（2）评功能：开展水环境系统评价，以水环境控制单元定水环境功能；

（3）定目标：以水环境功能定水环境质量底线，落实到断面或控制单元，将点状目标转化为空间目标；

（4）定总量：以环境质量底线目标定总量；

（5）评承载：开展水环境承载力评估；

（6）划分区：以控制单元为基础，考虑地表水地下水的交换关系，结合水质状况与功能，考虑承载状况、污染特征，划定水环境分区。

（7）定清单：对（重点）单元实施质量、总量、准入的清单式管理。

在具体工作中,应坚持以水环境质量底线为核心,衔接南宁市饮用水水源地保护规划、水资源开发利用规划等重要的空间规划成果,综合考虑确定水环境分区,统筹协调地表水与地下水、水资源和水环境管理。

8.1.2 技术路径

(1)细化控制单元

总体上,基于《重点流域水污染防治"十三五"规划》划定的 1 784 个"水十条"控制单元进一步细化而成,划定技术路径沿用了以往的"水系概化—控制断面选取—陆域范围确定—控制单元命名"的四步走的策略,详见《重点流域水污染防治"十三五"规划编制技术大纲》附 5。

(2)制定中长期水环境质量目标

对 2020 年、2025 年和 2035 年的断面和控制单元的水质目标进行预测、分析和制定,结合水质达标现状分析、未来的发展压力分析、水环境质量改善潜力分析、水功能目标要求等,统筹制定中长期水环境质量目标。2020 年目标与"十三五"、水污染防治目标责任书和"水十条"等制定的目标保持一致;2035 年展望目标原则上所有的断面均应达到水(环境)功能目标要求,确实无法达标的适度放宽要求;2025 年预期目标的制定更多的属于一个倒排工期的过程,需要综合考虑减排潜力、发展压力和管理需求。

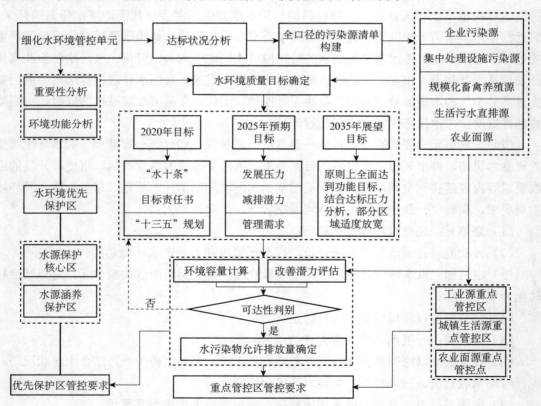

图 8-1 南宁市水环境质量底线确定的技术路线

（3）核算允许排放量

水环境容量核算的系列技术方法可以参考原环境保护部环境规划院编制的《全国水环境容量核定技术指南》，在此基础上，结合水利部门的水环境纳污能力核算结果进行完善。污染物的全口径统计分析应基于环保系统的环境统计数据库，进而补充入河排污口、污染普查和排查、农村综合整治等相关数据。最后，允许排放量的核算不只是环境容量和污染物统计分析结果的简单加减乘除，还需要结合污染物削减的潜力、环境安全余量的预留分析、水质达标的压力等的统筹分析；核算对象为不达标环境管控单元，原则上应覆盖"十三五"重点流域污染防治规划中划定的水质改善型控制单元；核算指标为特征性污染物，即 COD、氨氮和 TP。

（4）实施水环境分区管控

按照保护优先的原则，划定水环境优先保护区。与"水十条"、水源地保护区、产业发展规划等相关空间规划成果衔接，将饮用水水源地一级保护区、二级保护区和准保护区纳入水源保护控制区。将饮用水水源地集中区域的上游汇水区纳入水源涵养控制区。按照问题导向的原则，明确污染重点治理区，结合全口径的污染源分析结论，空间叠图分析工业源、生活源和面源等的集聚区，划定各类重点管控区。南宁市大江大河达标状况较好，环境保护要求较高，因此除优先保护区外的区域全部划定为重点管控区。考虑到工居混合问题突出，将工业源管控区和生活源管控区进行了合并处理。

8.1.3　数据来源

本节需要的数据主要分为三类。首先是基础地理信息类数据，包括 DEM、土地利用、水系图。其中水系数据结合土地利用和水利局的水系图进行补充完善。这些数据作为基础地理信息数据，主要用于细化水环境控制单元，识别不同的土地利用类型，核算面源污染等步骤。其次是第 4～5 项数据，这是构建源清单必需的数据。第 6～8 项数据是水文水质数据，这是最为关键的数据，也是贯穿整个研究过程都需要结合分析的数据。第 9～10 项数据是各类保护区和规划区域的空间信息，就是主要为了充分衔接现有的各类管控分区的要求，是划定水环境管控分区的重要依据（表 8-1）。

表 8-1　南宁市水环境质量底线的数据来源

序号	资料	精度/说明	来源
1	DEM 数据	30m 分辨率	地理国情监测云平台
2	国土二调数据	全市域	南宁市国土局
3	水系图、水功能区划图	全市域	南宁市水利局
4	畜禽养殖、工业污染源、集中基础设施源	2017 年，每个乡镇	环境统计数据
5	生活污水直排	2017 年，每个乡镇	逐一乡镇调研
6	流量、水资源量	多年平均值	南宁市水利局
7	污染防治目标责任书、"水十条"	"十三五"	南宁市环保局

序号	资料	精度/说明	来源
8	水环境质量监测数据	"十三五"	南宁市环保局
9	"水十条"控制单元、饮用水水源地保护区、湿地保护区等	市级及以上	南宁市环保局
10	水资源保护规划、邕江综合整治和开发利用控制规划（修编）、海绵城市总体规划等	——	南宁市水利局

8.2 水环境系统解析

8.2.1 水系关系梳理

南宁市位于珠江水系的西江流域的上游段。南宁市共有红水河、郁江、左江、右江 4 条国家级功能区划河流，清水河、乔建河、武鸣河、八尺江共 4 条自治区级功能区划河流。南宁市境内拥有中小河流及市区 18 条内河共 146 条河流。通过 ArcGIS 系统，整理南宁市水环境功能区划、监测点位，结合土地利用现状，对南宁全市 154 条河流、227 个水功能河段进行整合和空间落图，并按照水环境产汇流的传输关系，对主要水系进行空间梳理概化，明确汇流传输特征（见图 8-2、图 8-3）。

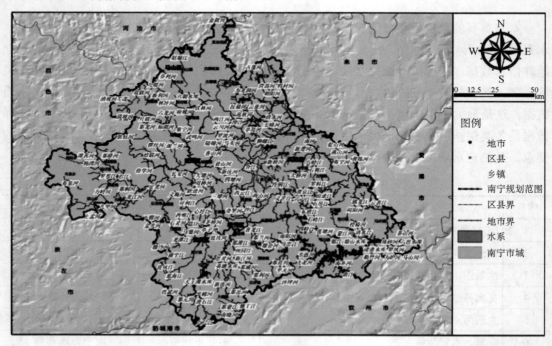

图 8-2 南宁市水系

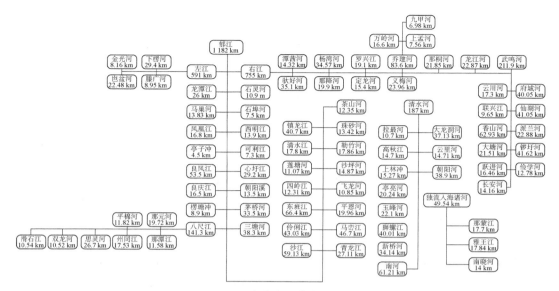

图 8-3　南宁市重点水系架构

8.2.2　2008—2016 年水质评价

　　2007 年，南宁市境内左江、右江、邕江、郁江及武鸣河支流上设置了上中、雁江、老口、水塘江、蒲庙、南岸、叮当和六景道庄 8 个监测断面。2013 年南宁市郁江支流上新增 1 个监测断面，为郁江平朗断面，共计 9 个监测断面。2016 年，南宁市境内左江、右江、邕江、郁江、武鸣河支流以及来宾市境内清水河等主要河流上共设置 10 个监测断面，其中上中、雁江、老口、叮当、六景、南岸为国控断面，水塘江、蒲庙、廖平桥为区控断面，平朗为市控断面，国控、区控断面每月监测一次，市控断面 1 月、3 月、4 月、7 月、11 月各监测一次。

　　根据河流、流域（水系）定性评价分级法，2007 年和 2008 年南宁市河流水质监测断面Ⅲ类水质达标率没有达到 100%，河流水质总体评价为良；2009—2016 年，南宁市河流监测断面Ⅲ类水质达标率均能达到 100%；河流水质状况整体良好。2009—2011 年，主要江河年均水质状况出现好转，Ⅲ类水质断面减少，Ⅱ类水质断面增加，到 2011 年Ⅲ类水质断面数占比降低到 25%，Ⅱ类水质断面数占比增加到 75%；2012—2014 年，主要江河水质状况有所下降，Ⅱ类水质断面减少，Ⅲ类水质断面增加；到 2015 年，除六景断面外，其他 8 个断面年均水质均达到Ⅱ类水质标准，2016 年的Ⅱ类水质断面相比 2015 年下降了 2 个百分点，见图 8-4。

　　从监测断面来看，2007—2016 年上中、老口、南岸、叮当、白马、水塘江、蒲庙和廖平桥断面水质较好，各断面水质监测指标年均值均达到或优于Ⅲ类标准，其中上中、老口、叮当和廖平桥断面所监测指标从未出现超标情况。2007—2008 年，雁江和六景断面水质监测指标年均值均为Ⅳ类轻度污染，水质较差。

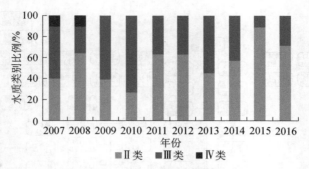

图 8-4 2007—2016 年南宁市水质类别比例

8.2.3 分流域达标情况

2001—2010 年水质变化情况。2001 年南宁市在左江、右江、邕江及右江支流上设置了 7 个断面，分别为上中、白马、老口、水塘江、蒲庙、武鸣和叮当。2003 年南宁市行政区划调整，辖区范围扩增横州、宾阳、上林、隆安、马山五县，河流水质断面增至 10 个，增加断面为花宋、六景和南岸。2004 年，白马断面取消，花宋断面移至雁江码头断面。2006 年，监测断面调整为左江上中、右江雁江、邕江老口、水塘江、蒲庙、郁江南岸、武鸣河武鸣、叮当和郁江六景道庄。2007 年，武鸣河断面被取消，南宁市主要河流市控监测断面调整为 8 个。

（1）根据河流、流域（水系）水质定性评价分级法，南宁市 2001 年、2003 年、2009 年、2010 年河流水质评价为优，2002 年、2005 年、2007 年河流水质评价为良好，2004 年、2006 年河流水质轻度污染。

（2）2001—2010 年影响南宁市河流水质的污染项目为 pH、溶解氧、氨氮、高锰酸盐指数、五日生化需氧量、石油类以及汞。溶解氧、氨氮和高锰酸盐指数为南宁市河流水质的主要污染因子，其中，又以溶解氧和氨氮的超标现象较为突出，各监测断面的石油类及铅含量均未检出。

（3）10 年来，受溶解氧、氨氮影响最大的监测断面有右江雁江、邕江水塘江、蒲庙以及郁江六景、南岸断面。其中，水塘江和蒲庙断面从 2001—2010 年连续 10 年，六景断面从 2001—2007 年以及 2009 年溶解氧指标均超Ⅲ类水标准。水塘江从 2001—2007 年，蒲庙自 2001—2006 年以及六景断面在 2002 年、2004 年、2005 年均出现氨氮指标超Ⅲ类水标准（见图 8-5）。

南宁市河流监测断面水质出现超Ⅲ类标准的情况集中在 2004—2008 年，其中 2006 年超标率最高，达到 37.5%。自 2009 年后，断面水质达标率为 100%，河流水质明显好转。

"十五"期间，影响南宁市河流水质的主要指标为溶解氧、氨氮、高锰酸盐指数，"十五"前期河流水质较好，超标断面出现在"十五"后期；"十一五"期间，影响南宁市河流水质的主要指标仍为有机物，分别为溶解氧、氨氮、五日生化需氧量。超标断面出现在前三年,"十一五"后期南宁市河流水质逐渐好转。

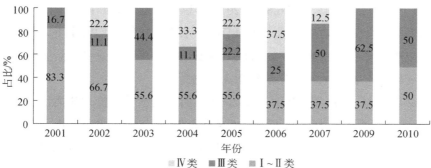

图 8-5　2001—2010 年南宁市河流断面水质类别比例

表 8-2　2001—2010 年南宁市主要河流超标断面比例

年份	2001	2002	2003	2004	2005	2006	2007	2008	2009	2010
超标断面比例/%	0	14.3	0	30	22.2	37.5	25	12.5	0	0

2011—2016 年水质变化情况。2011—2016 年南宁市主要河流断面各项污染物年均值均能达到Ⅲ类水质标准,雁江、上中、老口、叮当断面各项目各时段均达Ⅲ类水质标准,但水塘江、蒲庙、六景、平朗、南岸、廖平桥断面的季均值曾出现超标情况,主要超标项目为溶解氧、氨氮、石油类。其中水塘江在 2011 年第一季度石油类超标 0.46 倍,除此之外各时段水质均达标。蒲庙在 2012 年第一季度氨氮超标 0.01 倍,六景、平朗、南岸超标项目均为溶解氧。

南宁市主要河流断面溶解氧年均监测值除 2016 年的叮当断面没有达到溶解氧Ⅲ类水质标准外,其他断面在这 6 年中的溶解氧年均监测值皆超标。其中,南宁市河流的雁江、六景、蒲庙、上中、叮当断面的溶解氧年均值的末期较初期有所好转改善,溶解氧超标率下降明显,见图 8-6。

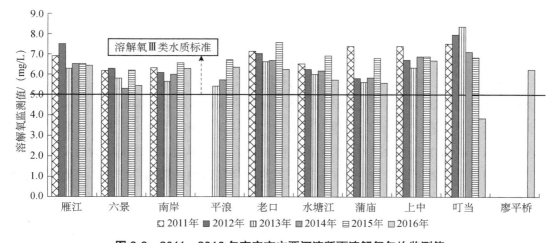

图 8-6　2011—2016 年南宁市主要河流断面溶解氧年均监测值

氨氮的年均监测值在雁江、六景、南岸、水塘江、蒲庙断面均出现，断面最大超标率出现在 2012 年的雁江断面，为 26.8%。2013 年以后，除六景断面氨氮的年均监测值仍超标，其他断面氨氮年均值均未超标，其中蒲庙、水塘江氨氮年均值呈下降趋势，雁江、南岸、老口、上中、叮当断面氨氮年均值保持较低浓度水平，六景受六景工业园区影响，平朗受西津水库影响，氨氮浓度较其他断面高，见图 8-7。

南宁市 2001 年、2003 年、2009 年、2010 年的河流水质评价为Ⅱ类优，2002 年、2005 年、2007 年河流水质评价为Ⅲ类良好，2004 年、2006 年河流水质为Ⅳ类轻度污染。2007 年和 2008 年南宁市河流水质监测断面存在Ⅳ类水质轻度污染，河流水质总体评价为Ⅲ类良好；但是从 2009 年开始，南宁市河流监测断面Ⅲ类水质达标率能达到 100%，河流水质状况整体优良。从 2001 年到 2016 年，南宁市主要河流的水质变优并趋于稳定，Ⅱ类水质逐渐增多。

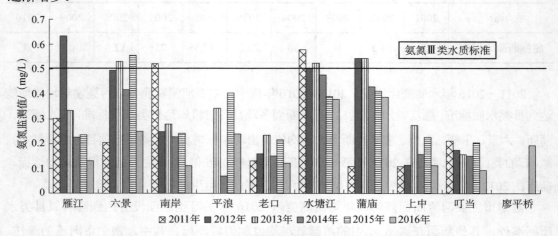

图 8-7　2011—2016 年南宁市主要河流断面氨氮年均监测值

8.2.4　小结

南宁市水环境质量在广西壮族自治区乃至全国都处于优等水平，根据南宁市 83 处主要地表水考核断面 2015 年的监测断面年均值，共有 3 个水质现状监测断面为Ⅰ类水质标准，分别是起凤山、渡头桥和明秀园断面，其中 15 个水质现状监测断面为Ⅱ类水质标准，Ⅲ类水质标准的水质现状监测断面为 42 个，有 4 个水质现状监测断面为Ⅳ类水质标准，分别是灵水、宾阳县自来水厂、水塘江和八尺江，只有楞塘冲 1 个水质现状监测断面为Ⅴ类水质标准。根据南宁市 15 处主要地下水考核断面 2015 年的监测断面年均值，共有 2 处地下水水质现状监测断面为较好，5 处地下水水质现状监测断面为良好，8 处地下水水质现状监测断面为较差（见图 8-8）。

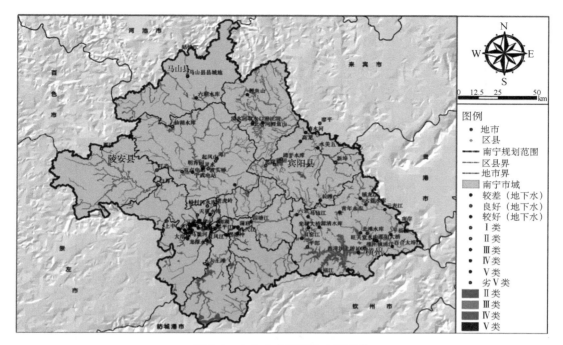

图 8-8　南宁市主要河流水质现状

8.3　水环境控制单元划分

8.3.1　自治区控制单元

西江为珠江流域内最大水系，广西西江经济带占广西壮族自治区总面积的 84.39%、占珠江流域总面积的 44.61%。广西西江经济带从生态保护角度，根据自然保护区、产卵场、水功能区分布、水质提升和风险防范情况，分别划分为水生态保护型、水生态修复型、现状维持型和风险防范型四种类型，共 37 个控制单元。其中，水生态保护型共有 11 个，水生态修复型共有 8 个，现状维持型共有 9 个，风险防范型共有 9 个。

南宁市的控制单元保护类型如图 8-9 所示，其中水生态保护型共有 1 个，水生态修复型共有 1 个，现状维持型共有 1 个，风险防范型共有 3 个。

8.3.2　集中式饮用水水源地保护区梳理

8.3.2.1　市级集中式饮用水水源地保护区

南宁市市区共有 13 处市级集中式饮用水水源地保护区，其中 5 个现用集中式饮用水水源地均为地下水型、7 个备用集中式饮用水水源地和 1 个规划饮用水水源地均为水库型。

图 8-9 南宁市的控制单元保护类型

表 8-3 市级集中式饮用水水源地保护区情况表

序号	水源地	类型	使用状态	集中式饮用水水源地保护区/km²				
				一级保护区		二级保护区		准保护区
				水域	陆域	水域	陆域	
1	河南水厂	地下水型	现用	0.21	0.25	0.53	1.16	3.65
2	中尧水厂	地下水型	现用	0.11	0.14	0.68	0.84	2.88
3	西郊水厂	地下水型	现用	0.12	0.14	0.49	0.85	2.59
4	陈村水厂	地下水型	现用	0.10	0.10	1.71	2.73	8.21
5	三津水厂	地下水型	现用	0.11	0.05	4.15	13.36	8.48
6	峙村河水库	水库型	备用	0.31	1.76	0.11	15.97	
7	龙潭水库	水库型	备用	0.23	0.40	0.68	24.8	
8	西云江水库	水库型	备用	0.17	0.44	2.60	57.17	
9	东山水库	水库型	备用	0.36	1.24	0.05	11.39	
10	天雹水库	水库型	备用	0.22	0.37	0.62	22.81	
11	老虎岭水库	水库型	备用	0.54	1.58	0.08	12.34	
12	大王滩水库	水库型	备用	59.47				
13	凤亭河水库	水库型	规划			2.99	22.72	

8.3.2.2　县级集中式饮用水水源地保护区

南宁市各县辖区共有 17 处县级集中饮用水水源地保护区，其中有 1 个备用集中式饮用水水源地为地下水型、3 个现用集中式饮用水水源地为地下水型、5 个现用集中式饮用水水源地为水库型、5 个备用集中式饮用水水源地为水库型和 3 个规划集中式饮用水水源地为水库型。

表 8-4　县级集中式饮用水水源地保护区情况表

序号	水源地	类型	使用状态	一级保护区 水域	一级保护区 陆域	二级保护区 水域	二级保护区 陆域	准保护区
1	宾阳县自来水厂	地下水型	现用		0.05		1.55	
2	宾阳县商贸城供水公司	地下水型	现用		0.02		2.20	
3	新宾供销公司水厂	地下水型	现用		0.01		0.78	
4	清平水库	水库型	备用	2.33	2.43	6.71	56.81	
5	清水河	水库型	规划	0.31	0.37	1.86	21.27	
6	横州郁江蒙垌	水库型	现用	0.42	0.22	7.35	29.65	
7	六蓝水库	水库型	备用	2.54	2.34	2.72	41.15	
8	娘山水库	水库型	备用	0.52	2.04	0.08	15.91	
9	那降水库	水库型	现用	0.12	0.41	2.28	23.86	
10	右江水源规划取水口	水库型	规划	0.33	0.12	1.50	19.67	
11	右江水源备用取水口	水库型	备用	0.07	0.05	0.16	2.39	
12	六朝水库	水库型	现用	0.06	0.45	0.72	6.24	
13	马山县地下水	地下水型	备用				0.01	0.01
14	北仓河	水库型	现用	0.23	0.58	1.32	43.33	
15	清水河（原上林县蚕种场段）	水库型	备用	0.44	0.51	2.23	22.79	
16	灵水湖	水库型	现用	0.45				57.69
17	仙湖水库	水库型	规划	0.59	0.64	2.96	32.13	

8.3.2.3　乡镇级集中式饮用水水源地保护区

南宁市各乡镇辖区共有 78 处乡镇级集中式饮用水水源地保护区，其中有 11 个现用集中式饮用水水源地为河流型、5 个规划集中式饮用水水源地为河流型、9 个现用集中式饮用水水源地为水库型、49 个现用集中式饮用水水源地为地下水型、3 个备用集中式饮用水水源地为地下水型、1 个规划集中式饮用水水源地为地下水型。

表 8-5　乡镇级集中式饮用水水源地保护区情况表

序号	水源地	类型	使用状态	一级保护区 水域	一级保护区 陆域	二级保护区 水域	二级保护区 陆域	准保护区
1	黎塘镇南河	河流型	现用	0.05	0.08	0.12	4.42	12.62
2	黎塘镇姚村	地下水型	备用		0.10			1.74

序号	水源地	类型	使用状态	集中式饮用水水源地保护区/km²				
				一级保护区		二级保护区		准保护区
				水域	陆域	水域	陆域	
3	露圩镇百合水库	水库型	现用	0.06	0.24	0.41	3.95	
4	武陵镇桃源水库	水库型	现用	0.02	0.07	0.28	4.64	
5	大桥镇鹰寨沓	地下水型	现用		0		0.29	
6	甘棠镇合庄	地下水型	现用		0		0.29	
7	新圩镇六合	地下水型	现用		0		0.29	
8	邹圩镇上渡	地下水型	现用		0.01		0.29	
9	洋桥镇文宋	地下水型	现用		0		0.29	
10	中华镇大庄	地下水型	现用		0		0.29	
11	古辣镇水丽	地下水型	现用		0		0.29	
12	和吉镇石龙	地下水型	现用		0.08			1.61
13	王灵镇大宁	地下水型	现用		0		0.29	
14	陈平镇何村	地下水型	现用		0		0.29	
15	青龙江水库	水库型	现用	0.17	0.5	3.27	35.47	
16	沱江	河流型	现用	0.13	0.15	1.35	34.33	
17	朗加水库	水库型	现用	0.20	1.58		1.11	
18	长塘电灌站	地下水型	现用		0.03			22.09
19	广西—东盟经济技术开发区西江河	河流型	现用	0.24	0.35	0.87	9.12	
20	金陵镇水厂	河流型	现用	0.13	0.15	0.76	9.06	
21	金陵规划取水口	河流型	规划	0.11	0.04	0.63	7.09	
22	双定兴平人饮工程	地下水型	现用		0.01		0.79	
23	坛洛人饮工程	地下水型	现用		0.03		0.95	
24	九塘社区人饮工程	河流型	现用	0.01	0.1	0	3.05	
25	新江镇英雄水库	水库型	现用	0.68	1.17	2.8	75.91	
26	那楼镇那久水库	水库型	现用	0.26	1.7	0.20	34.67	
27	那楼镇帽子岭水库	水库型	现用	0.85	2.46		8.13	
28	中和乡飞洒四季河	河流型	现用	0.39	0.65	1.04	27.08	
29	咯咘	地下水型	现用		0.67			35.36
30	咘头	地下水型	现用		0.75			29.31
31	嗅荷	地下水型	现用		0.45			39.39
32	岜羊	地下水型	现用		0.03		2.66	
33	立马	地下水型	现用		0.01		3.2	
34	慕垦	地下水型	现用		0.45			17.94
35	西秀山	地下水型	现用		0.83			38.23
36	罗兴江	河流型	现用	0.01	0.02	0.01	0.35	
37	罗兴江	河流型	规划	0.16	0.29	0.13	11.76	
38	右江	河流型	现用	0.05	0.04	0.08	1.6	

序号	水源地	类型	使用状态	集中式饮用水水源地保护区/km²				准保护区
				一级保护区		二级保护区		
				水域	陆域	水域	陆域	
39	右江	河流型	近期规划	0.07	0.04	0.06	1.27	
40	右江	河流型	远期规划	0.21	0.10	1.46	16.7	
41	明亮镇六宿山	河流型	规划	0.03	0.14	0	3.96	
42	巷贤镇鹅庄	地下水型	现用		0.01		1.45	
43	白圩镇瓜诗	地下水型	现用		0.01		1.47	
44	白圩镇小龙湖	地下水型	现用		0.01		1.47	
45	澄泰乡百世	地下水型	现用		0.01		1.48	
46	三里镇坡洒岭	地下水型	现用		0.01		1.47	
47	木山乡木佳	地下水型	现用		0.02		1.35	
48	乔贤镇横山	地下水型	现用		0.01		1.48	
49	乔贤镇龙来	地下水型	规划		0.01		1.45	
50	塘红乡落山	地下水型	现用		0.01		1.43	
51	镇圩瑶族乡江亚水库	水库型	现用	0.14	0.69		2.11	
52	西燕镇如来	地下水型	现用		0.01		1.52	
53	平朗郁江饮用水	河流型	现用	0.23	0.06	1.8	6.05	
54	六景郁江饮用水	河流型	现用	0.12	0.06	1.17	7.07	
55	南乡镇西津水库饮用水	水库型	现用	0.36	0.33	8.72	19.51	
56	百合镇地下水饮用水	地下水型	现用		0.01		0.78	
57	马岭镇地下水饮用水	地下水型	现用		0.02		0.80	
58	那阳镇地下水饮用水	地下水型	现用		0.01		0.78	
59	莲塘镇地下水饮用水	地下水型	现用		0.01		0.78	
60	六景镇地下水饮用水	地下水型	备用		0.01		0.78	
61	石塘镇地下水饮用水	地下水型	现用		0.01		0.78	
62	陶圩镇地下水饮用水	地下水型	现用		0.01		0.78	
63	校椅镇地下水饮用水	地下水型	现用		0.01		0.78	
64	云表镇地下水饮用水	地下水型	现用		0.01		0.74	
65	平马镇地下水饮用水	地下水型	现用		0.01		0.78	
66	新福镇地下水饮用水	地下水型	现用		0.01		1.07	
67	周鹿镇水源地	地下水型	现用		0.03		0. 67	
68	永州镇水源地	地下水型	现用		0.02		11.18	
69	林圩镇水源地	地下水型	现用	0.10	0.26	0.42	16.1	
70	乔利乡水源地	地下水型	现用		0.01		11.6	
71	古零镇里民水源地	地下水型	现用		0.03	0.42	7.95	
72	古零镇岜帽山水源地	地下水型	现用		0.03		6.67	
73	古寨瑶族乡水源地	地下水型	现用		0.03		7.06	
74	加方乡大陆村水源地	地下水型	现用		0.03		8.22	
75	加方乡街区水源地	地下水型	现用		0.03		8.22	

序号	水源地	类型	使用状态	集中式饮用水水源地保护区/km²				准保护区
				一级保护区		二级保护区		
				水域	陆域	水域	陆域	
76	金钗镇水源地	地下水型	现用		1.48		26.89	
77	里当瑶族乡水源地	地下水型	现用		0.03		2.98	
78	百龙滩镇红水河水源地	河流型	现用	0.15	0.12	1.32	24.73	

8.3.2.4 小计

南宁市共有 108 处集中式饮用水水源地,其中 83 处为现用集中式饮用水水源地,16 处为备用集中式饮用水水源地,10 处规划集中式饮用水水源地(见图 8-10)。

表 8-6　南宁市集中式饮用水水源地保护区情况表

序号	保护区类型	面积/km²	占比/%
1	一级保护区	108.79	7.43
2	二级保护区	1 072.09	73.30
3	准保护区	281.8	19.27

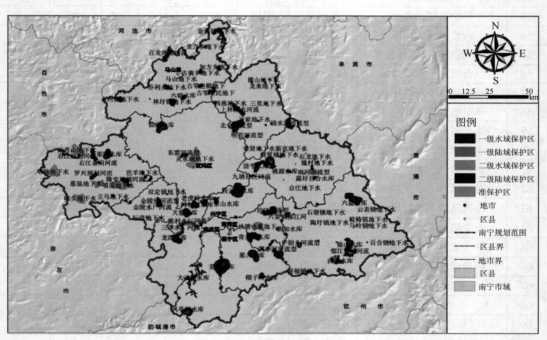

图 8-10　南宁市集中式饮用水水源地保护区分布

8.3.3　控制单元划定结果

根据水系传输规律和排污特征,考虑行政区划、水生态功能分区、功能区划、饮用水水源地保护区、地下水漏斗区等因素,基于自治区为南宁划定的 6 个三级水生态控制单元,综合考虑汇水单元、水源地保护区边界等因素，分解 6 个单元为南宁市 148 个水环境控制单元。控制单元的划分是后续的污染源统计分析、环境容量计算、质量目标的确定、承载调控、分区管控等工作的基础工作空间平台（见图 8-11）。

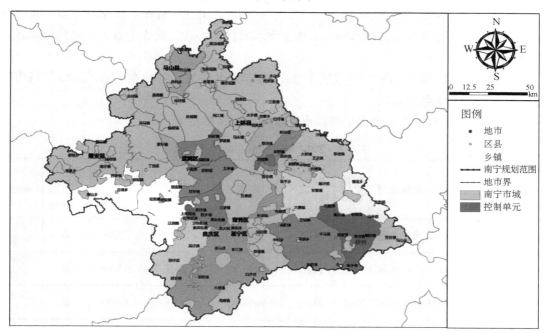

图 8-11　南宁市控制单元划定结果

8.4　水环境质量底线目标分解

遵循环境质量不断优化的原则，对于不达标区环境质量只能改善不能恶化；对于环境质量达标区，环境质量应维持基本稳定，环境质量底线不得突破环境质量标准。衔接相关规划环境质量目标、环境质量标准和限期达标要求，确定分区域、分流域、分阶段的环境质量底线目标，评估污染源排放对环境质量的影响，同时考虑总量控制要求，确定基于底线目标的重点区域环境管控要求。

8.4.1　"水十条"制定目标

（1）工作目标

到 2017 年城市建成区黑臭水体基本消除；到 2020 年，全市水环境质量总体保持优良，污染严重水体大幅减少，饮用水安全保障水平持续提升。主要湖库生态环境稳中趋好，区域水生态环境状况持续好转。到 2030 年，区域受损水生态系统功能初步恢复。

到 21 世纪中叶，生态环境质量全面改善，生态系统实现良性循环。

（2）主要指标

1）饮用水水源：到 2020 年,城市集中式饮用水水源水质达到或优于Ⅲ类比例为 100%,县级集中式饮用水水源水质达到或优于Ⅲ类比例总体达到 90% 以上。

2）江河湖库：到 2020 年，左江、右江、武鸣河、邕江、郁江、清水河 6 条主要河流国家考核监测断面以及大王滩水库、西津水库水质优良（达到或优于Ⅲ类）比例总体达到 100%。

3）城市水体：南宁市城市建成区于 2017 年年底前黑臭水体基本消除；2030 年城市建成区黑臭水体总体得到消除。

4）地下水：地下水 2 个质量考核点位水质级别保持稳定。

表 8-7　2017 年南宁市流域水质目标

序号	地市	区县	所属流域	所属水系	所在水体名称	水源地名称	水源地类型	服务人口/万人	水质目标 2017 年	备注
1	南宁市	江南区	珠江流域	西江	邕江	三津水厂	河流型	33.33	Ⅲ	国家考核
2	南宁市	西乡塘区	珠江流域	西江	邕江	陈村水厂	河流型	75.33	Ⅲ	国家考核
3	南宁市	西乡塘区	珠江流域	西江	邕江	西郊水厂	河流型	10.00	Ⅲ	国家考核
4	南宁市	西乡塘区	珠江流域	西江	邕江	中尧水厂	河流型	33.33	Ⅲ	国家考核
5	南宁市	江南区	珠江流域	西江	邕江	河南水厂	河流型	70.00	Ⅲ	国家考核
6	南宁市	隆安县	珠江流域	西江	—	隆安县那降水库	湖库型	4.6	Ⅲ	自治区考核
7	南宁市	隆安县	珠江流域	西江	—	右江规划水源地	河流型	0	Ⅲ	自治区考核
8	南宁市	马山县	珠江流域	西江	—	马山县六朝水库	湖库型	2.1	Ⅲ	自治区考核
9	南宁市	上林县	珠江流域	西江	北仓河	北仓河水源地	河流型	6	Ⅲ	自治区考核
10	南宁市	横州	珠江流域	西江	郁江	郁江蒙垌水源地	河流型	10	Ⅲ	自治区考核
11	南宁市	武鸣县	珠江流域	西江	邕江	灵水	地下水型	11.5	Ⅲ	自治区考核
12	南宁市	宾阳县	珠江流域	西江	—	宾阳县自来水厂	地下水型	10	Ⅲ	自治区考核
13	南宁市	宾阳县	珠江流域	西江	—	宾阳县商贸城供水公司	地下水型	2.3	Ⅲ	自治区考核
14	南宁市	宾阳县	珠江流域	西江		新宾供销有限责任公司水厂	地下水型	4	Ⅲ	自治区考核

表 8-8　2017 年南宁县级以上集中式饮用水水源水质目标

序号	省区	地市	区县	考核城市	所属流域	所属水域	所在水体名称	断面名称	水质目标 2020 年	备注
1	广西	南宁市	隆安县	南宁市	珠江流域	西江	武鸣河	叮当	II	国家考核断面
2	广西	南宁市	西乡塘区	南宁市	珠江流域	西江	邕江	老口	II	国家考核断面
3	广西	南宁市	邕宁区	南宁市	珠江流域	西江	邕江	蒲庙	III	自治区考核断面
4	广西	南宁市	横州	南宁市	珠江流域	西江	郁江	六景	III	国家考核断面
5	广西	南宁市	横州	南宁市	珠江流域	西江	郁江	南岸	III	国家考核断面
6	广西	南宁市	良庆区	南宁市	珠江流域	西江	郁江	大王滩水库	III	自治区考核断面
7	广西	南宁市	横州	南宁市	珠江流域	西江	郁江	西津水库	III	按河流型标准考核,自治区考核断面
8			宾阳县	南宁市	珠江流域	西江	清水河	南宁—来宾交界断面	2016 年水质	保持现状

表 8-9　南宁市地下水监测点点位水质目标清单

序号	地市	区县	所属流域	所属水系	水体名称	点位名称	井深	含水层类型	2017 年水质目标 水质类别	2017 年水质目标 综合评价	备注
1	南宁市	高新区	珠江流域	西江	邕江	南宁市区甘蔗研究所	24	圆砾层	IV	较差	铁、锰、氨氮 超标
2	南宁市	西乡塘区	珠江流域	西江	邕江	南宁市西乡塘区石埠镇乐洲 17 队	26	圆砾层	II	良好	——

8.4.2　环境功能目标

南宁市共有 4 条自治区级河流,分别是清水河、乔建河、武鸣河和八尺江。将 4 条河流划共分为 10 个一级水功能区和 12 个二级水功能区,一级水功能区包括了 3 个保护区、4 个开发利用区、3 个保留区;二级水功能区包括了 5 个饮用水水源区、3 个工业用水区、2 个农业用水区、1 个景观娱乐用水区、1 个过渡区。南宁市境内 146 条中小河流(含 18 条市区内河),通过划分共有 178 个一级水功能区和 144 个二级水功能区。一级水功能区包括 7 个保护区、95 个开发利用区和 76 个保留区,二级水功能区包括 37 个饮用水水源区、24 个工业用水区、40 个农业用水区、33 个景观娱乐用水区、6 个过渡区和 4 个排污控制区。

8.4.3 衔接最严格水资源管理制度相关指标

以《关于实行最严格水资源管理制度的意见》（国发〔2012〕3 号）和《关于印发实行最严格水资源管理制度考核办法的通知》（国办发〔2013〕2 号）为指导，结合《关于印发广西壮族自治区实行最严格水资源管理制度考核办法的通知》（桂政办发〔2013〕100 号）的要求，南宁市人民政府出台《南宁市人民政府办公厅关于印发南宁市实行最严格水资源管理制度考核办法的通知》（南府办〔2013〕192 号），办法中明确南宁市各县（区）主要江河水库水功能区水质达标控制目标如表 8-10 所示。

表 8-10　南宁市各区县水功能区达标率　　　　　　　单位：%

行政分区	2015 年	2020 年	2030 年
武鸣县	90	95	97
横州	90	95	95
宾阳县	90	95	97
上林县	90	95	97
马山县	90	95	97
隆安县	90	95	97
市区	85	86	90
合计	86	90	95

南宁市共有全国重要江河湖泊的水功能区 19 个，纳入 2014 年、2015 年考核名录共有 17 个，目前国家级水功能区水质达标率为 100%。自治区级的水功能区共有 19 个，目前尚未完全开展监测及考核，达标率无法统计。本书的水质达标目标分解方案主要针对南宁市中小河流水功能区，所以仅对南宁市中小河流水功能区进行水质达标目标分解。

根据水功能区分级管理的原则，中小河流水功能区由市级水行政主管部门管理。由于《南宁市人民政府办公厅关于印发南宁市实行最严格水资源管理制度考核办法的通知》只对国家级水功能区提出考核要求，因此，只能参照《南宁市人民政府办公厅关于印发南宁市实行最严格水资源管理制度考核办法的通知》要求确定南宁市中小河流水功能区各水平年达标控制目标为：

1）2015 年南宁市中小河流水功能区水质达标率达到 86%（允许 32 个不达标），跨行政区交界断面水质达标率为 100%；

2）2020 年南宁市中小河流水功能区水质达标率达到 90%（允许 22 个不达标），跨行政区交界断面水质达标率为 100%；

3）2030 年南宁市中小河流水功能区水质达标率达到 95%（允许 11 个不达标），跨行政区交界断面水质达标率为 100%。

根据本书的现状水质评价结果，南宁市级 227 个中小河流水功能区，现状水功能区达标个数为 191 个，达标率为 84.1%，未满足水质达标控制目标 86% 的要求；中小河流共有 26 个跨县区水功能区，现状除义梅河武鸣—西乡塘保留区水质目标不达标外，其余均达标，达标率为 96.2%，未满足水质达标控制目标 100% 的要求，因此，需要将各水平年达标控制目标分解到各行政区。

8.4.4　水环境质量底线确定

方案一：覆盖水利局 225 个中小河流水功能区划。

水环境质量底线的表达注重空间化，结果注重断面可考核、目标可达、具体可操作等特点。将水环境质量底线的考核落实到监测断面。同时，将水环境质量底线的考核落实到控制单元，为后续基于控制单元水环境质量底线制定的环境准入负面清单落实到流域范围和控制单元范围奠定基础。

方案二：覆盖环保局 100 个县控及以上考核断面制定。

基于水环境主导功能、上下游传输关系、水源涵养需求、需要重点改善的优先控制单元等内容，衔接南宁市水功能区划、"水十条"实施方案、生态环保"十三五"规划等要求，考虑水环境质量改善潜力，综合确定水环境质量底线。

总体底线：到 2020 年，全市水环境质量总体保持优良，污染严重水体大幅减少，饮用水安全保障水平持续提升。主要湖库生态环境稳中趋好，区域水生态环境状况持续好转。到 2030 年，区域受损水生态系统功能总体恢复见图 8-12 和图 8-13。

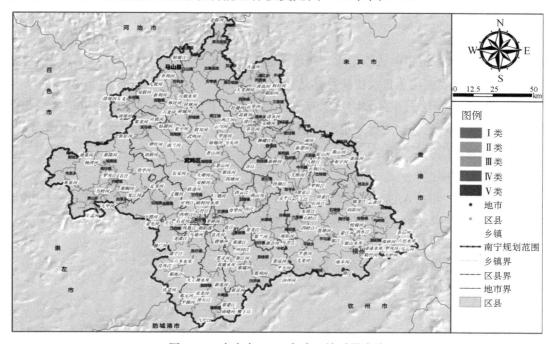

图 8-12　南宁市 2020 年水环境质量底线

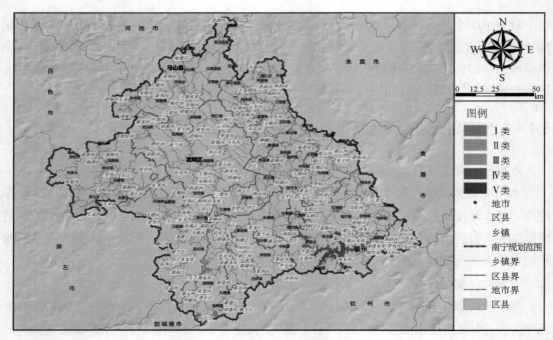

图 8-13　南宁市 2030 年水环境质量底线

分断面的底线目标：结合县控及以上地表水（河流、湖库）、地下水共计 100 个断面的现状水质，及"水十条"实施方案制定目标、环境功能区划目标，制定 2020 年、2030 年的环境质量底线目标。

设置关键指标如下：

——饮用水水源：

到 2020 年，城市集中式饮用水水源水质达到或优于Ⅲ类比例为 100%，县级集中式饮用水水源水质达到或优于Ⅲ类比例总体达到 90% 以上。

到 2030 年，县级集中式饮用水水源水质达到或优于Ⅲ类比例总体达到 100%，乡镇集中式饮用水水源水质达到或优于Ⅲ类比例总体达到 80% 以上，农村集中式饮用水水源水质达到或优于Ⅲ类比例总体达到 50% 以上。

——江河湖库：

到 2020 年，市控及以上监测断面水质优良（达到或优于Ⅲ类）比例稳定达到 100%。

到 2030 年，区县级 38 个监测断面的水质优良比例稳定达到 100%。

——城市水体：

到 2020 年，城市建成区黑臭水体总体得到消除。

到 2030 年，城市滨水廊道和亲水空间得到有效保护。

——地下水：

到 2020 年，地下水 2 个质量考核点位水质级别保持稳定。

到 2030 年，地下水 17 个监测断面较好点位占比 80% 以上，具体见图 8-14。

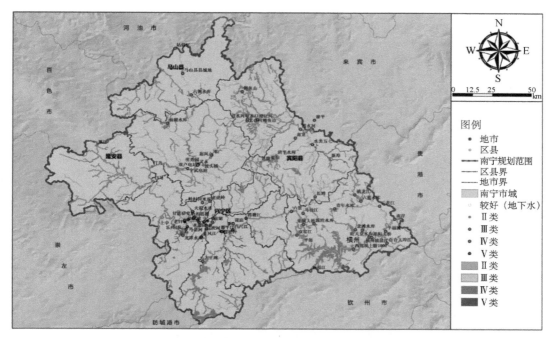

图 8-14 2030 年水环境质量目标规划（监测断面）

8.5 污染源清单建立

为建立全面系统的污染源清单，对南宁市传统的工业企业源、污水处理厂源、直排生活源、畜禽养殖源、农业面源五类污染源进行调研统计分析，逐一落实到控制单元。

8.5.1 工业源

梳理南宁市环境统计企业中 391 家水环境工业污染源，筛选直接排入水体的 184 家。工业污染源主要集中在南宁市西乡塘区、江南区和良庆区三区交界处一带，其次是武鸣区、横州、上林县、宾阳县、隆安县东南部（图 8-15）。南宁市工业污染源中 COD 排放量、氨氮排放量和总氮排放量贡献最多的企业是位于江南区苏圩镇的广西国发生物质能源有限公司，总磷排放量贡献最多的企业是位于武鸣区锣圩镇的广西武鸣区皎龙酒精能源有限公司。

8.5.2 污水处理厂源

生活污水污染物排放量主要集中在南宁市江南区和青秀区一带（图 8-16）。南宁市污水处理厂数据仅统计了环统中的污水处理厂（站）数量，尚未包括县级、镇级、村级的污水处理设施，后续将进一步收集补充以实现全口径的统计分析。

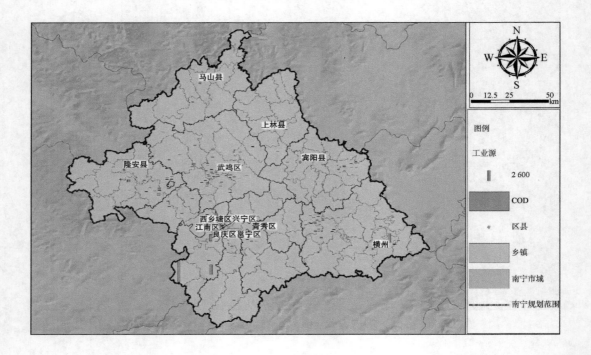

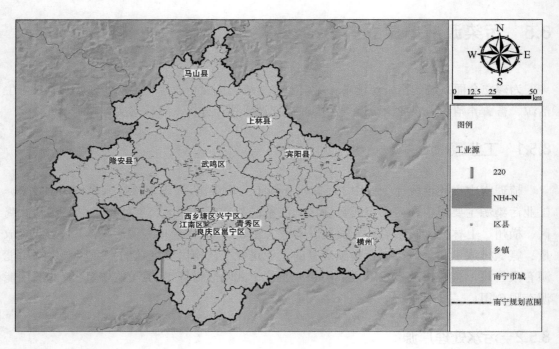

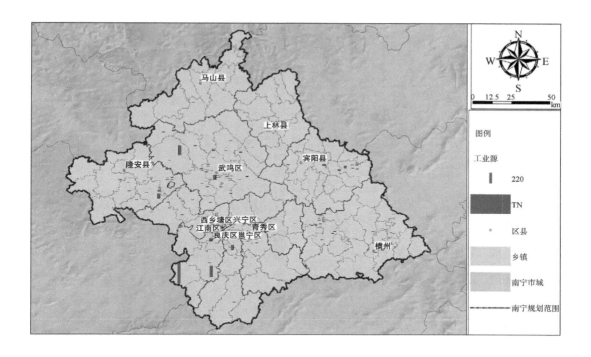

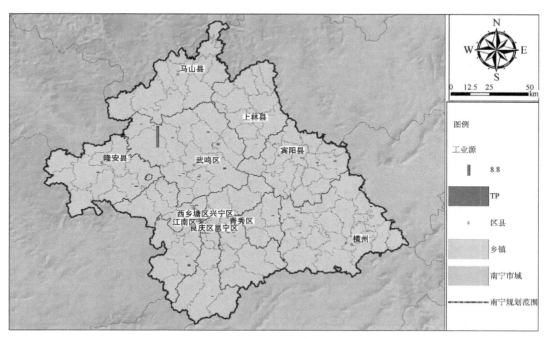

图 8-15　南宁市工业源各类污染物排放量空间分布

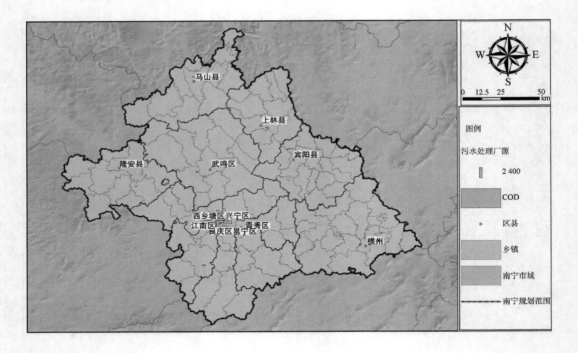

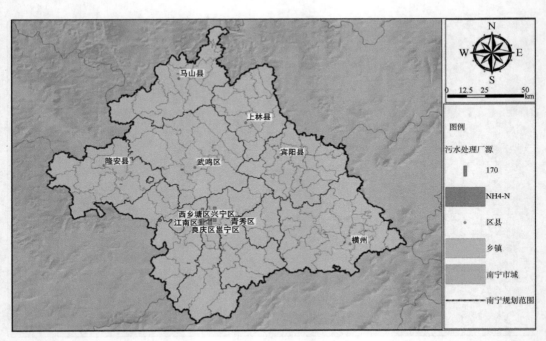

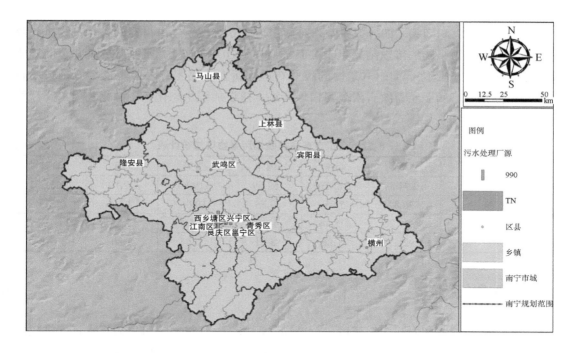

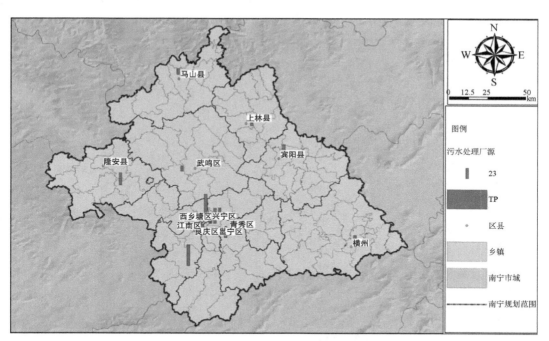

图 8-16　南宁市污水处理厂源各类污染物排放量空间分布

8.5.3　畜禽养殖源

通过综合南宁市各地区的调研监测资料，畜禽养殖场主要集中在隆安、武鸣、上林、兴宁、江南和西乡塘区一带，根据国家污染物普查中总结得到的 5 种不同养殖种类（生猪、奶牛、肉牛、蛋鸡和肉鸡）的排放系数，对南宁市 290 家规模化畜禽养殖场污染物排放量进行估算，四类污染物的排放结果见表 8-11。其中 COD 排放量、氨氮排放量和总磷排放量贡献最多的企业是位于横州六景镇的广西农垦永新畜牧集团有限公司良圻原种猪场和上林县白圩镇的广西弘康畜牧有限公司白圩猪场，建议加强生态化、资源化利用，实行种养结合的生态循环发展模式。

表 8-11 南宁市畜禽养殖场污染物排放统计表 单位：t

	生猪	奶牛	肉牛	蛋鸡	肉鸡	合计
COD	3 894.87	542.30	52.69	119.85	22.10	4 631.81
NH_3–N	596.84	5.05	0.56	10.06	1.14	613.65
TN	1 791.20	418.16	41.15	386.6	5.41	2 642.52
TP	292.53	71.86	5.21	20.64	1.80	392.04

8.5.4 直排生活源

基于南宁市城镇和农村人口密度、污染物入河系数，计算南宁市生活污水直接排放情况。结果表明（表 8-12 和图 8-18），南宁市中心城区的生活污水直排问题依然严重，其次是宾阳县、横州等区域。生活污水直排是导致黑臭水体的主要成因。

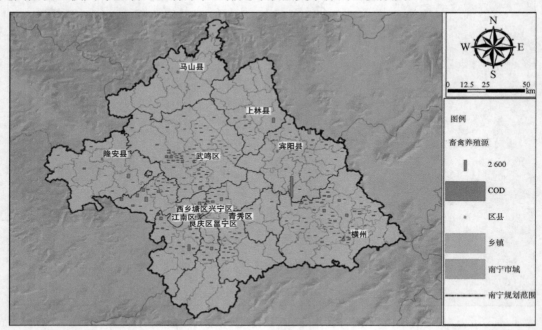

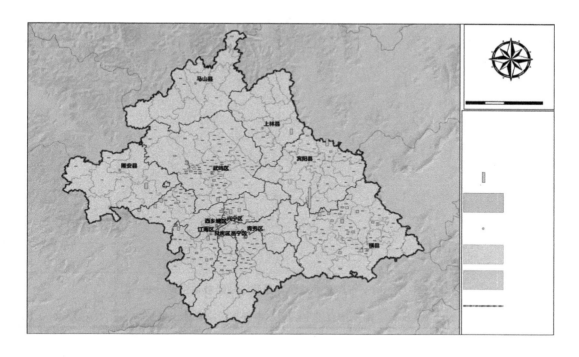

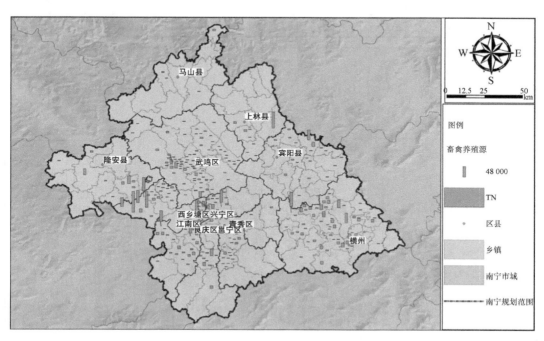

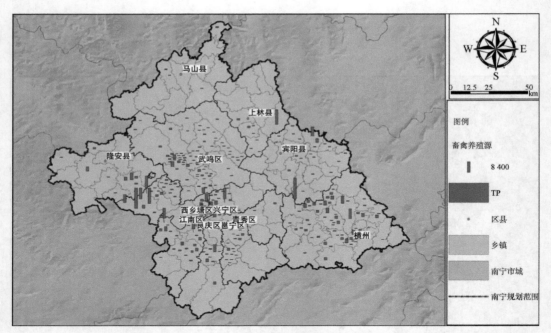

图 8-17 南宁市畜禽养殖源各类污染物排放量空间分布

表 8-12 南宁市直排生活污水中各类污染物输出系数 　　　　　单位：kg/人

	COD	氨氮	总氮	总磷
城镇生活污水入河系数	2.48	0.51	0.64	0.06
农村生活污水入河系数	0.87	0.16	0.23	0.02

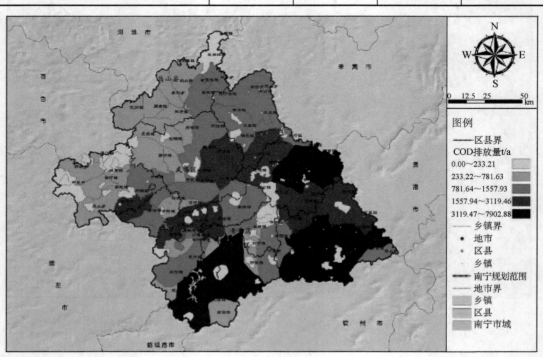

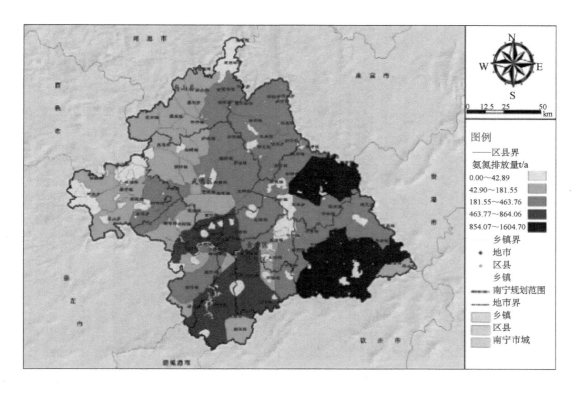

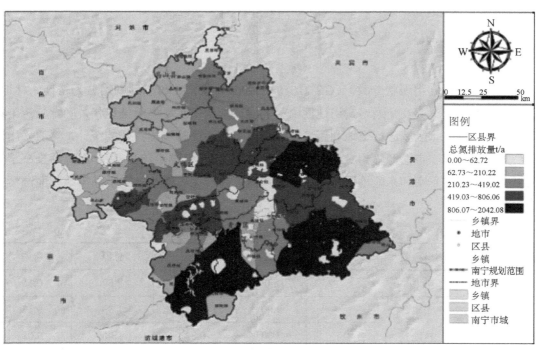

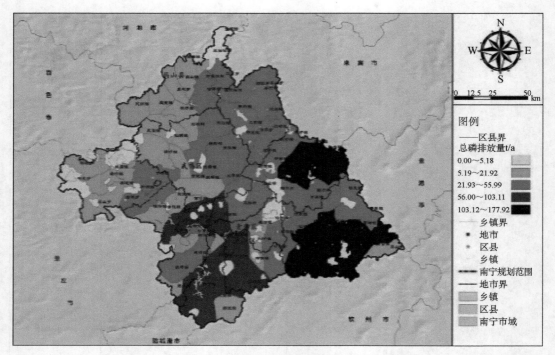

图 8-18 南宁市直排生活源各类污染物排放量空间分布

8.5.5 农业面源

根据《土地利用现状分类》（GB 21010—2007），将南宁市土地利用分为耕地、林地、草地、城镇村及工况及交通运输用地四大类，根据南宁市水环境污染现状，确定各污染物输出系数，对核算区域进行土地利用情况及各污染源污染物输出系数的统计，然后采用输出系数法计算南宁市面源输出负荷。结果表明（表 8-13 和图 8-19），南宁面源污染严重的范围主要集中在东南和东北地区，其中以良庆区、邕宁区、横州、宾阳县等地区面源污染较为严重。

表 8-13　南宁市水环境面源污染物输出系数　　　　　单位：kg/（hm²·a）

输出系数	COD	氨氮	总氮	总磷
耕地	18.00	1.67	2.67	0.15
园地	9.00	0.83	1.33	0.13
林地	7.00	0.33	1.00	0.08
草地	8.00	0.33	0.83	0.08

输出系数	COD	氨氮	总氮	总磷
城镇村及工况用地	6.00	0.67	1.00	0.22
交通用地	6.00	0.67	1.00	0.07
其他用地	6.00	0.33	0.67	0.07

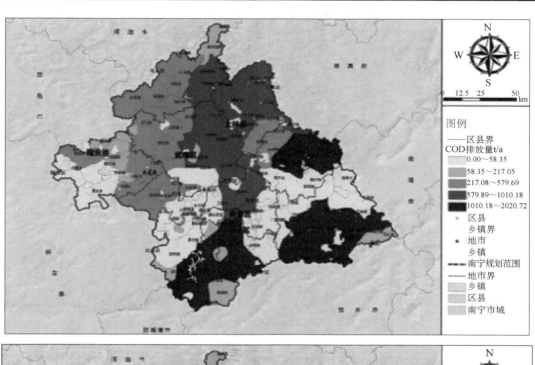

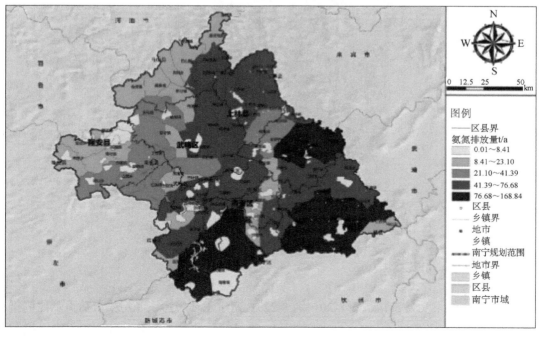

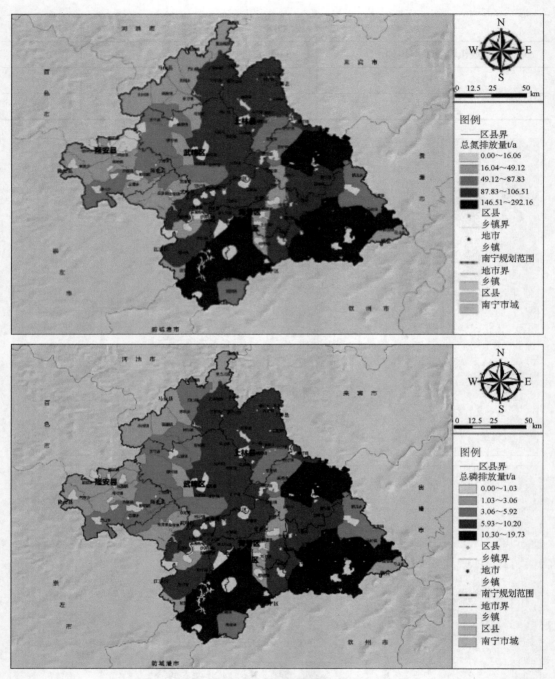

图 8-19   南宁市农业面源各类污染物排放量空间分布

8.5.6   污染源统计分析

根据研究结果（表 8-14、图 8-20～图 8-22），南宁水环境污染源污染负荷贡献比例排序为：农业面源>工业污染源>污水处理厂源>直排生活源>畜禽养殖源。综合得出南宁控制潜力优先序为：工业污染源>污水处理厂源>畜禽养殖源>直排生活污染源>农业面源。丰水期以农业面源和直排生活源为主，枯水期以点源污染为主。南宁污染物排放集中在青秀区、江南区、西乡塘区、横州和武鸣区，其中工业污染源集中分布在市辖 7 区、上林县和横州。

表 8-14　南宁市各污染源的主要污染物排放情况　　　　　单位：t

	COD	氨氮	总氮	总磷
工业污染源	17 684	1 109	1 862	31
畜禽养殖源	3 895	597	1 792	293
污水处理源	9 397	916	3 320	3
直排生活源	6 070	1 139	1 600	139
农业面源	17 329	1 715	3 316	227
合计	54 374	5 475	11 890	693

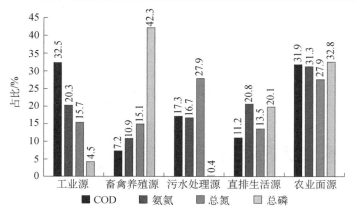

图 8-20　南宁市各污染源的主要污染物贡献比例

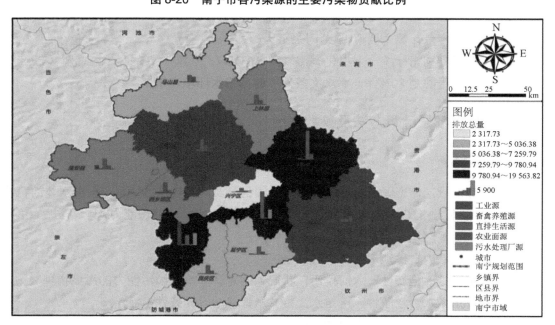

图 8-21　南宁市各区县的水环境污染物排放量总体分布（以 COD 为例）

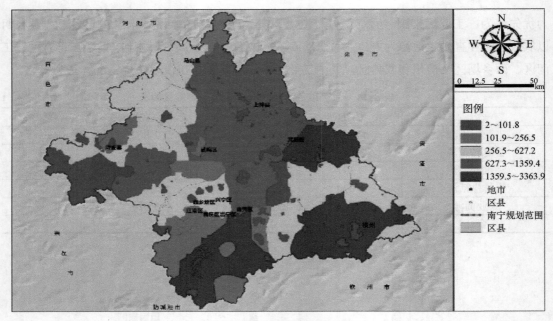

图 8-22　南宁市面源污染负荷分布

8.6　水环境承载状况评估

8.6.1　水环境容量计算原则

本章水环境容量计算主要遵循以下原则：

（1）主要污染物指标统一采用化学需氧量（COD）、氨氮（NH_3-N）和总磷（TP）。

（2）成果选用的是 80%保证率水文条件下的理想水环境容量。

8.6.2　水环境容量计算方法及参数拟定

8.6.2.1　计算程序

确定计算区域，调查区域内自然和社会经济状况及污染物排放情况，根据水体的特性和水质水量资料，选定合适的水质模型，计算不同条件下水体的纳污能力，具体程序如下：

（1）选定计算区域（水功能区）；

（2）调查区域内自然地理和社会经济概况；

（3）分析水域污染特性、入河排污口状况，确定计算水域纳污能力的污染物种类；

（4）分析水域水力学条件，确定水文特性及计算的设计条件；

（5）根据水域扩散特性，选择纳污能力计算模型；

（6）参照水功能区水质目标和水质监测成果，确定水域污染物初始浓度 C_0 和水质目标浓度 C_S；

（7）确定模型参数；

（8）计算水域纳污能力；

（9）进行合理性分析和检验。

8.6.2.2　水质数学模型

水质模型是描述水体中污染物变化的数学表达式，模型的建立可以为水体中污染物排放与水体水质提供定量关系。

（1）河流型水功能区水质数学模型

经分析，《南宁市水功能区划》中市级河流水功能区划涉及的所有河流多年平均流量均小于 $15\text{m}^3/\text{s}$，为规范确定的小型河流，因此水功能区纳污能力计算采用了河流一维模型，即适用于污染物在横断面上均匀混合的中、小型河段。污染物浓度计算公式为：

$$C_x = C_0 \exp\left(-K\frac{x}{u}\right) \tag{8-1}$$

式中，C_x——流经 x 距离后的污染物浓度，mg/L；

　　　　x——沿河段的纵向距离，m；

　　　　u——设计流量下河道断面的平均流速，m/s；

　　　　K——污染物综合衰减系数，s^{-1}。

相应的水域纳污能力计算公式如下：

$$M = (C_s - C_x)(Q + Q_p) \tag{8-2}$$

式中，C_s——相应的水质标准浓度；

　　　　C_x——流经 x 距离后的污染物浓度，mg/L；

　　　　Q——河流上游流量，m/s；

　　　　Q_p——排入污水量，m/s。

当 $x = L / 2$ 时，即入河排污口位于计算河段的中部时，水功能区下断面的污染物浓度计算公式如下：

$$C_{x-L} = C_0 \exp(-KL / u) + \frac{m}{Q}\exp(-KL / u) \tag{8-3}$$

式中，m——污染物入河速率，g/s；

　　　　L——计算河段长，m；

　　　　C_{x-L}——水功能区下断面污染物浓度，mg/L。

相应的水域纳污能力计算公式为：

$$M = (C_s - C_{x-L})(Q + Q_p) \tag{8-4}$$

式中符号意义同式（8-2）。

（2）湖（库）型水功能区水质数学模型

库区河段可采用湖（库）型水功能区水质数学模型计算纳污能力。依据《水域纳污能力计算》（GB/T 25173—2010），湖（库）型水功能区水域纳污能力采用湖（库）均匀混合模型计算。计算公式为：

$$M = (C_s - C_0)V \tag{8-5}$$

式中，V——设计水文条件下的湖（库）容积，m^3。

式中其余符号意义同式（8-2）。

8.6.2.3 水质数学模型参数

（1）水功能区水质数学模型参数的确定

数学模型法计算水功能区纳污能力工作步骤如下：

第一步，明确功能区纳污能力计算条件，包括 COD 和 $NH_3\text{-}N$ 两项水质指标分别对应于功能区水质保护目标的目标浓度值 C_S；功能区设计水文条件（包括设计水量及其相应设计流速）等。

第二步，选择适宜的水量水质模型及其模型参数值，用来模拟污染物在水功能区段水体内的稀释与自净规律。

第三步，利用数学模型，根据纳污能力计算条件，进行水功能区纳污能力计算。

在河段纳污能力计算中，参数的确定和取值是否符合客观实际，直接关系到计算结果是否准确合理。因此，参数的确定是纳污能力计算的关键。

根据《水域纳污能力计算规程》（GB/T 25173—2010）的规定，水功能区纳污能力计算模型的参数包括污染物综合降解系数 K、河段平均流速、设计流量、湖（库）设计水量和水质浓度等。

纳污能力计算结果均转换为 COD、氨氮。

（2）污染物综合降解系数 K

分析借用：有资料可利用的，直接利用现有资料。无资料时，借用水力特性、污染状况及地理、气象条件相似的邻近河流资料。

实测法：选取一个河道顺直、水流稳定、中间无支流汇入、无排污口的河段，分别在河段上游（A 点）和下游（B 点）布设采样点，监测污染物浓度值，并同时测验水文参数以确定断面平均流速，则综合自净系数按式（8-6）计算：

$$K = \frac{U}{X} \ln \frac{C_A}{C_B} \tag{8-6}$$

式中，U——断面平均流速，m/s；

　　　X——上下断面之间的距离，m；

　　　C_A——上断面污染物浓度，mg/L；

　　　C_B——下断面污染物浓度，mg/L。

本章广西壮族自治区级水功能区污染物综合降解系数 K 采用《广西壮族自治区主要污染物入河量测算及其模型应用研究》（广西壮族自治区水利厅、河海大学，2009 年 3 月）

中相关研究成果,并进行复核。经复核,计算 COD 降解系数取值范围为 0.08～0.10 d^{-1},氨氮降解系数取值范围为 0.05～0.08 d^{-1}。

（3）设计水文条件

根据《水域纳污能力计算规程》(GB 25173—2010)的规定,河流型水功能区纳污能力计算的设计水文条件包括设计流量和设计流速,其中设计流量为 90%保证率最枯月平均流量或近 10 年最枯月平均流量;位于饮用水水源区的水功能区,设计流量为 95%保证率最枯月平均流量或近 10 年最枯月平均流量。设计流速即与设计流量相对应的代表断面平均流速。

湖库型水功能区纳污能力计算设计水文条件主要是设计水量,以近 10 年最低月平均水位或 90%保证率最枯月平均水位相应的蓄水量作为设计水量,也可直接采用死库容相应的蓄水量作为设计水量。

与规划水平年一致,设计水文条件的分析计算以 2010 年为基准年,设计水平年为 2015年、2020 年、2030 年。

8.6.3　水环境容量计算结果

采用一维水质模型,核算《南宁市水功能区划》中河流水功能区划涉及的 227 个水功能区的水环境容量。核算污染物指标为 COD、氨氮、总磷。梳理南宁市 391 家工业企业源、13 家污水处理厂源、290 家畜禽养殖源,逐一矢量化统计落实到各个控制单元,模拟核算 148 个控制单元的直排生活源和农业面源,建立全面系统的污染源排放清单,统计COD、氨氮、总磷的污染物入河量,南宁市各控制单元的水环境容量如图 8-23 所示。

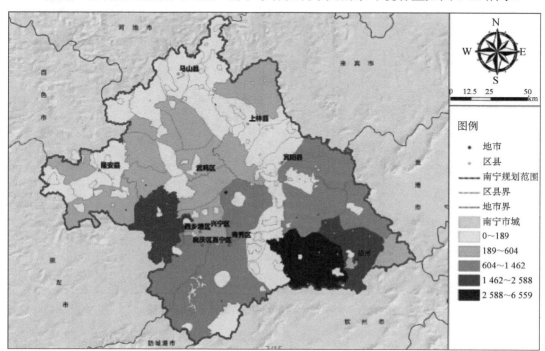

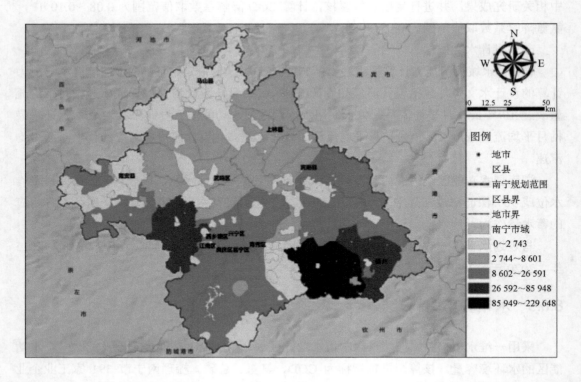

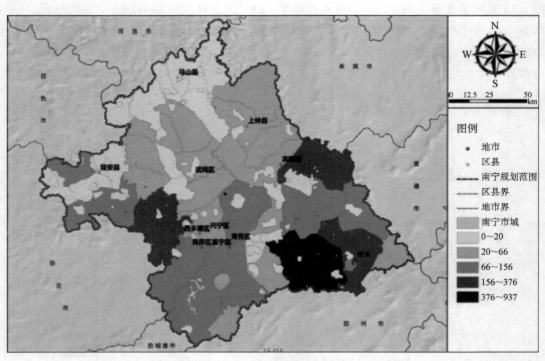

图 8-23　南宁市水环境 COD、氨氮和总磷容量

8.6.4 水环境承载状况

南宁市总体不超载，部分河段排污较为集中，出现超载问题。南宁市多年平均水资源量为 140 亿 t，过境水资源量为 383 亿 t。南宁市主要的水功能区划为Ⅲ类，按照该标准简单估算，南宁市本地水资源的 COD、氨氮和总磷环境容量约为 30 万 t、1.5 万 t 和 3 000t，本章的计算结果与该估算基本吻合。过境水资源量主要为邕江、郁江、左江、右江，水环境容量较为丰富，水质较好，超标污染物主要为溶解氧，基本不超载，虽然水环境容量富余，但是作为过境水资源，可利用水资源量仅为 37%左右，因此可利用水环境容量大打折扣。

全市水环境总体不超载，部分河段排污较为集中，出现超载问题。超载区域主要集中在市区 16 条内河及上林县主城区所在流域单元，武鸣区、宾阳县和横州的主城区所在单元濒临超载，多数水源地保护区内无可利用水环境容量，隆安远期规划和现有水源地、乔利乡水源地、百世地下水、三津水厂尽管无可利用水环境容量，但排污量较大，处于超载状态（见图 8-24）。

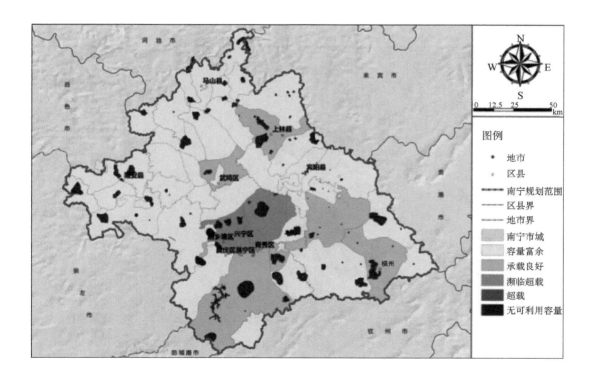

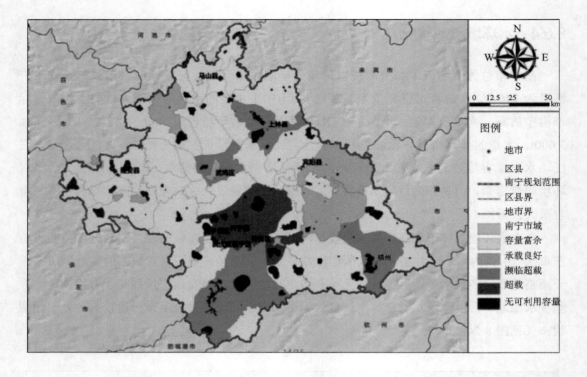

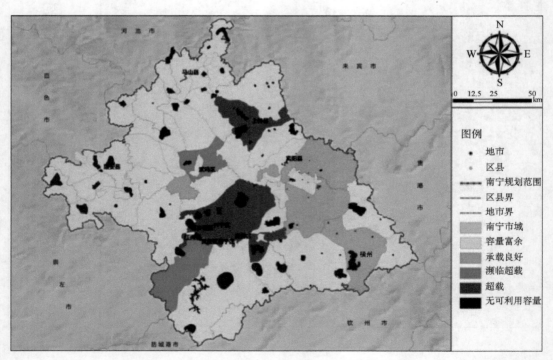

图 8-24 南宁市水环境 COD、氨氮和总磷承载状况

8.7　水环境分区划定与管控

8.7.1　基本考虑以及现有空间规划成果的衔接

水环境分区管控主要是为了化解发展过程中与水环境保护要素的矛盾冲突,从源头上指引发展空间布局,同时以问题导向,明确污染重点治理区,切中制约水环境质量改善的核心要害。本章主要与广西壮族自治区"水十条"、水源地保护区、产业发展规划等相关的空间规划成果相衔接。在衔接过程中,优先考虑需要保护的要素,将水源地一级保护区、二级保护区和准保护区纳入水源保护控制区。南宁市准保护区划定较少,因此不做单独的区分。综合考虑部分水源地集中区域的上游汇水区纳入水源涵养控制区,其他类型纳入水环境污染控制区(该区域根据污染源和承载的分析,进一步细分),见图 8-25。水环境重要性评价结果作为主要的保护类分区划定的主要依据,水环境脆弱性评价结果作为水环境重点治理区划定的主要依据,水环境敏感性评价结果暂时未启用,待后续详细的保护区边界落图之后,再做考虑。后续划定的管控分区管理措施将会与各类管控区充分衔接,实现"一张图"管到底。

8.7.2　水环境分区综合划定方案

水源保护控制区:包括 13 个市级、17 个县城、79 个乡镇集中式饮用水水源地所在区域的 105 个控制单元,总面积 1 454.9 km²,占土地面积的 6.6%,涉及金钗河、姑娘江、仙湖水库、左江、右江、邕江等河湖。

水源涵养控制区:包括水源地上游汇水区所在的 9 个控制单元,总面积 2 705.1 km²,占土地面积的 12.2%,涉及布泉河、右江、付林河、马头河、金钗河、南河、云表江等河湖。

工业生活控制区:包括人口密集区和 21 个工业园区所在区域的 15 个控制单元,总面积 10 875.1 km²,占土地面积的 49.1%,涉及杨湾河、清坡河、府城河、大龙洞河、朝阳河、狮螺河、新桥河等河湖。

农业面源控制区:农村生产生活区域所在的 19 个控制单元,总面积 7 131.0 km²,占土地面积的 32.2%,涉及杨湾河、俭学河、培联河、锣圩河、派兰河、刘龙河等河湖。

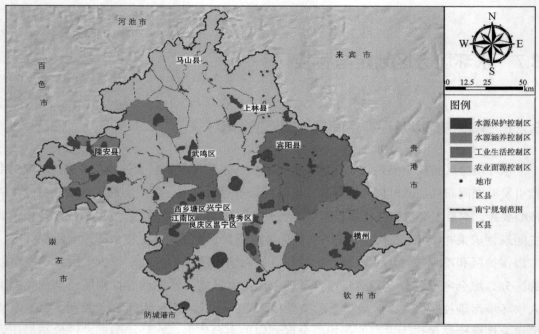

图 8-25　南宁市水环境分区管控

8.7.3　分区管控要求

——水源保护控制区：

（1）水环境质量 2020 年前应保持在Ⅲ类及以上标准，2035 年前应提升至Ⅱ类及以上标准。

（2）禁止新建、改建、扩建法律法规明令禁止的项目；搬迁或关闭电镀、化工、石化、造纸、印染、化学品、铅蓄电池等企业。

（3）禁止河道挖沙取土。

（4）禁止影响水源地供水安全的重大项目准入和建设活动。

（5）健全乡镇和农村水源地监测监管体系，完善水源地风险应急预案。

（6）建设水源地生态隔离带，保护已有水源地生态隔离带。

——水源涵养控制区：

（1）水环境质量 2020 年前应保持在Ⅳ类及以上标准，2035 年前应提升至Ⅲ类及以上标准。

（2）参照水源地准保护区相关管理规定执行。合理控制畜禽养殖规模和水产养殖规模。

（3）严格控制地下水开采，禁止大规模河道挖沙取土，禁止填沟填渠。

（4）保持河口和滩涂湿地自然属性，保护生物多样性。

（5）加强植树造林，治理水土流失，提高森林覆盖率。

——工业生活控制区：

（1）水环境质量 2020 年前应全面消除丧失使用功能（劣Ⅴ类）的水体。

（2）城镇建成区和工业园区建立完善的雨污分流管网，污水处理设施体系，以及改造现状雨污合流管网设施。提高工业用水重复利用率，提升工业清洁化水平。

（3）雨水得到有效处理。鼓励有条件的地区提高污水处理水平，建设与景观相结合的人工湿地水质净化工程，补充河道生态基流。改造直排内河纯雨水口和雨污合流口，控制内河污染物输入量。

（4）结合城市更新和改造，维护城市滨水空间和堤岸空间，保障水面面积不减小，河道两岸 30 m 范围内禁止违规建设破坏河湖滨岸植被缓冲带的项目。

（5）采用生态修复方式逐步恢复城区黑臭河道生态功能。

（6）构建完善的沉水植物、鱼类、底栖动物、微生物及岸带植物群落，维持水生态系统健康和平衡，净化过量的氨、氮、磷等营养物质。

——农业面源控制区：

（1）水环境质量 2020 年前应保持在 V 类及以上标准，2035 年前应全部提升至 IV 类及以上标准。

（2）加强农村改厕与生活污水治理有机结合，推进尾水资源化利用。完善城乡生活垃圾一体化处理体系，推进农业废弃物资源化利用、无害化处置。

（3）畜禽养殖项目应符合禁养区、限养区和适养区管控要求。开展现有合法规模化畜禽养殖项目的规范化整治，配备完善的污水和粪便收集处理设施，以及病死畜禽无害化处理设施。按照农牧结合"能源生态型"治理模式，推行"减量化、无害化、资源化、低成本"的治理方式。

（4）农业生产化肥、农药使用量零增长。加强村庄驻地绿化和农田林网建设。

（5）整治"散乱污"企业和加工点，规范污水和固体废物处置。

第 9 章　南宁市中长期水资源利用与水环境改善研究

9.1　水环境问题识别

9.1.1　城市内河黑臭问题突出

《2016 年南宁市环境状况公报》指出，2016 年 18 条主要城市内河中，按年均值评价，八尺江水质由 2015 年的 V 类好转为 IV 类，四塘江继续保持 IV 类水质，均属轻度污染。楞塘冲水质由 2015 年的劣 V 类好转为 V 类，属中度污染。其余 15 条内河水质仍为劣 V 类，属重度污染，影响水质的主要污染指标为氨氮、五日生化需氧量、总磷、化学需氧量和阴离子表面活性剂。其中马巢河、朝阳溪、亭子冲、水塘江、那平江、石埠河、大岸冲等多条内河主要污染指标浓度均下降，溶解氧指标向好，水质呈好转趋势。按照海绵办主任 2017 年 7 月的发言指出南宁市 18 条内河中 6 条为劣 V 类。

按照国家"水十条"要求，要求南宁市应该在 2017 年年底前基本消除城市建成区黑臭水体，截至 2017 年 7 月底，已经完成了建成区 63.9%（24 个河段，累计约 63.5km）的黑臭河道整治工作。因此目前的攻坚任务依然艰巨。

9.1.2　地下水和饮用水环境风险隐患突出

（1）地下水环境质量偏差

南宁市地下水水质较稳定，地下水水质类型主要是 HCO_3–Ca^{2+} 型和 HCO_3–$Ca^{2+}Mg^{2+}$ 型，地下水水质污染以点源为主，局部存在小范围的面源污染，主要超标指标为：氮化合物、锰、汞等。地下水质量较差区域过半，湖泊富营养化态势加重。2016 年南宁市地下水水质监测项目共 36 个。良好级的水点 4 个，占 26.67%；较好级的水点 3 个，占 30%；较差级的水点 8 个，占 53.33%；良好级水分布于上灵 8 队、乐洲 1 队、上灵 1 队、石埠电台，分布面积约 20.0 km²；较好级水分布于乐洲 4 队、定秋部队、老口矿泉水厂，分布面积约 15 km²；较差级水分布于石埠片区的部分地区和北湖、南湖、西郊、江南及沙井广大地区分布面积约 115.0 km²。

pH、铁、锰、氨氮、亚硝酸盐氮、酚等项目超标。原因是南宁盆地为红黏土地区，地区土壤偏酸性且土壤中铁离子、锰离子含量高，在雨水入渗补给地下水过程中，酸性物质、铁离子和锰离子溶解于地下水使浓度增加；而氨氮、亚硝酸盐氮等由于农业长期施肥，造成土壤中该类离子含量高，在雨水入渗补给地下水过程中，溶解于地下水使浓度增加。

2016 年民歌湖属重度富营养状态，水质为劣 V 类。相思湖属中度富营养状态，水质为劣 V 类，主要超标因子为氨氮、总磷、五日生化需氧量。南湖、五象湖水质为 V 类，主要超标因子为氨氮、总磷、五日生化需氧量，属中度富营养状态。

（2）河流型水源地安全隐患突出

南宁市中心城区 90%以上的供水集中在邕江上游的 5 个集中式饮用水水源地（均为水厂），7 个备用水源地均为水库，只有 2 个备用水库可以供水，其他均没有配套供水设施，且供水能力仅占正常供水量的 11%，备用水源地保护不到位[①]。且现有集中式饮用水水源地多属于河流型水源地，抵御上游污染能力有限，上游污染下泄极易导致水污染事故，同时与交通运输特别是易燃易爆品、石化产品、有毒有害危险品等的水上交通运输相伴随的交通运输事故也直接威胁到饮用水水源地的安全。邕江部分水源保护区上游仍有城市内河汇入，上游老口、下游邕宁水利枢纽建成后，将成为湖库型河流，水体自净能力将大幅减弱。

（3）饮用水部分指标存在超标

南宁市饮用水主要取自邕江，目前由于老口枢纽电站的建设，下游取水口水质受到影响，溶解氧等指标表征逐渐恶化，为了避免影响饮用水达标，目前正在筹划将市区邕江段上的 5 个取水口转移到老口枢纽电站的上游，分别位于左江和右江汇入邕江的分叉处。各区县尤其是乡镇的饮用水主要来自地下水，总体上地下水水质超标风险更大，尚未实现全覆盖的监测能力建设。地表水主要超标因子为总大肠菌群，地下水主要超标因子除总大肠菌群外，还包括铁离子、锰离子等指标。

9.1.3　面源污染防治工作有待加强

（1）畜禽、水产养殖污染防治工作落后。截至 2016 年年底，南宁市规模化养殖场已配备废弃物处理利用设施比例为 74.24%，尚未达到自治区 2016 年配套设施比例高于 75%的工作要求。南宁市境内水产养殖禁养区的网箱养殖清理工作刚刚起步，左江、右江以及郁江（横州）等水产养殖禁养区内还存在大量网箱养殖，对邕江水质造成了一定影响。

（2）农业面源污染和暴雨径流污染尚未引起足够的重视。目前南宁市已经陆续启动了一批海绵城市的建设任务，城市暴雨径流加重内河黑臭趋势。农业面源污染尚未引起足够的重视。南宁市农业发达，优势农产品众多，以龙头农产品甘蔗为例，甘蔗所需肥料较多，加上南宁雨水充沛，丰水期农田水土流失，进而施肥量和水土流失量也较多。当前南宁市生活污染源、畜禽养殖源、农业面源等控制难度较高的污染源成为主导污染源。这些污染

---

① 陈志明，曾广庆，苏相琴，等. 广西南宁市县级以上饮用水水源地存在的环境问题及保护对策措施[C]. 水资源生态保护与水污染控制研讨会，2013.

源具有分散性强、面源居多、监测监察管理难度大、防控力度不足等特点。生活污染源可以通过建设污水处理管网，提高污水收集处理能力逐步解决，畜禽养殖源将通过禁养区和限养区的严格管控逐步实现，尽管工作难度较大，但是均已经提上日程，然而农业面源污染尚未系统提出解决方案，而国内外专家学者均已经证实农业面源污染占据将近50%的总污染负荷，尤其是降雨量丰富的城市，研究发现，南宁市各类污染物的污染来源中农业面源污染的贡献率约为28%~33%。

9.1.4 小结

（1）工作统筹不足。过去部分治水工作缺乏以流域为单元的统筹治理意识，存在重治理轻保护，重末端治理轻源头防控，重工程治水轻水质改善，重运动式整治轻长效机制建设，重城市建成区轻城中村、乡村，重技术改善轻制度建设，重污水处理端建设轻收集管网完善，重设施建设轻运营管理，重资金投入轻绩效评估，重任务分配轻责任落实与考核等现象，制约了治水目标的实现，导致治水成效不明显，市民的获得感较低。此外，有的河岸治理偏重水利和景观功能。部分水利工程大量建造拦河坝和水泥驳岸，改变了河道原有的自然形态，破坏了河流的生态系统，导致水生生物减少或消失，河道退化为单调的泄洪道和排污沟。

（2）设施建设滞后。一些老旧小区生活排污管网布局不合理，一些排污主干管网建设滞后，部分管网和污水处理设施设计标准低。在建或新建的污水处理设施进度缓慢，已建成设施污水处理率不高，每天还有数量不等的已收集污水重新排入城市内河。工业园区污水处理基础设施及配套管网建设也很滞后，存在部分园区废水尚未进入污水处理厂处理的情况。经济下行压力大，企业清洁化改造积极性差。农业面源污染尚未得到有效遏制，农村污水和生活垃圾处理率低。

（3）水质状况堪忧。市区污水管网尚未完善，个别工业废水、生活污水及农作物种植、畜禽养殖等复合污染源直接排入内河，城市内河水系污染严重，黑臭水体分布范围广，内河水系环境有进一步恶化的风险。邕江水质保持压力大，水源地存在安全隐患。2017年以来，南宁市郁江（邕江）水质曾出现异常，个别断面出现溶解氧偏低情况，总体水质较往年有所下降，邕江及市区饮用水水源水质面临着极大压力。

（4）监管措施不力。目前，水环境"问题在水里，根子在岸上"，但是实际工作中仍处于"头痛医头，脚痛医脚"阶段。内河污染主要是外源污染，沿内河两岸的违规私搭乱建情况严重，生活垃圾及工程弃渣直接倾倒入河道，严重影响了行洪和水环境；还有生活污水、工业污染、日益增加的汽车清洗废水等，其病根在于雨污合流，老小区、城中村均普遍存在雨污混流现象；部分沿街商铺开设饭店及浴室等普遍存在乱接管道问题；部分管道养护未能跟进，造成淤积。此外，环保监管执法有待强化，环保监管执法对违法行为的震慑力度十分有限，部分违法者依然心存侥幸，基层执法力量也严重不足。信息化监管能力和应急机制建设也有待提升。

（5）管理体制不健全。多头管理、条块分割、"九龙治水"的问题没有完全解决，有关部门职责不清，机构设置重复，管理权和执法权分离，互相缺少协同合作，难以形成合力，发挥不出整体效益。河长制实施缓慢，治水工作的组织领导和资金保障有待加强，目标考核与责任追究尚未落到实处，法律法规和规划也尚未得到有效落实等问题。同时，目前水环境治理仍是以行政区划为单元各自为政，各管一段，缺乏合理、有序、高效的大区域统筹管理体制，未有效形成类似于"自治区—市—县"的系统管理链，基本处于"上家不问下家事，左邻不搭右舍腔"的状态。另外，部分群众共建共治理念欠缺，市民适应生态文明要求的生产生活方式仍未形成，社会组织与市民参与治水的方式与方法受限，公众参与水平有待提高。

9.2　水资源利用上线

9.2.1　水资源状况评价

9.2.1.1　水资源状况评价

通过历史趋势分析法、横向对比分析法、指标分析法等方法，分析近 5～10 年水资源供需形势，衔接既有水资源管理制度等文件要求，确定用水总量、地下水开采总量和最低水位线、万元 GDP 用水量、万元工业增加值用水量、灌溉水有效利用系数等指标作为水资源利用上线。

（1）供水量

供水量是指各种水源工程为用户提供的包括输水损失在内的总供水量。2015 年南宁市总供水量 41.88 亿 m³，比上年减少 0.72 亿 m³，其中地表水供水量 39.9 亿 m³，占 95.27%；地下水供水量 1.96 亿 m³，占 4.68%；其他水源供水量 0.02 亿 m³，占 0.05%。左郁江、右江、红水河流域供水量分别为 23.78 亿 m³、6.87 亿 m³、9.27 亿 m³。

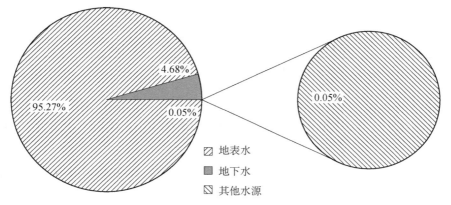

图 9-1　2015 年南宁市供水结构

（2）用水量

南宁市总用水量为 41.88 亿 m³，其中农业用水 25.58 亿 m³，工业用水 8.68 亿 m³，生活用水 7.11 亿 m³，生态环境用水 0.51 亿 m³。用水结构见图 9-4。

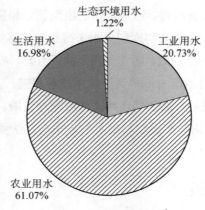

图 9-2　南宁市用水结构

（3）不同行政区的用水指标统计表

用水效率最低的区县主要为上林县和横州。上林县水资源丰富，且以农业生产为主，耗水量较大。横州临靠邕江，取用水方便，且属于传统的工业大县，总体工业体量较大，工业结构较为粗放，造纸、制糖、化工、钢铁等行业耗水量较大。

表 9-1　2015 年南宁市行政分区主要用水指标统计表

行政区名称	人均水资源量/m³	人均用水量/m³	万元 GDP用水量/（m³/万元）	万元工业增加值用水量/（m³/万元）	人均生活用水量		农田灌溉亩均用水量/m³
					城镇居民	人均居民	
市区	1 003	410	59	46	190	142	748
武鸣区	3 409	834	182	54	183	140	825
横州	2 097	1 162	405	51	187	141	751
宾阳县	2 422	642	292	53	187	139	862
上林县	5 331	709	518	75	183	140	993
马山县	5 325	482	316	62	183	139	987
隆安县	4 172	617	314	61	183	139	705
南宁市	2 114	599	123	49.5	188	140	805

注：表中的人均水资源量不包含过境水资源量。

9.2.1.2　水利部三条红线

用水总量。2015 年南宁市用水总量控制目标为 38.69 亿 m³，实际用水量为 37.70 亿 m³，低于年度控制目标。

用水效率。2015 年万元工业增加值用水量为 49.5m³，比 2010 年下降 51%，农田灌溉水有效利用系数控制目标为 0.450，现状为 0.459。

水功能区水质达标率。2015 年重要江河湖泊水功能区水质达标率控制目标为 86%，现状为 100%。

表 9-2　2015 年各行政分区三条红线控制指标

行政区名称	用水总量/亿 m³		用水效率				水功能区水质达标率/%	
			万元工业增加值用水量比 2010 年下降/%		农业灌溉水有效利用系数			
	目标值	实际值	目标值	实际值	目标值	实际值	目标值	实际值
市区	15.4	15.35	28	60.2	—	—	85	100
武鸣县	5.41	5.37	16	28.5	—	—	90	—
横州	5.23	5.17	8	8.0	—	—	90	100
宾阳县	5.74	5.49	8	10.2	—	—	90	—
上林县	3.05	2.75	36	40.6	—	—	90	—
马山县	1.92	1.63	12	12	—	—	90	—
隆安县	1.94	1.94	48	56.9	—	—	90	100
南宁市	38.69	37.7	22	51	0.45	0.459	86	100

9.2.1.3　水资源承载状况

按照国际公认的地表水开发利用率标准，当开发利用率低于 15% 时是生态安全的，开发利用率超过 25% 时将造成生态脆弱，开发利用率超过 40% 时将会带来生态灾难。通常情况下，对地表水的开发利用率只要不超过 25%，采用合理的手段和生态保护措施，是不会造成严重生态问题的。而地下水的可开采量则根据现状进行调整，当已经出现地下水位下降、地表塌陷的情况时，应减少开采量。

表 9-3　规划城市可利用水资源量及容纳人口

	生态安全	生态脆弱	生态灾难
可利用水资源量/（万 m³/a）	65 445	109 075	17 452
容纳人口/万人	298.8	498.0	796.8

根据国内类似城市的指标以及国家有关规划数据，在人口规模预测中按照人均 219m³/（人·a）的用水指标进行计算，可以得出规划城市在保证生态安全的前提下，能容纳 298.8 万人口；而如果人口达到 498 万人，将出现生态脆弱的危机。

根据《南宁市城市总体规划（2008—2020 年）》，中心城市人口 2010 年、2020 年应分别控制在 210 万人、300 万人。南宁市远景规划人口的用水水源南宁市的主要水体是邕江，邕江也是南宁市的主要水源，邕江多年平均径流量为 418 亿 m³，水量总体上并不少，但是随着人们生活水平的不断提高，对水量的需要也在不断增加，特别是随着需水量的增加，产生了越来越多的工业废水和生活污水经朝阳溪等 18 条邕江的支流和市政下水道排入邕江，对邕江造成了比较严重的污染。如果不加以控制和治理，南宁市将面临"水质污染型"缺水的危险。

9.2.2 生态需水量计算

一般基于生态功能保障要求，对重要功能河段（饮用水水源地）、断流河段、严重污染河段等重点河段，按照《河湖生态环境需水计算规范》，测算生态需水量。但南宁市相对而言水资源较为丰富，工作基础较好，因此直接采纳了南宁水利电力设计院《南宁市城市内河补水工程方案研究》的成果，各个内河补充水量见表9-4。在南宁市整体实现截污后，远期部分河道考虑补充 3.0～4.0m³/s，可以满足环境及景观用水。

表 9-4　南宁市内河补水流量表　　　　　　　　　　　单位：m³/s

支流	石灵河	石埠河	西明江	可利江	心圩江	二坑
补水流量	2.5	4.0	3.0	2.5	2.0	2.0
支流	朝阳溪	竹排冲	马巢河	凤凰江	亭子冲	良凤江
补水流量	2.0	3.0	2.0	5.0	1.0	水库补水
支流	那平江	四塘江	大岸冲	良庆冲	楞塘冲	八尺江
补水流量	4.0	4.0	3.0	1.5	1.5	水库补水

对南宁市城市总体规划确定的 300 km² 范围内的 18 条河流，进行全方位的需水预测，河道景观蓄水用水量是非常可观的。

广西境内水资源较为充沛，红水河、右江、郁江干流水生态环境较好，但一些支流、湿地和区域内源、面源污染较为严重，需通过生态补水或河湖连通的措施，提高水体连通性，保护河流、湖泊、湿地生态环境。结合水生态现状调查情况，提出南宁市南北贯城渠工程、南宁市六大环城水系工程、桂林市河湖连通工程等 11 个河湖生态需水保障工程，具体见表 9-5。根据技术大纲规定，河湖生态需水保障工程投资不列入。河湖生态需水保障工程详见表 9-5。

表 9-5　河湖生态需水保障工程表

序号	地级行政区	项目名称	主要保护对象	主要建设内容
1	南宁市	南北贯城渠工程	河流湿地，对石灵河、石埠河、西明江、可利江、心圩江、二坑、朝阳溪、竹排冲、马巢河、偷鸡冲、凤凰江、亭子冲、那洪江、良凤江 14 条河流进行补水	建设北贯城渠将老口水库优质水源引至江北片的七条内河和南贯城渠将老口水库水引至江南片的六条内河
2	南宁市	六大环城水系工程	石灵环、凤凰湖环、大相思湖环、南湖—竹排冲环、五象环 5 个环城水系	修建连接内河、湖泊的连通渠，连通盘活城市河湖和邕江水系，使整个城市外江内河相连、河湖相通，全水系循环流动

序号	地级行政区	项目名称	主要保护对象	主要建设内容
3	南宁市	宾阳县城区凤凰水库补水工程	凤凰水库	拟将对原五化灌区干渠引水至凤凰水库的渠道进行治理改造，扩宽渠道，加大引水流量，同时通过橡胶坝建设，提高水面面积，结合沿岸配套人行步道和绿化带，形成一条宽度在 12m 以上的人工河给凤凰水库补水，提高凤凰水库水体的流动性，改善凤凰湖水库的水环境

9.2.3　地下水资源开采空间管控

宾阳县黎塘镇建城区岩溶水严重超采区，划定现有 12 处地下水取水井为限采井，其他区域为禁采区。完善地下水动态监测体系和开采监督管理体系，建立地下水管理的长效机制。有效控制地下水水位降深，遏制因地下水超采而引发的生态与地质灾害，保护地下水资源。

本节内容主要参考《南宁市水资源承载能力现状评价（报批稿）》及《南宁市地下水保护与利用规划》。

9.2.3.1　地下水水位保护方案

（1）超采区

依据宾阳县人民政府宾政发〔2007〕68 号文件的精神，2007 年黎塘镇对地下水超采区进行治理，对 12 个单位共 13 眼机井实施封采和对部分井的限采，原工业、生活地下水开采量削减了 27.27%，采水量由 2006 年的 4.8 万 m³/d 削减到 3.49 万 m³/d，在严重超采区范围内水量得到了一定补充，超采区地下水位有所回升。根据宾阳县水利局 2012 年 9 月编制的《宾阳县地下水开发利用红线管理实施报告》，黎塘镇城区超采区内黎塘镇糖果厂东、黎塘镇水电五处北、黎塘镇独美村、黎塘镇德胜村东、黎塘镇页岩砖厂等 5 眼观测井均制定了地下水开采限制水位，要求在地下水开采过程中，监测井水位不能低于该限制水位。2006 年以来，宾阳县黎塘镇城区超采区内 5 眼监测井的地下水位均在各自开采限制水位以上，超采区内没有地面塌陷现象发生，地面塌陷得到一定程度的控制，地下水位降落漏斗面积逐步缩小。宾阳县黎塘镇城区超采区范围内黎塘镇糖果厂东等 5 眼监测井 2001—2015 年的水位变化情况见图 9-3 和图 9-4。

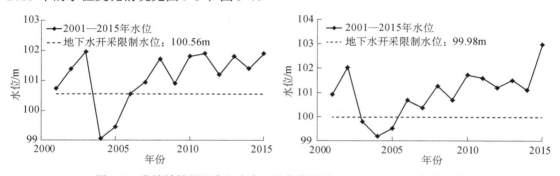

图 9-3　黎塘镇糖果厂东和水电五处北监测井 2001—2015 年水位变化

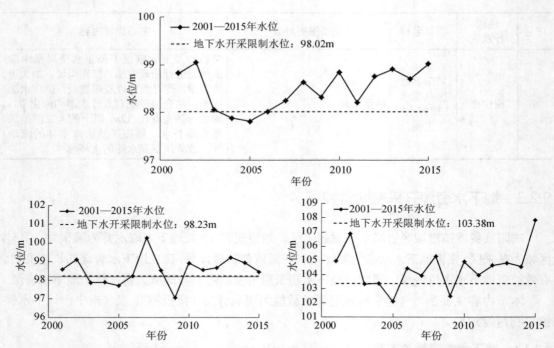

图 9-4　黎塘镇独美村、德胜村东、页岩砖厂监测井 2001—2015 年水位变化

（2）未超采区

根据《广西地下水利用与规划》成果，地下水的环境地质功能保护、地表生态保护和开发利用对地下水水位控制的要求，通过控制地下水水位埋深来实现对全区地下水水位的控制。结合南宁市水文地质资料、现有地下水水位监测成果以及水利普查调查成果等相关资料，制定地下水水位控制总体方案，地下水埋深目标控制在地下水埋深范围内，不能低于下限值。水位埋深控制目标统计结果见表 9-6。

表 9-6　南宁市地下水功能区水位保护目标

序号	地下水一级功能区名称	地下水二级功能区名称	划分数	总面积/km²	控制水位埋深/m	备注
1	开发区	集中式供水水源区	7	794	0～15	2～15m 埋深一个，5～15m 埋深 5 个，0m 埋深 1 个
2	开发区	分散式开发利用区	12	16 271	10～50	15～50m 埋深 3 个 10～30m 埋深 9 个
3	保护区	水源涵养区	9	5 284	5～20	10～20m 埋深 4 个，5～15m 埋深 5 个

根据 2013—2015 年水位监测情况，南宁市地下水主要下降区分布在青秀区民族大道及广西大学附近，对该区域应进一步加大监测管理力度，分析地下水水位持续下降的原因，及时提出保护措施，以防因地下水水位持续下降诱发的环境地质灾害。

9.2.3.2 地下水开采量保护方案

针对南宁市不同类型地区地下水的特点和存在的问题，根据地下水功能定位，以《广西地下水利用与保护规划》确定的强化节水措施和生态环境保护措施条件下的水资源配置成果为基础，按照地下水保护与可持续利用的要求，统筹考虑、综合平衡各规划分区地下水可开采量和天然水质状况、区域经济社会发展对地下水开发与保护的需求、生态环境保护的要求等，以实现分区地下水采补平衡和可持续利用为目标，以流域、区域以及地下水规划分区为控制单元，合理确定地下水开采控制总量控制方案。

浅层地下水开采总量控制与《广西地下水利用与保护规划》成果保持一致，即 2020 年南宁市控制开采量 1.91 亿 m^3，略低于现状开采量，主要在宾阳县城区和黎塘镇集中供水水源地以及市辖区分散式开发利用区通过压采限采的方式减低开采量。2030 年南宁市控制开采量 1.98 亿 m^3，略高于现状开采量，主要通过合理规划布局开采井位置，在市辖区集中供水水源地以及各县开发利用区适当增加开采量。

深层承压水只作战略储备资源和应急水源，不作常规供水水源，原则上不作为开发利用对象，据调查，南宁市现状深层承压水开采量很少，只有极少部分是与浅层地下水混合开采，故不单独统计，到 2020 年实现流域深层承压水全面禁采。

各县区规划水平年开采控制量见表 9-7。

表 9-7　各区县规划水平年地下水开采控制量　　　单位：万 m^3

序号	县区名称	现状年开采量	2020 年	2030 年
1	兴宁区	169	112	100
2	青秀区	337	116	100
3	江南区	2 257	2 257	2 323
4	西乡塘区	1 822	1 552	1 540
5	良庆区	246	171	167
6	邕宁区	2 074	2 151	2 202
7	武鸣区	2 796	2 800	2 936
8	隆安县	1 741	2 175	2 225
9	马山县	984	1 071	1 229
10	上林县	958	980	1 197
11	宾阳县	2 952	2 432	2 377
12	横州	3 293	3 309	3 372
合计		19 629	19 126	19 768

（1）保护区

南宁市共划分 9 个保护区，涉及总面积为 5 284 km^2，现状 2015 年开采量为 652 万 m^3，2020 年和 2030 年基本维持现状开采量，在保护区内不得新增大规模的集中开采地下水，管理部门需强化地下水开采审批程序，同时加强开采井的监测，防止现有开采井过度开采。

位于保护区零星、分散的农村家庭为解决人畜饮水的开采量较小且十分分散，对区域地下水影响甚微，暂不将其作为开采量的控制目标。因此，保护区 2020 年、2030 年目标开采量控制在 653 万 m^3 以内，控制开采系数除西乡塘区、江南区外，均在 0.1 以下，远小于可开采系数 1.0。

表 9-8　地下水保护区控制开采量成果

县区名称	面积/km^2	划分保护区个数	年均可开采量/万 m^3	开采控制量/万 m^3	控制开采系数
江南区	60	1	210	50	0.238
西乡塘区	30	1	124	50	0.402
良庆区	1 039	2	6 168	31	0.005
武鸣区	973	1	4 034	100	0.025
隆安县	1 557	1	6 455	270	0.042
马山县	710	1	2 944	71	0.024
宾阳县	571	1	2 056	2	0.001
横州	344	1	1 238	79	0.063
合计	5 284	9	23 230	653	0.028 1

（2）开发区

1）集中式供水水源区。

集中式供水水源区是开发区中具有较强的集中开发利用地下水的区域。南宁市共划分 7 个集中式供水水源区，其中包括宾阳县黎塘镇城区水源地裸露型岩溶水一般超采区。南宁市辖区内 7 个集中式供水水源区开采强度大，经济社会效益明显，据统计，7 个集中式供水水源区面积仅为 5 863 km^2，占南宁市总面积的 26.2%，但现状开采量为 11 793 万 m^3，占南宁市地下水总开采量的 40.8%。因此，需加强保护，才能确保地下水的可持续利用，故集中式供水水源区作为重点保护对象。

①超采区。

超采区属于重点保护的对象，同时受地方经济发展和供水替代水源等诸多因素影响，不得不进行大规模集中开采，因此从主要功能出发，将宾阳县黎塘镇城区水源地裸露型岩溶水一般超采区纳入集中开采区范畴，超采区的保护工作必须首先从限采压采着手，逐年压采，循序渐进，在确保开采量控制在可开采量范围以内的同时，还需将历年累积超采量进行填补，2020 年以前实现累积超采量为 0 的目标，基本完成地下水超采区治理修复。宾阳县黎塘镇超采区 2010 年以前超采现象严重，2010 年后加大压采力度，2011 年开始开采量小于可开采量，到 2015 年开采量控制在 1 300 万 m^3，到 2018 年完成修复目标，到 2020 年开采量控制在 1 095 万 m^3（图 9-5）。

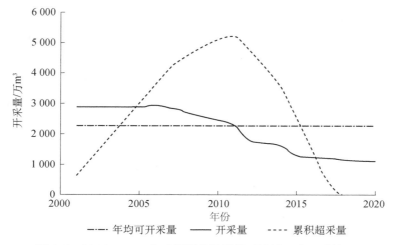

图 9-5　2001—2020 年宾阳县黎塘镇超采区地下水开采情况

②未超采区。

集中式供水水源区除宾阳县黎塘镇超采区外,均为未超采区,未超采区面积 716 km²,多年平均可开采量 12 058 万 m³,现状开采量 6 701 万 m³,开采系数为 0.56。为解决南宁市局部地区由于地表水不足引起集中供水困难的地区,除红柳江南宁市宾阳集中式供水水源区由于加大地表水供水量而降低地下水开采量外,其余未超采集中供水水源区在开采安全的情况下适当增加地下水开采量,规划 2020 年控制开采量为 7 140 万 m³,2030 年控制开采量为 7 301 万 m³。南宁市未超采集中式供水水源区地下水开采量保护目标见表 9-9。

表 9-9　南宁市未超采集中式供水水源区地下水开采量保护目标

地下水二级功能区名称	面积/km²	年均可开采量/万 m³	开采量/万 m³	开采系数	2020 年开采控制量/万 m³	2020 年控制量开采系数	2030 年开采控制量/万 m³	2030 年控制量开采系数
红柳江南宁市宾阳集中式供水水源区	86	1 204	551	0.458	210	0.174	120	0.100
郁江南宁市隆安县万朗集中式供水水源区	111	2 000	1 100	0.550	1 250	0.625	1 295	0.648
郁江南宁市隆安县咘派集中式供水水源区	40	800	450	0.563	530	0.663	530	0.662
郁江南宁市江南大龙潭—龙母泉集中式供水水源区	176	3 344	1 600	0.478	2 050	0.613	2 118	0.634
郁江南宁市武鸣灵水集中供水水源区	100	2 200	1 100	0.500	1 100	0.500	1 177	0.535
郁江南宁市邕宁区蒲庙镇清水泉集中式供水水源区	203	3 045	1 900	0.624	2 000	0.657	2 061	0.677

2）分散式开发利用区。

南宁市共划分分散式开发利用区 12 个，面积 16 271 km²，占全市陆地面积的 72.8%，现状开采量 10 972 万 m³。这部分区域作为南宁市地下水开发利用相对较为普遍的区域，现状开采量占南宁市开采总量的 55.9%。本书分散式开发利用区 2020 年开采控制量为 10 238 万 m³，主要通过逐步减少南宁市市辖区地区地下水开采量完成；2030 年开采控制量为 10 719 万 m³，主要通过逐步增大南宁市各区县地下水开采量完成。

3）开发区汇总。

南宁市共划分地下水开发区 19 个，其中集中式供水水源区 7 个（包含 1 个超采区），分散式开发利用区 12 个，开发区总面积为 17 065 万 km²，占全市总面积的 76.4%，现状开采量 18 973 万 m³，占开采总量的 96.7%，2030 年控制开采量 19 116 万 m³，相比现状开采量，略有增加，南宁市各区县开发区开采量见表 9-10。

表 9-10 南宁市地下水开发区主要开采量指标

县级名称	面积/km²	划分开采区个数	年均可开采量/万 m³	现状年开采量/万 m³	2030 年开采控制量/万 m³	2030 年控制开采系数
兴宁区	751	1	3 263	169	100	0.031
青秀区	865	1	3 759	337	100	0.027
江南区	1 123	2	7 459	2 207	2 273	0.305
西乡塘区	1 268	1	5 510	1 702	1 490	0.270
良庆区	330	1	1 434	212	136	0.095
邕宁区	1 254	2	7 614	2 074	2 202	0.289
武鸣区	2 387	2	12 139	2 566	2 836	0.234
隆安县	749	3	4 863	1 671	1 955	0.402
马山县	1 635	1	14 008	913	1 158	0.083
上林县	1 871	1	16 029	958	1 197	0.075
宾阳县	1 727	3	16 872	2 950	2 375	0.141
横州	3 104	1	13 489	3 214	3 293	0.244
合计	17 065	19	106 438	18 973	19 116	0.180

为满足控制开采量目标，地下水开采量保护的主要方案为：①对宾阳县黎塘镇一般超采区限采压采，减少超采区开采量；②通过填封工程等措施减少南宁市辖区分散式利用开发区的开采量；③新建水源替代工程减少宾阳县城区集中式水源供水区开采量。

9.3 环境质量改善路径分析

9.3.1 改善潜力分析

2018—2020 年，水环境质量改善主要依赖于工业污染物、直排生活源和畜禽养殖源的削减。通过工业园区、工业集聚区污水集中处理设施的完善，大幅度提高工业污染物的收集处理率和达标排放率，预计削减 30%左右的工业源污染；通过城市建成区的污水处理厂升级改造，县城、镇驻地等地的污水收集处理率的提升，预计削减 20%的集中治理设施源和 40%的城镇直排生活源污染；通过对规模化畜禽养殖场的规范化整治及禁养区和限养区管控，预计削减 30%的畜禽养殖源污染。

2020—2035 年，水环境质量改善在依赖于传统的工业源和畜禽养殖源的削减的基础上，更多的潜力存在于直排生活源和农业面源等整治难度较大的污染源，直排生活源和农业面源均在暴雨季节导致了水质的严重恶化甚至超标。直排生活源的整治重点将逐渐由城市转移向农村，农村坚持集中式和分散式处理设施相结合的方法，预计削减 70%左右的直排生活源污染。农业面源的整治重在源头防控和过程阻断，末端治理成本过高，主要通过扩大测土（精准）施肥（药）面积比例、严禁污水灌溉，建设和维护植被缓冲带和河道植草带等方法的推广，预计可削减 60%左右的农业面源污染。

9.3.2　改善措施制定

保障饮用水水源地供水安全。全力推进邕江 5 个集中式饮用水水源地取水口上移各项工作。依法查处影响饮用水水源水质的违法行为，一级保护区实施封闭式管理，限期清理二级保护区内的排污项目。强化县级、乡镇和农村饮用水水源保护区的监测和监管。逐步推进饮用水水源保护区内水源涵养林建设，对饮用水水源保护区（含备用水源）内已经种植的速生桉树，加快树种调整。2025 年前，基本完成对保护区内违法项目的清理，饮用水水源保护区向水一面坡速生桉树的树种调整。2030 年前，全面覆盖对乡镇和农村饮用水水源地的水质监测监管。

强化工业污染防治。开展工业园区和集聚区规范化整治，提高达标排放率和污水处理能力。集聚区内工业废水必须经预处理达到集中处理要求，方可进入污水集中处理设施。新建、升级工业集聚应同步规划建设污水、垃圾集中处理等污染治理设施。2020 年前，全面取缔不符合产业政策的小型造纸、制革、印染、染料、炼焦、炼硫、炼砷、炼油、电镀、农药等严重污染水环境的生产项目。对造纸、焦化、氮肥、有色金属、印染、农副食品加工、原料药制造、制革、农药、电镀等行业开展专项清洁化整治。强化经济技术开发区、高新技术产业开发区、出口加工区等工业集聚区污水收集处理能力建设，完善雨污分流管网建设。2025 年前，清理各类法定保护区及本书划定的环境分区内的违法违规工业项目。

削减集中污水处理设施源。加快城镇污水处理设施建设与改造，强化城中村、老旧城区和城乡接合部污水截流、收集。加快中心城区和县城建成区的污水处理厂提标改造进程，有条件的地区连通人工湿地，对尾水实施深度处理，对城市内河实施中水补充河道基流。提升污水再生利用和污泥处置水平，实现污泥资源化利用和无害化处理。污水处理设施产生的污泥应进行稳定化、无害化和资源化处理处置，禁止处理处置不达标的污泥进入耕地。非法污泥堆放点一律予以取缔。2020 年前，南宁市县（区）级及以上污水处理设施全面达到一级 A 排放标准，2030 年前，中心城区的污水处理厂出水水质提高到 V 类及以上标准，污泥无害化资源化处理水平大幅度提高。

推进畜禽养殖面源污染治理。全面贯彻落实畜禽养殖禁养区和限养区，严格执行水产养殖禁养区规定。现有规模化畜禽养殖场（小区）要根据污染防治需要，配套建设粪便污水贮存、处理、利用设施。散养密集区要实行畜禽粪便污水分户收集、集中处理利用。新建、改建、扩建规模化畜禽养殖场（小区）要实施雨污分流、粪便污水资源化利用。2020年前，完成规模化畜禽养殖场的配套粪便污水贮存、处理、利用设施建设及雨污分流改造，按照畜禽养殖三区划定要求，清理违法违规畜禽养殖项目。2030年前，散养密集区的畜禽粪便实现污水分户收集、集中处理利用。

控制城市初雨水径流污染。加快海绵城市建设，推进河道植草沟、岸边植被缓冲带等工程建设，提高雨水资源化利用率。2020年前，主要通过道路透水铺装、绿色屋顶、下凹式绿地、生物滞留设施、雨水花园等实现初期雨水径流的源头消纳滞蓄。2025年前，通过恢复河流自然形态，适当开挖河湖沟渠、连通溪流、湖泊增加水域面积，在确保城市排水防洪安全的前提下，降低雨水径流流速，有效控制径流总量、径流峰值和径流污染。2030年前，河堤设计改用植被与地形相结合的生态防护，并充分利用河道水生植被的净化功能。

开展农村生活源污染治理。各县（区）、开发区实行农村污水处理统一规划、统一建设、统一管理，有条件的地区积极推进城镇污水处理设施和服务向农村延伸。深入开展农村水环境综合整治规划编制工作，建立综合示范试点，开展村屯分类治理研究，探索适于南宁农村的污水处理方式，重点解决农村生活污水直排问题。推广农村生活垃圾"户分类、村收集、乡（镇）运输、县处理"的城乡一体化生活垃圾无害化处理模式，严禁随意向河道倾倒垃圾。2020年前，各乡镇镇驻地全面配备污水处理设施。2030年前，基本完成分散式和集中式污水处理设施相结合的农村污水处理体系构建。

强化农业面源污染治理。2025年前，重点从源头削减农业面源污染。实施测土配方施肥，科学施用农药；调整种植结构，超标河道两岸禁止种植需肥需药量大的农作物，喀斯特地貌岩溶地区地下水易受污染地区，优先种植需肥需药量低、环境效益突出的农作物。2030年前，重点通过工程建设手段从过程截留农业面源污染。针对水源保护区、水源涵养区和大中型灌区，利用现有沟、塘、窖等，配置水生植物群落、格栅和透水坝，建设生态沟渠、污水净化塘、地表径流集蓄池等设施，净化农田排水及地表径流。

完善生态水网体系建设。2020年前，对中心城区等水质超标和黎塘镇等水资源匮缺区域，加强坑塘、河湖、湿地等自然水体形态的保护和恢复，开展水网清淤疏浚，实施河渠水网连通工程，实现城市河渠、湖库、湿地、主干河道相互连通。2030年前，采取生物与工程相结合的措施，开展城市河渠截污整治，对城市河湖水系岸线进行生态修复，加强水网绿化美化，建设河网连通、水质清洁、生态良好的生态水网体系。加强河道水生植物和岸滨植被缓冲带的保护，改善水生态环境。

第 10 章 南宁市土壤环境空间管控及安全利用战略

10.1 基本考虑与总体思路

10.1.1 以分区分类管理为主线

按照《土壤污染防治行动计划》的相关要求，以保障农产品质量安全和人居环境健康为目标坚持预防为主、保护优先、风险管控，突出重点区域、行业和污染物，实施分类别、分用途、分阶段治理。

结合南宁市实际情况，与《南宁市土壤污染防治工作方案》相衔接，根据土地利用类型与功能、土壤污染状况、主要污染成因及污染源分布、环境风险特征等因素，按照"预防为主、保护优先、风险管控"的思路，将南宁市按照农用地、建设用地两种类型，划分为不同的土壤环境管控等级，实施分区分类管理。

10.1.2 土壤与风险相结合

目前，由于土壤环境详查尚未展开，土壤现状监测点位较少，难以全面反映全市土壤环境质量状况，进而难以在土壤环境质量评价的基础上，按照《南宁市土壤污染防治工作方案》进行相应的分类、分区管理。

本书中，在疑似污染地块识别及土壤环境风险评价的基础上，将土壤污染分区防治与土壤污染风险相结合，重点针对建设用地及农用地土壤污染风险进行分区管控，防范土壤环境风险，保障土地安全利用。

10.2 土壤环境分析

10.2.1 土壤环境质量评价

"十二五"期间，南宁市对部分区域内农田、蔬菜基地、饮用水水源地、城市绿地、居住用地及畜禽养殖场地土壤污染状况进行初步监测，结果表明南宁市土壤环境质量总体状况良好，部分区域土壤点位超标，污染程度以轻微或轻度污染为主。

（1）农田土壤环境质量总体尚处于清洁或尚清洁状态，满足本地区农业土地利用要求

在南宁市三块基本农田进行采样检测结果显示：除武鸣县成厢镇大皇后村铬指标单项指标评价为轻度超标外，其余点位的各项单项指数评价均为无污染；各项无机污染物中，汞、砷、铅、铬、铜、锌和镍的单项指数值由高到低均为武鸣县成厢镇大皇后村＞南宁市良庆区那马镇冲陶村＞邕宁区蒲庙镇新新村；镉则为武鸣县成厢镇大皇后村＞邕宁区蒲庙镇新新村＞南宁市良庆区那马镇冲陶村。在南宁市蔬菜基地调查的 15 个土壤点位里，无机指标（重金属）14 项和有机指标 6 项中只有铅 1 种金属元素出现超标情况，而监测的 13 项无机指标和 6 项有机指标均未出现超标。

（2）水源地周边、城市绿地、居住区及道路绿化土壤个别点位超标

在南宁市饮用水水源地周边土壤调查的 10 个土壤点位里，对照《土壤环境质量评价标准》（GB 15618—1995）中一级标准值进行评价，无机指标（重金属）8 项只有铬项目未出现超标情况，其余 7 个项目均有超标情况；有机指标 3 项均未出现超标情况，污染程度为轻度污染。对照《土壤环境质量评价标准》（GB 15618—1995）中二级标准值进行评价，在南宁市饮用水水源地周边土壤调查的 10 个土壤点位里，无机指标（重金属）8 项有镉、砷项目出现超标情况，其余 6 个项目均未有超标情况；有机指标 3 项均未出现超标情况，污染程度为无污染。

在南宁市居住小区土壤调查的 15 个土壤点位里，对照《土壤环境质量评价标准》（GB 15618—1995）中二级标准值进行评价，无机指标（重金属）8 项只有砷项目出现超标情况（超标 0.16 倍），其余 7 个项目均未出现超标情况；有机指标 3 项均未出现超标情况，污染程度为轻微污染。

在南宁市公园绿地土壤调查的 15 个土壤点位里，对照《土壤环境质量评价标准》（GB 15618—1995）中二级标准值进行评价，无机指标（重金属）8 项只有汞项目出现超标情况（超标 0.02 倍），其余 7 个项目均未出现超标情况；有机指标 3 项均未出现超标情况，污染程度为轻微污染。

在南宁市道路绿化带土壤调查的 15 个土壤点位里，对照《土壤环境质量评价标准》（GB 15618—1995）中二级标准值进行评价，无机指标（重金属）8 项有锌项目出现超标情况（超标 0.17 倍），其余 7 个项目均未出现超标情况；有机指标 3 项均未出现超标情况，污染程度为轻微污染。

（3）工业及畜禽养殖部分区域土壤环境点位超标率较高，土壤环境风险凸显

南宁市工业场地土壤风险点位周边土壤主要受到无机元素汞、砷、铜、镍的影响；从土壤污染物分担率来看，砷项目占 12.7%，汞项目占 12.6%，铜项目占 11.7%，镍项目占 11.7%；从风险点位的土壤污染综合指数来看，在全市 15 个土壤风险点位中，清洁点位有 9 个，尚清洁点位有 2 个，轻度污染点位有 4 个。在全市 15 个畜禽养殖区监测点位中清洁点位共有 4 个，尚清洁点位共有 5 个，轻度污染点位共有 5 个，中度污染点位共有 1 个，重污染点位共有 0 个，分别占 27%、33%、33%、7% 和 0%。

10.2.2　土壤污染风险源识别

根据《污染地块管理办法》（环境保护部令第 42 号），疑似污染地块，是指从事过有色金属冶炼、石油加工、化工、焦化、电镀、制革等行业生产经营活动，以及从事过危险废物贮存、利用、处置活动的用地。

结合《南宁市土壤污染防治行动方案》及土壤疑似污染地块识别结果，将市域范围内疑似污染地块区域及重点管控治理企业识别为土壤污染风险重点防控区，共 45 块，涉及矿产采选行业 14 家，危险废物储存、处置企业 12 家（包括 6 座尾矿库），垃圾填埋场 8 家，搬迁企业场地 5 块，电镀行业 2 家、有色冶炼、皮革、印染及化工企业各 1 家（图 10-1），作为土壤环境监管的重点监管对象，具体名录见表 10-1。

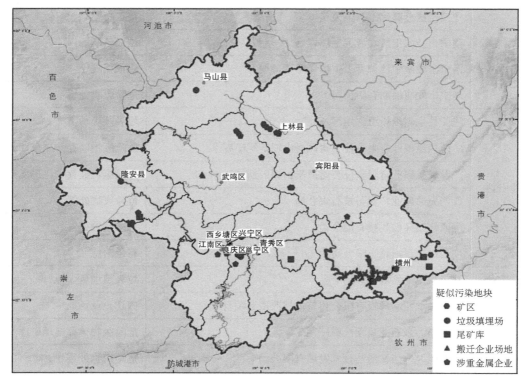

图 10-1　南宁市疑似污染地块分布

表 10-1　南宁市疑似污染地块名录

区县	企业名称	场地分类
宾阳县	南宁浮法玻璃有限公司生产线整体搬迁改造	搬迁企业场地
	广西昆仑矿业有限公司	矿产采选（涉重行业）
	宾阳县长泰矿业有限公司	矿产采选（涉重行业）
横州	横州县城第二生活垃圾卫生填埋场	垃圾填埋场
	横州万力隆皮业有限责任公司	皮革企业
	横州高山经济发展有限责任公司大化金矿莲塘垌尾矿库	危险废物储存（尾矿库）
	横州源福矿业有限公司站子山尾矿库	危险废物储存（尾矿库）
	横州源兴矿业有限公司白虎岭尾矿库	危险废物储存（尾矿库）
江南区	盘活原壮宁公司燃气轮机厂工业用地实施搬迁技改项目	搬迁企业场地
	南宁市新城区机电五金厂	电镀行业
	广西盛虎金属制品有限公司	电镀行业
	广西凤凰银业有限责任公司	矿产采选（涉重行业）
	南宁美工科技制版有限公司	印染行业
良庆区	广西日星金属化工有限公司	化工企业
	南宁市城南生活垃圾卫生填埋场（一期）	垃圾填埋场
	南宁市城南生活垃圾卫生填埋场（二期）	垃圾填埋场
	南宁市安明油脂有限公司	危险废物处置
隆安县	隆安县生活垃圾卫生填埋场	垃圾填埋场
	广西凤凰银业有限责任公司凤凰山银矿尾矿库	危险废物储存（尾矿库）
	广西凤凰银业有限责任公司凤凰山银矿新尾矿库	危险废物储存（尾矿库）
	广西兄弟创业环保科技有限公司	危险废物处置
	广西伟康环保科技有限公司	危险废物处置
	广西福斯银冶炼有限公司	有色冶炼
马山县	马山县生活垃圾填埋场	垃圾填埋场
青秀区	南宁振宁西南薄板有限公司整体技改搬迁项目	搬迁企业场地
	广西玉力金石龙州顶选矿厂尾矿库	危险废物储存（尾矿库）
	中节能（广西）清洁技术发展有限公司	危险废物处置

区县	企业名称	场地分类
上林县	广西上林县三鑫矿业有限责任公司	矿产采选（涉重行业）
	广西上林县鑫泉矿业有限责任公司	矿产采选（涉重行业）
	上林县中盛矿业有限公司	矿产采选（涉重行业）
	南宁市金仕达矿业有限公司	矿产采选（涉重行业）
	广西庆兴矿业有限公司	矿产采选（涉重行业）
	上林县生活垃圾卫生填埋场	垃圾填埋场
武鸣区	南南铝业股份有限公司政策性整体搬迁改造项目	搬迁企业场地
	广西迪泰制药有限公司中成药生产厂搬迁改造	搬迁企业场地
	武鸣区保利矿业有限责任公司	矿产采选（涉重行业）
	武鸣区马头镇三源选矿厂	矿产采选（涉重行业）
	武鸣区两江采选厂	矿产采选（涉重行业）
	武鸣区两江铜选厂	矿产采选（涉重行业）
	武鸣区泓涛综合选矿厂	矿产采选（涉重行业）
	武鸣区康华矿业有限公司	矿产采选（涉重行业）
	武鸣区生活垃圾填埋场	垃圾填埋场
	武鸣红狮环保科技有限公司	危险废物处置
西乡塘区	南宁市圣达净水材料有限公司	危险废物处置
兴宁区	南宁市平里静脉产业园—生活垃圾卫生填埋场	垃圾填埋场

10.2.3　土壤环境污染风险评估

以疑似污染地块作为土壤风险源，选取风险企业类型、风险企业规模、生产年限作为评估指标。根据相关技术要求，结合南宁市风险企业现状，对各等级指标进行赋分，计算出各企业土壤污染风险分值。以乡镇行政区划为单元，得出各乡镇土壤污染风险总分值，并对土壤污染风险进行等级划分，划分为高风险区、中风险区、低风险区（注：此处表征的土壤污染风险不代表是实际存在土壤污染，仅说明该区域土壤污染潜在风险较大，在未来开发建设过程中需要优先予以调查、风险评估，确认土壤是否存在污染，最大限度地规避土壤污染对人居环境健康造成的影响）。

经评价可得（图 10-2），南宁市土壤污染高风险区域为：大丰镇及古潭乡；中风险区域为：福建园街道、两江镇、百合镇、南乡镇；低风险区域为：仙湖镇、思陇镇、良庆镇、大沙田街道、刘圩镇、建政街道、南湖街道、甘棠镇、黎塘镇、城厢镇、城厢镇、马头镇、明亮镇、横州镇、乔利乡及那洪街道；其余区域为风险可接受区。

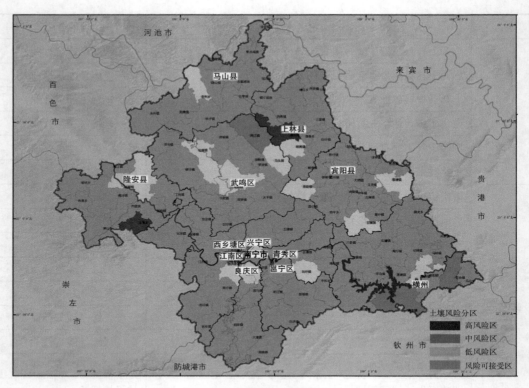

图 10-2　南宁市土壤环境污染风险区划

10.2.4　土壤环境管控能力对标分析

通过与国内国际土壤管控能力初步比对（见表 10-2），整体来看，南宁市土壤环境治理与质量改善与国内其他区域同步开展，但在修复技术、监测能力、资金保障、防控思路及保护意识等方面仍与发达国家有较大的差距。

表 10-2　南宁与国内外土壤环境管控能力对比

内容	南宁及国内其他区域	发达国家
修复技术	手段单一，修复成本高，修复设备与药剂大部分仍依赖进口	长时期的技术实践，技术相对成熟
监测能力	初步普查、重点区域调查，正在开展详查，缺少相应的监测网络及数据库平台	普遍深入开展土壤调查，建立污染土壤数据库进行动态管理，平台化管理
资金保障	政府相关部门及土地开发商来源单一	污染者付费、市场手段、防治基金、税费手段、商业保险、社会共治等多元化手段
防控思路	初步风险防控、分用途管理，多为单要素防控	强调基于生态安全与人群健康风险防控、分用途、分类管理、水气土综合防治
保护意识	公众参与度较低，保护意识淡薄	强化公共参与，土壤保护宣传与培训

10.3　土壤环境质量安全目标确定

按照土壤环境质量"只能更好、不能变坏"的基本要求，结合《南宁市土壤污染防治工作方案》要求，在综合评估南宁市土壤环境污染防治状况的基础上，设置南宁市土壤环境质量底线为：到 2020 年，受污染耕地安全利用率达到 90%，污染地块安全利用率达到 90%。到 2030 年，受污染耕地安全利用率达到 95% 以上，污染地块安全利用率达到 95% 以上。

细化土壤污染防治具体目标如下：

到 2020 年，基本建成全市土壤环境保护体系，土壤环境恶化趋势得到初步遏制，土壤环境质量总体保持稳定，农用地和建设用地土壤环境安全得到基本保障，土壤环境风险得到基本管控。全市耕地土壤环境质量不降低；被污染土地开发利用的环境风险初步控制；土壤环境综合监管能力全面提升，土壤环境质量定期调查和例行监测制度基本建立；土壤环境保护政策、法规和标准体系逐步完善，土地利用与土壤环境保护协调发展。

到 2030 年，全面建成和完善全市土壤环境保护体系，土壤环境质量稳中向好，农用地和建设用地土壤环境安全得到有效保障，土壤环境风险得到全面管控。全市耕地土壤环境质量有所改善；被污染土地开发利用的环境风险全面控制；土壤环境综合监管能力达到较高水平，土壤环境质量定期调查和例行监测制度全面建立；形成完整的土壤环境保护政策、法规和标准体系，土地利用与土壤环境保护协调发展。

10.4　土壤污染风险防控分区

10.4.1　防控分区划定

根据土壤污染状况、主要污染成因及污染源分布、环境风险特征等因素，以农用地及建设用地为重点，将市域划分为优先保护区、重点管控区和一般管控区，实施分区分类管理（图 10-3）。

优先保护区：根据土壤环境评估结果及农用地环境功能，将市域范围内基本农田区域识别为优先保护区，总面积为 5 842.26 km²，占市域面积的 26.54%。

重点防控区：根据土壤疑似污染地块识别结果，将市域范围内疑似污染地块区域识别为土壤污染风险重点防控区，共 45 块，涉及重点行业涉重金属企业 20 家，垃圾填埋场 8 家，危险废物处置 6 家，搬迁企业场地 5 块，危险废物及尾矿库 6 座。

一般管控区：将农用地优先保护区及土壤污染风险重点防控区外的其他区域纳入土壤

污染风险一般管控区。

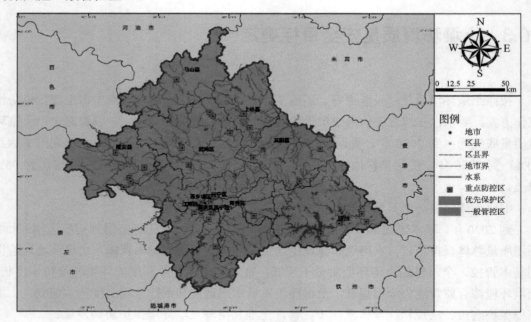

图 10-3　南宁市土壤环境分区管控

10.4.2　管控要求

优先保护区：实行严格保护，确保面积不减少、土壤环境质量不下降，除法律规定的能源、交通、水利、军事设施等重点建设项目选址确实无法避让外，其他任何建设不得占用。

严格控制在优先保护类耕地集中的区域新建有色金属冶炼、石油化工、化工、医药、铅蓄电池、焦化、电镀、制革等项目。

重点防控区：开展土壤污染状况加密详查，建立重点监控机制，增设土壤环境质量监测点位，实施定期监测；支持企业转型升级，实施清洁生产，鼓励发展绿色循环经济，减少"三废"排放。开展受污染耕地安全利用及修复。受重金属污染物或者其他有毒有害物质污染的农用地，达不到国家有关标准的，禁止种植食用农产品。

对受污染场地，开展修复治理，以老工业区搬迁污染地块、矿产开发遗留场地等为治理重点，完成遗留场地的治理修复工程；严格污染场地开发利用和流转审批，在影响健康地块修复达标之前，禁止建设居民区、学校、医疗和养老机构。

一般管控区：完善环境保护基础设施建设。严格执行行业企业布局选址要求，禁止在基本农田集中区、居民区、学校、疗养和养老机构等敏感区域周边新建有色金属冶炼、焦化等土壤污染风险行业企业。适度引导优先发展绿色工业及生态工业。

10.5　土壤环境重点防控战略任务

任务 1：开展土壤环境详查。

重点针对土壤环境污染高风险区（大丰镇及古潭乡等乡镇等）、点位超标区、重点污染源影响区和土壤污染问题突出区域布设详查点位，建成土壤环境质量监测网络，实现土壤环境质量监测点位所有县（市、区）全覆盖。充分利用各部门数据，整合土壤环境质量调查结果，建立土壤环境基础数据库、信息化管理平台和共享机制，充分发挥土壤环境大数据在各领域中的作用。

重点监测土壤中镉、汞、砷、铅、铬等重金属和多环芳烃、石油烃等有机污染物，重点监管有色金属矿采选、有色金属冶炼、化工、焦化、电镀、制革行业。

任务 2：保障农用地土壤安全。

对农用地实施分类管理。依据土壤环境质量状况，按污染程度将农用地划为三个类别，未污染和轻微污染的划为优先保护类，轻度和中度污染的划为安全利用类，重度污染的划为严格管控类，实施分类管理，保障农产品质量安全。

以农产品主产区县为重点，制定土壤环境保护方案；将符合条件的优先保护类耕地划为永久基本农田；禁止在优先保护类耕地集中区域新建有色金属冶炼、石油加工、化工、焦化、电镀、制革等行业企业；现有相关行业企业逐步搬迁或退出。

在安全利用类耕地集中的县（市、区），结合本区域主要作物品种和种植习惯，制定实施受污染耕地安全利用方案，采取农艺调控、替代种植等措施，降低农产品超标风险。强化农产品质量检测。加强对农民、农民合作社的技术指导和培训。

加强重点县（区、开发区）重度污染耕地的用途管理，及时将重度污染耕地划出永久基本农田，依法划定特定农产品禁止生产区域；对威胁地下水和饮用水水源安全的，要制定环境风险管控方案，并落实有关措施。涉及重度污染耕地的，要制定实施相应的种植结构调整或退耕还林还草计划。

任务 3：严控建设用地环境风险。

对从事过有色金属矿采选、有色金属冶炼、石油加工、化工、焦化、电镀、制革、医药制造、铅酸蓄电池制造、废旧电子拆解、危险废物处理处置和危险化学品生产、储存行业生产经营活动的用地，列为疑似污染地块清单。根据土壤环境详查，建立污染地块名录及开发利用负面清单并进行动态更新。符合相应规划用地土壤环境质量要求的地块，可进入用地程序。

对拟收回土地使用权以及用途拟变更为居住、商业、学校、医疗、养老机构等公共设施的疑似污染地块，要进行初步调查，并评估土壤环境质量风险。不符合相应规划用地土壤环境质量要求的地块，必须进行治理修复。

暂不开发利用或现阶段不具备治理修复条件的污染地块，由所在地县级人民政府组织划定管控区域，设立标识，发布公告，开展土壤、地表水、地下水、空气环境监测；发现污染扩散的，有关责任主体要及时采取污染物隔离、阻断等环境风险管控措施。

任务4：加强土壤污染源头防控。

将建设用地土壤环境管理要求纳入城市规划和供地管理体系，土地开发利用必须符合土壤环境质量要求。强化新建项目环境准入约束，严格执行相关行业企业布局选址要求，禁止在居民区、学校、医疗和养老机构等周边新建有色金属冶炼、焦化等行业企业。排放重点污染物的建设项目，在开展环境影响评价时，要增加对土壤环境影响的评价内容，并提出防范土壤污染的具体措施。严格工矿企业的环境监管，切断土壤污染来源，有效控制重金属、有毒化学品和持久性有机污染物进入土壤环境。加强农用化学品环境监管，合理使用化肥和农药，严格规范兽药、饲料添加剂的生产和使用，强化畜禽养殖污染防治，全面推进废弃农膜回收利用。

任务5：开展污染治理与修复试点示范。

以影响农产品质量和人居环境安全的突出土壤污染问题为重点，制定土壤污染治理与修复规划，建立治理与修复项目库。结合城市环境质量提升和发展布局调整，对现阶段开发利用价值高、环境风险大的工业企业污染地块，优先开展土壤污染治理与修复，重点实施对象为城区退役污染工业场地，以及武鸣区、横州、隆安县和上林县等矿产资源集中开采区。在耕地土壤污染程度高、环境风险及其影响较大的区域，按照防污染、控风险、治突出的"防—控—治"指导思想，确定治理与修复的重点区域。

第 11 章　南宁市环境风险评估与防范体系研究

11.1　环境风险现状及形势分析

11.1.1　突发环境事件特征

污染事件数量及等级呈上升趋势，环境风险防范成效显著。根据南宁市环境保护局对突发性环境事件公布的数据可知，2012—2016 年南宁市突发性环境污染事故数量及等级呈下降趋势（表 11-1），2015—2016 年已连续两年没有发生突发环境事件，环境风险防范成效显著。

表 11-1　2012—2016 年南宁市突发性环境风险事故统计

年份	特别重大风险事件	重大风险事件	较大风险事件	一般风险事件
2016	0	0	0	0
2015	0	0	0	0
2014	0	0	0	3
2013	0	0	0	8
2012	0	0	2	6

11.1.2　环境风险源特征

（1）环境风险源数据库建立

环境风险源主要指事故发生后对环境和人群产生影响的单元或对象。不仅包括污染事件对周边敏感受体所产生的危害性影响，还包括环境风险释放的不确定性。区域范围内的环境风险源主要是使用危险物质的企业、集中仓储仓库、储罐，危险物质的运输，毒害污染物的泄漏，废水废气事故性排放等。

因此，本书基于《危险化学品名录》《重大危险源辨识》中筛选出危险物质，筛选涉及危险物质生产、加工、储存、运输的行业。同时，对近年来发生的环境风险事件发生行业、事故原因、事故发生后造成的损失及应急工作的开展分析与整理，筛选涉及主要环境风险行业，初步确定石油化工和炼焦、化学原料和化学制品制造、医药制造业、危险货物道路运输业、金属采矿业等行业作为重点研究对象。

结合南宁市环境统计企业数据（390 家）、2013—2017 年企业环境应急预案备案企业（291 家）、尾矿库数据（34 座未封库）及规划局提供重大风险源清单（51 家），在数据融合的基础上，初步构建环境风险源数据库，具体见图 11-1 及表 11-2。

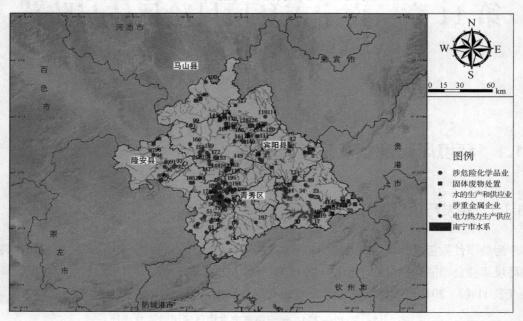

图 11-1　南宁市环境风险源空间分布

表 11-2　南宁市环境风险源明细

序号	区县	名称	风险类型
1	宾阳县	广西宾阳长泰矿业有限公司甘棠选矿厂尾矿库	固体废物处置场地
2	宾阳县	宾阳县鑫茂选矿有限公司陈平龙塘选矿厂尾矿库	固体废物处置场地
3	宾阳县	广西昆仑矿业有限公司马岭铜矿选矿厂尾矿库	固体废物处置场地
4	宾阳县	广西宾阳金丰矿业有限责任公司思陇尾矿库	固体废物处置场地
5	宾阳县	广西黎塘远东化肥有限责任公司	涉危险化学品业
6	宾阳县	南宁市恒丰化肥有限责任公司	涉危险化学品业
7	宾阳县	南宁糖业集团宾阳大桥制糖有限公司	涉危险化学品业
8	宾阳县	中国石油化工股份有限公司广西南宁	涉危险化学品业
9	宾阳县	广西新洋丰肥业有限公司	涉危险化学品业
10	宾阳县	广西宾阳县四通橡胶有限公司	涉危险化学品业
11	宾阳县	广西东正甲醛有限公司	涉危险化学品业
12	宾阳县	广西武鸣区合立淀粉酒精有限公司	涉危险化学品业
13	宾阳县	宾阳县长泰矿业有限公司	涉重金属企业
14	宾阳县	广西昆仑矿业有限公司	涉重金属企业
15	宾阳县	宾阳县宏鑫冶炼有限公司	涉重金属企业

序号	区县	名称	风险类型
16	宾阳县	广西绿城水务股份有限公司宾阳县污水处理厂	水的生产和供应业
17	横州	横州高山经济发展有限责任公司莲塘峒尾矿库	固体废物处置场地
18	横州	横州高山经济发展有限责任公司六蛇麓尾矿库	固体废物处置场地
19	横州	金矿尾矿库	固体废物处置场地
20	横州	横州高山经济发展有限责任公司牛栏麓尾矿库	固体废物处置场地
21	横州	横州源胜矿业有限公司铁矿尾矿库	固体废物处置场地
22	横州	横州县城第二生活垃圾卫生填埋场	固体废物处置场地
23	横州	横州源泉矿业有限公司铁矿尾矿库	固体废物处置场地
24	横州	横州源达矿业有限公司铁矿尾矿库	固体废物处置场地
25	横州	横州源兴矿业有限公司白虎岭尾矿库	固体废物处置场地
26	横州	广西玉立金石龙州顶选矿厂尾矿库	固体废物处置场地
27	横州	横州源福矿业有限公司站子山尾矿库	固体废物处置场地
28	横州	广西横州新立矿业有限公司新圩金矿尾矿库	固体废物处置场地
29	横州	采矿废土尾矿库	固体废物处置场地
30	横州	横州伟明松脂厂	涉危险化学品业
31	横州	横州东糖糖业有限公司纸业分公司	涉危险化学品业
32	横州	广西横州峦城白水泥建材有限公司	涉危险化学品业
33	横州	和昌（广西）化工有限公司	涉危险化学品业
34	横州	广西农垦国有良圻农场复混肥料厂	涉危险化学品业
35	横州	南宁九禾测土配肥有限公司	涉危险化学品业
36	横州	广西东林食品化工有限公司	涉危险化学品业
37	横州	国电南宁发电有限责任公司	涉危险化学品业
38	横州	广西金龙钛业股份有限公司	涉危险化学品业
39	横州	横州东糖生物复混肥有限公司	涉危险化学品业
40	横州	横州万力隆皮业有限责任公司	涉重金属企业
41	横州	横州信诚制革厂	涉重金属企业
42	横州	广西德源冶金有限公司	涉重金属企业
43	横州	广西景典钢结构有限公司	涉重金属企业
44	横州	广西凯威铁塔有限公司	涉重金属企业
45	横州	广西绿城水务股份有限公司横州污水处理厂	水的生产和供应业
46	横州	广西华鸿六景污水处理厂	水的生产和供应业
47	江南区	华电南宁新能源有限公司	电力热力生产供应企业
48	江南区	广西国发生物质能源有限公司	涉危险化学品业
49	江南区	南宁苏圩供销社液化气站	涉危险化学品业
50	江南区	广西农垦明阳生化集团股份有限公司	涉危险化学品业
51	江南区	广西蓝天航空油料有限公司南宁分公司	涉危险化学品业
52	江南区	广西金凯食用磷化工有限公司	涉危险化学品业
53	江南区	广西东蒙乳业有限公司	涉危险化学品业
54	江南区	广西南宁化学制药有限责任公司	涉危险化学品业

序号	区县	名称	风险类型
55	江南区	大赛璐（南宁）添加剂有限公司	涉危险化学品业
56	江南区	南宁三燃燃气有限公司	涉危险化学品业
57	江南区	南宁市永茂燃气有限公司	涉危险化学品业
58	江南区	南宁金仓矿业有限责任公司	涉危险化学品业
59	江南区	南宁化工集团有限公司	涉危险化学品业
60	江南区	南宁浮法玻璃有限责任公司	涉危险化学品业
61	江南区	南宁市才鑫镀锌厂	涉重金属企业
62	江南区	广西盛虎金属制品有限公司	涉重金属企业
63	江南区	南宁美工科技制版有限公司	涉重金属企业
64	江南区	广西送变电建设公司铁塔厂	涉重金属企业
65	江南区	南宁市新城区机电五金厂	涉重金属企业
66	江南区	南南铝业股份有限公司	涉重金属企业
67	江南区	南宁市新城机电五金厂	涉重金属企业
68	江南区	南宁富宁精密电子有限公司	涉重金属企业
69	江南区	广西凤凰银业有限责任公司	涉重金属企业
70	江南区	广西华鸿明阳污水处理有限公司	水的生产和供应业
71	江南区	南宁绿港建设投资集团有限公司	水的生产和供应业
72	良庆区	武鸣区生活垃圾填埋场	固体废物处置场地
73	良庆区	南宁市城南生活垃圾卫生填埋场（二期）	固体废物处置场地
74	良庆区	南宁市城南生活垃圾卫生填埋场（一期）	固体废物处置场地
75	良庆区	南宁市兴塘液化气供应站	涉危险化学品业
76	良庆区	南宁市安明油脂有限公司	涉危险化学品业
77	良庆区	广西古方药业有限公司	涉危险化学品业
78	良庆区	南宁国际综合物流园有限公司	涉危险化学品业
79	良庆区	南宁市海方燃气有限公司	涉危险化学品业
80	良庆区	广西昌弘制药有限公司	涉危险化学品业
81	良庆区	广西千珍制药有限公司	涉危险化学品业
82	良庆区	广西万寿堂药业有限公司	涉危险化学品业
83	良庆区	广西日星金属化工有限公司	涉重金属企业
84	良庆区	南宁市晨生送变电热镀锌有限责任公司	涉重金属企业
85	隆安县	广西凤凰银业有限公司尾矿库	固体废物处置场地
86	隆安县	广西凤凰银业有限公司新尾矿库	固体废物处置场地
87	隆安县	隆安县生活垃圾卫生填埋场	固体废物处置场地
88	隆安县	隆安县雷耀岭矿业有限公司尾矿库	固体废物处置场地
89	隆安县	广西南宁市丰登化工有限责任公司	涉危险化学品业
90	隆安县	广西海盈酒精有限责任公司	涉危险化学品业
91	隆安县	广西兄弟创业环保科技有限公司	涉危险化学品业
92	隆安县	广西伟康环保科技有限公司	涉危险化学品业
93	隆安县	隆安县福隆化工有限责任公司	涉危险化学品业

序号	区县	名称	风险类型
94	隆安县	隆安泰森林化有限公司	涉危险化学品业
95	隆安县	广西福斯银冶炼有限公司	涉重金属企业
96	隆安县	隆安达特洁供水有限公司污水处理厂	水的生产和供应业
97	马山县	马山县鑫源矿业加工经营部选矿厂甘高尾矿库	固体废物处置场地
98	马山县	马山县生活垃圾填埋场	固体废物处置场地
99	马山县	南宁双腾橡胶机械有限公司	涉危险化学品业
100	马山县	广西马山县远洋工贸有限责任公司	涉危险化学品业
101	马山县	广西绿城水务股份有限公司马山县污水处理厂	水的生产和供应业
102	青秀区	南宁市平里静脉产业园—生活垃圾卫生填埋场	固体废物处置场地
103	青秀区	中节能（广西）清洁技术发展有限公司	涉危险化学品业
104	青秀区	中石化屯里油库	涉危险化学品业
105	青秀区	南宁市奥尔通石化有限公司	涉危险化学品业
106	青秀区	中石油南宁油库	涉危险化学品业
107	青秀区	广西桂园后勤服务中心燃气站	涉危险化学品业
108	青秀区	广西绿城水务股份有限公司江南污水处理厂	水的生产和供应业
109	青秀区	广西绿城水务股份有限公司琅东污水处理厂	水的生产和供应业
110	上林县	上林南南铝综合利用动力有限责任公司	电力热力生产供应企业
111	上林县	上林县生活垃圾卫生填埋场	固体废物处置场地
112	上林县	上林县鑫泉矿业有限责任公司鹿西山尾矿库	固体废物处置场地
113	上林县	广西上林县肥料厂	涉危险化学品业
114	上林县	广西蓝山酒类副食品有限公司	涉危险化学品业
115	上林县	南宁林茂矿业有限公司	涉重金属企业
116	上林县	广西上林县智元矿业有限责任公司	涉重金属企业
117	上林县	上林县祥盛钒业有限公司	涉重金属企业
118	上林县	广西天凯钒业投资有限公司	涉重金属企业
119	上林县	广西上林县三鑫矿业有限公司	涉重金属企业
120	上林县	上林南南实业有限责任公司	涉重金属企业
121	上林县	南宁市金仕达矿业有限公司	涉重金属企业
122	上林县	广西庆兴矿业有限公司	涉重金属企业
123	上林县	广西上林县鑫泉矿业有限责任公司	涉重金属企业
124	上林县	上林县中盛矿业有限公司	涉重金属企业
125	上林县	上林县金谷泉稀有金属采炼厂	涉重金属企业
126	上林县	广西明珠矿业投资有限公司	涉重金属企业
127	上林县	上林县泉兴矿业有限公司	涉重金属企业
128	上林县	广西绿城水务股份有限公司上林县污水处理厂	水的生产和供应业
129	武鸣区	武鸣区板苏锰矿福华锰矿场尾矿库	固体废物处置场地
130	武鸣区	武鸣区板苏锰矿金桥Ⅱ尾矿库	固体废物处置场地
131	武鸣区	武鸣区板苏锰矿浪冲新兴锰矿场（Ⅰ）尾矿库	固体废物处置场地
132	武鸣区	武鸣区板苏锰矿场厚理尾矿库	固体废物处置场地

序号	区县	名称	风险类型
133	武鸣区	武鸣区板苏锰矿金桥锰矿场（Ⅰ）尾矿库	固体废物处置场地
134	武鸣区	武鸣区板苏锰矿新兴Ⅱ尾矿库	固体废物处置场地
135	武鸣区	武鸣区板苏锰矿新兴Ⅲ尾矿库	固体废物处置场地
136	武鸣区	武鸣区板苏锰矿鑫源锰矿场尾矿库	固体废物处置场地
137	武鸣区	武鸣区板苏太平大猪肝岭锰矿场尾矿库	固体废物处置场地
138	武鸣区	武鸣区板苏锰矿清泉尾矿库	固体废物处置场地
139	武鸣区	武鸣区太平镇葛阳鑫鑫锰矿场尾矿库	固体废物处置场地
140	武鸣区	武鸣县马头镇三源选矿厂尾矿库	固体废物处置场地
141	武鸣区	武鸣县两江采选厂尾矿库	固体废物处置场地
142	武鸣区	广西南宁广三矿业有限公司两江铜矿选厂尾矿库	固体废物处置场地
143	武鸣区	两江铜矿选厂和康华公司选矿厂合用尾矿库	固体废物处置场地
144	武鸣区	武鸣县康华矿业有限公司选矿厂尾矿库	固体废物处置场地
145	武鸣区	武鸣县保利矿业有限公司尾矿库	固体废物处置场地
146	武鸣区	武鸣区保利矿业有限责任公司270中段尾矿库	固体废物处置场地
147	武鸣区	武鸣红狮环保科技有限公司	涉危险化学品业
148	武鸣区	广西武鸣兴宁化工有限公司	涉危险化学品业
149	武鸣区	广西武鸣合立生物化工有限公司	涉危险化学品业
150	武鸣区	南宁市武鸣桂润化工有限责任公司	涉危险化学品业
151	武鸣区	武鸣栲胶厂	涉危险化学品业
152	武鸣区	南宁赢创美诗药业有限公司	涉危险化学品业
153	武鸣区	广西苍鹰化工投资有限责任公司（武鸣）	涉危险化学品业
154	武鸣区	百威英博啤酒（南宁）有限公司	涉危险化学品业
155	武鸣区	南宁双汇食品有限公司	涉危险化学品业
156	武鸣区	广西伊利冷冻食品有限公司	涉危险化学品业
157	武鸣区	广西珠江啤酒有限公司	涉危险化学品业
158	武鸣区	广西田园生化股份有限公司里建分公司	涉危险化学品业
159	武鸣区	南宁泓胤凯化工有限公司	涉危险化学品业
160	武鸣区	广西武鸣区皎龙酒精能源有限公司	涉危险化学品业
161	武鸣区	广西武鸣区安宁淀粉有限责任公司	涉危险化学品业
162	武鸣区	武鸣区矿产公司	涉重金属企业
163	武鸣区	武鸣区葛阳鑫鑫锰矿场	涉重金属企业
164	武鸣区	武鸣区马头镇三源选矿厂	涉重金属企业
165	武鸣区	武鸣区两江采选厂	涉重金属企业
166	武鸣区	广西南宁广三矿业有限公司（武鸣区）	涉重金属企业
167	武鸣区	武鸣区康华矿业有限公司	涉重金属企业
168	武鸣区	广西武鸣康华矿业有限公司	涉重金属企业
169	武鸣区	武鸣区两江铜选厂	涉重金属企业
170	武鸣区	武鸣区泓涛综合选矿厂	涉重金属企业
171	武鸣区	武鸣区保利矿业有限责任公司	涉重金属企业

序号	区县	名称	风险类型
172	武鸣区	广西绿城水务股份有限公司武鸣区污水处理厂	水的生产和供应业
173	西乡塘区	广西南宁百会药业集团有限公司	涉危险化学品业
174	西乡塘区	南宁市圣达净水材料有限公司	涉危险化学品业
175	西乡塘区	柳州铁路生活服务总公司南宁燃气分公司	涉危险化学品业
176	西乡塘区	西南石油局南宁液化石油气总站	涉危险化学品业
177	西乡塘区	培力（南宁）药业有限公司	涉危险化学品业
178	西乡塘区	南宁邮电液化石油气公司	涉危险化学品业
179	西乡塘区	广西巨星科技有限公司	涉危险化学品业
180	西乡塘区	广西银田石化有限公司	涉危险化学品业
181	西乡塘区	广西华锑科技有限公司	涉危险化学品业
182	西乡塘区	南宁中燃城市燃气发展有限公司	涉危险化学品业
183	西乡塘区	南宁安吉化工有限公司	涉危险化学品业
184	西乡塘区	南宁华飞化工有限责任公司	涉危险化学品业
185	西乡塘区	南宁市金陵镇百富液化气站	涉危险化学品业
186	西乡塘区	广西南宁双佳田乙炔气体有限公司	涉危险化学品业
187	西乡塘区	南宁广发重工集团有限公司	涉重金属企业
188	西乡塘区	南宁怡铭海科技有限公司	涉重金属企业
189	西乡塘区	南宁市永宁冶炼厂	涉重金属企业
190	西乡塘区	南宁市天明锰业有限公司	涉重金属企业
191	兴宁区	广西壮族自治区化工研究院	涉危险化学品业
192	兴宁区	中石油西北销售公司南宁分公司	涉危险化学品业
193	兴宁区	南宁东南石油产品经销部	涉危险化学品业
194	兴宁区	南宁金桥农产品有限公司	涉危险化学品业
195	兴宁区	南宁市金焰燃气有限公司	涉危险化学品业
196	邕宁区	广西中医药大学制药厂	涉危险化学品业
197	邕宁区	广西桂物资源循环产业有限公司	涉重金属企业

（2）环境风险源分布特征

南宁市涉危险化学品企业是环境风险防范重点，涉重金属企业及固体废物处置场地环境风险隐患也不容忽视。据统计（表 11-3），南宁市环境风险源主要为涉危险化学品企业，包括：石油加工、炼焦和核燃料加工业；化学原料和化学制品制造业；医药制造业；化学纤维制造业；橡胶和塑料制品业；废弃资源综合利用业，共有企业数量 89 家，占风险行业总数的 45%。其次分别为涉重金属行业，包括：金属采矿业；黑色金属冶炼和压延加工业；有色金属冶炼和压延加工业；金属制品业；制革业，共有企业数量 48 家，占风险行业总数的 24%；固体废物处置业，包括：尾矿库、垃圾填埋场、危险废物处置企业，共有企业数量 47 家，占风险行业总数的 24%。市级污水处理厂，共有企业数量 11 家，占风险行业总数的 6%。电力、热力生产和供应业，共有企业数量 2 家，占风险行业总数的 1%。

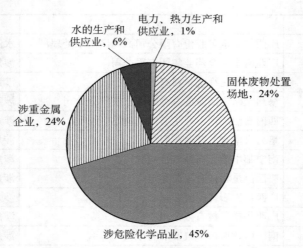

图 11-2　南宁市行业重点风险源分布

表 11-3　南宁市行业重点风险源分类统计

行业	风险类型	主要评价对象	企业数量/家
涉危险化学品业	突发环境风险	石油加工、炼焦和核燃料加工业；化学原料和化学制品制造业；医药制造业；化学纤维制造业；橡胶和塑料制品业；废弃资源综合利用业	89
电力、热力生产和供应业	累计性环境风险	火电	2
涉重金属行业	重金属污染	金属采矿业；黑色金属冶炼和压延加工业；有色金属冶炼和压延加工业；金属制品业；制革业	48
水的生产和供应业	营养类物质、持久性有机污染物和重金属	市级污水处理厂	11
固体废物处置场地	二噁英、重金属污染物	尾矿库、垃圾填埋场、危险废物处置企业等	47

　　环境风险空间差异较大，环境风险区域特征显著。从地域分布上来看（表 11-4），环境风险企业集中在武鸣区、横州和江南区等区县。其中，武鸣区及横州是尾矿库及涉危险化学品较为集中的区域，需重点防控矿产开采区、尾矿库及工业园区环境风险。江南区虽然没有固体废物处置场地，但其辖区内受到众多化学制造企业集中分布的影响，成为南宁市化学品种类和数量高度集中的区域，企业平均生产和使用数量都比较大，生产集中度高，大多数企业涉及临界量较低的重点危险化学品，因此主要防控工业园区危化学品环境风险。

　　大部分风险企业选址在水源丰富的邕江、右江两大水系区域，且部分区域污水管网正在完善中，各污水处理厂污水收集处理负荷偏低，一旦发生污染事故，污水通过内河、各种水系水体等途径进入邕江、右江，将会造成更大范围的环境污染事故。

表 11-4　南宁市各区县风险企业分布统计　　　　　　　　　单位：家

区县	电力企业	固体废物处置场地	涉危险化学品业	涉重金属企业	污水处理厂	总计
武鸣区	0	18	15	10	1	44
横州	0	13	10	5	2	30
江南区	1	0	13	9	2	25
上林县	1	2	2	13	1	19
西乡塘区	0	0	14	4		18
宾阳县	0	4	8	3	1	16
良庆区	0	3	8	2		13
隆安县	0	4	6	1	1	12
青秀区	0	1	5	0	2	8
马山县	0	2	2	0	1	5
兴宁区	0	0	5	0	0	5
邕宁区	0	0	1	1	0	2

11.1.3　环境保护目标分布

根据建设项目环境影响评价、突发环境事件风险评估等相关技术文件以及国内外环境风险受体脆弱性评估理论模式，对南宁市居民聚集区、水库、河流以及保护区等，开展环境风险受体识别。

（1）人群分布特征

南宁市 2016 年全市常住人口为 706.22 万人，城镇常住人口为 425.34 万人，比上年增加 11.02 万人，城镇化率为 60.23%，比上年提高 0.92 个百分点，比全区高 12.15 个百分点，比全国高 2.88 个百分点，人口在各区县分布见表 11-5。

表 11-5　2016 年南宁市人口区县分布

区域	常住人口/万人	城镇人口	
		人数/万人	城镇化率/%
南宁市	706.22	425.34	60.23
兴宁区	42.89	36.15	84.29
青秀区	77.75	70.77	91.02
江南区	62.68	49.8	79.45
西乡塘区	121.77	109.29	89.75
良庆区	37.02	25.89	69.94
邕宁区	28.16	10.46	37.14
武鸣区	56.54	24.28	42.94
隆安县	31.25	9.16	29.31
马山县	40.72	10.53	25.86
上林县	35.85	11.24	31.35
宾阳县	81.42	33.46	41.1
横州	90.17	34.31	38.05

（2）生态敏感保护目标分布

南宁市生态敏感保护目标主要包括：6 个自治区级及以上自然保护区、7 个自治区级及以上森林公园、2 个自治区级及以上风景名胜区、2 个自治区级及以上湿地公园、乡镇及以上饮用水水源一级和二级保护区，具体分布见图 11-3、图 11-4 及表 11-6。

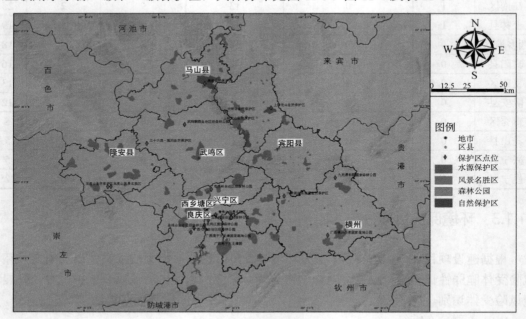

图 11-3　南宁市生态敏感保护目标空间分布

表 11-6　南宁市生态敏感保护目标统计

序号	类型	面积/km²
1	自治区级及以上自然保护区	513.19
2	自治区级及以上森林公园	59.8
3	自治区级及以上风景名胜区	16.28
4	自治区级及以上湿地公园	73.73
5	乡镇及以上饮用水水源一级和二级保护区	1 172.59

11.1.4　存在的主要问题

企业布局性风险凸显。南宁市风险企业大多沿南宁市主要的江河流域分散而建，且部分企业涉及饮用水水源保护区、森林公园等多种类型的环境保护目标（图 11-4）。邕江是市区饮用水水源地，部分化工类风险企业紧靠邕江南面，由于化学原料及化学制品制造业企业的检查企业多，工业生产总值比重大，化学品种类多，数量大，环境风险单元数量多且风险多样化，生产的原辅材料和产品中包含大量危险化学品，环境风险隐患大，产业部局不合理。

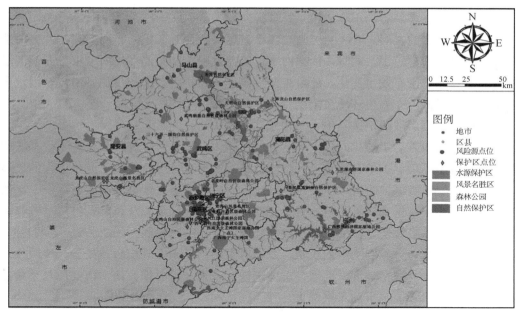

图 11-4　南宁市风险源企业与生态敏感性保护目标布局

环境风险防控体系不健全。南宁市环境应急体系建设尚处于起步阶段，绝大多数区县环境风险应急体系不健全。部分小企业仅编制《建设项目环境影响报告表》，没有严格按照相应管理要求编制环境风险评价专章。除少数较大的企业有相对完善的风险防范措施外，大多数企业事故应急池、清净下水排放切换阀门、泄漏气体吸收装置、清净下水排放缓冲池等污染防治设施的配套率相对较低，风险防范措施不完善[①]。

11.1.5　未来风险形势分析

基于南宁市环境风险类型与由风险引发的环境污染事故特征分析，结合新时期南宁市经济、人口等演变形势，对新时期南宁环境风险发展趋势作出以下判断。

（1）部分重点管控行业风险持续增加，环境风险压力不减

南宁市目前步入工业化发展中期，今后一段时间内，工业仍然是全市经济增加的重要支撑点。依据《南宁市工业和信息化"十三五"发展规划》，预计"十三五"期间，全市规模以上工业增加值年均增长 8%以上，全部工业工业增加值占地区生产总值的比重达到 32%以上。其中，电子信息、先进装备制造、生物医药作为南宁市着力推进行业将实现快速发展，风险防控压力逐渐递增。食品、化工等行业作为南宁市重点调整优化行业，未来着重推进完善产业链，提高产业集中度，优化产品结构，淘汰落后产能，化解过剩产能，提升深加工、精细化水平等工作，这些行业的风险防控压力将有所改善。

① 阮锦芳，赖琨. 广西南宁市重点行业企业环境风险防控特征和对策措施分析[C]// 2013 中国环境科学学会学术年会论文集（第三卷）. 2013.

（2）布局型环境隐患仍不容忽视

随着经济社会的发展，城区的扩张与环境敏感保护目标在空间布局上存在冲突所造成的潜在环境风险不容忽视。同时，依据南宁市工业发展空间布局图，南宁市工业园区沿邕江布局的总体格局没有发生变化，随着工业规模的不断扩大，进一步加剧沿江饮用水水源等敏感性保护目标，布局型环境风险隐患较大。

（3）环境污染事故防范风险能力与需求落差变大

南宁市目前步入后工业化时代，今后一段时间内，基于人体健康和生态系统平衡的环境质量改善将是环境保护的首要重点和核心任务。治污减排以及伴随工业化进程的风险防范，将作为南宁环境保护的两大抓手统筹安排，而更多考虑人体健康和生态系统平衡的环境质量改善是污染减排和风险防范的目标指向。群众对环境资源及风险管控的基线将大幅度提高。全过程风险管控、精细化、差异化环境监管、应急等能力需求将进一步加强。当前，南宁市环境风险管理刚刚步入正轨，系列对策措施还未正式出台或处于起步阶段，风险管理的成效还不能完全显现。因此，总体来说，未来一段时期，南宁市实现与小康社会相适应的环境风险管控水平的难度加大。

11.2 环境风险分区管控体系

11.2.1 环境风险系统解析

环境风险因子孕育于环境风险源，它受风险初级控制机制控制；一旦初级控制机制由于自身故障或外部风险触发机制失效，环境风险因子释放于外部空间，受次级控制机制控制，并在环境风险场（即风险因子传输场）的作用下与风险受体接触，给受体带来严重损害，造成环境污染事故。环境风险系统中各要素具有同等的重要性，即在一个特定的环境风险系统中，环境风险源、控制机制、环境风险场及受体的相互作用集中体现在环境风险源的危险性、控制机制有效性、环境风险场转运特征性和受体脆弱性方面。

（1）环境风险源

环境风险源主要指事故发生后对环境和人群产生影响的单元或对象。对于易燃易爆物，事故爆发后对环境影响不大，如环氧乙炔等，燃烧后不应急于灭火，而是采用燃烧法转化为二氧化碳，无大气污染问题，也无水污染问题。因此，环氧乙炔是易燃易爆物质，但不能算是环境风险物质。火灾爆炸事故通常会引起有毒有害物质泄漏（如松花江污染事故），造成水污染或大气污染事故。因此本书将环境风险源的易燃易爆危险性作为环境风险因子释放的触发因子，用环境风险源易燃易爆物质危险性能进一步加强环境风险源自身危险性。

（2）控制机制

初级控制机制是指环境风险源所固有的，控制环境风险因子释放的措施或设施，属于源控制。它可以表现为人的行为（包括机器操作行为、计划行为、决策管理行为等），也可以表现为设施运转行为。初级控制机制是指可起到控制环境风险因子释放到外空间的一切的作用和因素，初级控制机制失效导致环境风险因子的释放。如在松花江水污染事故中，吉林化工厂为风险源，苯、硝基苯等有毒有害物质为风险源中的风险因子，错误的操作导致初级控制机制失效，造成环境风险因子的释放。次级控制机制属于过程控制，指环境风险因子进入转运介质场后，采取的将环境风险受体与风险场隔离，减缓污染事故的措施，如疏散周围人群，建立隔离屏障等应急措施。

（3）环境风险场

环境风险场是风险因子的传输介质，环境风险场特征反映环境风险因子在环境空间的迁移转化特征，它取决于介质密度、流速与化学性质及生态系统结构等，是自然生态环境的特征函数。环境风险场通俗理解为污染物的传输场，一般包括河流、大气、土壤等。突发环境污染事故风险场通常考虑传输比较快的介质，如大气和河流。环境风险场特征与风险源位置、风险因子释放强度及传输介质的参数有关。环境风险场的非均强特征性是风险区划和风险管理的基础。

（4）环境风险受体

环境风险受体是指突发环境污染事故风险的潜在承受体，它与环境灾害系统中的承灾体类似，指环境风险因子在通过环境场转运的过程中，可能受到影响的人群或生态系统，包括在区域内工作和生活的居民、敏感的物种和敏感环境要素，如自然保护区、饮用水水源地等。环境风险受体的脆弱性可反映环境风险场与受体叠加后，受体表现出的特征，是衡量环境风险受体对环境风险因子危害作用大小的指标，即指一定单位暴露水平下，环境风险受体受损程度。同样，环境风险受体规模（Scale of Environmental Risk Target）也是确定环境风险受体受损程度的指标。环境风险受体规模取决于环境风险场波及范围与该范围内环境风险受体密度。

11.2.2　环境风险区划方法

（1）国际经验借鉴

发达国家从 20 世纪 70 年代开始研究区域风险评价问题，并取得了良好的应用效果。最早关注区域性环境风险的是 1975 年美国核能管理委员会完成的《WASH-1400 报告》。20 世纪 80 年代，有关国际组织及相关政府提出区域环境系统总体风险分析的重要课题。1987 年，联合国环境规划署、联合国工业发展组织和国际原子能机构共同倡议在高度工业化区域内进行总体风险评估，并成立了该领域的国际协作机构。美国的拉姆逊教授采用基于风险的定量方法对民用核电站安全性作了区域性综合评价。英国 Convey Island 规划项目、荷兰 Rijnmond 区域规划项目以及意大利 Ravenna 公司区域风险研究计划中，都将定量风险评价方法应用于区域整体风险评估中。James 等探讨了区域环境风险系统研究的框架；Clark 将风险分析方法较好地运用在项目规划和选址过程中；Stein 探讨了 GIS 在环境风险评估中的应用，研究了印度尼西亚土壤污染风险分布，得到土壤风险分布等值线图，并结合 GIS 与决策模型得出土地利用方案；Marielle 运用环境和经济模型研究了区域层面养猪业的环境风险；Gheorghe 研究了能源和其他复杂工业系统的区域综合风险评估及安全管理，对区域环境风险的评估方法、技术导则、各种模型、专家支持系统（DSS）和地理信息系统（GIS）的发展做了总结；Jay 对小区规划与小区居民环境风险的关系进行了研究，对比了规划社区和无规划社区两种不同类型社区居民室内环境风险。克拉克大学的危害评价小组曾建立了一个比较完整的 CENTED 模型。Stam 与 Bottelberghs 等则将针对工业活动中的水环境风险评价的两个软件模型（VERIS、RISAM）结合到了一起，通过分析工业原料、技术设计、管理系统、运营维护等因素来评估基本的风险，同时在物理/化学数据的支持下，对水环境中的环境风险进行模拟分析。由环境模型协会（TIEM）所开发的 SADA 软件囊括了各种环境分析的功能模块，例如 GIS、可视化、地理空间分析系统、统计分析、人体健康、生态风险评价等，不仅适用于风险评估，同时对修复设计也提供了决策支撑。

对于工业园区而言，由于风险源布局较为紧凑，各个危险设备的风险场叠加，多米诺效应风险较大。国外学者利用 1961—2010 年的统计数据对多米诺事故的时空演变、事故发生原因、结果以及涉及的危险化学品，分析二次、三次多米诺效应的事故情景，找统计规律，为多米诺效应的防范提供科学依据。由于风险事件具有不确定性和发生机理复杂性，为了防止园区多米诺事件的发生，Reniers 等开发了操作简单、界面友好的多米诺事件风险管理系统，系统具有多米诺风险节点识别、风险管理等功能，通过对园区各企业中环境风险设备、危险物质，园区整体、各个危险设备的空间信息收集可以绘制出区域内多米诺事故高发区，为事故管理提供基础依据。Cozzani 等通过对比一些欧盟国家内不同的土地规划标准，以意大利某工业园区为案例，得出了规划标准与风险减免措施之间的定性关系。其中规划标准所涉及的方法主要分为以降低事后影响或是以降低风险为导向的，而后者对于各类风险减免措施更为敏感。这也在一定程度上为工业园区的土地规划标准制定与完善起到了一定的推动作用。

（2）国内经验借鉴

区域环境风险评价方法主要有"自上而下"和"自下而上"两种。"自上而下"是区域分割的过程，适用于大尺度的区划工作，能够对风险进行宏观、全局的把握，较多地区域环境风险指数评估方法，这种方法将风险具化为风险源、风险受体、控制机制等指标，容易受主观因素的影响造成关键参数的缺失；"自下而上"是在底层区域，按照区划各要素属性特征的相似性，进行自下而上合并的过程，其适用于中小尺度的环境风险评估，突破了行政界线的约束，能更好地反映区划对象的空间特征，聚类分析是此类区域风险评估的最常用方法。目前区域风险评估方法多于信息扩散法、灰色关联度法、模糊数学法等方法配合使用，以更加准确客观地进行区域风险评估。

区域环境风险指数综合评估法。根据区域自然环境及社会环境的结构、功能及特点，划分成不同等级的地区，确定环境风险管理的优先顺序，针对不同风险区的特点提出减少风险的对策措施。包括区域环境风险评估指标体系构建、指标量化与综合评估等内容。基于环境风险场系统理论，围绕风险源、风险受体、控制水平等因素，构建指标体系，利用层次分析法、模糊数学、信息扩散等模型方法，进行单一指标量化与风险综合评估。区域风险评估运用的主要技术方法有环境风险源及环境敏感受体的危险性和脆弱性评估方法、风险源和环境敏感受体等级划分方法、区域综合环境风险评估方法及重点污染源对环境敏感受体影响模拟等方法。

区域环境风险评估量化方法。区域环境风险定量评估的程序一般为风险源识别、源项分析、概率评估、后果估算。由于该方法能够量化多个风险源相互作用下的风险后果，因此更多地应用于工业园区或工业集聚区等高风险区域的环境风险评估中。区域风险源识别是对整个评价区域内所有潜在风险源进行识别和分析，以确定风险评价的必要性。源项分析是通过风险识别确定风险源可能发生的事故类型，例如火灾、爆炸、罐体破损等，这些事件均造成了有毒有害物质的泄漏。源项分析是计算释放物质的种类、释放量、释放方式、释放时间，并应给出其发生的频率。源项分析的主要研究方法包括故障树分析法、事件树分析法等。风险后果估算是根据所选模型确定危险物质的风险浓度阈值，并估算风险源的影响半径。根据敏感地区的分布情况以及气候、地形等其他因素对风险危害性进行分析。由于区域内风险源众多，风险源半径会有所重叠，因此在考虑区域风险影响半径时还要考虑风险源的叠加影响。具体见表 11-7。

表 11-7　环境风险评估方法比选

方法名称	数据需求	适用范围	优点	缺点
指标法	环境污染与破坏事故数量、单位面积 SO_2 负荷、COD 排放总量与环境容量之比；人口密度、经济密度、自然保护区比例	确定风险空间分布格局，解析风险特点，制定针对性的风险管理策略	方法简单易于理解，便于操作	具有一定的主观性，在指标体系构建方面可能缺失了关键信息
信息扩散法	环境风险源分布与强度	与层次分析法配合使用，在层次分析法构建指标体系的基础上，进一步优化评估方法区域规划、风险分区等方面	针对实际评价中可能出现的信息不足，通过集值化模糊数学处理优化利用样本模糊信息	模型和计算过程较为复杂
证据理论证据推理	风险源强度、风险受体分布、历史统计数据		适合处理和综合存在未知信息或模糊信息等的多属性决策问题	数据处理与模型计算较为复杂
灰色关联度法	环境质量统计数据、风险源几风险受体数据	一定时期的环境状况评估	服务于环境风险管理多目标决策	
聚类分析法	规划定位、主要环境风险敏感目标、危险物质及其理化特性、毒性和燃烧爆炸性、主要企业行业类别及主要危险物质、敏感目标区域敏感性指数（基于人口和风向频率）	工业园区、工业集中区环境规划与风险分区	—	数据处理与模型计算较为复杂
遥感技术	卫星数据、企业数据、水利数据	城市层面环境应急预案编制	利用 GIS 系统、风险源强度和位置关系，进行风险量化预测，结果更为直观	专业技术要求较强
环境风险定量评价法	各个风险单元风险物质存量、LC_{50}、环境敏感受体分布	基于概率评估、源强估算、后果评估，计算工业园区个人风险、社会风险评估，绘制概率分布曲线	评价结果可以与最大可接受风险水平比较，有实际意义	数据获取量与分析计算量较大

11.2.3 环境风险区划方案

根据已有的风险源、风险受体识别结果，综合考虑各种方法在南宁市的适用性，此次风险评估采用了网格指标法与信息扩散法相结合的方式，对各个网格进行环境风险量化，并利用 GIS 空间数据分析工具对整个南宁市的环境风险进行全面评估。

（1）风险评估单元

根据南宁市实际情况，从便于把握环境风险系统的持续性、认清环境风险特性以及南宁市实施区域环境风险优化管理的角度考虑，本书选择以 1km×1km 网格为评价的基本单元，在开展区域环境风险分区和风险管理对策时将网格按照南宁市各区县行政边界进行汇总，对区域环境风险等级进行表征。

（2）指标体系量化

根据提出的南宁市区域环境风险评估方法，并结合实际的数据可获取性，针对环境风险源、环境风险敏感受体、环境风险暴露途径提出了具体的评估因子与指标体系，见表 11-8。

表 11-8 评估因子与指标体系

目标层	系统层	准则层	指标层
区域环境风险等级划分指标体系	环境风险源	企业环境风险强度	网格内企业[1]数量
			网格内重点风险行业企业所占百分比
			网格周边 5km 以内风险企业数量
	环境风险暴露途径	水环境风险场	网格内区域水覆盖面积
		大气环境风险场	网格内区域气象扩散条件
	环境风险受体	易损性	网格人口数量
			网格环境敏感目标[2]数量
			网格城镇及以上饮用水水源地数量
			网格生态保护区个数
			网格周边 5km 以内敏感性保护目标数量

南宁市环境风险系统由环境风险源、环境风险受体、环境风险暴露途径三部分组成，考虑到南宁市区域环境风险的特点，本书依据系统性与主导性相结合原则、结合研究现状，征求环境风险分析、环境影响评价等领域专家建议，在系统模型框架内选取具体指标权重，见表 11-9。

表 11-9 南宁市环境风险评价指标体系

系统层	权重	准则层	权重	指标层	权重
环境风险源	0.4	企业环境风险强度	1	网格内企业数量	0.3
				网格内重点风险行业企业所占百分比	0.4
				网格周边 5km 以内风险企业数量	0.3

---

[1] 企业是指《企业突发环境事件风险评估指南（试行）》的评估对象。
[2] 环境敏感目标是指《企业突发环境事件风险评估指南（试行）》附录 A 中提及的环境风险受体。

系统层	权重	准则层	权重	指标层	权重
环境风险暴露途径	0.2	水环境风险场	0.5	网格内区域水覆盖面积	1
		大气环境风险场	0.5	网格内区域气象扩散条件	1
环境风险受体	0.4	环境风险受体的易损性	1	网格人口数量	0.2
				网格环境敏感目标数量	0.3
				网格城镇及以上饮用水水源地数量	0.2
				网格生态保护区个数	0.2
				网格周边 3km 以内敏感性保护目标数量	0.2

（3）区域风险表征与分级

基于指标评价与信息扩散系统模型，根据模型各指标的相对权重，并将指标数值定量化、标准化处理，代入评价模型，得到区域环境风险综合指数值。

区域环境风险评价模型为：

$$R = \alpha S_i + \beta R_i + \gamma P_i, i = 1, 2, 3, \cdots, N \qquad （11\text{-}1）$$

式中，R——网格环境风险综合指数；

　　　S_i——风险源评价因子值；

　　　R_i——受体脆弱性因子值；

　　　i——网格序号；

　　　α——环境风险源；

　　　β——敏感受体脆弱性；

　　　γ——暴露途径。

通过评价所得的各网格 R 值，按照其四分位数划分为三级，从而得出各网格的 R 值及其所对应的环境风险等级。

（4）环境风险表征与地图绘制

完成所有分区单元格风险量化后，借助 GIS 的空间分析模块，得到该区域的环境风险度分布图。为便于风险管理需要将过于分散的小区域合并到相邻区域中，根据区域的具体特点，对分布图作出适当的合并与调整，得到完整、分明的环境风险分布图。

11.2.4　环境风险分区划定

（1）环境风险源危险性评价

根据风险源危险性评价方案，采用指标加权法得到南宁市风险源危险性空间分布，见图 11-5。

（2）环境风险传输性评价

南宁市有大小河流共 235 条，总长度为 4 579.86km，市区内邕江自西向东穿城而过，18 条较大的支流从南、北两岸注入邕江，支流河道总长约 555km。18 条较大支流因分布于南宁市区内，又称十八内河，分别为北岸的石灵河、石埠河、西明江、可利江、心圩江、二坑溪、朝阳溪、竹排江、那平江、四塘江，南岸的大岸冲、马巢河、凤凰江、亭子冲、水塘江、良庆河、楞塘冲、八尺江。根据环境风险区划方案，通过 ArcGIS 平台得到南宁市水系风险场指数（图 11-6）。

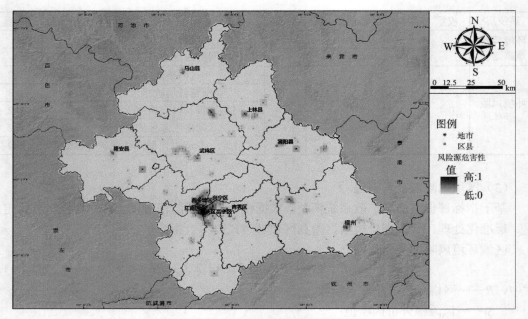

图 11-5   南宁市风险源危害性指数分布

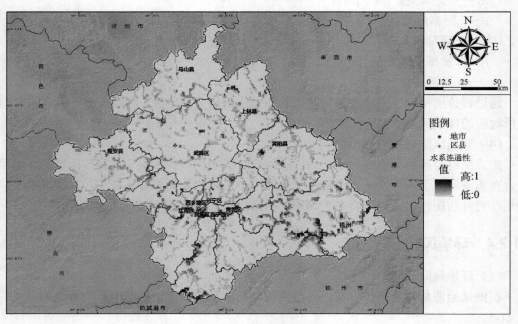

图 11-6   南宁市水系连通指数分布

风险事故的危害性与季节及气象条件的关系十分密切,在危险源排放量没有大的变化情况下,风、雨、气压、温度、大气稳定度、混合层高度等气象条件直接影响风险事故的范围与大小。风险物质一般为重气排放,与常规大气污染相比,扩散范围较小,危害较大,大气通风稀释是降低大气污染物风险的重要指标。因此,本书把第6章中通风系数的倒数作为大气风险场指数,大气风险场指数空间分布见图11-7。

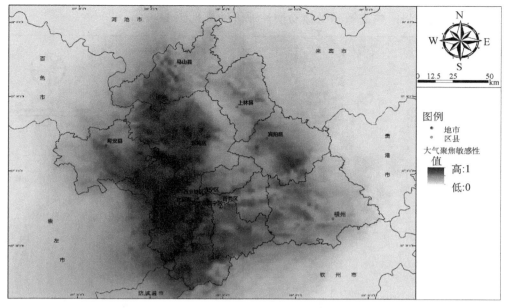

图 11-7　南宁市风险大气聚集敏感性

（3）环境受体敏感性评价

按照环境风险区划方案，基于 ArcGIS 平台将南宁市环境风险敏感目标分配到评价网格中。

由于缺少人口空间聚集数据，本书采用 2010 年南宁市人口空间分布数据，结合城镇现状分布，在数据融合的基础上人口空间分布图见图 11-8。

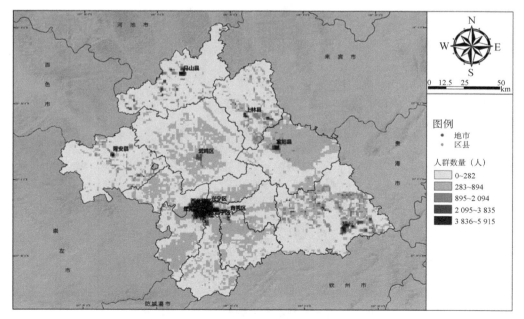

图 11-8　南宁市人口空间分布

由于特殊保护地区和生态敏感与脆弱区域已纳入生态保护红线，本书直接采用生态保护红线相关划定成果，生态敏感受体易损性评价结果见图 11-9。

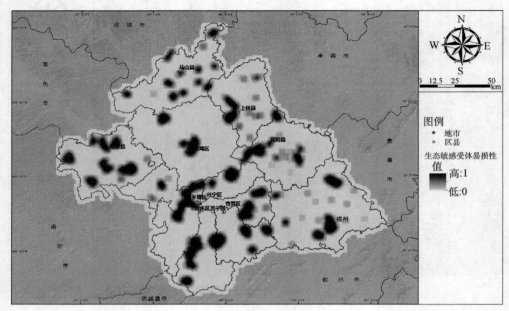

图 11-9　南宁市生态敏感受体易损性指数分布

通过 ArcGIS 平台将人群分布指数与生态敏感受体易损性分权重进行叠加，得到环境风险受体的易损性指数，见图 11-10。

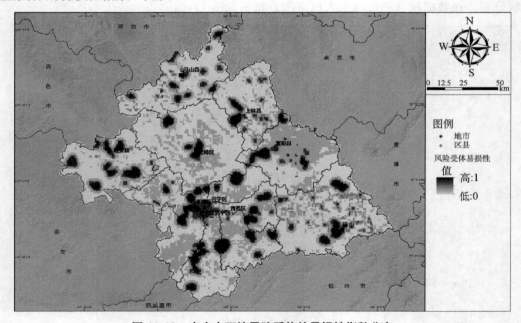

图 11-10　南宁市环境风险受体的易损性指数分布

（4）环境风险综合区域

基于指标评价与信息扩散系统模型，根据模型各指标的相对权重，并将指标数值定量化、标准化处理，代入评价模型，得到区域环境风险综合指数值。并利用 GIS 图形工具进行叠图、差值、渲染，得出南宁市三类环境风险管控区：低风险区、中风险区和高风险区，具体见图 11-11。

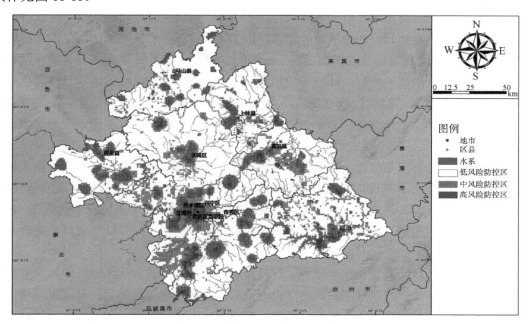

图 11-11　南宁市环境风险管控分区

11.2.5　环境风险分区管控

根据环境风险综合区划结果，主要针对南宁市高风险区、中风险区提出二级管控策略。

（1）高风险区——着力优先控制名录，优化环境风险布局

高风险区内及周边主要分布大量工业企业及其工业园区，应急物资储备较为薄弱，且工业布局结构风险明显，敏感性保护目标与环境风险源布局型冲突较为突出。因此，针对风险源分布、开发区和工业园区分布位置，从风险评估、隐患排查整治、优化高风险产业布局、化工园区风险防控等方面管控环境风险。

加强危险化学品、涉重金属等工业企业等环境风险评估。依据《环境保护法》《突发环境事件应急管理办法》对企业环境风险防范的要求，结合《企业突发环境事件风险评估技术指南（试行）》等技术方法，重点针对优先风控企业名录开展工业企业环境风险评估工作。针对化学原料和化学制品制造业、金属采选业、金属冶炼和压延加工业等重点行业发布环境风险评估报告范例，提高环境风险评估的规范化和效率。将评估结果作为风险排查、隐患治理、监督检查以及预案编制与管理等的重要依据。要求工业企业定期开展环境风险评估，将评估结果纳入环境风险源数据库，并作为项目审批和日常监管的重要依据。

完善突发环境事件应急救援储备。根据《全国环保部门环境应急能力建设标准》中机构与人员、硬件装备、业务用房等内容的要求，开展南宁市环境应急能力标准化建设。完善南宁市突发环境事件应急救援物资储备，针对南宁市发生频次高、影响范围广的突发环境事件，储备相应的污染物拦截、现场处置等应急救援物资。充分发挥社会力量在环境应急救援中的重要作用，通过签订协议、设立专项资金，以自有储备、代为储备等方式，建立重金属污染事件应急救援物资储备体系。

优化高风险产业布局。结合区域环境风险评估结果，引导产业布局。高风险防控区域严格高污染、高风险建设项目的审批，限制新建项目的准入，逐步清退污染物排放不达标、环境风险隐患排查治理不到位、环境应急预案编制不合格的企业。大力落实《危险化学品"十二五"发展布局规划》要求，规划期内产业布局更加合理、化工园区和集聚区更加规范，危险源多而散的局面明显改善，力争搬迁企业进园入区率达到 100%，新建企业进园入区率达到 100%。

敏感性保护目标安全防范。建立和完善敏感保护目标档案库，建议开展全市重点敏感保护目标抗风险能力调查评估，重点加强饮用水水源地和重要生态功能区环境安全保障，落实《集中式饮用水源突发污染事件应急预案》，对敏感保护目标实施风险布控措施，在饮用水水源地和重要生态功能区上游河流设置控制断面。敏感性保护目标周边禁止建设高污染高风险的企业。

加强化工园区风险监管与风险防范。积极开展南宁市各区县内化工园区环境风险评价，在确定区域环境容量、产业规划后，科学合理地对园区进行规划和布局，从区域环境风险源强度、环境风险受体脆弱性、环境风险防控与应急能力水平等方面开展园区环境风险评价，识别环境风险热点，并对园区内事故发生频次高的水污染及大气污染事件进行风险量化分析，以判断现有园区环境风险防控与应急能力是否能够满足事件应急的需要。根据风险评估结果，加强对园区内环境风险热点的监管。加强化工园区监控预警平台建设，在重点环境风险源和环境敏感保护目标周边设置针对突发环境事件预测预警的监测点位，依托网络实现监控数据的传输，通过平台进行预警信息的发布、事故影响后果的分析以及应急响应措施的制定。

（2）中风险区——完善基础能力支撑，开展现状调查评估

中风险区域主要为高风险区的外围区域，是防范环境风险的重要缓冲区域。当前，主要面临风险现状调查缺失、危险化学品应急能力薄弱、风险基础信息不足等问题。基于南宁市中风险区的主要风险成因，通过区域风险评估、应急演练、风险现状与基础信息收集等方面应对环境风险。

限制高污染、高风险企业布局。中风险地区原则上不再加大这些区域内高污染、高风险建设项目的新建，严格落实企业环境风险管理主体责任，加大区域内工业企业环境监管能力建设与环境敏感受体的保护工作。通过调整和优化南宁市内产业布局，降低布局性环境风险。

大力开展环境应急预案演练。建立健全重点行业企业、尾矿库与政府突发环境事件应急预案定期演练制度，鼓励政府、企事业单位定期开展桌面推演、重点环节演练、全面演

练、无脚本演练等多种形式的环境应急演练。建立预案演练评估制度，加强对企事业单位环境应急预案演练的评估考核，强化各级各类应急预案的演练频次、演练力度及演练效果。

规范安全距离设置与管理。结合卫生防护距离、大气环境防护距离、安全防护距离的要求，根据南宁市产业结构特征、工业企业规模、尾矿库规模等别，分行业、分类型设置各类环境风险源的安全距离。加强安全防护距离监督管理工作，如果在企业安全防护距离内存在居民区、饮用水水源地以及其他各类环境敏感受体，则实施企业或环境敏感受体搬迁、企业生产规模调整或者环境风险传输途径阻断等措施，降低企业突发环境事件对周边环境的影响。

提升危险化学品企业环境风险应急能力。强化危险化学品企业环境应急预案管理。依据《突发环境事件应急预案管理办法》《企业事业单位突发环境事件应急预案备案管理办法》，加强对涉及危险化学品企业的环境应急预案管理。要求企业自行或委托相关单位编制环境应急预案，并组织专家进行预案评审。对通过评审的应急预案进行备案管理。监督企业定期进行预案演练，组织企业相关人员学习、熟悉应急救援预案，培训相关知识，提高员工的防范技能。完善危险化学品企业环境应急配套设施。做好危险化学品申报登记，协调、管理全市危化品废弃物转移、贮存、运输和处置活动，承担好危险化学品废弃物泄漏事故处理及指挥协调、应急等工作。危险化学品集中处置项目必须安装自动在线监测装置，针对不同类型的危险化学品企业可能发生的突发环境事件，完善配备必要的应急装备和监测仪器，了解正确的应急防护与处置方法，并定期对应急救援物资的储备情况进行检查。

11.3　核与辐射安全管控

11.3.1　辐射环境质量现状

2016 年，南宁市辐射环境质量总体情况良好，环境电离辐射水平基本保持稳定，市区内 29 个监测点的 γ 辐射空气吸收剂量率无异常变化；电磁辐射环境良好，南宁市区 10 个监测点位的环境电磁辐射综合场强监测值均低于《电磁环境控制限值》（GB 8702—2014）在 30～3 000MHz 频率范围的公众暴露控制限值。

11.3.2　核与辐射管理现状

目前，核与辐射相关管理机制还不健全，部分放射源使用单位的负责人和管理人员缺乏足够的辐射安全防护意识，在管理过程中常把安全工作表面化，留下放射源事故的隐患。此外，专业人员编制较少，业务用房不足，专业仪器设备和技术人员缺乏，技术力量较为薄弱，难以全面、有效地履行核与辐射安全监管职能，不能满足新时期核与辐射安全监管工作需求，其中县区一级的力量尤为薄弱，几乎为空白状态，亟须全面加强。

11.3.3　核与辐射安全管控

分类评估放射源，实施差异化管控。南宁市有包括非密封源使用单位在内的涉源单位45 家，共有在用放射源 198 枚。南宁市涉源行业主要为制糖、卫生、科教、造纸、建材等工业企业。其中制糖行业占 35.35%，卫生行业占 22.72%，科教行业占 20.20%，建材行业占 7.07%，造纸行业占 6.57%，其他行业占 8.08%。大部分的工业企业使用Ⅳ、Ⅴ类源，Ⅰ、Ⅱ类放射源多在医疗单位使用。需要重点针对卫生、制糖、科教等行业进行重点管控，以降低环境风险事故发生。

表 11-10　电磁环境风险源分布特征

行业类别	用源单位数量/家	放射源数量/枚	放射源类别
制造	1	1	Ⅳ、Ⅴ类源
制糖	15	70	Ⅳ、Ⅴ类源
造纸	5	14	Ⅳ、Ⅴ类源
卫生	8	45	Ⅰ、Ⅱ、Ⅳ、Ⅴ类源
食品	1	2	Ⅳ、Ⅴ类源
科教	1	40	Ⅳ、Ⅴ类源
勘探	1	5	Ⅳ、Ⅴ类源
建材	9	13	Ⅳ、Ⅴ类源
基建	4	8	Ⅳ、Ⅴ类源

坚持全过程监管。实现"从摇篮到坟墓"的放射源全过程监管，即做到从生产（进口）、销售、使用（转移、贮存）、废弃（处置）的实时监管。完成对新增国控企业和新增核设施流出物项目在线监控系统的安装与联网，实行实时监控。加强核设施、铀矿开采及冶炼、稀土矿重点开采区及伴生放射性企业监督性监测，实现重点污染源监督性监测全覆盖。强化日常监管，增加突击抽查和增加检查次数，掌握涉源单位的实际情况，敦促各涉源单位认真执行规章管理制度。

严格电磁辐射环境管理。完善防治电磁辐射污染的政策法规，做好总体规划，合理安排电磁辐射建设项目布局。积极开展辐射建设项目的审批工作，有效控制辐射污染。加强广播电视、移动通信、高压输变电等伴有电磁辐射基础建设项目的环境影响评价与环保"三同时"竣工验收，强化对电磁辐射项目的有效监控。

加强核与辐射监管能力建设。健全机构，充实人员，配备设备，建立健全辐射环境监管体系。深入开展各类业务培训，不断提高辐射环境监管执法人员的业务水平和基本技能；继续督促辐射工作单位从业人员参加辐射安全与防护培训，提高辐射工作人员素质。做好辐射事故应急准备工作，推进辐射事故应急预案的落实，适时组织适当形式的检验性演练。

第 12 章　南宁市环保能力评估与完善提升研究

12.1　环境基础设施建设能力提升

12.1.1　有关环境基础设施建设现状

（1）污水处理设施现状及存在的问题

1）城市污水处理。

2015 年，南宁市城镇常住人口为 412.32 万人，生活污水排放量为 31 506 万 t。有污水处理厂 13 家，污水处理量为 31 517 万 t，其中生活污水处理量为 31 195 万 t，工业废水处理量为 322 万 t。

"十二五"期间，共建设 273 套集中式污水处理设施及配套污水收集管网、258 座分散式生活污水处理设施。

2015 年，市区污水集中处理率为 97.68%，县城污水集中处理率为 80.4%，配套完善固体废物和污水贮存处理设施的规模化禽畜养殖场和养殖小区比例达到 80%，实现南宁市环境保护"十二五"规划目标；实现生活污水集中处理的建制镇比例为 15.1%，建成污水集中处理设施的工业园区比例为 21%，未实现南宁市环境保护"十二五"规划目标。

2012—2017 年，南宁市区污水管网建设项目，续建配套管网总长 639 834m；2016—2017年，江南区延安镇水源地保护污水处理，新建污水收集管网总长 14 000m，污水处理池 12 个。

表 12-1 列出了 2015 年南宁市污水处理厂有关情况。由表 12-1 可知，2015 年南宁市污水处理厂处理能力共计为 101.4 万 t/d。

表 12-1　南宁市污水处理厂有关情况（2015 年）[①]

序号	单位名称	运营单位名称	行政区划	排水去向	受纳水体	运行天数	污水设计处理能力/（万 t/d）	污水实际处理能力/万 t
1	广西绿城水务股份有限公司	广西绿城水务股份有限公司三塘污水处理厂	兴宁区	直接进入江河湖、库等水环境	邕江	153	4	98

---

① 南宁市环境统计数据：南宁市污水处理厂运行情况（基 501 表）。

序号	单位名称	运营单位名称	行政区划	排水去向	受纳水体	运行天数	污水设计处理能力/（万 t/d）	污水实际处理能力/万 t
2	广西绿城水务股份有限公司	埌东污水处理厂（一期）	青秀区	直接进入江河湖、库等水环境	邕江	365	10	3 024
3	广西绿城水务股份有限公司	埌东污水处理厂（二期）	青秀区	直接进入江河湖、库等水环境	邕江	365	10	3 770
4	广西绿城水务股份有限公司	埌东污水处理厂（三期）	青秀区	直接进入江河湖、库等水环境	邕江	365	10	4 829
5	广西华鸿明阳污水处理有限公司	广西华鸿明阳污水处理有限公司	江南区	直接进入江河湖、库等水环境	邕江	365	3	441
6	广西绿城水务股份有限公司	江南污水处理厂	江南区	直接进入江河湖、库等水环境	邕江	365	48	16 553
7	广西绿城水务股份有限公司	—	良庆区	直接进入江河湖、库等水环境	邕江	92	5	21
8	广西绿城水务股份有限公司武鸣县污水处理分公司	—	武鸣县	进入城市下水道（再入江河、湖、库）	武鸣河	365	5	1 074
9	隆安达特洁供水有限公司污水处理厂	—	隆安县	直接进入江河湖、库等水环境	右江	339	1.2	234
10	广西绿城水务股份有限公司马山县污水处理分公司	广西绿城水务股份有限公司马山县污水处理分公司	马山县	直接进入江河湖、库等水环境	红水河	365	0.6	179
11	广西绿城股份有限公司上林县污水处理分公司	广西绿城股份有限公司上林县污水处理分公司	上林县	直接进入江河湖、库等水环境	大龙洞河	365	0.6	152
12	广西绿城水务股份有限公司宾阳县污水处理分公司	—	宾阳县	直接进入江河湖、库等水环境	清水河	365	2	549
13	广西绿城水务股份有限公司横州污水处理分公司	广西绿城水务股份有限公司	横州	直接进入江河湖、库等水环境	郁江（驮娘江、右江、邕江）	365	2	593

2）污水处理厂污泥处置。

2015 年，污水处理厂污泥产生量为 13.96 万 t，同比增长 57.46%，污泥处置率为 100%。全市城区及六县共 13 家污水处理厂运行正常，污泥绝大部分作为生产肥料的辅助原料进行资源化利用，极少部分直接用作农田肥料或由污水处理厂作为生物菌种使用。

表 12-2　污水处理厂污泥产量与处置情况（2015 年）[①]

单位名称	运营单位名称	行政区划	运行天数	污泥产生量/t	污泥处置量/t
广西绿城水务股份有限公司	广西绿城水务股份有限公司三塘污水处理厂	兴宁区	153	0	0
广西绿城水务股份有限公司	埌东污水处理厂（一期）	青秀区	365	11 859.65	11 859.65
广西绿城水务股份有限公司	埌东污水处理厂（二期）	青秀区	365	22 854	22 854
广西绿城水务股份有限公司	埌东污水处理厂（三期）	青秀区	365	17 224	17 224
广西华鸿明阳污水处理有限公司	广西华鸿明阳污水处理有限公司	江南区	365	1 550	1 550
广西绿城水务股份有限公司	江南污水处理厂	江南区	365	78 805	78 805
广西绿城水务股份有限公司		良庆区	92		
广西绿城水务股份有限公司武鸣县污水处理分公司		武鸣县	365	4 191	4 191
隆安达特洁供水有限公司污水处理厂		隆安县	339	35	35
广西绿城水务股份有限公司马山县污水处理分公司	广西绿城水务股份有限公司马山县污水处理分公司	马山县	365	448.46	448.46
广西绿城股份有限公司上林县污水处理分公司	广西绿城股份有限公司上林县污水处理分公司	上林县	365	159	159
广西绿城水务股份有限公司宾阳县污水处理分公司		宾阳县	365	1 283	1 283
广西绿城水务股份有限公司横州污水处理分公司	广西绿城水务股份有限公司	横州	365	1 213.96	1 213.96

3）农村污水处理。

2010—2016 年，南宁市共投资 4.61 亿元，在 585 个自然村建成集中式农村生活污水治理项目 585 套（其中，中央及自治区安排的项目为 279 个，市级安排的项目为 228 个，县（区）安排的项目为 78 个），涉及 89（101）个乡镇（街道办）、406 个行政村、585 个自然村，受益人口达 33 万余人。已实施农村生活污水治理项目的乡镇占全市的 72%。农村生活污水治理的总规模达到 3.7 万 t/d。目前，5 个县（横州、宾阳县、上林县、马山县、隆安县）和 5 个城区（青秀区、兴宁区、西乡塘区、邕宁区、武鸣区）均已实现农村污水处理设施第三方运营维护，其他城区也在积极筹备委托第三方维护。

表 12-3 列出了 2016 年南宁市各区县农村生活污水处理设施有关情况。由表 12-3 可知，2016 年全市农村污水处理设施处理能力共计为 3.76 万 t/d。

[①] 南宁市环境统计数据：南宁市污水处理厂运行情况（基 501 表）。

表 12-3　南宁市各区县农村生活污水处理设施有关情况（2010—2016 年）[①]

县（区）	乡镇数量/个	行政村数量/个	自然村数量/个	处理规模/（t/d）	运维费用/（万元/年）
横州	16	32	41	2 346	68.50
宾阳县	16	79	93	6 336	277.52
上林县	11	54	70	10 035	439.53
马山县	10	29	39	1 429	119.96
隆安县	11	21	33	2 130	198.00
青秀区	4	37	71	2 650	72.54
兴宁区	3	11	12	613	—
西乡塘区	4	18	50	2 588	—
江南区	4	15	26	994	—
良庆区	6	43	66	4 172	304.56
邕宁区	5	36	41	2 531	—
武鸣区	12	31	43	1 815	79.50
总计	101	406	585	37 639	1 560.11

4）存在的问题。

①目前我国城市生活污水主要通过污水处理厂进行处理。以城镇人均污水处理厂设计处理能力比较，南宁、兰州、西安、贵阳、福州、昆明、青岛、天津、广州、深圳、上海分别为 0.245 万 t/（d·万人）、0.270 万 t/（d·万人）、0.315 万 t/（d·万人）、0.205 万 t/（d·万人）、0.247 万 t/（d·万人）、0.269 万 t/（d·万人）、0.288 万 t/（d·万人）、0.228 万 t/（d·万人）、0.395 万 t/（d·万人）、0.477 万 t/（d·万人）、0.354 万 t/（d·万人），南宁市处于下游水平。中心城区的琅东污水处理厂、江南污水处理厂、三塘污水处理厂和五象污水处理厂的现状规模无法满足污水集中处理的要求。此外，目前南宁市中心城区污水管网、污水泵站建设滞后等问题较为突出，全市 19 个工业园区，仅 4 个工业园区污水集中处理设施建成，比例为 21%；全市 86 个建制镇，仅 13 个实现生活污水集中处理，比例为 15%；武鸣污水处理厂 1 万 t/d 中水回用项目仍未完成；五象污水处理厂项目、三塘污水处理厂项目、黎塘镇污水处理厂项目由于配套管网建设严重滞后，都存在污水处理量少、进水浓度低的问题，难以正常运行。部分城区尤其是老城区存在相当数量的合流制排水管渠，这种传统的排水体制对南宁城市水环境保护极为不利，已经无法满足城市新的发展要求。

表 12-4　国内城市生活污水排放及处理情况（2015 年）[②]

城市	城镇人口/万人	城镇生活污水排放量/万 t	污水处理厂数/座	污水处理厂设计处理能力/（万 t/d）	污水实际处理量/万 t	污水再生利用量/万 t
南宁	414	33 236	13	101.4	31 517	5
兰州	299	14 186	11	80.9	14 641	498
西安	636	59 348	36	200.3	56 869	812
贵阳	349	25 968	16	71.4	25 386	0
福州	488	35 650	21	120.5	35 439	0

---

① 《南宁市农村水环境综合整治"十三五"规划》（征求意见稿）。
② 《中国环境统计年报 2015》。

城市	城镇人口/万人	城镇生活污水排放量/万 t	污水处理厂数/座	污水处理厂设计处理能力/（万 t/d）	污水实际处理量/万 t	污水再生利用量/万 t
昆明	472	49 617	18	127	47 835	0
青岛	641	42 596	35	184.7	50 733	180
天津	1 278	73 972	73	292.1	85 662	6 625
广州	1 155	143 112	33	456.4	140 716	8 958
深圳	1 138	164 467	47	543	157 214	7 811
上海	2 191	176 800	55	776.3	232 219	181

②污水处理厂污泥安全妥善处置尚有很大缺口，以园林绿化为主的污泥处置方式，不能满足日益增加的污泥产量和环境保护的要求。

③农村污水处理设施建设依然滞后，农村污水处理率低，除了示范村屯有生活污水处理设施外，村屯一级普遍缺乏处理设施，污染防治设施建设投入缺口较大，大部分农村生活污水直排周围环境。农村污水处理设施运行、维护管理长效机制尚未健全。运维资金缺口较大，设施缺少专业管护。

（2）固体废物处理处置现状及存在的问题

1）生活垃圾。

2015 年，南宁市区生活垃圾产生量为 118.96 万 t，同比增长 10.18%，生活垃圾处理率为 100%，主要处置方式为卫生填埋。城南生活垃圾填埋场逐步封场，南宁市平里静脉产业园—生活垃圾焚烧发电工程 BOT 项目已投入运营（试运营），垃圾处理模式由原来的卫生填埋逐步转变为焚烧。

2015 年，市区生活垃圾无害化处理率达到 100%，实现南宁市环境保护"十二五"规划目标；县城生活垃圾无害化处理率为 97.4%，未实现南宁市环境保护"十二五"规划目标。

"十二五"期间，共建设 11 座乡镇级生活垃圾中转站、1 座村级垃圾中转处理站，并相应配套生活垃圾收运设备（桶、箱、车等）。

在距市区 30km 或县城 20km 以上的乡镇和村屯，采取"村收—镇运—片区处理"的垃圾收运处置模式。

表 12-5　南宁市生活垃圾处理厂（场）运行情况（2015 年）[①]

生活垃圾处理厂（场）	南宁市环境卫生管理处（石西生活垃圾无害化处理厂）	南宁市环境卫生管理处（城南生活垃圾卫生填埋场）	广西华都环境投资公司马山分公司	横州县城第二生活垃圾卫生填埋场
行政区划	西乡塘区	良庆区	马山县	横州
排水去向	直接进入江河湖、库等水环境	进入城市污水处理厂	直接进入江河湖、库等水环境	进入城市污水处理厂
受纳水体	邕江	邕江	红水河	郁江（驮娘江、右江、邕江）
本年运行天数	0	365	365	365

① 南宁市环境统计数据：南宁市生活垃圾处理厂（场）运行情况（基 502 表）。

生活垃圾处理厂（场）	南宁市环境卫生管理处（石西生活垃圾无害化处理厂）	南宁市环境卫生管理处（城南生活垃圾卫生填埋场）	广西华都环境投资公司马山分公司	横州县城第二生活垃圾卫生填埋场
本年实际处理量	0	107.4	5.2	6.362
设计容量/万 m³	设计处理能力（堆肥）200t/d	1 060	96	141.3
已填容量/万 m³	—	1 181.5	15	40.98
本年实际填埋量/万 m³	—	107.4	5.2	0.001

2）工业固体废物。

2015 年，全市工业固体废物产生量为 256.89 万 t，同比下降 28.87%，综合利用量 244.92 万 t（含综合利用往年贮存量 1.075 万 t），处置量 152.81 万 t（含处置往年贮存量 139.98 万 t），工业固体废物综合处置利用率为 99.92%，与上年基本持平。

2015 年，工业固体废物综合利用率达到 100%，实现南宁市环境保护"十二五"规划目标。

3）危险废物。

2015 年，全市工业危险废物产生量为 0.62 万 t，综合利用量为 0.041 万 t，处置量为 0.57 万 t，工业危险废物综合处置利用率为 95.48%，贮存总量为 0.028 万 t，无倾倒丢弃。

工业危险废物主要来自废弃电器电子产品拆解企业、有色金属冶炼行业、电镀行业及化工行业，产生种类主要为含铅 CRT 锥玻璃、废印刷电路板、有色金属冶炼废渣、废矿物油、废酸、含铬废物等。

表 12-6 主要危险废物产生企业（2015 年前 5 位）[①]

排序	企业名称	年产生量/（t/a）
1	广西桂物资源循环产业有限公司	3 795.4
2	广西送变电建设公司铁塔厂	820.5
3	广西凯威铁塔有限公司	308.16
4	广西南南铝加工有限公司	265.47
5	广西巨星科技有限公司	261.75
	合计	5 451.28

2015 年，南宁市已投入运营的危险废物经营单位共有 4 家。其中，广西神州立方环境资源有限责任公司为危险废物综合处置经营单位，已取得危险废物经营许可证；南宁市安明油脂有限责任公司、南宁市绿峰环保科技有限公司、南宁市圣达净水材料有限公司分别为废物矿物油、废显（定）影液、废盐酸利用处置企业，已持有由广西壮族自治区环保厅核发的危险废物经营许可证。

---

① 2015 年度南宁市固体废物污染环境防治信息公告，http://www.nnhb.gov.cn/contents/857eed75-e412-41f1-a40a-7ca32e50766e.shtml。

表 12-7　南宁市危险废物处置设施及危险废物经营许可证颁发情况（2015 年）[①]

单位名称	经营类别	设施地址	处置利用技术	设计处理能力/（t/a）	实际处理能力/t	发证机关	备注
广西神州立方环境资源有限责任公司	危险废物综合处置	南宁市横州六景工业园区	焚烧、固化、物化、填埋	4.01 万	11 488.61	自治区环保厅	—
南宁市圣达净水材料有限公司	废盐酸	南宁市西乡塘区	废酸聚合反应	1 500	407.16	自治区环保厅	—
南宁市安明油脂有限责任公司	废物矿物油	南宁市良庆区	废油蒸馏提炼、过滤净化	4 500	2 100	自治区环保厅	—
南宁市绿峰环保科技有限公司	废显（定）影液	南宁市邕宁区	贵金属提炼、废水处理	1 000	20	自治区环保厅	2016 年年初停产，下半年完成拆除[②]

4）医疗废物。

2015 年，南宁市实行医疗垃圾集中收运处置的医疗机构共 1 529 家（点），覆盖了南宁市所辖 6 县 6 城区。2015 年总共收运、处置医疗废物 7 528.42t，同比增长 11.86%，医疗废物集中处置率为 100%。主要处置方式为焚烧处置、高温蒸汽灭菌法。

南宁市各医疗卫生机构及部分企业产生的医疗废物全部交给广西神州立方环境资源有限责任公司收运处置，全市医疗废物安全处置率保持在 100%，医疗废物收集、运输、处置过程规范有序。

5）存在的问题。

①垃圾收集系统机械化程度较低，垃圾收集仍采用混合收集方式，不利于垃圾资源化。垃圾中转站数量较少，分布不均，运转效率不高。

②城镇生活垃圾、餐厨垃圾、禽畜尸体废物等相应的处置设施尚未建设或建成。垃圾填埋场现已超负荷运转，无法满足城市快速发展的要求。县城生活垃圾未实现 100%无害化处理。

③"十二五"期间，全市固体废物产生量基本持平，而危险废物产生量呈现逐年上升趋势，处置利用企业偏少且结构单一，资源利用水平及能力不足，部分危险废物需要转移至外地处置，增加了转移过程的环境风险，同时，如建筑垃圾、污泥等也没有很好地利用，增加了环境风险。全市缺乏危险废物处置资源化利用项目（如铅酸蓄电池收集、铅冶炼持危险废物经营许可证企业，减少铅酸蓄电池外运及处置风险），固体废物综合利用项目（如建筑垃圾、工业固体废物制作环保砖，污泥焚烧发电等项目），也没有集中处置全市危险废物和医疗废物的处置中心。

12.1.2　环境基础设施建设规划目标

南宁市气候湿润，雨量充沛，境内河系发达，39 条河流的集水面积在 200 km² 以上。

---

① 《南宁市环境质量报告书（2011—2015 年）》。

② 2016 年度南宁市固体废物污染环境防治信息公告，http://www.nnhb.gov.cn/contents/9c41b38b-d4f5-4548-9c3e-0e2abb99d521.shtml。

地面水环境质量直接影响数百万城市居民的切身利益，关系到南宁形象，关系到南宁市建设"中国水城"的宏伟目标。因此，设置城市污水集中处理率和农村污水处理率两项规划指标。针对城镇化过程中普遍存在的"垃圾围城"现象，需要加强城镇生活垃圾无害化处理处置，通过规划从源头解决城市发展中出现的生活垃圾问题。

鉴于目前2015年指标现状尚需要进一步调研、查对、核实，初步设定三个规划年的目标值，见表12-8。

表12-8 南宁市环境基础设施建设规划指标与目标值

项目	单位	2015 年	2020 年	2030 年	2035 年
城市污水集中处理率	%	—	≥88	100	100
农村污水处理率	%	—	≥75	≥80	≥85
城镇生活垃圾无害化处理率	%	—	≥98	100	100

注：表中"—"表示需要进一步调研、查对、核实。

12.1.3 环境设施建设规划目标可达性分析

（1）不同规划年度人口规模预测

根据《南宁市2010年第六次全国人口普查主要数据公报》，南宁市2010年11月1日零时的常住人口为666.16万人。根据《南宁市2015年国民经济发展统计公报》，南宁市人口自然增长率为8.05‰，2015年年末常住人口698.61万人。

采用平均增长率法，可以得出2010—2015年南宁市常住人口年均增长率为9.56‰，预测2020年南宁市常住人口规模为732.65万人。

采用增量估算法，如果2015—2020年，南宁市常住人口年均增长率继续保持8.05‰，则5年人口的自然增长规模为28.58万人。同时，随着城镇化进程的持续推进，预测非本地人口仍保持每10年96万人的增量，则到2020年南宁市常住人口可以达到775.19万人。

综合以上两种方法的人口规模预测结果，考虑理论计算与实际的误差，取相对较为客观的中间方案，即到2020年，南宁市常住人口规模约为750万人。

对比有关成果预测结果：《南宁空间发展战略规划总报告》中采用人口平均增长率法，预测2020年市域人口为730万人，与本书预测结果十分接近。《南宁市城市总体规划》中采用区域综合平衡法，预测2020年南宁市总人口为800万人左右，与本书预测结果比较接近。

根据《南宁空间发展战略规划总报告》预测结果，2020年南宁城镇化水平约为65%，那么，到2020年南宁市城镇人口为487.5万人，农村人口为262.5万人。

按照同样的人口预测方法，对2030年、2035年的人口规模进行预测。

采用平均增长率法，预测2030年南宁市常住人口规模为805.78万人；采用增量估算法，2030年南宁市常住人口可以达到931.89万人。综合以上两种方法的人口规模预测结果，到2030年，南宁市常住人口规模850万～900万人。根据《南宁空间发展战略规划总报告》预测结果，2030年南宁市城镇化水平为70%～80%，取75%。那么，到2030年南宁市城镇人口为637.5万～675万人，取值650万人；农村人口为212.5万～225万人，取值 220 万人。总人口为 870 万人。

采用平均增长率法，预测 2035 年南宁市常住人口规模为 845.01 万人；采用增量估算法，2035 年南宁市常住人口可以达到 1 012.12 万人。综合以上两种方法的人口规模预测结果，到 2035 年，南宁市常住人口规模为 900 万～1 000 万人。根据《南宁空间发展战略规划总报告》预测结果，2030 年南宁城镇化水平为 70%～80%，2035 年南宁城镇化水平取 75%。那么，到 2035 年南宁市城镇人口为 675 万～750 万人，取值 710 万人；农村人口为 225 万～250 万人，取值 240 万人。总人口 950 万人。

人口预测结果汇总见表 12-9。

表 12-9　人口预测结果汇总

预测年份	总人口/万人	城镇人口/万人	农村人口/万人
2020	750	487.5	262.5
2030	870	650	220
2035	950	710	240

（2）不同规划年度的城市污水集中处理率达标分析

根据南宁市水资源公报提供的资料，2015 年城镇人均生活用水量（含公共用水）374L/d，农村人均生活用水量 140L/d，排污系数按 0.8 计算。预测 2020 年、2030 年和 2035 年南宁市全市日生活污水产生量见表 12-10。

表 12-10　不同规划年度城市污水产生量预测　　　　　　　　单位：万 t/d

目标年	全市污水产生量	城镇污水产生量	农村污水产生量
2020	175.26	145.86	29.40
2030	219.12	194.48	24.64
2035	239.31	212.43	26.88

城市总体规划（2011—2020 年）对近期（2020 年）的污水处理厂规划见表 12-11 和表 12-12，空间战略规划对远期（2030 年）的污水处理厂规划见图 12-1 和表 12-13。

表 12-11　南宁市中心城污水处理厂建设规划一览（2020 年）[①]

项目		规模/（万 t/d）	占地/hm²	建设计划
江南污水处理厂	一期	24	—	已建
	二期	24	—	已建
	三期	24	—	已建
	四期	24	—	2020 年建成
	总计	96	41.54	
埌东污水处理厂	一期	10	10.6	—
	二期	10	6.36	已建
	三期	15	一期用地内	已建
	总计	35	16.96	—

---

① 摘自：《南宁市城市总体规划（2011—2020 年）》说明书。

项目		规模/（万 t/d）	占地/hm²	建设计划
五象污水处理厂	一期	10	—	已建
	二期	20	—	2020 年建成
	三期	30	—	2025 年建成
	四期	20	—	2025 年以后
	总计	80	45.0	—
合计		中心城区规划污水处理厂总规模：211 万 t/d，总占地 103.5 hm²；其中到 2020 年建成处理规模为 161 万 t/d		

表 12-12　南宁市县城污水处理厂规划规模（2020 年）[①]

县城	武鸣县城（含南宁—东盟经济开发区）	横州县城	宾阳县城	隆安县城	马山县城	上林县城
污水处理厂规模/（m³/d）	$10×10^4$	$6×10^4$	$6×10^4$	$3.4×10^4$	$2×10^4$	$2×10^4$

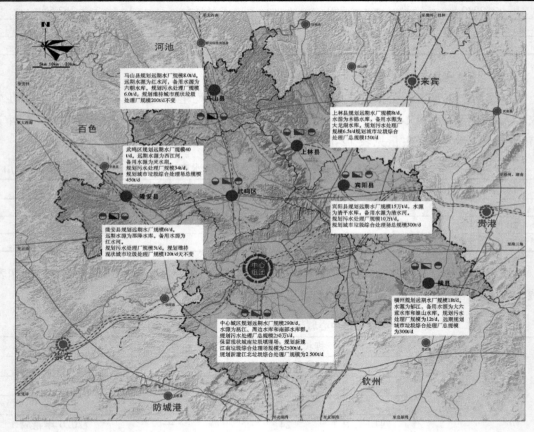

图 12-1　南宁市域城市给排水及环卫工程规划图（2030 年）

---

① 《南宁市城市总体规划（2011—2020）》。

表 12-13　南宁市域城市规划污水处理厂规模（2030 年）①

地区	中心城区	武鸣区	横州	宾阳县	隆安县	马山县	上林县
规模/（万 t/d）	250	34	12	10	5	6	6.5

根据《南宁市城市总体规划（2011—2020 年）》的污水处理设施建设规划，2020 年中心城区和县城规划的污水处理厂总规模约可达 190.4 万 t/d（表 12-11 和表 12-12），超出了 2020 年全市污水产生量预测值，2020 年城市污水集中处理率目标可以达到。

根据《南宁市空间发展战略规划》的给排水规划，2030 年南宁市域规划的污水处理厂总规模可达 323.5 万 t/d（图 12-1 和表 12-13），超出了 2030 年和 2035 年全市污水产生量预测值，2030 年和 2035 年城市污水集中处理率目标可以达到。

（3）不同规划年度的农村污水处理率达标分析

农村生活污水处理采取集中与分散处理方式相结合的处理模式。通过小型适合于集中连片村庄的小型处理设施进行集中处理；针对分散居住或人口不多的自然村落，通过改厕实现农户生活污水不外排的目的，解决生活污水排放污染问题。

2015 年全市农村污水处理设施处理能力共计为 3.76 万 t/d。根据《全国农村环境综合整治"十三五"规划》，中央给南宁市下达了 5 年建成 345 个农村生活污水治理项目的任务指标。

按相同比例计算，2020 年投入运行的 345 个治理项目可以增加 3.20 万 t/d 的处理能力。届时处理能力共计为 6.96 万 t/d。实现 2020 年 75% 的规划目标需要提供 22.05 万 t/d 的处理能力，除去通过集中式处理的 6.96 万 t/d，尚需要通过改厕实现。同样，完成 2030 年和 2035 年的农村污水处理率的目标，针对采取农村污水处理设施进行集中处理的缺口，需要通过农村农户改厕的方式实现。

（4）不同规划年度的城镇生活垃圾无害化处理率达标分析

参考《污染源普查排污系数手册》，南宁市按照二区二类城市计算，生活垃圾每人每天产生 0.78kg 进行预测。预测 2020 年、2030 年和 2035 年南宁市全市日生活垃圾产生量分别为 0.585 万 t、0.678 万 t 和 0.741 万 t。

《南京市城市总体规划（2011—2020 年）》对近期（2020 年）的生活垃圾综合处理厂和大型垃圾转运站（中转站）规划分别见表 12-14 和表 12-15，空间战略规划对远期（2030 年）的垃圾综合处理厂规划见图 12-1 和表 12-16。

表 12-14　南宁市生活垃圾处理情况一览（2020 年）②

项目			规模/（t/d）	占地/hm²	建设计划
城南生活垃圾综合处理厂			1 200	70	
江北城市生活垃圾综合处理厂	江北焚烧厂	一期	1 200		
		二期	600		
		合计	1 800	180 亩	

① 根据《南宁市空间发展战略规划》总报告的市域城市给排水及环卫工程规划图整理。
② 根据《南宁市城市总体规划（2011—2020 年）》说明书。

项目		规模/（t/d）	占地/hm²	建设计划
城南生活垃圾综合处理厂		1 200	70	
江北城市生活垃圾综合处理厂	江北生活垃圾填埋场	400	300 亩	
	餐厨垃圾处理设施 一期	200		
	餐厨垃圾处理设施 二期	100		2020 年实施运行
	餐厨垃圾处理设施 合计	300		
	电子垃圾处理设施	100		2020 年以前实施运行
	合计		515 亩	
江南城市生活垃圾综合处理厂	江南焚烧厂 一期	600		
	江南焚烧厂 二期	600		2018 年年底实施运行
	江南焚烧厂 三期	600		2020 年年底实施运行
	江南焚烧厂 合计	1 800	180 亩	
	江南生活垃圾填埋场	400	300 亩	
	建筑垃圾处理设施	650	30 亩	
	合计		510 亩	

表 12-15　大型垃圾转运站（中转站）建设规划情况（2020 年）[1]

垃圾转运站（中转站）	能力/（t/d）	占地面积/m²	收集生活垃圾区域
城北中转站	800	9 000	西乡塘区
马路岭中转站	600	8 000	青秀区和兴宁区
江南中转站	600	8 000	江南区
玉洞中转站	200	3 000	玉洞片区
邕宁中转站	200	3 000	邕宁区

表 12-16　南宁市域城市垃圾综合处理厂规模（2030 年）[2]

地区	中心城区	武鸣区	横州	宾阳县	隆安县	马山县	上林县
规模/（t/d）	6200	450	300	300	120	200	150

根据《南宁市城市总体规划（2011—2020 年）》，2020 年全市垃圾无害化处理能力共计为 0.665 万 t/d（其中电子垃圾处理设施 0.01t/d、建筑垃圾处理设施 0.065 万 t/d 外，生活垃圾无害化处理能力 0.59 万 t/d）（表 12-14），超出了 2020 年全市日生活垃圾产生量预测值，2020 年城镇生活垃圾无害化处理率可以达标。

根据南宁市空间战略规划的给排水规划，2030 年南宁市域规划的城市垃圾综合处理厂总规模可达 0.772 万 t/d（见图 12-1 和表 12-16），超出了 2030 年和 2035 年全市日生活垃圾产生量预测值，2030 年和 2035 年城镇生活垃圾无害化处理率可以达标。

随着上述垃圾处理处置设施的服务年限期满等问题，需要适时规划设计相应的处理处置能力。与此同时，大力开展垃圾分类收集处理和资源回收利用有关工作，在配置相应的

① 《南宁市城市总体规划（2011—2020 年）》说明书。
② 根据《南宁市空间发展战略规划》总报告的市域城市给排水及环卫工程规划图整理。

无害化处理处置设施的同时，实现垃圾减量化和资源化。

12.1.4　国外情况借鉴

（1）纽约市基本情况

纽约市位于美国纽约州，面积约为 783.83 km²，有约 9 656km 长的街道。辖有布朗克斯、皇后、布鲁克林、斯塔滕岛、曼哈顿五个区。

2012 年，美国人口普查局的数据估计显示，纽约市的人口有 8 336 697 人，人口密度约为 10 636 人/km²。

（2）废水处理情况

纽约市的废水最终会进入其庞大的污水处理系统。这个系统包括：超过 9 656km 长的污水管道；135 000 个污水集水池；494 个用于排放综合污水和雨水的排污口，无雨污分流；有 93 个污水泵站的输送污水到遍布五个区的 14 个污水处理厂。

纽约市 800 万居民和工作者每天排放的 14 亿 gal 污水在污水处理厂得到处理。污水处理完成后，处理厂将高品质、处理后的废水，成为出水，排入纽约市周围的水域。

由于纽约市的老排水管线并未进行雨污分流，雨季来临时污水管线承载力会受到严峻挑战，为改善污水溢流现象，纽约市环保局投入 18 亿美元采取了一系列创新解决方案，一是在受污水溢流影响严重的海湾和支流建造大蓄水箱，储蓄雨水；二是在没有排污管的地方单独安装排污管；三是提高污水处理厂处污能力。同时，雨季对排污系统采取截流措施，控制污染。

（3）垃圾处理情况

纽约市每天有近 5 万 t 的废物和可回收物，约有 25% 的部分由市民和各类机构产生，由纽约城市卫生局直接管理。其余由一些城市业务或者建设活动私下管理和产生。这个废物处理系统非常庞大和复杂，涉及城市的员工、车库和专用汽车网络，大量的私人运输上，以及中转站和处理公司。

近几年，由于实际情况所迫，纽约市普遍把大量的垃圾运往外州处理。纽约州有 26 个垃圾填埋场、10 个垃圾焚烧厂，但均位于纽约市。另外，纽约州有 58 处堆肥点，仅有 2 处位于纽约市。一处是位于布朗克斯区的 Soundview 公园，另一处是位于曼哈顿区的纽约市公共卫生局，均只进行庭院废枝叶的堆肥。

目前，纽约已建成一个全球最大的垃圾回收处理工厂且已并投入使用。位于纽约市布鲁克林日落公园的可回收垃圾处理工厂，每天能分拣 270t 垃圾，包括纸张、玻璃、塑料、金属。2014 年年底，工厂每天能处理的垃圾量达到 800t，差不多是纽约市所有家庭产生的可回收垃圾总量。

12.1.5　完善、提升环境基础设施建设

（1）完善城乡污水处理处理系统，减缓环境质量底线压力

1）全面加强配套管网建设，现有合流制排水系统应加快实施雨污分流改造，继续加强

镇级污水处理设施及配套管网的建设

　　针对部分城区尤其是老城区存在相当数量的合流制排水管渠，配套管网建设严重滞后的问题，认真落实南宁市城市总体规划有关雨水工程和污水工程的规划要求（见图 12-2、图 12-3）。结合旧城改造和道路建设，逐步改造现有雨污合流制排水系统，实现雨污分流制；城市新建地区采用雨污分流。按照规划要求，各县城和城镇污水规划，排水体制原则上全部采用雨、污分流制，旧城区域和一般城镇近期可采用截流式合流制，远期逐步向分流制排水体制过渡，建立完善的城镇建成区雨污分流管网体系。

图 12-2　南宁市中心城污水工程规划

资料来源：摘自《南宁市城市总体规划（2011—2020 年）》。

　　2）水敏感区域和水脆弱区域内城镇污水处理设施全面达到一级 A 排放标准

　　《城镇污水处理厂污染物排放标准（征求意见稿）》（环办函［2015］1782 号）提出，"自 2018 年 1 月 1 日起，敏感区域内的现有城镇污水处理厂执行一级 A 标准""在国土开发密度已经较高、环境承载能力开始减弱，或环境容量较小、生态环境脆弱，容易发生严重环境污染问题而需要采取特别保护措施的地区，应严格控制污染物排放行为，在上述地区的城镇污水处理厂执行水污染物特别排放限值"。

　　根据南宁市环境规划大纲水环境敏感性评价和水环境脆弱性评价所划定的区域（见图 12-4 和图 12-5），力争 2025 年水敏感区域和水脆弱区域内城镇污水处理设施全面达到一级 A 排放标准。

图 12-3　南宁市中心城雨水工程规划

资料来源：摘自《南宁市城市总体规划年》。

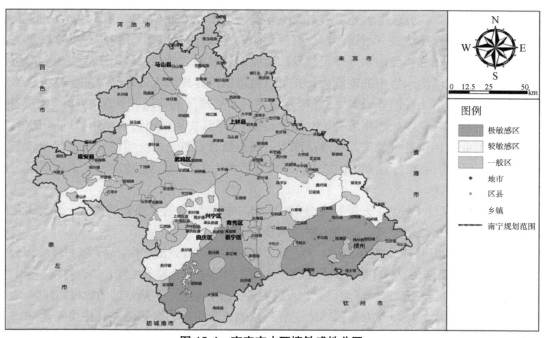

图 12-4　南宁市水环境敏感性分区

资料来源：《南宁市环境总体规划（2016—2030 年）》。

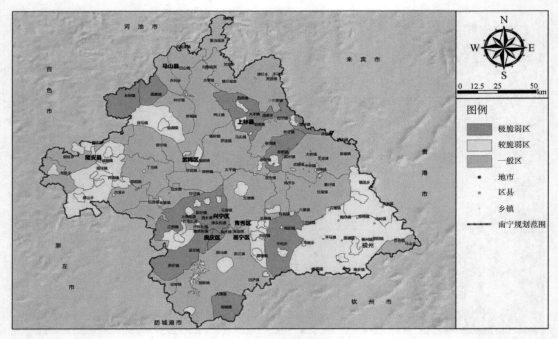

图 12-5　南宁市水环境脆弱性分区

资料来源：《南宁市环境总体规划（2016—2030 年）》。

3）加强城镇污水处理厂建设与改造，提高城镇生活污水集中处理率

"十三五"期间，对南宁市已投入运行的城镇污水处理厂进行提标改造；2017 年年底前江南污水处理厂、埌东污水处理厂完成提标改造工作；2020 年年底前，南宁市县级及以上城镇污水处理设施达到《城镇污水处理厂污染物排放标准》（GB 18918—2002）一级 A 排放标准。继续加强镇级污水处理设施及配套管网的建设，到 2020 年年底实现全市所有重点城镇具备生活污水集中处理能力，并争取全市镇镇建成污水处理厂。加强城市总体规划有关污水处理厂工程的建设，加强已经建成的污水处理厂的营运和管理。2020 年年底前，各县县城生活污水集中处理率达到 85%以上。到 2030 年，实现城市污水集中处理率 100%。

加强工业水污染整治工作，重点是深入开展造纸行业整治，全面促使造纸行业转型升级；全面开展淀粉酒精行业整治；完成制革行业环境污染治理。到 2020 年，工业园区污水集中处理得到解决。

4）综合考虑村庄特点，开展村屯分散式与集中式相结合的分类处理模式，因地制宜地选择村庄生活污水处理方式，解决农村污水横流问题

南宁市村庄布局分散，规模偏小。大力开展农村环境综合整治工作，以"农村环境综合整治"为抓手，不断强化农村环境保护与治理，实施农村环境综合整治工程，结合村庄整合、整治，着力建设一批布局合理、环境优美、设施齐备、服务配套、生活舒适的农村新社区。

根据《全国农村环境综合整治"十三五"规划》要求，力争圆满完成中央给南宁市下达的 5 年建成 345 个农村生活污水治理项目的任务指标。结合南宁市水环境质量底线、总量污染排放限值要求，深入开展农村水环境综合整治规划编制工作，建立综合示范试点，

开展村屯分类治理研究，探索适合南宁市农村的污水处理方式，重点解决农村生活污水直排和污水横流问题。

5）加强城镇污水处理厂污泥处置，提升污水再生利用和污泥处置水平

积极推进污水处理厂（含县级）污泥处置。加强污泥环境风险防范，建立污泥管理台账和转移联单制度，规范污泥运输，实施污水处理厂污泥产生、处理处置等信息公开。现有污泥处理处置设施于 2017 年年底前基本完成达标改造，2018 年年底前要求市区污水处理设施产生的污泥均实现资源化利用和无害化处理。

实施污水资源化工程，合理设置再生水管网系统，将城市再生水用作绿化用水、河湖补水、冲洗厕所、道路冲洗等方面；新建居住区和大型公共建筑应考虑再生水和雨水的利用。结合城市环境综合治理，按照"无害化、减量化、稳定化、资源化"的原则，逐步建立和完善城市污水处理回用系统，鼓励开展再生水回用和综合利用。

（2）科学布局新建生活垃圾处理设施

针对垃圾收集仍采用混合收集方式，垃圾收集系统机械化程度较低，垃圾中转站数量较少，分布不均，服务范围大，转运效率不高，垃圾填埋场未完全达到现行的卫生填埋标准，垃圾堆肥厂技术水平已滞后，建设水平有待提高等问题。认真落实城市总体规划中相关工程措施，形成多种方法互补，适合地方特点的综合处理系统。

推进生活垃圾减量化、资源化、无害化，实施垃圾分类收集与处理战略。垃圾实行分类收集，先分拣，后填埋，经过回收利用，实现垃圾减量化。

加快推进生活垃圾分类收集和处理设施建设。完善建设城乡生活垃圾收集、分拣、转运体系，垃圾运输作业应以全封闭化、压缩减容化、机械自动化为主。

对垃圾临时堆放点和不达标垃圾处理设施进行整治，在设置小型转运站的同时，建设大型垃圾转运站（中转站）。完善乡镇转运处理终端，推行垃圾源头分类减量和建立与其相适应的再生资源回收体系。全面推广城市餐厨废弃物资源化利用和无害化处理。加强农林业、畜牧业废弃物资源化利用和无害化处理。

因地制宜地抓好农村垃圾处理处置。在经济发达、交通便利的地区推广"户分类—村收集—镇中转—县处理"的城乡生活垃圾一体化处置模式；在经济欠发达、交通不便的偏远地区或山区探索堆肥等就地处理方式。建立完善的农村垃圾收集、转运和处理系统，形成灵活、便捷的服务体系。到 2020 年城镇生活垃圾无害化处理率不低于 98%，建有垃圾转运或处理设施的乡镇达到 100%，90% 的村庄生活垃圾得到有效处理。到 2030 年全面实现城镇生活垃圾分类收集和无害化处理。

（3）积极推进其他固体废物的处理处置

建立固体废物管理信息系统，实现固体废物和危险废物网上申报登记、转移管理、经营许可证审批管理。加强对危险废物经营持证单位过程监督，确保环境安全。

加大建筑垃圾综合利用。建设固定的建筑垃圾处理设施，鼓励建筑垃圾综合利用，优先采用建筑垃圾综合利用产品。不能进行资源化利用的建筑垃圾应当交由建筑垃圾固定消纳场进行无害化处理。不得将危险废物、生活垃圾混入建筑垃圾，不得擅自设立弃土场消纳建筑垃圾。

提高工业固体废物的综合利用和污染防治。全面检查废石场、煤矸石场和冶炼废渣场

等贮存场所，消除环境风险隐患。推进固体废物资源化综合利用，提高综合利用水平。完善固体废物信息化管理系统，提高管理水平。

进一步强化废弃电子产品、家用电器的回收和安全处置，完善处理处置电子垃圾。对电子垃圾的潜在危害给予充分重视。区别、识别所含材料对环境危害性较大的电子废弃物，实施分类管理，采取适当处置措施。研究针对不同电子废弃物的管理对策与措施，如防止电子垃圾被拆卸而污染环境。在转运站旁可设置专用收集房，以防风吹雨淋。环卫作业部门也可设置公众电话，对电子垃圾实行上门收集，以方便居民投放。

（4）强化危险废物环境管理

合理布局危险废物处理设施，提升危险废物管理规范化、信息化水平，提升危险废物的安全处置能力，将危险废物产生、贮存、利用、处置单位纳入日常环境监管，并定期开展专项执法检查和整治工作。协调交通运输部门，探索建立重点监管危险废物和危险化学品转移 GPS 监控信息共享机制，加强对危险废物经营持证单位过程监督，规范危险废物产生、转移和处置利用行为，全面实现危险废物全过程管理和无害化处理，确保环境安全。

严格化学品和危险废物环境管理。落实化学品环境污染责任终身追究制和全过程行政问责制，完善化学品环境管理信息化系统建设。强化危险废物环境管理，加强医疗废物和其他危险废险处理处置设施建设。

（5）关注农村建设和农业发展对水环境污染的贡献和潜在威胁

2015 年，南湖、相思湖、五象湖属中度富营养状态，民歌湖属中度富营养状态，龙潭水库属轻度富营养状态。地下水氨氮、亚硝酸盐氮出现超标现象。根据研究结果，南宁市水环境污染源污染负荷贡献比例排序为：农业面源>工业污染源>污水处理厂源>畜禽养殖源。丰水期以农业面源和直排生活源为主，枯水期以点源污染为主。

2015 年耕地面积 1 028 万亩，化肥施用量（折纯）48.51 万 t，化肥施用强度 707.8kg/km^2，大大超过了《国家生态文明建设示范村镇指标（试行）》（环发（2014）12 号）对农用化肥施用强度（折纯）低于 220 kg/km^2 的约束性要求。

特别是南宁市溶岩地区面积广阔，涉及 6 县 2 区共 70 个乡镇（据 2014 广西年鉴统计，2013 年年末，岩溶监测区行政区域总人口 568.4 万人，占全市总人口的 78.5%，其中农业人口 472.3 万人）。

因此，需要针对农业发展和农村建设进行专题研究，开展南宁市农村建设和农业发展对水环境影响的评估，大力发展生态农业，实施畜禽养殖减排工程，加强农村环境综合整治，缓解环境质量底线压力。

12.2 环境监测监管能力提升

12.2.1 南宁市监测监管能力现状分析

"十二五"期间，南宁市市区已建成运行 6 个环境预警水质自动监测站点、10 个空气自动监测站点、7 个环境功能区噪声自动监测站点、环境辐射自动监测站和温室气体自动监测站各 1 个；建成基于 $PM_{2.5}$ 等 6 项指标的市区空气质量自动监测站。南宁市环境保护监测站共完成了 671 559 个环境监测数据（不含质控数据），平均每年建成 134 311 个。南宁市环境保护监测站技术及装备力量已形成一定规模，是广西壮族自治区第一家环境监测与辐射监测双达标的地市级环境监测站，属全国环境监测网络二级站。基本建成重污染天气预警预报系统。开展了乡镇"四所合一"改革试点，进一步明确了乡镇（街道）环境保护职责。环境信息能力建设稳步推进，截至 2015 年，建成了南宁环境保护网站，排污收费，环境信访，建筑施工噪声管理，环境质量自动监测，南宁市环保综合信息平台，环境监测业务管理，南宁市大气、饮用水水源地视频监控系统，机动车排放污染数据监控管理系统等业务应用系统。环境宣教能力建设不断强化。截至 2015 年，完成南宁市环境教育馆升级改造，利用社会资源拓展环保教育科普基地建设与环保活动平台，实现了利用微信平台发布环保信息，创建了生态实践体验环保科普基地。

12.2.2　南宁市监测监管能力面临的挑战

天地一体化、全要素覆盖的生态环境监测网络尚未完全构建。空气、水体、土壤、生态系统及生物、辐射、噪声等环境要素的监测网络在空间布局、监测功能等方面还未建立起标准规范的监测网络体系。

监测监管能力不足。县（区）级环境监测、监察能力与实际任务需求不匹配，未达到标准化建设要求。人员配置、经费投入以及设备装置等存在较大差距。

核与辐射监管能力还较为薄弱。目前相关管理机制还不健全，人员编制较少，业务用房不足，专业仪器设备和技术人员缺乏，技术力量较为薄弱，难以全面、有效地履行核与辐射安全监管职能，满足新时期核与辐射安全监管工作需求，其中县区一级的力量尤为薄弱，几乎为空白状态，亟须全面加强。

环境监测预警体系尚不健全。现有的水质监测网络、大气监测网络、噪声监测网络与新时期环保任务相适应的农村环境监测网络、辐射环境监测网络、生态环境监测网络、土壤环境监测网络尚未建立，现有的环境监测预警体系仍然不能满足新形势下环境保护工作的需要，环境事故应急监测能力薄弱[1]。

12.2.3　南宁市未来环境管理机构编制测算

针对南宁市环境监管能力较为薄弱，且环境敏感点多、面积大，环境管理任务繁重的实际情况，必须全面加强环境监管能力建设。"十三五"期间，南宁市应按照标准化建设和环境管理形式的新要求，对环境保护机构、职能进行大幅度改革，实现对所辖区、县、乡镇环境监管的全覆盖。

加强南宁市监管、检查、监测队伍的建设，尤其是加强机构人员配置方面的能力建设，科学、规范地实现南宁市环保机构的编制管理。

---

① 引自《南宁市国民经济和社会发展第十三个五年规划纲要》。

表 12-17 "十二五"期间南宁市环境保护监测站人员结构表

年份	人员总数/人	学历		技术职称		本、专科以上学历占总数/%	中级以上职称占总数/%
		研究生学历/人	本、专科学历/人	高级工程师/人	工程师/人		
2011	100	8	78	12	43	86	55
2012	132	10	110	12	43	91	42
2013	139	15	116	10	44	94	38
2014	140	15	117	8	39	94	34
2015	149	15	128	8	39	96	32

资料来源:《南宁市环境质量报告书》。

到 2020 年,南宁市各级环境监管机构得到进一步完善,市、县(区)环境监察、环境监测、环境宣教、环境信息、固体废物管理、环境应急、核与辐射、机动车环境管理能力全面达到国家和广西壮族自治区相应标准化建设的要求,建成覆盖全市的环境质量、重点污染源、生态状况生态环境监测网络,建成各级各类监测数据系统互联共享平台,环境监察能力得到加强,建成机动车排污监控平台,辐射环境安全监管能力、环境预警与应急管理能力进一步提高。

12.2.4 南宁市未来制度机制建设

(1)加强环境管理机构编制能力建设

提高环境监测能力水平。继续推进环境监测站标准化建设,强化市、县两级环境监测站基本、应急和专项监测仪器设备配备,提高监测技术装备水平。开展环境监测综合大数据平台建设,加强环境监测基础设施建设,提升南宁市环境监测管理水平。加强各类环境监测与科研技术实验室建设,提高监测科研基础支撑能力。

加强环境监察执法能力建设。推进各级环境监察机构标准化建设,根据新修订的《全国环境监察标准化建设标准》和《环境监察标准化建设达标验收管理办法》要求,按填平补齐原则,分阶段全面完成各级环境监察机构的标准化建设。强化环境监察设施设备配备,提高环境监察机构排污申报核定工作能力,加强排污费征收管理能力建设。加强市、县(区)、乡镇三级环境监察执法能力和快速反应能力。针对南宁饮用水水源存在环境风险的问题,加强饮用水水源地综合执法队伍建设。加强执法能力建设,着力加强移动执法系统建设,建立移动执法数据平台,为环境监察机构配置移动执法终端,推进环境执法规范化、现代化、信息化,提高现场执法效率。

加强环境应急能力建设。全面推进环境应急能力标准化建设,健全应急监测保障体系,配齐应急专业队伍,加强应急物资储备,强化应急车辆等装备建设,保障应急专项资金。完善南宁市突发环境应急机构指挥系统,建立环境风险源数据库、应急专家库和案例库。结合环境风险源分布情况,借助企事业单位有重点地建设市级环境应急物资储备库。督促重点区域、重点企业编制突发环境事件应急预案。组织开展环境风险源的调查和评估,全面掌握环境风险隐患企业情况,建立辖区环境风险源数据库,健全重点监控企业实现污染物超标排放自动报警。

提高环境质量监测预警预报水平。提高空气质量预报和污染预警水平，强化污染源追踪与解析。完善大气污染源排放清单，建设细颗粒物与臭氧空气质量逐时预报系统、重污染天气预警平台，加强环保气象会商联动机制，提升重污染天气空气质量管理能力。加强重要水体、饮用水水源地等水质监测与预报预警。加强土壤中持久性、生物富集性和对人体健康危害大的污染物监测。开展生态状况调查与评估，对重要生态功能区人类干扰、生态破坏等活动进行监测、评估与预警。开展化学品、持久性有机污染物、新型特征污染物及危险废物等环境健康危害因素监测，提高环境风险防控和突发事件应急监测能力。健全重点水源地和重点河流水环境安全预警体系。开展化学品、持久性有机污染物、新型特征污染物及危险废物等环境健康危害因素监测，完善化工园区等重点园区或单位自动监测与异常报警机制，提高环境风险预警能力。

（2）加强环境制度机制建设

推进执法重心下移。根据南宁市机构改革职能调整的要求，结合未来农业、农村环境污染风险较高的特点，强化乡镇一级生态环境保护管理职能。加强环境监管执法队伍建设，进一步促进本市环境部门转变职能，增强活力，简化程序，提高效率，率先建立起权责一致、分工合理、决策科学、执行顺畅、监督有力的市、县（区）两级环保行政管理体制和运行机制，努力为全区环保系统深化环境保护管理体制改革探索经验和提供示范。

建立网格化乡镇监管机制。推动环境监督管理工作向农村延伸，强化农村生态环境执法检查。以市、县（区）、镇（街道）政府为环保监管责任主体，整合辖区内负有环保监管职责的各部门监管力量及其相应的环境管理资源，建立"属地管理、分级负责、全面覆盖、责任到人"的网格化环保监管体系，形成"市级政府组织实施、市级环保部门统一协调、相关部门各负其责、社会各界广泛参与"的环保监管格局。

建立联防联控的预警监管机制。以"可持续绿色发展、协调控制、科学治理、从严处罚"为构建原则，构建南宁市环保一体化制度框架，加快建立统一协调的联防联控工作机制，实施统一规划机制、重大项目环境影响评价会商机制、联合监测机制、环境信息共享和预警应急机制。建立环保部门和公安机关联动执法联席会议、常设联络员和重大案件会商督办等制度，完善案件移送、联合调查和奖惩机制。

（3）健全环境监测网络建设

适应环境监察监测垂直管理制度改革，按照统一规划、统一标准、统一监测、统一信息发布和全面设点、全市联网、自动预警、依法追责的要求，加快构建天地一体化、全要素覆盖，与国家、自治区相衔接的市级生态环境监测网络，提高环境管理决策支撑水平。

提高污染源自动监控能力。开展新增约束性污染物、工业烟粉尘、重金属、二恶英、挥发性有机物等监督性监测能力建设。推动重点企业排放污染物及典型固体废物堆场的监督性监测能力建设。优化调整重点源监督性监测频次。加强重点监控企业自动监测系统数据有效性审核，调整优化比对监测与有效性审核频次，将自动监控设施稳定运行情况与污染源总量减排核定挂钩，强化污染源自动监控系统连续监测数据的质量控制。

生态系统监测网络：建立重要生态系统、生态保护红线及自然要素全覆盖的生态环境监测网络。加强监测数据集成分析和综合应用，强化生态气象灾害监测预警能力建设，全面掌握生态系统构成、分布与动态变化，及时评估和预警生态风险，提高生态保护红线管理决策科学化水平。

大气环境监测网络：完善常规监测网络，调整完善市（区、县）环境空气质量监测点位。重点区县和有条件的乡镇建设环境空气质量监测点。加强工业园区、主干道路等 VOCs 和 NO_x 监测。

水环境监测网络：完善覆盖主要河流的水环境监测网络，加强中小河流的水环境监测，补充乡镇和农村集中式饮用水水源地监测，支撑水环境治理责任分解、实施和考评。各监测站点在线监测配齐常规五参数、高锰酸盐指数、氨氮、总磷、总氮自动分析，涉及矿山废水的河段增加铁、锰等监测指标。完善饮用水水源水质自动监测系统建设，新建大王滩水库、西津水库和郁江水质自动监测站，提高饮用水水源人工监测频次。强化流域水体和其他地表水环境质量监测，新建一批水质自动监测站。

土壤环境监测网络：建立覆盖市域各种类型土地的土壤环境监测网络，重点地区加密监测，强化土壤环境监测能力建设。

核与辐射监测网络：建立核与辐射环境监测网络，重点推进敏感地区辐射环境自动监测站建设。逐步建成核与辐射安全管理信息系统和辐射环境监测与辐射防护实验平台。

（4）完善环境预警体系

环境风险监控预警：推进南宁市部门间的监测数据共享，完善污染源自动监控第三方建设运营体系，建立重点和非重点污染源全覆盖的环境统计、监控体系。开展生态状况调查与评估，对重要生态功能区人类干扰、生态破坏等活动进行监测、评估与预警。建设（加强）重要水体、饮用水水源保护区（农村饮用水水源地）等自动监测、预报及预警体系。建立重污染天气监测预警机制，完善大气污染源排放清单，建设细颗粒物与臭氧空气质量逐时预报系统、重污染天气预警平台，加强市级环保气象会商联动机制，提升重污染天气空气质量管理能力。加强土壤中持久性、生物富集性和对人体健康危害大的污染物监测。建立环保与城市管理相关部门联合会商行动机制，健全重点水源地和重点河流水环境安全预警体系。开展化学品、持久性有机污染物、新型特征污染物及危险废物等环境健康危害因素监测，完善宝塔医药产业园、江南工业园、伊岭工业园、六景工业园等重点园区或单位自动监测与异常报警机制，提高环境风险预警能力。

资源环境承载能力监测预警：建立水资源、土地资源、环境资源、生态资源等的资源环境承载能力长效监测预警机制。整合集成各部门资源环境监测数据，构建监测预警数据库和信息技术平台，建立一体化的资源环境监测预警评价机制。定期编制资源环境承载能力监测预警报告，对资源消耗和环境超过或接近承载能力的地区，实行预警提醒并严格落实国家有关限制性措施。将资源环境承载能力监测预警评价结论纳入领导干部绩效考核体系。

（5）完善环境空间管理政策机制

健全生态保护补偿机制，建立红线区域可持续发展长效机制。以环境空间规划为基础，以生态红线保护为重点，建立全市范围内的区域和流域生态补偿制度，特别是建立和完善生态红线保护区补偿机制，加快出台《生态红线保护区补偿办法》。积极参与周边地区、河流上下游地区的跨界生态补偿，探索多渠道多类型的生态补偿方式，建立财政转移支付与地区间、流域上下游正补反补相结合的补偿机制。创新生态补偿投融资机制，建立生态红线区内重点区域、流域生态补偿基金，拓宽生态补偿基金筹集渠道，撬动社会资金投入生态补偿。关注造血型生态补偿的发展，提高生态补偿的积极性和可持续性。建立生态补偿效益评估机制，建立生态补偿实施年度评估和审查制度。

建立环境污染责任保险制度，构建企业环境风险管控体系。逐步建立和完善顶层设计，积极防范环境风险，加快出台环境责任保险实施方案，按照环境空间管控要求和企业风险等级从高到低，分阶段、分级别逐步实现强制投保。建立统一投保平台，组建环境责任保险共保体，搭建"统一条款、统一费率、统一保障范围、统一赔偿标准、统一操作方案"的五统一环责险运营机制。建立风险管理平台，建立企业风险评估机制，将风险评估嵌入保险机制中，引入第三方评估机构，实现风险评估专业化，构建与企业风险挂钩的费率调节机制，建立企业风险数据库并对环保部门，实现环境风险评估与政府监管的良性互动。

创新绿色金融体系，丰富绿色金融工具。根据环境空间区划、地区差异和经济发展水平，制定差异化的绿色信贷政策，引导信贷资金有序退出过剩产能和高污染落后产业，促进信贷资金对环保、节能、低碳等绿色产业的支持。鼓励本市当地法人银行及有条件的企业发行绿色债券，积极推动绿色信贷资产证券化，设立绿色发展基金。建立风险补偿机制和动态环境风险监控机制，建立与银行信贷挂钩的企业环境信用评价体系，对商业银行向环境违法企业贷款行为实行责任追究，适时创建绿色金融综合试验区，创新金融产品、完善碳交易市场、构建绿色金融基础设施和保障机制。完善环境权益交易市场，进一步丰富融资工具。

加强财政资金引导，建立市场化环境投融资机制。进一步提高环保财政投入力度，提升财政资金引导水平，设立南宁市环境保护引导基金，探索"母基金+子基金"模式，合理运用污染防治专项基金、地方配套资金、排污收费资金等撬动社会资本，通过调节项目投资比例，加大对经济欠发达地区和生态红线区环境保护倾斜力度。设立南宁市环保 PPP 综合管理部门，逐步建立南宁市黑臭污水、垃圾处理类 PPP 项目实施指南、项目技术指导规程、项目合同规范等一系列法律规范。按照"政府负责、社会参与、市场运作、资金盈利"的原则，形成多层次共同参与的市场化投融资机制。

实施排污许可证制度，推动排污权交易发展。按照国家深入推进排污许可证改革工作要求，结合自治区已有排污许可证制度实施细则，加快出台南宁市排污许可实施配套措施，构建以排污许可证为核心的"一证式"污染源综合管理体系，探索农业面源综合性污染许可。建设排污许可证申请、报告、信息公开综合平台。进一步完善排污权交易制度建设，出台排污权交易细则,结合排污许可证制度,设定南宁市初始排污权有偿使用费征收标准,优化排污权交易平台。推进排污权抵押贷款制度。

12.3 环境管控政策

12.3.1 生态补偿

(1)我国生态补偿政策总体发展情况

近年来,我国生态补偿试点工作推进明显加快,党中央、国务院有关生态环境保护工作的一些主要政策文件中都对建立和完善生态补偿机制提出要求。《环境保护法》明确规定国家要加大对生态保护地区的财政转移支付力度。有关地方人民政府应当落实生态环境保护补偿资金,确保其用于生态保护补偿。国家指导受益地区和生态环境保护地区人民政府通过协商或者按照市场规则进行生态环境保护补偿。

2011年,皖浙两省的新安江流域水环境补偿试点作为全国首个国家推动的跨省上下游水环境补偿试点正式启动。2016年12月8日,皖浙两省在长江三角洲地区主要领导座谈会上签订了《关于新安江流域上下游横向生态补偿协议》,推进新一轮新安江生态补偿试点继续深入实施,探索建立完善的跨省域横向生态补偿制度,持续改善新安江和千岛湖流域生态环境质量,维护长三角地区生态安全。2016年3月,广东省与福建省、广西壮族自治区分别签署汀江—韩江流域、九洲江流域水环境补偿协议;天津市与河北省关于引滦入津流域的跨省水环境补偿机制也即将建立。目前,我国已有20多个省(区、市)相继出台了省域内或跨省域流域上下游横向补偿的相关政策措施,以水质超标罚款赔偿和水质达标奖励补偿为主要形式的流域生态保护补偿模式成为我国解决流域跨界环境污染问题的重要手段。2016年12月,财政部、环境保护部、国家发展改革委、水利部四部委联合出台《关于加快建立流域上下游横向生态保护补偿机制的指导意见》(财建〔2016〕928号),是首份专门针对流域生态保护补偿的政策文件,对横向生态保护补偿的总体要求、工作目标、主要内容和保障措施等提出了具体要求,这将加快推动党中央、国务院关于横向生态保护补偿的要求落地。

此外,大气、森林、海洋、湿地等其他类型的生态补偿也开始进行试点,其中部分领域有中央财政补助资金予以支持。河南、湖北、山东等地开展了空气质量生态补偿,其中山东省提出了空气质量生态补偿与赔偿标准;浙江、四川等地通过扩大生态补偿范围、提高补偿标准、实施绩效评价等,深入推进森林生态补偿实践;山东自2010年实行海洋生态损害赔偿费和损失补偿评估,并于2016年进一步施行海洋生态补偿管理;江苏制定了湿地保护条例,将湿地保护管理经费和湿地生态补偿经费列入财政预算,西藏将从2016年起,利用3年时间投入经费4 800多万元,试点开展湿地生态效益补偿机制。

在上述实践基础上,2016年,国务院办公厅发布《关于健全生态保护补偿机制的意见》

（国办发〔2016〕31 号）（以下简称《意见》），这是新时期国家生态保护补偿机制改革的行动纲领，标志着我国生态补偿机制建设取得了重大突破。《意见》要求，不断完善转移支付制度，探索建立多元化生态保护补偿机制，逐步扩大补偿范围，合理提高补偿标准，有效调动全社会参与生态环境保护的积极性。《意见》提出到 2020 年，实现森林、草原、湿地、荒漠、海洋、水流、耕地等重点领域和禁止开发区域、重点生态功能区等重要区域生态保护补偿全覆盖，补偿水平与经济社会发展状况相适应，跨地区、跨流域补偿试点示范取得明显进展，多元化补偿机制初步建立，基本建立符合我国国情的生态保护补偿制度体系，促进形成绿色生产方式和生活方式。

（2）南宁市生态补偿政策发展情况

1）南宁市生态补偿政策总体情况。

2006 年修订的《广西壮族自治区环境保护条例》明确规定，"自治区建立、健全生态保护补偿制度，加大对生态环保地区的财政转移支付力度，指导受益地区和生态保护地区人民政府通过协商或者按照市场规则进行生态保护补偿。有关县级以上人民政府应当按照国家和自治区的有关规定，落实生态保护补偿资金。"2016 年，广西壮族自治区人民政府办公厅印发的《广西生态保护红线管理办法（试行）》中提出县级以上人民政府应当建立生态保护红线生态补偿机制，制定生态保护红线生态补偿方案，明确补偿主体、补偿范围、补偿标准、补偿方式和保护责任；财政行政主管部门将补偿资金列入财政预算，补偿标准达到同类地区中等以上水平。生态补偿资金重点用于红线区生态保护与恢复、自然保护区和风景名胜区等原真性和完整性保护、历史遗留生态环境问题治理、能力建设和损失补偿等方面。财政部门会同有关部门采取定期检查、重大项目跟踪检查、重点抽查等方式，加大对生态保护红线区生态补偿资金监管。2015 年广西壮族自治区人民政府办公厅印发的《广西生态经济发展规划（2015—2020 年）》中规定探索建立自治区内生态补偿制度，上游城市以河流跨界断面水质达标为主要标准，下游城市按年度给予上游城市一定补偿。2016 年通过的《南宁市西津国家湿地公园保护条例》规定市人民政府、横州人民政府应当建立湿地公园保护协调机制，协调解决保护范围生态环境保护、生态补偿、资金投入及项目建设等重大问题。《南宁市湿地保护规划（2013—2020 年）》中提出实施湿地生态补偿政策，开展湿地生态补偿试点建设，在对湿地生态补偿的主体、客体、标准、模式、机制和途径取得一定成果、积累了一定经验的基础上，在全市乃至广西全自治区推广。

目前广西和南宁已经发布的生态补偿相关政策中均明确强调了实施生态补偿制度，并在部分规划和实施方案中已经提出了相对细化的实施办法，这为生态补偿制度体系建设打下了良好的基础，也为生态补偿的实施提出了一定指导。在此基础上南宁市也开展了生态补偿实践探索。

南宁市鸣武区实施公益林森林生态补偿，运用财政资金对国家级公益林、自治区级公益林实施同样的补偿标准，对权属为国有的国家级或自治区级公益林，中央财政森林生态效益补偿管护补助标准和自治区财政森林生态效益补偿管护补助标准都是每年每亩 6 元，其中管护补助支出 5.75 元，公共管护支出 0.25 元（含自治区、市、县级公共管护支出）。权属为集体和个人所有的公益林补偿标准为每年每亩 15 元，其中管护补助支出为 12.75

元，用于集体和个人的经济补偿和管护公益林的劳务补助；公共管护支出 0.25 元。补偿方案中还提出了实行年度绩效考核与强化问责的工作机制，是补偿方案实施的重要制度保障。

2）南宁市生态补偿政策的问题。

南宁市关于生态补偿的规定均分散在各个法规和规划中，南宁市没有出台专门的生态补偿实施办法。2016 年广西壮族自治区人民政府办公厅印发的《生态保护红线管理办法（试行）》中明确要求县级以上部门建立生态保护红线区生态补偿机制，但是南宁市尚未配套地市级的生态补偿办法以及生态保护红线区的补偿文件，无法为建立生态补偿机制提供保障。

目前，南宁市进行生态补偿的资源配置方式仍主要是政府机制，补偿的方式以财政拨付进行资金补偿为主，补偿的方式相对单一，而且补偿范围为公益林、矿区植被、退耕护岸林等方面。补偿金额偏低，按照南宁市现有的集体和个人人公益林补偿标准，最高 15 元/亩，远低于土地的正常产值，影响公益林拥有人的经济利益，补偿标准过低不仅会影响受偿主体的积极性，还会影响受偿区的可持续发展。

（3）其他地区经验借鉴

我国流域生态补偿实践主要是紧密结合流域水污染防治规划的实施来开展的，流域上下游地区参与生态补偿的动力，除了水环境形势严峻、竞争性用水日益加剧等客观原因外，更直接的原因是流域水污染防治规划对流域上下游地区政府的目标考核要求。"十一五"期间，我国许多流域实施了水污染防治规划目标考核制，即地方领导政绩与辖区内流域出水水质情况紧密挂钩，这直接促成了地方重视开展流域生态补偿的探索。国家层面陆续选择辽宁、浙江、福建、江西和河北五省开展了流域生态补偿试点，江苏、河南、广东等不少省份也自发开展了流域生态补偿探索，积累了一定的经验。

新安江流域生态补偿

新安江发源于黄山市休宁县境内海拔 1 629m 的六股尖，为钱塘江正源，包括 600 多条大小支流，是安徽省境内仅次于长江、淮河的第三大水系，也是浙江省最大的入境河流。新安江安徽段平均出境水量占千岛湖年均入库水量的 60%以上，水质常年达到或优于地表水河流Ⅲ类标准，是下游地区最重要的战略水源地，新安江流域是我国首个流域生态补偿的试点地区，首轮试点于 2012—2014 年实施，第二轮试点实施期为 2015—2017 年。

2011 年，财政部、环境保护部下发《关于启动实施新安江流域水环境补偿试点工作的函》《关于开展新安江流域水环境补偿试点的实施方案》，启动首轮生态补偿机制试点，其核心是国家转移支付和上下游正补反补+以跨界断面水质年度达标。2012 年，财政部与环境保护部、浙江省与安徽省"两部两省"正式签订协议。试点期限为 3 年，补偿资金每年5 亿元，其中，中央财政出资 3 亿元，安徽、浙江两省分别出资 1 亿元。以安徽、浙江两省跨界断面水质监测数据为考核依据，年度水质达到考核标准，浙江拨付给安徽 1 亿元；水质达不到考核标准，安徽拨付给浙江 1 亿元；无论上述何种情况，中央财政 3 亿元全部拨付给安徽省。资金专项用于新安江流域产业结构调整和产业布局优化、流域综合治理、水环境保护和水污染治理、生态保护等方面。

2015 年 10 月，财政部、环境保护部明确中央财政 2015—2017 年继续支持新安江流域上下游横向生态补偿试点工作，启动第二轮生态补偿试点，其核心是提高国家和地方补偿标准+提高跨界断面水质考核标准。2016 年 12 月 8 日，皖浙两省签订了第二轮试点协议，主要突出"双提高"，即提高资金补助标准和水质考核标准。根据协议，三年补偿资金 21 亿元，其中中央资金三年 9 亿元，按 4 亿元、3 亿元、2 亿元退坡方式补助；两省每年各 2 亿元；补偿指数基准限值由 2008—2010 年三年均值调整为 2012—2014 年三年联合监测均值，水质稳定系数 K 值由 0.85 调整为 0.89，两项测算水质考核标准提高了 7%；补偿资金实行分档补助，体现好水好价；资金用途方面两省各新增 1 亿元，主要用于黄山市垃圾和污水处理，特别是农村垃圾和污水处理。

2012 年起国家开发银行签订新安江综合治理融资战略协议，目前已获批贷款 56.5 亿元。2016 年设立新安江绿色发展基金，按 1∶5 放大比例，基金首期规模 20 亿元，首笔资金顺利投放到位；将农业、林业、水利等专项资金与生态补偿项目打捆使用；申报亚洲开发银行贷款项目，探索采取 PPP 模式支持水污染防治。截至 2016 年年底，第二轮试点实施项目 38 个（新建 20 个），中央及安徽省共补助试点资金 10.3 亿元（试点以来累计 26.3 亿元），带动试点项目投资 21.1 亿元（累计 107 亿元），中央资金"种子效应"得到充分发挥，新安江水质持续保持优良和稳定。

根据上述试点实践总结，我国生态补偿试点的基本经验为：

第一，以补偿系数 P 值作为上下游"正补""反补"的依据易于判断利益关系，符合"污染者付费，受益者补偿"原则，在流域上下游关系明晰的流域比较适用。

第二，依据跨省断面水质达标程度核定生态补偿标准，可操作性强。

第三，形成了以专项资金为主、全社会融资的资金渠道，资金来源稳定，并充分发挥了"种子资金"引导和放大效应，撬动其他融资渠道参与进来。

（4）南宁市生态补偿政策机制创新与建议

1）健全生态补偿政策，完善补偿实施依据。

在国家和自治区政策基础上，出台南宁市生态保护红线区补偿办法，建立与党政领导绩效考核挂钩的生态补偿定期评估制度，并对隆安、马山、上林等生态保护红线区占比较高的区县，适当增加生态保护在党政领导绩效考核中的占比，提高党政领导对于生态保护的重视程度。在已有的公益林、湿地生态补偿政策的基础上进行细化，丰富建立公益林和湿地生态补偿制度。

2）探索新型补偿机制，拓宽资金筹集渠道。

以环境空间规划为基础，以生态红线保护为重点，进一步搭建平台，建立政府引导、市场主体、社会共同参与生态补偿机制，隆安、马山、上林与南宁城区之间建立横向补偿机制，在已有的公益林补偿基础上，建立公益林与商品林之间的生态补偿机制。探索建立生态补偿基金，以 "母基金+子基金"模式，让有限的政府财政投入发挥最大的杠杆和撬动作用，建立财政转移支付与生态补偿基金相结合的资金筹措模式。

3）建立流域信息共享机制，探索流域管理新模式。

探索建立环保、水利、国土等部门信息共享机制，加强涉水信息公开的范围及相关能力建设，全面推进水资源保护和水污染防治。探索建立财政局牵头、环保局、水利局、各区县人民政府共同参与的市内流域综合治理联席会议制度。厘清各部门、各行政区在水污染防治方面的职责，统筹流域水资源保护和水污染防治工作。针对郁江、邕江等辖内重点流域补偿断面、补偿目标、补偿标准、补偿方式等内容征求各区县意见，开展基于历史水质水量数据的模拟测算，结合前期经验教训，并逐步增设补偿断面提高补偿标准，定期评估，建立流域上下游正补反补相结合的补偿机制。

12.3.2　环境污染责任保险

（1）我国环境污染责任保险总体发展情况

2007 年，根据国家环境保护总局与中国保险监督管理委员会（以下简称"保监会"）联合印发《关于环境污染责任保险工作的指导意见》（环发〔2007〕189 号），环境污染责任保险试点工作正式启动。2013 年，根据环境风险管理的新形势新要求，环境保护部与保监会联合印发《关于开展环境污染责任保险强制试点工作的指导意见》（环发〔2013〕10号），启动环境污染强制责任保险试点工作。试点企业范围包括涉重金属企业、按地方有关规定已被纳入投保范围的企业以及其他高环境风险企业。随后，各地基本都出台了地方性的环境污染强制责任保险实施方案。2014 年 4 月，新修订的《环境保护法》在第五十二条新增"国家鼓励投保环境污染责任保险"。2015 年 9 月，中共中央、国务院发布《生态文明体制改革总体方案》，要求在环境高风险领域建立环境污染强制责任保险制度。2017 年 6 月，《环境污染强制责任保险管理办法（征求意见稿）》向全社会征求意见，2017年 6 月《土壤污染防治法（草案）（征求意见稿）》中也规定列入土壤污染重点监管行业名录、从事土壤污染修复等土壤污染高风险的企业应当投保环境污染强制责任保险。

（2）南宁市环境责任保险发展情况

1）南宁市环境责任保险总体情况。

2011 年广西环保厅与保监会广西监管局发布《关于环境污染责任保险工作的实施意见》，提出了初步建立重点行业机遇环境风险程度、投保企业或设施目录以及污染损害赔偿标准，探索与环境责任保险相结合的环境管理制度，企业环境风险有效分散等目标，同时明确了环境污染责任保险的参保范围。作为配套政策，2012 年广西壮族自治区人民政府办公厅印发《关于开展环境污染责任保险试点工作》的通知，提出了在环境风险较大的部分地区，发生污染事故和损失容易确定的行业和企业，应率先开展环境污染责任保险工作。《南宁市环境保护"十三五"规划纲要》中规定实施环境污染责任保险制度，积极推行重点污染行业和企业强制性环境污染责任保险制度，根据企业环境风险大小，科学合理确定保险费率。出台规范性文件，制定有利于环境污染强制责任保险的经济政策和措施，鼓励和督促全市涉重金属等高环境风险企业投保。

南宁市乃至广西壮族自治区在环境污染责任保险在政策与实践层面虽然作出了许多探索，但是效果一般，广西壮族自治区 2010 年开始试点，截至 2014 年，投保企业不足 20家，大部分企业来自南宁、柳州和河池等市。

2）南宁市环境责任保险政策与实施存在的问题。

南宁市对环境责任保险制度还处于探索阶段，环境污染责任保险的实施主要依靠国家和广西壮族自治区的文件推动。一方面，从国家政策层面看，由于环境污染责任保险还处于试点阶段，并无强制性的法律依据，因此，企业缺乏投保的内生动力，投保企业数量很少；另一方面，保险公司在企业的环境风险评估以及隐患排查等方面较为欠缺，投保企业投保后并不能享有任何环境风险管理服务。

（3）其他地区经验借鉴

2013 年后，全国大部分省（自治区、直辖市）都在进行环境污染责任保险的试点工作。各地环境污染责任保险试点行业并不完全一致，行业范围非常广泛，几乎涉及所有的污染企业类别，但主要以涉重金属、危险化学品生产经营单位、危险废物的产生、收集及处置企业等环境风险较高的企业为主。

1）紧扣环境风险管理，保障区域生态环境安全：无锡经验。

无锡市地处太湖北滨，位于东南季风的下风向，在保护太湖水体的工作上任务最重，尤其是在太湖"蓝藻事件"发生后，当地政府对环保的重视程度和推进力度日益加大。2009年 10 月无锡市被环境保护部列为全国环境污染责任保险试点城市。2011 年无锡市通过了地方性行政法规，并印发《无锡市环境污染责任保险实施意见》，要求按照"政府推动、市场运作、专业经营、风险可控、多方共赢"的基本原则，成立保险共保体，率先在国内试点推行环境污染责任保险。无锡经验具有特点：

一是引入商业保险机制，建立共保体。2009 年由中国人保财险无锡分公司独家开办试点，负责承保业务。2011 年 7 月，无锡市环保局通过公开招标方式确定中国人保（68%）、阳光保险（11%）、平安保险（9%）、长安责任保险（7%）及中国太保（5%）共 5 家保险公司成立无锡市环境污染责任保险共保体，中国人保财险无锡市分公司作为共保体首席承保人，实现了环境污染责任保险业务由物价保险公司组成共保体的工作新体制。截至 2014年年底，累计参保企业 3 637 家，累计承担责任风险 40.63 亿元。运行 5 年来，无锡共发生环境污染责任保险赔案 26 起，累计赔付 286 万元。

二是将环境风险评估嵌入保险机制之中，实现风险评估的专业化。保险公司聘请了 30多人的专家团队（业内专家、高校学者），分期、分批、分行业到投保企业进行环境风险防范管理与技术服务。通过提供《企业环境风险评估报告》为企业划分环境风险等级，提出投保建议；提供《企业环境风险服务报告》，针对现场勘查问题，为企业提出整改意见，以及环境风险评估报告和应急措施建议。上述专家队伍由保险公司和参保企业不断筛选，其专业性和权威性受到参保企业的认可。环境风险评估机制让企业得以全视角审视自己在环保措施上的漏洞，对症下药，降低事故发生可能性。

三是环境风险评估与政府监管形成良性互动。共保体建立企业环境风险数据库和网站，对环保部门开放，方便政府掌握整体环境污染风险情况。无锡市下发了《关于切实加强对企业生态环境污染事故防范和加大环境风险隐患整改监督力度的通知》，促进在共保体评估中发现的问题整改到位。对整改不积极、整改措施不到位或逾期未整改的高风险企业，纳入政府环保部门的督办名单，下达限期整改通知书。同时，在费率调节机制中引入风险整改系数，对于上年度风险评估问题整改完成并且本年度环境治理整改投入力度大的企业，可获得 20%的保费折扣。对于连续三年无赔款的企业，续保时可以获得 30%的保费折扣。

无锡市作为原环境保护部和江苏省的首批环境污染责任保险试点城市，在政府主导、市场运作的有序推进下，形成了一套从投保企业选择、产品宣传、风险评估、问题整改到承保、理赔的完整流程，使保险的社会管理职能得到了充分体现。无锡市在开展环境污染责任保险中紧扣风险管理，注重制度先行，以制度创新和政策规范作为支撑和保障；不断完善机制，建立保险共保体，形成了企业为责任主体、保险公司和政府部门共同参与的责任保险联动机制，不仅有效控制了区域环境污染风险，而且促进了环境风险评估服务业的产业化。

2）搭建平台，引入独立第三方进行风险评估定损，探索环责险运营新模式：湖南经验。

湖南省是国内首批环境污染责任保险试点省份之一，出具了国内首张环境污染责任险保单，也妥善处理了全国首个环境污染责任险理赔案件。2008 年 9 月 29 日，被保险人湖南株洲某化工有限责任公司的三氯化磷氯化反应釜由于工人操作不当，导致大量氯化氢气体外溢并造成周边村民农作物受到污染。受理方平安财险湖南分公司为此共支付了赔付金额 10 万元。这是全国第一例环境污染责任保险赔付案例。

湖南省率先将环境污染责任保险写入地方性法规。根据《湖南省湘江保护条例》第四十四条的规定，"鼓励湘江流域重点排污单位购买环境污染责任保险或者缴纳环境污染治理保证金，防范环境污染风险""湘江流域涉重金属等环境污染高风险企业应当按照国家有关规定购买环境污染责任保险"。2009—2015 年，湖南陆续发布了 7 部关于环境污染责任保险的政策文件。

湖南省积极探索共保体试点，搭建运营新模式。湖南省于 2012 年组建了由两家保险公司组成的共保体试点公司，搭建"统一条款、统一费率、统一保障范围、统一赔偿标准、统一操作方案"的"五统一"运营机制。探索由环责险共保体试点保险公司按地市牵头承担承保和理赔服务工作新运行模式，在地市一级组建了由共保体试点保险公司成员共同参加的保险服务团队，增强保险服务意识，提高了服务效率。组织保险经纪公司编印了《湖南省环境污染责任保险客户服务手册》，向全省各环保主管部门、涉污企业、地市保险服务团队发放，取得了良好效果。要求保险经纪公司与环境污染责任保险共保体建立月度会议沟通制度、信函沟通制度。通过沟通，及时发现和解决环境污染责任保险运行中存在的困难和问题。

同时，建立信息平台，引入第三方评估机构。组织保险经纪公司一起开发了湖南省环境污染责任保险信息平台系统，以实现环保部门对环境污染强制责任保险承保、理赔和出险率数据的实时统计查询。涉污企业可以在网上向保险公司进行投保和事故索赔，还可以使用风险分析、排查等风险管理服务。同时，湖南省引进了第三方事故评估机构——湖南省环境风险与污染损害鉴定评估中心，进行事故鉴定和损失评估，避免参保企业和保险公司之间的理赔纠纷，有效保障了参保企业的利益。

（4）南宁市环境责任保险政策创新与建议

探索在横州、经济开发区等部分区县开展环境污染责任保险试点，在部分环境高风险行业开展强制投保试点，探索建立郁江、邕江等重点流域企业强制投保试点，先行先试，探索经验，成熟后可在全市、全自治区推行地方经验。引导保险公司与投保企业共同开展环境风险管理，鼓励第三方评估机构为投保企业开展环境风险管理服务，从提高服务质量角度提升环境污染责任保险产品内涵，提高企业参保的积极性。

12.3.3　环境保护投融资投融资

（1）我国环境保护投融资与绿色金融总体发展情况

1）环境保护投融资政策总体发展情况。

我国环境财政投入逐渐增加，相关制度建设不断加强，专项资金使用强化绩效管理。水、大气、土壤等专项资金投入的绩效逐步与财政资金分配、政府付费等挂钩，将推进环保投资从规模型向效益型转变，环保项目重投资、轻效益的现象得到一定改观。例如，2016年财政部、环境保护部共同发布的《土壤污染防治专项资金管理办法》第十二条明确规定，根据有关省份土壤环境改善等情况，财政部会同环境保护部对预拨各省份的资金进行清算，对未完成目标的省份扣减资金，对完成土壤治理任务出色的省份给予奖励。但是，专项资金的使用仍然有待进一步规范。2016年财政部发布的《防治大气污染必须堵住资金流失漏洞——关于中央大气污染防治专项资金检查典型案例的通报》显示，大气污染防治专项资金被挪用的情况较为突出。

随着我国在环境保护领域财政投资的逐渐增加，财政资金运用方式也从直接投入向引导投资方向转变。2016年《中共中央、国务院关于深化投融资体制改革的意见》明确了投融资体制改革的顶层设计，新一轮投融资体制改革全面展开。在环境保护领域，《大气污染防治行动计划》提出深化节能环保投融资体制改革，鼓励民间资本和社会资本进入大气污染防治领域。《水污染防治行动计划》提出引导社会资本投入。采取环境绩效合同服务、授予开发经营权益等方式，鼓励社会资本加大水环境保护投入。《土壤污染防治行动计划》提出通过政府和社会资本合作（PPP）模式，发挥财政资金撬动功能，带动更多社会资本参与土壤污染防治。加大政府购买服务力度，推动受污染耕地和以政府为责任主体的污染地块治理与修复。2016年环境保护部发布的《关于积极发挥环境保护作用促进供给侧结构性改革的指导意见》也对环保PPP作出了具体规定，积极推进政府和社会资本合作（PPP）模式。国家将在全国范围内组织建立环境保护PPP中央项目储备库，并向社会推介优质项目。中央财政专项资金、国家专项建设基金、开发性金融资金、中央拨付的各类环保资金等将优先支持环境保护PPP项目的实施。各地要高度重视并结合环境质量改善目标和治理任务的需要，紧紧围绕环境基础设施建设、区域环境综合整治等，建立重点推介项目库，上报一批、实施一批、储备一批。会同有关部门建立PPP项目绿色通道、部门联批联审一站式服务，制定支持性政策措施，确保高质量PPP项目的顺利实施。在生态环境治理投融资领域，政府和社会资本合作（PPP）已经成为国家政策的重要发展方向。

生态环保 PPP 项目模式作为政府引导市场环境保护融资的典型模式对生态环境保护的意义重大，目前环保 PPP 主要分为三种模式，第一是单一环保项目 PPP 模式，污水处理厂、垃圾焚烧厂建设是这种模式的典型代表。第二是 PPP 模式环保产业基金，是指财政资金参与市场的环境保护产业基金，扶持和引导其投向环境保护的企业和产业，政府作为有限合伙人参与其中，目前，我国已经试点的 PPP 模式环保产业基金是土壤修复产业基金。第三种是 PPP 模式区域环保基金，这种模式项目初期由政府参与，中后期可实现脱离财政资金扶持独立运行。

2）绿色金融总体发展情况。

党中央、国务院形成发展绿色金融的广泛共识，以多种形式向社会各界阐述发展绿色金融的重要性，谋划绿色金融发展新篇章。通过积极构建绿色金融政策体系，搭建起全球首个以政府为主导的绿色金融政策框架，推动多部门联动逐步建立绿色金融规则，并出台相关配套政策和措施，加快推进绿色金融政策落地。

2015 年中共中央、国务院印发的《生态文明体制改革总体方案》首次明确建立我国绿色金融体系的顶层设计；"十三五"规划纲要将发展绿色金融作为落实绿色发展理念的重要举措，明确提出要"建立绿色金融体系，发展绿色信贷、绿色债券，设立绿色发展基金"。2016 年人民银行等 7 部委发布《关于构建绿色金融体系的指导意见》，标志着绿色金融顶层设计确立，配套政策相继推出，绿色金融体系初具雏形。2017 年 6 月，国务院常务会议通过浙江、江西、广东、贵州、新疆五省区部分地方建设绿色金融改革创新试验区，并出台五个总体方案，这标志着我国绿色金融进入了又一个新的发展阶段。

在政府推动、市场发挥主体作用下，我国绿色金融市场迈入了全面深化发展的阶段。市场对绿色理念的认识和认同逐步提升，市场的参与主体越来越多元化；绿色金融产品不断丰富，绿色基金、绿色股票指数、绿色债券指数、碳金融创新产品等不断涌现，并且绿色金融产品与实体经济的关联，以及对产业的支撑作用日益紧密；绿色金融的标准体系正在成形，包括绿债认证和披露、绿色评级方法、环境压力测试等方面都有新的进展，为绿色金融市场未来的规模化、规范化发展打下了基础。

截至 2016 年年底，我国债券市场上的贴标绿色债券发行规模达 2 052.31 亿元，包括 33 个发行主体发行的金融债、公司债、中期票据、国际机构债和资产支持证券等各类债券 53 只，已成为全球最大的绿色债券发行市场。

（2）南宁市生态环境保护投融资与绿色金融政策发展情况

1）总体情况。

《广西壮族自治区环境保护条例》中明确规定各级人民政府应当加大环境保护财政投入，建立政府、企业、社会多元化的环境保护投融资机制，支持、鼓励、引导社会资金参与环境保护、环境保护产业投资和环境污染治理。《广西生态经济发展规划（2015—2020年）》提出以政府为责任主体的污水垃圾处理、城镇污染场地修复，农村环境、江河流域、土壤重金属、无主尾矿库治理，公共节能以及生态修复、生态保护等项目工程，应当通过政府采购，以政府和社会资本合作模式（PPP）、特许经营、委托运营、合同能源管理、环境绩效合同服务等方式引入第三方治理。2017 年中共广西壮族自治区委员会、广西壮族自治区人民政府共同发布《关于深化投融资体制改革的实施意见》，提出要加强政府投资管理，发挥好政府投资的引导和带动作用；创新投融资机制，畅通投资项目投融资渠道等意见。作为配套，2017 年南宁市发布《关于深化投融资体制改革的实施意见（征求意见稿）》，这是南宁市首个关于投融资机制改革的专门文件，提出加快推进设立各类基金，推进政府和社会资本合作，加快政府融资平台市场化转型等多项措施。这对南宁市生态环境保护投融资具有重要指导意义。

在实践层面，南宁市生态环保相关的 PPP 项目发展势头良好，效果显著。截至 2017 年 10 月，南宁市重点推进 PPP 项目共 14 个，总投资 240.28 亿元，其中生态环保相关 PPP 项目 6 个，总投资 112.57 亿元，值得一提的是，那考河流域治理项目是全国第一个水流域治理 PPP 项目；PPP 三年滚动储备项目 9 项，总投资 187.91 亿元，其中生态环保相关项目 5 项，总投资 51.65 亿元。南宁市生态环保相关 PPP 项目主要集中在污水治理设施，臭水整改、流域生态综合整改等领域，其中南宁市内河黑臭水体治理项目涉及全市 11 条主干河流，截至 6 月底，南宁市建成区已有 19 个黑臭河段共 56.5km 基本消除黑臭，南宁市环境监测站监测数据显示，南宁市部分内河水质已呈好转态势。

绿色金融方面，2015 年广西壮族自治区人民政府办公厅印发《广西生态经济发展规划（2015—2020 年）》，提出通过统筹生态经济领域相关财政性专项资金，以参股等方式，引导社会各类资金、金融资本设立广西生态经济发展投资引导基金；2015 年广西壮族自治区人民政府办公厅发布《关于加强金融服务支持生态经济发展的实施意见》，提出加大信贷支持生态经济力度，充分发挥银行融资主渠道作用；优化服务方式创新服务功能，加大保险业对发展生态经济的支持作用；充分发挥资本市场融资优势，多渠道筹措生态经济发展资金；全面深化金融改革，建立健全支持生态经济发展的金融组织体系。2015 年发布《南宁市环境保护局关于南宁市环境违法黑名单的管理制度（试行）》，提出建议银行业金融机构对其审慎授信，不予以新增贷款，并视情况逐步压缩贷款，直至退出贷款。《南宁市环境保护"十三五"规划》中提出立并完善绿色信贷、绿色证券、绿色债券制度。加强环境信用体系建设，落实《关于加强企业环境信用体系建设的指导意见》，定期将环境违法等信息纳入金融信用信息基础数据库，构建守信激励与失信惩戒机制，环保、银行、证券、保险等方面加强协作联动，配合自治区于 2017 年年底前分级建立企业环境信用评价体系。切实落实银监会《绿色信贷指引》等各项监管政策，积极推动辖区内银行业金融机构做好绿色信贷工作。南宁市大气污染防治 2017 年度实施计划提出通过环境违法记录纳入金融信用信息基础数据库和金融机构"绿色信贷"政策机制，有效遏制企业环境违法行为，促进形成良好的大气污染防治工作外部约束机制。南宁市在绿色金融实践方面走在广西前列，兴业银行南宁分行在南宁市建立广西首个环境金融中心和绿色金融事业部，为南宁市乃至广西的绿色信贷工作作出的重要探索。总体而言，南宁市的绿色信贷工作仍处于探索阶段，绿色信贷初具规模，但其他形式的绿色金融产品较少，尚未形成绿色金融体系。

2）存在的主要问题。

一是投融资形式较为单一。目前南宁市的环保投融资政策多为"中央发文，地方转发"形式，缺少因地制宜的政策细化与创新，缺少地方性环保投融资纲领性文件。南宁市生态环保类 PPP 项目已经初具规模，环保部门缺少专门的生态环保类 PPP 指引性文件，环保类 PPP 项目的管理权分散在各个部门，环保部门的参与度与话语权均较少。

二是绿色金融产品较为单一。目前南宁市绿色金融的主要产品是绿色信贷，已经初具规模，但是在当前国家绿色金融的发展形势下，特别是在全国其他地区都有较好做法的领域，例如生态环境保护基金、发行环保彩票、绿色债券、企业信用评级等领域缺乏新的尝试以及相应的政策支持。

（3）其他地区经验借鉴

1）浙江经验：遵循"赤道原则"，发展绿色金融。

2013 年，浙江省作出了"五水共治"（治污水、防洪水、排涝水、保供水、抓节水）的重大战略决策，发出"以治水为突破口促进经济转型升级"的号召，以守护"绿水青山"。同年 10 月，兴业银行与浙江省环境保护厅签署战略合作协议，计划 3 年内为该省提供不低于 300 亿元的专项绿色融资，并对符合条件的绿色重点项目，优先安排信贷规模，尤其是对于水资源利用和保护领域给予优先支持。

截至 2014 年 3 月末，兴业银行杭州分行通过项目贷款、债务融资工具、融资租赁、非标债权投资等多种融资工具，在浙江省投向水资源利用和保护领域的融资金额累计超 100 亿元，支持项目遍布 30 余个县（市、区），涉及工业节水、污水处理厂建设及升级改造、污水管网工程、污泥处置工程、水域治理、水资源保护等众多项目类型。该案例中，兴业银行配置有专职绿色金融产品经理，专司绿色金融服务方案；在对象审查上，以"赤道原则"作为审查标准；在审批通道上，对绿色金融项目简化审批手续，提高审批效率；在产品与服务方面，创新丰富绿色金融产品。自开展绿色金融以来，兴业银行杭州分行紧密围绕浙江省经济发展实际，将绿色金融支持重点放在了当地循环经济、低碳经济、生态经济相关领域的实体项目、行业和企业上，尤其是致力于支持提高能效、固体废物循环利用、新能源和可再生能源开发利用、碳减排等众多节能环保项目。

2）三峡经验：发行绿色债券，企业直接融资。

自 1997 年发行首期三峡债以来，三峡集团在资本市场直接发债融资已有二十年，累计发行境内外各类债券 3 508 亿元，已累计兑付 1 965 亿元，还本付息无一违约，获得与国家主权评级相同的国际资信评级，跻身国内 10 家重点 AAA 资信评级企业。

2016 年 8 月 30 日，中国三峡集团在上海证券交易所成功发行目前我国最大规模绿色公司债券 60 亿元，其中 3 年期品种 35 亿元，票面利率 2.92%，认购倍数 3.29 倍；10 年期品种 25 亿元，票面利率 3.39%，认购倍数 3.88 倍。绿色债券由安永华明会计师事务所按国际标准认证，募集资金全部用于金沙江下游溪洛渡、向家坝和乌东德三座电站的建设，是三峡集团滚动开发金沙江水电资源的重要组成部分。截至目前直接用于金沙江下游水电站滚动开发的发债资金达到 18 期共 794 亿元，占目前已投资金额的 43.8%。在本案例中作为发债方的三峡集团，由于其始终坚持水电为主的清洁能源发展方向，支持清洁能源的滚动开发与可持续发展，在资本市场树立了良好的社会形象和品牌形象，这种良好的社会形象和品牌形象使得其在自身业务规模不断提升的同时，也与中国的绿色债券市场互相促进、共同发展。

3）湖南经验：一揽子打捆 PPP 项目。

湖南省长沙县乡镇污水处理设施全覆盖工程项目由 18 个乡镇污水处理设施构成，项目总占地 151 亩，建设总规模为 8.66 万 t/d，计划完成总投资 4.38 亿元，其中第一期处理规模为 5 万 t/d，包括长沙县 16 个乡镇污水处理厂的投资、建设、运营（BOT）和管网配套工程的建设移交（BT），以及已建 2 个污水处理厂的托管运营（OM），投资为 2.75 亿元。该工程以长沙县环保局为责任单位、长沙县农村环境建设投资有限公司为业主单位，在合作模式上，采取 18 个乡镇污水处理设施的投资、建设、运营一体化的模式与桑德国际有限公司进行深度合作。项目于 2011 年 4 月 11 日开工，2011 年 12 月底通水运行。

项目融资以长期债务融资为主。一般资本金占投资总额的 30%～40%，金融机构提供 60%～70% 的融资，期限为 5～10 年。项目签约后以项目公司为主体由桑德国际有限公司向第三方银行融资，融资完成后资金交由项目公司进行具体项目建设使用，在合同约定中，双方为了平衡水价，由长沙县政府出具环境专项治理资金 5 000 万元。该案例中环保企业采取了 18 个乡镇污水处理设施投资、建设、运营一体化的打捆模式，全部采用 BOT 模式建设，管网则采取 BT 模式，污水处理费将与当地自来水费打包收取。一揽子打捆模式确保了项目的投资和运转。18 个乡镇实行污水处理集约化，区域联治，大大简化了操作管理，节约了运营成本，打破了乡镇污水处理设施从建设期的"香饽饽"沦为运营期的"狗不理"的僵局，提高了系统的稳定性、可靠性和处理效果。

4）内蒙古经验：建立环境保护政府引导基金，探索推进第三方治理模式。

为解决好损害群众健康的环境污染问题，探索推行环境污染第三方治理模式和建立环保基金，内蒙古自治区于 2016 年印发文件正式设立环保基金。

环保基金初始投资规模，由区政府引导性资金和 4 家企业共同投资发起组成"环保母基金"。经协商确定 2016 年"环保母基金"的初始规模为 40 亿元，其中政府引导性资金 10 亿元，吸收其他 4 家社会资本采取认筹的方式出资 30 亿元。在项目投资上，"环保母基金"作为引领资金可再次放大，2016 年预计可形成约 200 亿元的环保基金投资规模。

环保基金来源：①排污收费资金。自 2016 年起初步测算自治区本级每年约有 3 亿元的排污费收入，其中每年投入 2 亿元作为引导性资金，5 年共计 10 亿元。②中央环保专项资金政策。自 2016 年起每年将切块下达的大气、水污染等专项治理资金约 4 亿元作为政府引导性资金，5 年共计 20 亿元。③初始排污权有偿使用和排污权交易资金。

环保基金的投资方向：①用于解决政府职责范围内的公共环境问题，如城镇污水处理厂新建和提标改造、城镇雨污分流管网配套建设、城镇生活垃圾无害化处理和综合治理利用、工业园区环境综合整治等社会环境公益项目，这些项目既是环境欠账形成的，也是地方政府急需补短板的工程。②支持企业解决污染治理设施建设运行和污染物综合利用过程中资金投入不足的问题。③充分发挥基金投入的杠杆效应，引进和吸收国内外环境治理先进技术和团队，推动环境治理技术的研发、应用和第三方治理服务市场的形成与发展。④通过环保基金的引导投入，推动环保产业加快发展。

投资原则：①坚持"优先区内"原则。"十三五"期间环保基金投入在区内的比例 2018 年前不低于 80%，2018 年后不低于 60%。②坚持"优先环保"原则。环保基金主要用在环境治理和环保产业的发展上。③坚持"市场选择"原则。环保基金投资要重点支持政府公共领域环境治理项目、国家和自治区重点项目环境保护等有竞争优势的项目，促进环保基金的健康发展。

在基金运营上，按照有关规定，内蒙古环保投资公司将代表自治区人民政府出资，履行出资人职责，对环保基金的投资方向和投资原则享有"一票否决权"。根据合伙协议，"环保母基金"要注册一个基金管理公司，共同确立环保基金管理章程，内设合伙企业联席会、投资决策委员会、专家咨询委员会等议事决策及管理机构，主要职能是对基金投向、重点项目筛选、绩效评价等事宜进行审核和把关。按照基金市场化运作模式，"环保母基金"不直接投资项目，而是针对不同的环境治理项目，分别打造若干项目包向国内公开招标专业基金管理公司来运营。

"环保子基金"由中标后的专业基金公司管理，负责对项目包进行投资和运营。通过"环保母基金"引导资金的注入，子基金管理公司负责吸收其他社会资本进入，二次放大后形成各子基金的投资规模。"环保子基金"的主要职能是对环境治理项目直接投资，各专业基金管理公司根据公司经营特长，通过投标方式选择环境治理项目包，对治理项目进行投资估算、私募资金、运行管理、风险管控、收益分配、基金退出等全过程管理。

（4）南宁市环保投融资与绿色金融政策机制创新与建议

1）发展多元化环境投融资模式，探索多样化融资工具。

南宁市应加快出台促进环境投融资的管理办法，完善环境投融资的顶层设计，指出环境投融的发展方向。进一步提高环保财政投入力度，提升财政资金引导水平，设立南宁市环境保护引导基金，探索"母基金+子基金"模式，合理运用污染防治专项基金、地方配套资金、排污收费资金等撬动社会资本，通过调节项目投资比例，加大对经济欠发达地区和生态红线区环境保护倾斜力度。设立南宁市环保PPP综合管理部门，逐步建立南宁市黑臭污水、垃圾处理类PPP项目实施指南、项目技术指导规程、项目合同规范等一系列法律规范。按照政府负责、社会参与、市场运作、资金盈利的原则，形成多层次共同参与的市场化投融资机制。

2）建立绿色金融试点，创新绿色金融体系。

根据环境空间区划、地区差异和经济发展水平。建议在五象新区率先开展绿色金融综合试点，并在其他地区逐渐推广。探索制定差异化的绿色信贷政策，引导信贷资金有序退出过剩产能和高污染落后产业，促进信贷资金对环保、节能、低碳等绿色产业的支持。鼓励本市当地法人银行及有条件的企业发行绿色债券，积极推动绿色信贷资产证券化，设立绿色发展基金。创新金融产品、完善碳交易市场、构建绿色金融基础设施和保障机制。完善环境权益交易市场，进一步丰富融资工具。

3）建立环境信用评价体系，防范绿色金融风险。

建立环境信用评价制度，建立与银行信贷挂钩的企业环境信用评价体系，将环境违法企业列入"黑名单"并向社会公开，将其环境违法行为纳入社会信用体系，辖内金融机构限制向"黑名单"内企业发放贷款，让失信企业一次违法、处处受限。对污染环境、破坏生态等损害公众环境权益的行为，鼓励社会组织、公民依法提起公益诉讼和民事诉讼。建立健全风险补偿机制，建立动态的环境风险监控机制，对商业银行违规向环境违法企业贷款的行为实行责任追究和处罚，降低金融机构风险，防范违法牟利行为。

12.3.4　规划环境影响评价与环境准入

（1）我国规划环境影响评价与环境准入总体发展情况

1）规划环境影响评价总体情况。

我国规划环境影响评价制度的发展历程较短。从《环境影响评价法》到《规划环境影响评价条例》，再到新修订的《环境保护法》，我国规划环评立法实现了质的飞跃。《环境保护法》明确规定编制有关开发利用规划，建设对环境有影响的项目，应当依法进行环境影响评价。未依法进行环境影响评价的开发利用规划，不得组织实施；未依法进行环境影响评价的建设项目，不得开工建设。由于《环境影响评价法》中对规划环评的规定大多是一些原则性条款，为了弥补《环境影响评价法》在具体规定上的空白，提高规划环评的可操作性，《规划环境影响评价条例》开始实行。《规划环境影响评价条例》对规划环评的审查部门、程序和内容等方面做了具体规定，而且对公众参与等方面的规定进行了细化，增加了跟踪评价与法律责任的相关内容。2014 年 4 月，《环境保护法》经过修订后，新增了关于规划环评的规定。至此，《环境保护法》与已经实施的《环境影响评价法》《规划环评条例》形成了关于规划环评的基本制度框架，对我国的规划环评规定也更加具体，要求也更严格，在实践中也更具有指导意义。为落实规划环境影响评价工作，环境保护部又连续发布了其他指导性文件，2015 年环境保护部发布的《关于加强规划环境影响评价与建设项目环境影响评价联动工作的意见》提出了对产业园区规划环评，公路、铁路及轨道交通规划环评，矿产资源开发规划环评，水利水电开发规划环评等多重点领域规划环评的工作任务进行说明，同时提出了加强项目环评对规划环评落实情况的联动反馈的具体意见。2015 年环境保护部发布的《关于开展规划环境影响评价会商的指导意见（试行）》明确了参与会商各方的职责，确定了会商范围，规范了会商程序要求。2016 年环境保护部办公厅发布的《关于规划环境影响评价加强空间管制、总量管控和环境准入的指导意见（试行）》明确了规划环评的适用范围，强调在规划环评中需要考虑强化空间管制、严格总量管控、明确环境准入三大方面。2016 年环境保护部办公厅发布的《关于开展产业园区规划环境影响评价清单式管理试点工作的通知》规定规划环评结论应该明确应重点保护的生态空间清单，探索提出园区污染物排放总量管控限值清单，制定环境准入条件清单并要求推动三张清单融入规划决策，纳入规划环评审查，在联动管理中贯彻落实三张清单。

2）环境准入总体情况。

近年来，我国环境准入相关政策与制度发展步伐较快。《环境保护法》与《环境影响评价法》均包含环境准入的规定，《大气污染防治行动计划》提出从调整产业格局、强化节能环保指标与优化空间格局三个方面严格节能环保准入。为了进一步贯彻落实《大气污染行动计划》，原环境保护部出台《关于落实大气污染防治行动计划严格环境影响评价准入的通知》提出严格把好建设项目环境影响评价审批准入关口，对"两高"行业新增产能、热电联产、燃煤锅炉以及其他排放二氧化硫、氮氧化物、烟粉尘和挥发性有机污染物的项目提出了严格的环境准入与管理措施。《水污染防治行动计划》规定严格环境准入。严格环境准入。根据流域水质目标和主体功能区规划要求，明确区域环境准入条件，细化功能分区，实施差别化环境准入政策。为了进一步细化环境准入条件，体现区域的环境差异性，2016年环境保护部、国家发展和改革委员会、住建部和水利部又共同发布《关于落实水污染防治行动计划实施区域差别化环境准入的指导意见》，针对禁止开发区、限制开发的重点生态功能区、限制开发的农产品主产区、重点开发区、优化开发区五种类型的功能区分别提出环境准入条件。《土壤污染防治行动计划》提出沿河控制在优先保护类耕地集中区新建有色金属冶炼、石油加工、化工、焦化、电镀、制革等行业企业；各地要结合土壤污染状况详查情况，根据建设用地土壤环境调查评估结果，逐步建立污染地块名录及其开发利用的负面清单，合理确定土地用途。除国家针对环境要素的总体环境准入要求外，各地方和行业也有严格的准入条件，并出台了部分政策文件，如2015年环境保护部出台《现代煤化工建设项目环境准入条件（试行）》针对现代煤化工行业提出了明确的准入条件，2015年南京出台《关于印发建立严格的环境准入制度实施方案的通知》，2016年浙江省环保厅同时发布《浙江省生活垃圾焚烧产业环境指导意见（试行）》、浙江省废纸造纸产业环境准入指导意见（修订）等15个环境准入的指导性政策文件。

（2）南宁市规划环境影响评价与环境准入发展情况

1）南宁市规划环境影响评价与环境准入制度总体进展。

《广西壮族自治区环境保护条例》规定自治区人民政府应当根据环境容量、重点污染物排放总量控制和污染状况等因素，确定在本自治区或者部分区域内禁止建设和严格控制建设的高污染、高能耗项目，并根据环境质量变化状况适时进行调整。2012年广西壮族自治区人民政府办公厅印发《广西壮族自治区建设项目环境准入管理办法》，提出了在自然保护区、饮水水源保护区、重要生态功能区等多类区域的禁止新建、扩建项目，对钢铁、电石、氯碱等多个行业提出环境准入要求，同时要求县级以上人民政府及其他部门在编制区域发展规划、城市建设规划、土地利用规划和产业发展规划时，其中涉及建设项目的内容应符合本办法要求，并规定对于不符合本办法的，环保部门不予进行规划环评。2015年广西壮族自治区发展和改革委员会、环保厅等四部门出台《关于严格控制高耗能高排放项目投资审批的实施意见》提出严格执行项目环境影响评价制度，各级政府环保部门把严项目环境准入，严格控制"两高"行业过快增长。《广西环境保护和生态建设"十三五"规划》要求严格环境准入，源头控制排污。依据资源环境承载力，制定实施区域差别化产业政策和环境准入政策，实行区域产业负面清单管理模式，优化调整产业结构和布局。《广西"十三五"大气污染防治实施方案》要求严格控制高排放项目建设，禁止引入不符合产业政策和园区发展规划的项目。《广西西江经济带环保规划（2016—2030年）》规定根据西江流域主体功能区划和生态红线要求，细化功能分区，实施差别化环境准入政策。

《南宁市邕江河段水体污染防治条例》规定在饮用水域准一级保护区和一级保护区不准新建、扩建、改建造成保护区水域污染的项目。《南宁市郁江流域水污染防治条例》规定流域内已经建成的不符合国家产业政策的严重污染水环境的生产项目，由市、县人民政府予以关闭；不符合环境保护布局要求的，由市、县（区）人民政府责令其搬迁，项目所有人应当配合实施搬迁。《南宁市饮用水水源保护条例》对水源地一级、二级、准保护区的新建、改建、扩建项目环境准入作出明确规定。《南宁市环境保护"十三五"规划》提出依据资源环境承载力，进一步完善制定实施区域差别化产业政策和环境准入政策；严格环境准入，建立"三线一单"约束机制，开展关停、搬迁企业环境风险评估。

广西壮族自治区和南宁市规划环评工作主要根据国家层面的法律法规进行开展，出台相关政策多为对国家政策的转发或通知，如广西壮族自治区人民政府办公厅关于贯彻执行国务院《规划环境影响评价条例》的通知，广西壮族自治区人民政府办公厅《关于进一步加强规划环境影响评价工作的通知》等。南宁市现有规划均要求开展环境影响评价工作，已开展《南宁市工业和信息化发展"十三五"规划环境影响评价》《南宁高新技术产业开发区总体规划修编环境影响评价》《南宁市污水专项规划修编环境影响评价》《南宁五象新区西部片区污水专项规划修编环境影响评价》等多部规划环境影响评价，并要求进行公示。

2）存在的主要问题。

一是对规划环境影响评价的重要性认识不足。自治区人民政府办公厅《关于进一步加强规划环境影响评价工作的通知》规定，"县级人民政府审批的规划，其环境影响评价审查办法由各市人民政府根据本地的实际情况制定"。在实际操作中，规划环境影响评价基本是同级审批，原环境保护部门仅有审查权力，可能导致环保部门在规划环评中话语权不足的问题。规划审批机关对规划环评的重要性认识不足，在编制过程中会出现流程合规，但实际作用有限的情况。现有规划环评多数是在规划草案形成后方着手评价工作，在规划决策链的末端进行，规划环评对规划本身进行实质性优化调整的效果不明显，互动作用难以发挥。

二是规划环境影响评价与建设项目环境影响评价联动不足。规划环境影响评价是建设项目环评的重要指导，规划环评中所定的环境准入负面清单直接影响建设项目的准入问题，规划环评应领先于项目环评工作的开展，并对项目环评起到指导和引领作用。但在实际工作中，部分地方规划环评滞后于项目环评开展，在推动项目环评审批时为了满足规划环评与项目环评的联动要求，才考虑到补充开展规划环评工作。此时规划环评工作的开展，往往是以推动项目环评的顺利审批为直接目的的，背离了规划环评的初衷，当规划环评致力于服务项目环评时，难以发挥其在区域层面优化资源环境要素配置的作用。

三是环境准入考核机制不健全。南宁市尚未出台关于环境准入指导性实施意见，现有政策中分散的环境准入规定均未见相关的考核规定，在南宁市发布的《南宁市环境保护"一岗双责"目标责任考评管理办法（试行）》中更注重对于具体环境指标、重点工作情况等硬指标，在考评结果及格的情况中未见关于环境准入实施情况的考评的规定，导致环境准入的考核压力不能有效传导。

（3）其他地区经验借鉴

南京经验：严格环境准入制度，从源头控制污染排放。

南京市主要从产业环境准入和空间环境准入两方面入手，从源头控制污染排放，倒逼产业结构调整和布局。

①制定环境准入负面清单，明确提出禁止准入的新（扩）建产业、行业名录。据悉，禁止准入的产业、行业包括燃煤发电、钢铁、水泥、原油加工、制浆造纸、平板玻璃、有色金属冶炼、多晶硅冶炼等和以煤炭为主要原料的高耗能、重污染项目。全市范围内将禁止新（扩）建这些项目，凡列入负面清单的项目，投资主管部门不予立项，金融机构不得发放贷款，土地、规划、住建、环保、安监、质监、消防、海关、工商等部门不得办理相关手续。②执行严格的污染物排放标准。在严格执行国家和省现行环境标准的基础上，针对南京市实际需要，研究制定相关行业、区域更严格的污染物排放规定，研究制定重点流域（秦淮河、滁河、固城湖、石臼湖）制造业污水排放限量规定。③出台建设项目污染物排放总量管理规定，将建设项目污染物排放总量指标作为项目环评审批的前提条件，严控新增排放量。

建立严格的空间准入制度，已经划定的生态红线保护区内，一级管控区内，严禁一切形式的开发活动；二级管控区内，严禁有损生态功能、对生态环境有污染影响的开发建设活动。长江以南绕城公路以内不得新（扩）建工业生产项目，现有工业企业按要求逐步关停搬迁、退城入园；全市主城、副城、郊区建制镇以及市级以上开发区（工业集中区）内不得新建、扩建燃烧原（散）煤、重油、石油焦等高污染燃料的设施和装置。四大片区（金陵石化及周边地区、梅山地区、大厂地区和长江二桥至三桥沿岸等区域）不得新（扩）建工业项目（除节能减排、清洁生产、安全除患和油品升级改造等技改项目外）和货运码头。

为了保障产业环境准入和空间环境准入制度的实施，南京市还实行严格的环保限批制度。对未完成污染减排任务、未落实环保限期治理要求以及配套环保设施未建成等的区域（企业），不予受理其新（扩）建项目审批；实施规划环评与项目环评联动，对未依法进行规划环评的开发区（工业集中区），暂停审批该区域内的具体建设项目。建立健全环境准入制度考核机制，把环境准入制度的执行情况作为环保考核的重要内容，纳入各级领导干部实绩考核。建立责任追究制度，对盲目决策、把关不严并造成严重后果的，依法实行严格问责。

（4）南宁市环境影响评价与环境准入政策机制创新与建议

1）强化规划环评，促进"双评"联动。

按照国家和广西壮族自治区文件，南宁市可适当作出相关政策补充，实施规划环评与项目环评联动，对未依法进行规划环评的开发区（工业集中区），暂停审批该区域内的具体建设项目。要求规划环评工作要尽早介入规划编制，并将空间管制、总量管控和环境准入成果充分融入规划编制、决策和实施的全过程。在评价目标、评价时间、评价内容、评价手段等方面均需要联动。切实发挥优化规划目标定位、功能分区、产业布局、开发规模和结构的作用，有关规划环评在编制时应明确三张清单，包括空间管制清单、总量控制清单、环保准入负面清单，并结合三张清单（包括空间、总量及准入条件），将其作为项目环评的约束条件。

2）差异化环保准入，严格污染物排放标准。

南宁市及各辖区（县）应按照空间、产业情况，参考相关规划环境影响评价，分别制定环境准入负面清单。建议在南宁市市区内的高速铁路和高速公路沿线两侧各 1 000m 范围内区域，范围内禁止新（扩）建利用高耗能、重污染项目。对于环境准入负面清单中的项目，环境保护部门不予办理环境影响评价手续。研究制定郁江、邕江等重点流域污水排放指标和总量规定，重点流域禁止新（扩）建印染、造纸、酿造、制革、电镀等水污染重的项目，禁止建设排放含汞、砷、镉、铬、铅等重金属污染物以及持久性有机污染物的工业项目。环境准入负面清单应根据生态环境及经济发展情况定期调整更新，在严格执行国家和省现行环境标准的基础上，针对南宁实际需要，研究制定相关行业、区域更严格的污染物排放规定，倒逼企业升级转型和产业退出。

3）健全环境准入制度考核机制，完善建设项目环保限批制度。

建立健全环境准入制度考核机制，把环境准入制度的执行情况作为环保考核的重要内容，纳入南宁市环境保护"一岗双责"目标责任考评。建立责任追究制度，对盲目决策、把关不严并造成严重后果的，依法实行严格问责。在南宁现已施行的区域限批制度上，强化环境准入的作用，对于违反环境准入规定的区域实施严格的区域限批，在违反环境准入的项目已经停止建设或整改合格后才可恢复该区域限批。

12.3.5　排污许可制度与排污权交易

（1）我国排污许可制度与排污权交易制度现状

1）排污许可制度总体发展情况。

党的十九大报告提出"强化排污者责任，健全环保信用评价、信息强制性披露、严惩重罚等制度"。实施排污许可制是贯彻落实党的十九大精神、强化排污者责任的重要举措，是提高环境管理效能、改善环境质量的重要制度保障。目前原环境保护部原则审定通过《排污许可管理办法（试行）》，并加快推进《排污许可管理条例》的出台，进一步夯实了排污许可制实施的法律责任。"制定控制污染物排放许可制实施方案"是中央全面深化改革领导小组确定的 2016 年重点改革任务之一。目前已经发布火电、造纸、钢体、水泥行业等 15个排污许可证申请与核发技术规范。

2）排污权交易总体发展情况。

我国排污权交易已经探索多年，现有的法律法规中多次提及推动排污权交易制度，《中华人民共和国大气污染防治法》第二十一条规定，"国家逐步推行重点大气污染物排放权交易"。《中共中央关于全面深化改革若干重大问题的决定》规定：实行资源有偿使用制度，发展环保市场，推行排污权交易制度。中共中央、国务院发布《关于加快推进生态文明建设的意见》明确要求："扩大排污权交易试点范围，发展排污权交易市场"。《国务院办公厅关于进一步推进排污权有偿使用和交易试点工作的指导意见》对排污权交易制度作出了进一步细化规定。

我国排污权有偿使用和交易试点深入推进。从 2007 年开始，财政部、环境保护部和国家发展改革委批复的江苏、浙江、天津、湖北、湖南、内蒙古、山西、重庆、陕西、河北和河南 11 个省（自治区、直辖市）均开展了排污权有偿使用和交易活动。同时，广东、山东、辽宁、黑龙江等 10 多个省份也在省内进行了排污权交易探索。不少试点地区排污权交易量稳步增加。内蒙古自治区是国家排污权有偿使用和交易试点省份，自 2011 年 8 月试点启动以来，截至 2016 年 10 月，进行排污权交易的企业累计已达 489 家，交易总额逾 2.08 亿元。2012—2016 年，山西省每年完成排污权交易分别是 193 宗、270 宗、495 宗、272 宗、175 宗，总成交量约 16.99 亿元。总体来看，目前排污权交易的有效价格机制还未形成，排污权交易一级市场基本上主要靠政府定价，各地在排污权有偿使用定价方法和依据方面不够清晰。

排污权交易试点多年以来，成效并不显著，但是随着排污许可制度的发展与排污许可证信息化管理的进行，排污权交易也将进入新的发展阶段。

（2）南宁市排污许可制度与排污权交易制度发展情况

1）南宁市排污许可制度与排污权交易制度现状。

2017 年发布的《广西壮族自治区排污许可证实施细则（试行）》是目前广西在排污许可证方面最新的政策文件，对辖区内固定污染源排污许可证申请、核发、实施、监管各个程序作出了明确规定。另外《广西"十三五"大气污染防治方案》均对排污许可制度的实施进度有所规定，其中包括全面实施排污许可制度，建立排污许可证管理信息平台，于 2017 年 6 月底前完成火电、造纸企业排污许可证的核发，12 月底完成《大气污染防治行动计划》确定的重点行业企业的核发，2020 年完成全部生态环境部公告的名录内全部点源和固定源的排污许可证核发工作，并依法监管。《广西控制污染物排放许可制实施计划》对排污许可制度与现有环境管理制度的衔接，排污许可证全过程管理和信息公开等作出了明确规定。截至 2017 年 7 月，广西已按国家统一部署如期完成了第一批火电、造纸行业 154 家企业的排污许可证发放工作。

《南宁市环境保护"十三五"规划》提出依法核发排污许可证，2017 年年底前完成污染源排污许可证发放工作及全市排污许可证管理信息平台建设。南宁市已经开始实施排污许可证工作，广西是全国排污许可改革试点省份，首府南宁市在排污许可实践走在全国前列，南宁市发放了全国首个制糖行业排污许可证，火电、造纸等行业也已陆续发放，为行业污染排放许可提供了范本。并取得一定成效，南宁市环保局对已经取得排污许可证的企业进行公示，充分体现了公众参与和环境共治。

在排污权交易方面，2015 年广西壮族自治区人民政府办公厅印发的《广西生态经济发展规划（2015—2020 年）》提出实行污染物、碳排放总量控制，加快建立自治区级排污权交易平台和碳交易平台，污染物、碳排放多的市、企业，向污染物、碳排放少的市、企业，购买污染物、碳排放配额，卖方这类交易所得收入不列为征税税基和按规定免征属于地方收入的行政事业性收费。2016 年南宁市人民政府办公厅印发的《南宁市发展生态经济实施方案》提出配合自治区实行污染物、碳排放总量控制，加快建立排污权交易平台和碳交易平台。2016 年南宁市武鸣区人民政府办公室发布《南宁市武鸣区发展生态经济实施方案》中也提出配合自治区和南宁市实行污染物、碳排放总量控制、建立排污权交易平台和碳交易平台。《南宁市环境保护"十三五"规划纲要》提出 2016 年年底前完成南宁市排污权有偿使用交易平台建设。南宁市在 2015—2017 年被列为国家节能减排财政政策综合示范城市，排污权有偿使用和交易试点工作被列为其中一项重要工作，必须按期完成。目前南宁市排污权交易有偿使用平台也正在加速建设。

2）南宁市排污许可制度与排污权交易制度存在的主要问题。

一是配套政策文件有待完善，与现有环境管理制度未能衔接。南宁市已经开始排污许可证的发放工作，亟须详细的因地制宜排污许可证管理办法，南宁市作为排污许可制度试点省份之一广西壮族自治区的首府，尚未出台专门的排污许可证配套管理办法，同样，南宁市也没有出台排污权交易的详细管理办法，南宁市排污许可制度与现有环境管理制度的衔接未见出具体规定，排污权交易与排污许可制度的衔接措施也未见规定。

二是排污许可证与排污权交易信息化平台尚未建立。国家虽然已经建立统一的排污许可证管理平台，南宁部分企业已经在平台上进行了公示，但是南宁没有建立排污许可证的统一管理平台，这影响到了南宁市环保部门对企业"一证式管理"的及时性和便利性。未来排污权交易平台的建设需要与排污许可证数据进行关联，否则无法确保排污权交易的确定性和可量化性。

三是排污权的产权尚未得到重视。实施排污许可制度与排污权交易制度后，排污权是企业产权的地位则进一步明确，因为排污许可制度改革时间较短，南宁市排污权交易平台仍在开发过程中，企业与金融机构对于排污权的认识也未能完全改变，因此南宁市排污权抵押等相关业务尚未得到重视与开发。

（3）其他地区经验借鉴

1）排污许可制度试点经验。

浙江省是最早的排污许可制度试点之一，浙江省以绍兴、舟山、台州、桐庐、长兴、海宁、义乌、椒江 8 个市县为试点，主要针对点源环境管理制度的制度整合与流程再造，目标为建立以排污许可证为核心的，覆盖污染源建设、生产、关闭全过程的"一证式"管理模式。

绍兴市重点在排污许可证管理平台等工作上进行探索示范，委托设计开发了排污许可证信息化平台，以排污许可证信息化管理为基础落实"1+9"基本账户制度。

舟山市在整合管理内容、优化管理流程、落实主体责任等方面力求突破，选择有总量控制要求污染削减任务、环评审批要求的项目作为试点对象，在环保部门内部实行联合审议和签批的形式，实行排污许可证执行情况定期报告和重大变动信息动态报告。

台州市在简化行政许可程序、强化事中事后监管等方面进行了探索实践。台州市重构了办事流程，实施环评改革，对各类建设项目环评审批分别设置了"豁免、备案、简化、认可、补办、下放"六个一批，直接由业主根据环保设施竣工验收的要求，委托进行验收监测后自行组织环保设施验收，并向环保部门提交执行报告。

桐庐县重点在规范排污许可证核发、整合环评审批制度、落实各方主体责任等方面有所创新。实行环评机构对环评结论负责并签订《环评中介机构承诺书》；企业承诺严格落实环评提出的污染防治措施、遵守环保法律法规、污染物排放符合浓度和许可排放量总量控制要求，并签订建设项目环保承诺书；完成市控以上企业刷卡排污系统建设和运行。

长兴县重点在研究制定排污许可证发放的负面清单和企业的责任清单，强化排污单位污染防治主体责任，规范企业环境行为等方面进行探索实践。在环保"三同时"竣工验收上，由环保部门组织开展的形式转变为企业自行组织并提供"三同时"执行报告的形式。

新证正式核发前，组织开展对相关人员的指导培训，制定《企业环保履职清单和环保守法承诺书》。

海宁市重点在综合管理内容、整合管理制度、再造管理流程、排放量总量管理执法等方面力求突破。在环评审批、竣工备案、许可证申请等方面全面实行承诺制，强化宣教，在发证同时对企业负责人开展 30min～1h 不等的环保知识教育，发放《企业须知》手册。证后管理方面，正在开发建设信息管理平台，计划实行排污许可证计分管理制，同时创新提出了环境保护责任险与排污许可制度结合的思路。

义乌市重点在整合管理制度、简化审批流程、强化信息公开、优化许可证监管等方面进行探索。义乌市要求企业在申领排污许可证时签署书面承诺，并确定专（兼）职环保人员，委托中介机构对其提供培训服务，按照排污许可证要求开展环保工作。加强对第三方机构的监督管理，对进入义乌市开展业务的环保中介机构由环保产业协会备案，组织中介机构开展"一证式"宣传培训，建立环保中介机构诚信承诺机制与考核淘汰机制。

椒江区重点在明确并落实各方职责、优化执法监管等方面进行探索示范。椒江区实行业主承诺制，业主以书面形式作出达标承诺，自行承担违反承诺的法律后果；环保设施竣工后企业自行组织对环保设施的运行情况评估验收，向环保部门提交环境保护执行报告。另一方面，椒江区组建了集自动监测、刷卡排污、总量管理、环境统计、移动执法、视频监控于一体的"环保天眼"管理系统，将多套分散的环保业务数据进行有机融合，并建立了街道、镇环保监察中队。

2）排污权交易制度试点经验。

试点省份以政府为主导的排污权有偿使用一级市场逐步建立，除天津、陕西、山西外，各地基本做到了试点范围内新建项目排污权有偿获取，浙江、重庆等省份逐步推行现有企业排污权有偿使用；以企业为主导的排污权交易二级市场正在培育之中，市场配置环境资源的功效初步显现；环境资源有价和有偿使用理念被试点省份的社会和企业逐步接受；有力推动了污染减排，初步体现了环境容量价值，大部分试点省份污染源管理能力明显增强，企业融资渠道也得以拓宽。主要经验如下：

一是试点省份结合国家要求和各地实际稳妥推进，排污权交易进展相对顺利。试点省份相继出台了试点实施方案、有偿使用管理办法、交易管理办法、竞价办法、确权技术规范、定价技术规范等各类规范性文件，排污权有偿使用和交易政策制度体系初步形成。浙江、重庆等地区正在争取将试点工作以地方性立法的形式予确定，提升排污权有偿使用和交易的法律地位。各试点省份开展有偿使用或者交易的污染物种类结合了本地实际，实现了试点方案中试点区域、试点污染物内的全覆盖，在有偿使用过程中对新老企业区别对待，积极稳妥地推进实践工作，基本形成了运行有序的排污权交易市场。

二是加强能力建设，建立相关机构和管理平台，提升区域和流域环境精细化管理水平。排污权有偿使用和交易政策对污染源精细化管理的要求，倒逼试点省份加强能力建设，提升了管理水平。各试点交易系统和结算平台基本建成，七个试点省份设立了正处级的排污权交易中心。浙江、江苏、河北、湖南等地的重点污染源的自动监控和排污权交易工作高度结合，浙江、山西等省份还在此基础上建成覆盖全省重点污染源的自动监控体系，创新监控思路、执法新方法，强化在线监控数据在环境执法中的应用，创新了"刷卡排污""天眼管理""微信举报"等管理机制，实行在线监控数据按小时超标处罚，在严格执法上更进一步。重庆市开展环境监管网格化管理模式，建立了排污权动态台账，使总量减排决策更加科学化。

三是市场交易与环境监管相结合，推动了污染减排，提升了企业经济效益，调动各方参与环境共治的积极性。部分试点省份将有偿使用和交易工作与污染减排、企业达标排放紧密结合，形成了行政监管手段为主、市场机制手段为辅、"有张有弛"的污染源管理体系。重庆市落实了参与试点的企业主体责任，开展了环境保护"四清四治"专项行动。湖南省按照"先减排、再补助""补助资金与减排量挂钩"的原则，将收取的排污权有偿使用费用于污染治理，在安排环保治理资金的同时收回减排指标，支持企业的减排行为。河南省为破解资源环境瓶颈制约，自 2012 年起开展了主要污染物总量预算管理，量化环境资源。

四是拓宽生态环保资金筹集渠道，集中财力，解决区域性和流域性重点关注的环境问题。重庆市开展了乡镇污水处理设施纳入排污权交易的探索，为切实解决乡镇环保资产碎片化和沉淀问题提供了新的思路和途径。湖南省开展了社会资金实施污染治理，参与排污权交易的机制。浙江省通过排污权有偿使用和交易，实现了环保资金由财政拨付机制向市场和政府相结合机制的转变。

五是相关制度和政策不断创新，提升环境治理水平。重庆市为规范交易行为，成立了排污权交易管理中心、资源与环境交易所双重机构，前者负责区域总量平衡、排污权指标管理、污染源动态更新调查等管理性工作，后者则负责发布交易信息、组织竞价交易、公开交易结果等市场性工作。浙江、山西、重庆、湖南、内蒙古等初步建立了排污权抵押贷款投融资机制。为有效管理排污权流转，重庆市参照证券交易等金融资产等级制度，推行了排污权注册登记制度，建立统一的排污权登记管理平台对企业排污权进行一体化管理。为盘活排污权，浙江省还创新试行了排污权租赁机制。浙江、湖南等地相继开展了刷卡排污试点建设，使环保部门对企业的监管由浓度控制向浓度、总量双控转变。

六是发挥市场配置环境资源的作用，增强地方政府和企业的生态环境意识，促进生态环境资本理念的培育。试点工作开展至今，充分宣传并体现了资源环境的稀缺性，通过对建设项目排污权的控制与交易，侧面推动了产业转型与产业升级，在一定程度上发挥了市场配置环境资源的作用。山西排污权的交易 65% 发生在企业和企业之间，重庆市高度重视排污权有偿使用和交易的政策宣传和技术培训工作，浙江省通过排污权有偿使用和交易试点，进一步增强了全社会环境资源稀缺理念。

（4）南宁市排污许可与排污权交易政策价值创新与建议

1）落实国家排污许可制改革要求，加快实现"一证式"管理。

南宁市应按照国家深入推进排污许可证改革工作要求，结合自治区已有排污许可证制度实施细则，加快出台南宁市排污许可实施配套文件，实施分类管理，统一管理对象，将环境管理落实到排污单位排放设施的管理排放口，规范细化污染物排放要求，实现多污染物协调管控，实际排放量计算方法，实现一个企业一套数据，统一企业合规排放要求，规范执法。建立企业承诺制度、自行监测制度、台账记录制度与执行报告制度，真正实现"一证式"管理。

2）完善排污权交易制度建设，加快排污权交易平台进度。

南宁市加快实施方案、有偿使用管理办法、交易管理办法、竞价办法、确权技术规范、定价技术规范等各类规范性文件，完善排污权交易制度体系，因地制宜地确定可进行排污权交易的污染物类型，以及进行排污权交易的行业，在基础情况逐步夯实的前提下，加快建立南宁市排污权交易平台或资源环境交易所等机构，加强能力建设，结合国家深入推进排污许可证改革工作，将南宁市排污许可证与排污权交易工作有机衔接起来，从制度体制上提升南宁市排污权交易的能力。

3）设定初始排污权有偿使用费，推进排污权抵押贷款制度。

政府主导建立排污权交易一级市场，政府向企业初次分配排污权时应有偿分配，制定基准价格，次年价格参考上年初次分配价格和交易价格制定，探索将收取的排污权有偿使用费建立基金用于污染治理的创新做法，适当安排部分资金用于回收减排指标，支持企业减排行为。创新试行了排污权租赁机制，对于企业非长期排污需求，企业可在二级市场上进行排污权租赁。试点推行排污权抵押贷款制度，鼓励金融机构以企业排污权作为抵押标的发放贷款。